개정판

최신 무기체계학

김문조, 신정원 공저

도서출판
진영사

최신 무기체계학

김문조 · 신정원

2019년 03월 07일 초판 인쇄
2019년 03월 11일 초판 발행
2022년 02월 23일 초판 2쇄 발행
2023년 03월 02일 개정판 발행

발행인 박 진 영

발행처 도서출판 진영사
인천광역시 부평구 주부토로 236번지 인천테크노밸리 U1 지식산업센터 B동 1507호
전화 : 032)505-4207
팩스 : 032)505-4206
E-mail : 0183734207@hanmail.net
신고번호 : 제2007-000001호

ISBN 978-89-6541-601-2 93390
값 23,000원

머 리 말

본 교재는 최근 군사학이 학문으로 자리매김함에 따라 2013년에 김도수 교수와 함께 집필한 최신 무기체계학(2013)을 기초로 작성되었으며 무기체계의 변화된 상황에 따라 2019년 1차 개정을 하였고 최근『국방전력발전업무훈령』(제2568호, 2021.06.30.) 개정 및 4차산업시대와 연계하여 가속화되고 있는 무기체계 발전에 따라 2차 개정의 필요성으로 최신화하여 재 발간하게 되었다. 재 발간된 교재는 4년제 대학의 학군사관후보생(ROTC) 및 군사학과 학생, 2년제 대학의 군사관련학과(전투 · 기술 · 행정부사관 등) 학생, 무기체계와 안보 분야에 관심이 있는 학생들 및 일반인들이 국방 무기체계를 이해하고 야전에서 활용할 수 있도록 최신화하였다.

이 책은「국방전력발전업무훈령」개정에 따른 무기체계 분류를 기초로 총 9장으로 구성하였다.

제1장에서는 전쟁과 무기체계의 연관성, 무기체계의 발달과정, 무기체계의 분류 및 획득방법을 소개함으로써 무기체계 전체를 대관(大觀)할 수 있도록 기술하였다. 제 2장에서는 지휘통제 및 통신체계의 무기분야에 대한 설명과 제 3장에서는 감시 및 정찰무기체계의 장비에 대해 기술하고 제 4장 기동무기체계에서는 최근 개발된 전차, 장갑차, 전투차량, 기동 및 대기동 지원장비, 지상무인전투체계에 대해 설명과 지상전투장비에 대해 언급하였다. 제 5장은 함정무기체계로서 수상함 등 해군 무기체계에 대해 간략히 설명하였으며, 제 6장은 항공무기체계로 공군 무기체계에 대해 소개하였다.

제 7장은 소화기, 대전차회기, 화포, 화력지원장비, 탄약, 유도무기, 특수무기 등의 화력무기체계에 대해 작성하였다. 제 8장은 방공무기와 화생방무기 등 방호무기체계에 대해 핵심적인 내용을 기술하였다. 끝으로 제 9장은 기타무기체계에 대해 기술하였다.

현재 군이 개발 및 도입하여 운영하고 있는 무기체계중 보안에 위배되는 장비는 제외하였기에 일부 최신정보에 제한이 될 수 있으나 국방부가 추진하는 중기계획과 연계하여 개발 및 도입되는 최신 무기와 국방개혁에 맞추어 지속적으로 보완 및 최신화한 본 교재를 활용하여 교육함으로서 야전에서의 이해력을 높이고 미래에 우리 국방의 무기체계개발에 디딤돌의 역할이 되는 학생들이 되길 바란다.

이러한 4차산업시대에 변화하는 상황에 따라 『국방전력발전업무훈령』(제2568호, 2021.06.30.) 개정과 최신 무기체계 발전에 따라 이렇게 보완하여 책을 집필하고 출판함에 있어 많은 도움을 주신 분들께 감사드리며 군사관련학과 학생들에게 최신 무기체계학 공부의 실질적인 지침서가 되길 기대한다.

2023. 1

저자 일동

차 례

제1장
전쟁과 무기체계

제1절 전쟁의 본질 및 양상변화
제2절 무기체계 발달과정 및 추세
제3절 무기체계의 정의(定意)
제4절 무기체계 획득 방법

제1절 전쟁의 본질 및 양상변화

1. 전쟁의 개념 및 본질

인류의 역사는 전쟁의 역사라고 말할 수 있다. 지금 이 시간에도 전쟁의 위협은 사라지지 않은 채 어떻게 하면 전쟁의 참화를 면할 수 있을까? 아니면 전쟁이 불가피한 경우 적과 싸워서 승리할 수 있을 것인가를 연구하고 준비하는데 많은 시간과 노력을 아끼지 않은 것이 사실이다. 전쟁이란 군사력을 이용하여 다양한 정치 목적을 달성하려고 하는 행위, 또는 군사력을 이용한 결과 생기는 국가 간의 대립 상태로 본다. 일반적으로 국가 또는 그에 준하는 집단이 방위나 이익의 확보를 목적으로 무력을 행사하여 전투를 일으키는 일이다.

즉 전쟁이란 상호 대립하는 2개 이상의 국가 또는 이에 준하는 집단이 정치적 목적을 달성하기 위해 군사력을 비롯한 모든 수단을 사용하여 자기의 의지를 상대방에게 강요하는 조직적인 폭력행위이다.

사전과 학자들은 이러한 전쟁을 아래 표와 같이 정의하고 있다.

출 처	정 의
군사기본교리 (합동참모본부)	상호 대립하는 2개 이상의 국가 또는 이에 준하는 집단이 정치적 목적을 달성하기 위해 군사력을 비롯한 각종 수단을 사용하여 자기의 의지를 상대방에게 강요하는 조직적인 폭력행위
군사용어사전 (육군본부)	① 상호 대립하는 2개 이상의 국가 또는 이에 준하는 집단 간에 있어서 군사력을 비롯한 각종 수단을 행사하여 자기의 의지를 상대방에게 강요하려는 행위 또는 그러한 상태. ② 주권을 가진 국가 간의 조직적인 무력투쟁 상태로 선전포고와 더불어 개시되고 강화조약으로 무력투쟁이 종결될 때까지의 상태. ③ 국가의 생존이 달려 있는 국가목표를 달성하기 위한 전역(campaigns)
국어표준대사전	국가와 국가, 또는 교전(交戰) 단체 사이에 무력을 사용하여 행하는 싸움
웹스터 사전	국가 또는 정치집단 간에 폭력이나 무력을 행사하는 상태 또는 사실, 특히 둘 이상의 국가 간에 특정한 목적을 위하여 수행되는 싸움
옥스퍼드 사전	살아있는 실체들 사이에서 벌어지는 모든 적극적인 적대행위 또는 투쟁, 적대적인 힘 또는 원칙 사이의 갈등

출 처	정 의
몽고메리	경쟁관계에 있는 정치집단간의 장기적 무력 충돌
퀸시 라이트	정치집단이나 주권국가간 정치적 갈등을 각기 상당한 규모의 군대를 동원하여 해결하는 극단적인 군사적 대결
클라우제비츠	나의 의지를 실현하기 위하여 적에게 굴복을 강요하는 폭력행위"라고 하였으며 동시에 "다른 수단에 의한 정치의 연속
손자	국가적 대사이며 국민의 생사와 나라의 존망이 달린 것으로 깊이 연구하고 신중히 고려하지 않으면 안 되는 것

전쟁의 수단에는 정치·외교, 경제, 과학기술, 사회·문화 및 군사 분야의 모든 요소가 망라된다. 통상적으로 전쟁은 선전포고에 의하여 시작되지만 선전포고 없이도 개시되며, 협정 또는 강화조약 등에 의하여 종결된다.

전쟁은 본질적으로 국가정책을 수행하는 정치적인 수단의 하나로서 정치적 목적을 가지며, 전쟁에 의하지 아니하고는 문제를 해결할 수 없을 경우에 최후의 수단으로 선택된다.

동서양을 막론하고 전쟁이란 국가목표 또는 국가이익을 위한 수단이며, 전쟁이 정치에 종속됨을 알 수 있다.

전쟁의 본질에 대해서도 학자별로 가장 적절한 단어를 사용하여 표현하고자 노력하였으나 최근 학자들의 주장을 정리하면 다음과 같다.

첫째, 전쟁은 정치적 목적을 달성하기 위한 수단이다. 전쟁은 국가정책을 수행하는 데 있어 외교와 같은 비폭력적인 방법으로 문제를 해결할 수 없을 때 사용되는 수단이다. 따라서 전쟁에서의 승리는 적의 사상자 수나 점령한 영토의 규모에 의해서가 아니라 정치적 목적의 달성 여부로 평가된다.

둘째, 전쟁은 본질적으로 폭력을 수반하며 불확실성으로 특징된다. 전쟁은 조직적인 폭력을 행사한다는 점에서 다른 정책의 수단과 구분된다. 전쟁의 불확실성은 전혀 예측할 수 없는 상황과 결과를 초래할 수도 있기 때문에 '안개, 마찰, 기회'로 표현되기도 한다. 이는 전쟁뿐만 아니라 단순한 군사작전 시에도 예측 불가능한 결과가 도출될 가능성이 있음을 의미한다. 건전한 교리, 리더십, 조직, 교육·훈련은 전쟁의 불확실성을 감소시켜 예측하지 못한 결과를 방지한다.

셋째, 전쟁은 사람에 의해 수행되므로 리더십이 결정적인 영향을 미친다. 사람은 전쟁의 중심적 요소이며, 리더십은 구성원의 노력을 결집시키는 핵심 요소이다. 리더십은 전쟁과 같은 극한적인 역경과 위험 속에서도 전 구성원이 협력하여 목표를 달성할 수 있도록 노력을 통합함으로써 전쟁 승패에 결정적인 역할을 담당한다.

2. 시대별 전쟁 양상의 변화

태고 이래 인류가 치른 전쟁의 양상은 다양한 이유에서 그 모습을 달리하면서 변화하여 왔다. 전쟁 양상의 변화에 대한 설명은 시대별로 치러진 전쟁 양상의 변화를 살펴보는 것이 가장 일반적이다. 왜냐하면 전쟁이란 해당 사회의 종합적 측면이 반영되기 때문이다. 즉 전쟁은 당시의 과학기술과 무기체계 그리고 사회제도 특징에 따라 그 모습도 변화되어 왔기 때문이다.

〈표 1-1. 시대별 전쟁 양상[1]〉

구 분	주 요 전 쟁 양 상
원 시 시 대	• 동물전쟁(적자생존, 진화론) • 모방과 발명의 시대
고 대 시 대	• 전투대형(phalanx, legion), 보병 중심의 전투
중 세 시 대	• 기병의 시대, 봉건제도와 종교 전쟁, 전법의 암흑시대
근 세 시 대	• 화약혁명의 시대, 소총과 화포 그리고 절대왕정의 등장
근 대 시 대	• 나폴레옹의 시대, 국민전, 섬멸전의 시대
산 업 시 대	• 대량생산, 대량파괴, 기계화 전쟁, 총력전 • 1차 세계대전(총력전, 소모전) • 2차 세계대전(기동전, 항공모함, 전략폭격 등)
핵전쟁 시대	• 핵무기 전쟁+재래식 전쟁
탈냉전 시대	• 비정규전, 비선형전, 전쟁의 무인화

가. 원시 · 고대 · 중세시대의 전쟁

인류의 기원에 대하여는 창조론과 진화론이 대립하고 있다. 진화론의 견해에서 분류되는 원시시대 이전 또는 선행인류단계 시기에는 확인할 수 있는 자료가 전무한 상태이

1) 군사학개론(양서각, 황진환)

다. 따라서 이 시기에 대해서는 동물의 생리를 통하여 인류간의 전쟁성격을 유추할 수 밖에 없다. 생물학적으로 인간에 가까운 동물들은 활동영역, 성적 욕망, 지배욕, 호기심 등에 관심이 많다. 진화론자들은 이런 동물전쟁을 통하여 적자생존에 의하여 열등 종(種)이 도태되고 새로운 종이 탄생한다고 주장한다. 인간의 기본적인 욕구 중에는 동물의 욕구와 유사한 사항이 존재한다. 이런 측면에서 동물전쟁 연구는 인류전쟁의 심리이해에 많은 공헌을 하였다.

다음시대는 영장류의 출연과 함께 시작한 원시시대이다. 원시전쟁에서의 전쟁양상은 인종, 기후나 물리적 환경보다는 문화·정치적 조직과 외부집단과의 접촉의 다양성과 밀접한 관련이 있었다. 원시전쟁은 모방이나 발명을 통하여 야만시대에서 문명시대로 발전하는데 크게 기여하였다. 원시시대를 지나 맞게 되는 첫 문명의 시대는 고대시대이다. 그리스와 로마를 중심으로 고대 전사를 살펴보면 몇 가지 특징이 있다. 고대시대의 전투는 그리스의 방진(Phalanx)과 로마의 군단(Legion)과 같은 전투대형에 의존한 전투이었다. 기동력보다는 충격력이 중요시되었고, 전쟁의 승패는 일반적으로 병력의 수에 의하여 결정되었다.

〈그림 1-1. 그리스 팔랑크스병[2]〉

그러나 알렉산더대왕과 같은 명장은 망치와 모루 전술을 사용하여 작은 병력으로도 승전보를 울릴 수 있었다. 당시에는 대다수의 국민들이 농업에 종사하였으며, 그들이 전쟁에 종사함에 따라 생업문제로 장기전쟁은 제한되어 단기전쟁으로 진행되었다. 창, 칼,

2) Naver 지식백과

활, 방패 등 단순한 무기를 사용하였고 근력과 지구력에 의하여 전쟁을 수행하였다. 전쟁의 목적은 영토의 확장, 적대세력의 토지나 전리품으로 식량 약탈, 포로노예화 등을 통하여 생존과 번영을 위함이었다.

중세시대 전쟁은 기병시대라고 할 수 있다. 그러나 중세는 전법(戰法)의 암흑시대라고 할 수 있다. 고대시대 명장들이 추구한 기동력의 중요성을 무시하고 오로지 기사 자신의 돌격과 중량의 크기에만 집착하였다. 중세전쟁은 종교전쟁과 봉건제도로 특징 지을 수 있다. 로마의 몰락 이후 기독교와 이슬람 세력간의 종교전쟁이 이어졌는데, 그 대표적인 전쟁이 바로 십자군전쟁이다. 또한 봉건제도 출현으로 강력한 중앙정부가 없었기 때문에 전쟁의 목적이나 규모는 제한적이었으며 비교적 소규모의 전쟁이 전개되었다. 반면에 유럽에서 전법이 부재했던 것과 달리 동양에서는 징기스칸의 몽고군은 십진법에 의한 군 편성과 기동성으로 다양한 전술을 사용하였다. 몽골은 세계를 제패하여 이후 1500년까지 군사적으로 그리고 산업적으로 동양 우위의 시기를 이루었다.

♣ 그리스의 방진(Phalanx) 전투대형[3]

기원전 600년경에 그리스에서 등장하여 이후 로마의 보병군단이 출현하기 이전까지 고대세계에서 가장 가공할 위력을 발휘한 전투대형이다. 중무장한 보병들이 서로 약 90㎝ 간격을 유지하면서 사각형의 밀집대형(통상 12열×16오)을 형성한 것이었다. 그리스에서 팔랑크스는 일정 수준의 재산과 교양을 겸비한 중상류층 시민들로 구성되었다. 이들은 창(약 2.4m), 방패(직경 1m, 무게 23㎏), 단검, 흉갑, 정강이받침 등으로 무장하였다. 팔랑크스의 주무기는 사리사(sarissa)로 불린 장창과 호플론(hoplon)이라고 하는 방패이었다.

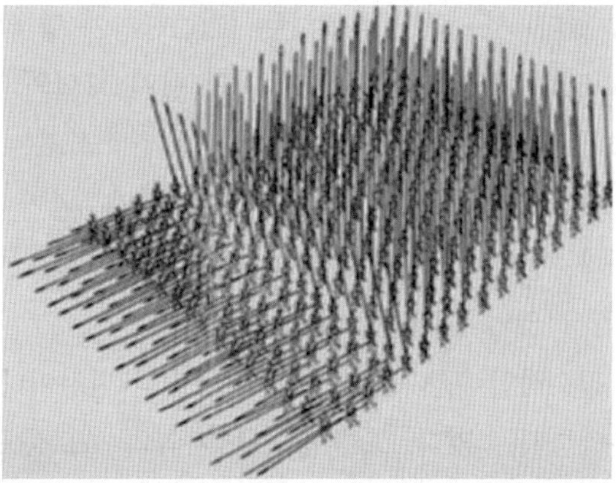

3) Naver 지식백과

〈그림 1-2. 몽고군의 전투모습[4]〉

나. 근세 · 근대 · 산업시대의 전쟁

전쟁의 역사상 가장 중요한 발명은 화약이다. 1250년경까지는 화약은 조심해서 다루어야 할 위험한 물질로만 여겨졌으며 전쟁 전문가들에게는 관심 밖이었다. 누가 화약을 발견하였는지? 이를 관 속에 집어넣어서 발사법을 고안해 낸 사람이 누구인지? 그리고 화포가 언제 어디에서 처음으로 발사되었는지도 정확하게 알려져 있지 않다. 물론 화약은 중국에서 최초로 제조법을 발견하고 12세기 말경에 이슬람을 거쳐서 서양 세계에 전래된 것으로 알려져 있다. 서유럽 지역에서는 1260년경에 영국의 철학자이자 과학자였던 로저 베이컨이 화약의 제조방식을 알아냈지만 당시 교회의 정죄를 두려워하여 이를 공개하지 않았다. 이로부터 반세기가 더 지난 다음에야 화포는 그 위용을 드러낼 수 있었다. 15세기에 접어들면서 유럽에서 본격적으로 화약무기가 사용되기 시작하였고 전쟁사에 새로운 변화가 나타나기 시작했다. 밀폐된 공간에서 얻어지는 화약의 폭발력은 엄청난 파괴력을 갖고 있었기 때문이다.

화약무기 발전에서 필수적인 또 다른 요소는 야금술의 진전이다. 최초에 철이 어디에서 만들어졌는지도 분명하지는 않다. 고대 중근동 지역의 출토품으로 추정해볼 때 기원

4) http://cafe.daum.net/qlsem

전 4000년경에 초보적이나마 철을 정련하는 기술이 습득된 것으로 짐작된다. 그 이후에 제철기술은 히타이트인과 앗시리아인에게로 이어지며 발전하였다. 고대시대의 제철방식은 작은 노(爐) 속에 목탄불을 지펴서 열과 일산화탄소로 철광석을 환원한 뒤 탄소를 잔뜩 머금은 해면상태의 철을 끄집어내어 쇠망치로 두들기기를 반복하는 식이었다. 중세말의 제철기술은 노(爐)에서 용해시킨 철을 진흙모형 속에 부어 넣어서 다양한 형태의 철제품을 만드는 수준까지 이르렀다.

1492년 콜럼버스의 아메리카 대륙 발견에 이어 유럽에 산업혁명의 바람이 불면서 제련기술이 크게 발전했다. 16세기에는 새로운 형태의 용광로가 개발되었다. 제련술 측면에서 연철은 900℃에서 용해된 데 비하여 선철을 얻기 위해서는 1,200℃까지 온도를 높여야 했다. 유럽에서도 선철 생산이 가능해졌고 이는 무엇보다도 화포의 제작과 발전에 직접적으로 영향을 미치게 되었다. 기존의 청동 화포와 더불어 화력이 한층 향상된 선철제 주조 화포가 유럽의 전장에 배치되었다. 물론 화포의 탄환도 선철제 철환으로 교체되어 파괴력이 보다 향상되었다.

화약무기는 이전까지 근력에 의존하던 무기 형태를 혁명적으로 변화시켰다. 당시까지의 전투에서는 방어가 중시되었기 때문에 공격해 오는 적을 맞받아치는 형태의 장궁이나 장창과 같은 무기가 발달하였다. 그러나 이제 화약무기의 사용으로 전술 및 교리가 공격 중심으로 바뀌게 되었다. 특히 화포는 공성용 무기로 활용되어 성에 의존하던 봉건시대의 전술을 깨뜨렸고 기사 위주로 구성된 중세 기병대도 마찬가지로 개인화기의 발달과 더불어 쇠퇴하였다. 이후 꾸준한 기술 개발에 힘입어 화약무기는 보다 경량화되고 발사속도가 증가하여 전장의 주무기로 자리 잡게 되었다.

봉건제도가 붕괴되고 십자군전쟁이 실패로 끝나면서 중앙집권적인 군주국가가 출현하게 되었다. 과학기술이 발달해 감에 따라 소화기와 대포가 점차적으로 전쟁의 핵심화력수단으로 발전하였다. 모리스, 구스타부스 아돌푸스, 프리드리히 같은 군사사상가들은 화약혁명시대에 부합되는 전략사상을 연구하였고 실전에 대한 뒷받침을 제공하였다. 첫 번째 모리스는 스페인의 테르시오라는 정방형 대형을 로마시대 군사제도를 본받아 세분화된 전술단위를 구성하는 선형대형으로 전환하였다. 이어서 구스타부스 아돌푸스는 보·포·기병을 통합한 단일 전투단을 편성하고 또한 무기·전력·조직 등을 재조직한 혁신가였다. 프리드리히는 철저한 훈련과 기동으로 사선 전투 대형을 적용하고 무기체계를 개선하였으며, 내선작전과 공세전략으로 프러시아를 강대국의 반열에 들게 하였다.

근대는 프랑스혁명 이후 나폴레옹의 시대를 말하는데, 국민전 또는 섬멸전의 시대라고 할 수 있다. 프랑스혁명 이전의 전쟁은 국민과 분리된 전쟁으로 국왕이나 봉건영주에 의한 군주전, 그리고 웨스트팔리아 조약의 주권존중사상 그리고 중상주의 정책과 보급제도 제한 등으로 제한된 범위 내에서 제한된 목표를 겨냥한 제한전쟁이었다.

나폴레옹 전쟁은 인권의 자각과 자유민주주의 혁명의 이상에 불탄 프랑스 국민들이 전폭적으로 지지하고 참여한 국민전이었다. 징집을 통한 동원으로 병력의 규모가 증대되었고 사단, 군단 체제의 도입과 산개대형을 통한 부대 운용의 융통성, 그리고 야전포병체제와 보급제도 개선 등이 이루어졌다. 나폴레옹은 전쟁의 목적을 적의 군사력을 격멸하는 것으로 보았기 때문에 섬멸전 양상을 띠었다. 그의 새로운 전략과 전술은 소수병력으로 적 대부분을 견제하고 주력으로 하여금 상대적 우세를 통하여 적의 주력을 격파하고 적의 병참선을 차단하고 과감한 추격을 통해 적을 섬멸함으로써 전쟁의 목적을 달성하였다.

이어지는 시대는 산업혁명시대이다. 산업혁명으로 무기와 장비 등이 대량생산되고 철도, 증기선 등 대량 수송체계가 전장에 도입되어 전쟁의 양상도 대량파괴와 대량살상의 형태로 변화하였다. 미국 남북전쟁은 당시 신형소총, 기관총, 철도, 철갑증기선 등이 등장한 산업혁명의 여파가 최초로 영향을 미친 전쟁이었다. 후미장전식 라이플 소총의 발전과 함께 기관총은 살상율과 파괴력의 증대를 가져왔는데, 러일전쟁의 여순 전투에서 일본군이 입은 피해의 대부분은 러시아 기관총에 의해 발생하였다. 철도의 등장은 대량의 병력과 물자를 수송할 수 있게 하였으며, 지상전 승패의 관건이 되기도 하였다. 해양에서는 증기선과 함포 발전으로 거함거포주의 시대가 도래하였다. 전화통신은 전령을 통한 지휘가 아닌 원거리 부대에 대한 직접 지휘가 가능하도록 하여 대규모나 다방면에서 벌어지는 전쟁을 지휘할 수 있게 하였다. 이와 같이 전쟁은 산업혁명을 통한 무기와 장비 생산, 보급품의 대량생산으로 총력전 양상으로 변모되었다.

〈그림 1-3. 제2차 세계대전 노르망디 상륙작전5)〉

산업전쟁의 정점은 제1 · 2차 세계대전이다. 제1차 세계대전은 총력전이면서 소모전(진지전)이었다. 제1차 세계대전은 전투원과 비전투원의 구별은 있었으나 실질적으로 전 국민과 자원이 총동원된 총력전이었다. 또한 베르딩(Verdun) 전투, 솜(Somme) 전투에서와 같이 진지전 양상이 나타났다. 이는 방자(防者)의 화력이 공자(功者)의 기동을 압도하여 대량 살상력을 발휘 할 수 있었고 참호, 철조망, 기관총에 의한 방어체계와 종심 깊은 방어선과 철도망 등으로 인하여 공격속도에 비해 방어 강화속도가 더 빠르게 나타났기 때문이다. 따라서 전장은 장기전, 소모전 양상으로 치닫게 되었으며, 이를 타개하기 위한 전략과 전술, 무기 등이 발전하게 되었다. 그 결과 제1차 세계대전 이후 1919~1939년에 일어난 세계경제 성장으로 발전기, 내연기관, 자동차, 비행기, 무전기, 전화, 레이더 등의 과학기술이 발전하였다. 제2차 세계대전에서는 진지전이 아닌 탱크, 항공기와 같은 신무기의 발달과 새로운 무기에 대한 신전략이 대두되었다. 즉 두헤와 미첼의 항공이론과 풀러나 리델하트의 기동전으로 인한 독일의 전격전이 대표적이라 할 수 있다.

5) 위키백과

다. 현대 전쟁

제2차 세계대전이 종결된 이후에 세계는 염원하던 평화를 얻게 되었지만 냉전(冷戰)이라는 명칭에서 알 수 있듯이 매우 불안정한 가운데 평화가 유지되었다. 미국을 중심으로 한 자유주의 진영과 소련을 중심으로 한 공산주의 진영 사이의 대립과 갈등은 끊임없이 일어났다. 또한 제 2차 세계대전 이후에 신생독립한 제3세계 국가들이 단일세력을 형성하면서 세계의 역학관계는 더욱 복잡하여 졌다.

현대는 핵전쟁시대이며 탈냉전의 시대이다. 1945년 8월 핵무기라고 하는 "절대무기"가 등장하여 전쟁개념과 전략개념의 변화가 일어났다. 그 변화는 과거에 어떻게 무기를 활용할 것인가에서 어떻게 비사용(non-use)하는가에 더 관심을 두는 것인데, 원자폭탄의 파괴력으로 인한 인류 종말이라는 재앙을 막기 위함이다. 제2차 세계대전 이후 소련 주도의 공산주의 국가와 미국 주도의 민주주의 국가에 의한 양극체제 혹은 냉전의 시대는 탈냉전의 시대로 변화되었으며 이러한 세계질서의 변화는 군사력에 대한 새로운 의미를 부여하였다. "새로운" 전쟁이라고 불리는 현대전쟁은 바로 비정규전쟁, 비선형전쟁, 무인전쟁의 양상으로 진행되고 있다.

(1) 탈냉전시대의 전쟁

전략적 차원에서 탈냉전 이후 새로운 형태의 위협은 ① 이념, ② 마약, ③ 테러이다. 탈냉전적 국제질서에서 이념은 변화된 상황 속에서도 색채만 바뀌고 그 내용은 변하지 않고 있다는 측면에서 새로운 형태의 위협이다. 탈냉전시대의 전쟁 양상은 새로운 형태의 위협과 함께 등장한 게릴라전, 테러리즘, 민사작전, 심리전, 민정작전, 평화유지작전 등의 비정규전(非正規戰)과 21세기 정보혁명에 의하여 등장한 네트워크 중심전, 사이버전, 효과중심의 정밀교전, 비선형전, 동시 · 병렬적 통합작전, 적 중심 마비전 등의 정보전(情報戰)으로 대별할 수 있다. 탈냉전시대의 전쟁양상은 주로 비정규전이었다.

비정규전(Unconventional Warfare)이란 특수전 부대 또는 국가기관 등의 외부 자료제공에 의한 다양한 방법으로 조직 · 훈련 · 무장 · 지원 및 오랜 시간동안 적대국의 우호적인 현지 주민 또는 저항세력에 의해 수행되는 광범위한 군사 및 준군사 활동이라고 할 수 있다.

그러나 비정규전의 의미는 시간이 지남에 따라 확장되었다. 쿠바혁명과 9.11테러공격과 같은 전쟁 양상에 대하여 정치적 폭력, 테러리즘, 전쟁 이외의 군사작전(MOOTW[6]), 인민전쟁, 혁명전쟁, 민족해방전쟁, 게릴라 전쟁, 빨치산전쟁, 저강도 분쟁(LIC[7]), 적 후방지역작전, 제국의 경찰활동, 소규모 전쟁 등과 같은 전쟁양상을 비정규전으로 분류하고 있다. 비정규전은 국가 하부조직의 행위자에 의하여 사용되는 폭력을 의미하는 포괄적인 용어로서 테러리즘이나 분란전과 같은 다른 형태를 포함하고 있다.

전쟁은 전쟁수행방식에 있어서 정규전(regular warfare)과 비정규전(irregular warfare)으로 구분 할 수 있다. 정규전이 비교적 명확한 전선에서 국지적 전력 우세 확보로 승리하는 대부분의 전쟁사 모습이라면, 비정규전은 월남전에서의 월맹군의 다면작전 등과 같이 명확한 전선 없이 폭력적 · 비폭력적 수단과 방법을 동원한 전쟁을 의미한다. 이와 같이 비정규전의 개념이 전복활동을 지원하거나 특수부대와 같은 주체에 의해 수행되는 전쟁(unconventional warfare)에서 전장의 영역이 광범위하고 어떤 정치적 목적을 달성하기 위하여 다양한 수단을 동원하는 정규전 이외의 전쟁으로 영역이 확장됨을 알 수 있다.

비정규전의 영역이 확장됨에 따라 작전형태도 점차 확장되었다. 전통적 의미에서의 비정규전의 작전형태에는 유격전, 전복활동 지원, 정보활동, 인원구출 등이다. 과거에는 게릴라전, 유격전 등에 의한 전복전과 비대칭 위협의 전형인 테러리즘을 별도로 구분하였으나 최근에는 테러리즘, 대테러전, 분란전, 대분란전이 비정규전에 포함되었다. 또한 인권문제와 인도주의적 문제는 군사적 개입과 그에 따른 새로운 전쟁 양상의 출현으로 이어졌다. 갈리 · 람스보탐 · 우드하우스는 탈냉전 이후 인권문제와 인도주의적 문제에 대한 UN의 개입을 주장하고 있으며 과거 주권의 시대에서 인권의 시대로 넘어가고 있는 것이다. 이로 인하여 민사작전, 심리전, 민정작전, 평화유지작전 등과 같은 비정규전이 부각되었다.

---

6) MOOTW : military operations other than war, 전쟁 이외의 상황에서 군이 활동하는 것을 말하며 MOOTW에는 평화유지, 대테러, 무력시위 및 타격작전, 비전투원소개, 재난구조, 대게릴라전, 공해상 자유항행권 확보, 대마약작전, 인도주의적 원조, 선박보호, 민사지원 등이 이에 속한다.

7) LIC low intensity conflict, 1970년대 후반부터 베트남전쟁에서 나쁜 이미지로 각인(刻印)된 게릴라전을 대신하여 미국의 군사 관계자간에 사용되었다. 핵무기를 포함한 전면전쟁의 고강도 분쟁, 재래식무기에 의한 정규전의 중강도 분쟁과 대비하여 그 이외의 테러, 폭동, 게릴라전에 의한 비정규전을 말한다.

3. 미래전 양상

가. 개 요

전쟁의 양상은 과학기술의 발전에 따른 새로운 무기체계의 등장에 따라 변화해 왔으며 미래전의 양상은 전쟁에 대한 관점과 인식의 차이에 따라 매우 다양한 측면에서 논의될 수 있다. 즉 미래전의 내용을 좀 더 깊이 파고들어가 보면 한 가지 용어로는 표현하기 어려운 다양한 특징들이 복합되어 있고 전쟁 및 군사전략 전문가들 역시 다양하게 미래전의 양상을 예측하고 있다. 이와 같이 미래전의 양상을 변화시키는 요인은 다양하게 논의될 수 있으나 공통적으로 다음과 같은 키워드로 제시되고 있다.

첫째, 군사과학기술의 발달이다. 군사과학기술의 발달은 무기체계의 전쟁목표, 전쟁수행 개념 및 방식 등에 영향을 미치고 있으며 전쟁의 근본적인 사고의 틀(paradigm)까지도 변화시키고 있다. 먼저 과학기술의 발달로 무기체계는 소형 · 지능화되고 정밀유도 및 장거리타격이 보편화되며 이러한 발전이 지휘통제 기능 및 정찰 · 감시와 연계한 복합타격체계(C4ISR+PGMs)[8] 운용을 가능하게 한다. 첨단 정보통신기술(IT) 발전으로 네트워크 중심의 작전환경이 조성되어 실시간 정보공유, 상황인식 및 지휘통제가 구현될 것이다. 따라서 미래에는 물리적 영역뿐만 아니라 적의 정보 및 네트워크 능력을 파괴하고 전쟁 통제능력을 마비시키는 새로운 전쟁양상이 전개될 것이다.

둘째, 위협유형의 다양화이다. 현재의 전면전 및 국지전에 대한 위협은 미래에도 여전히 존재할 것이다. 또한 첨단 과학기술의 급격한 발달과 더불어 세계화의 가속화로 인해 국가간, 지역간 상호의존성이 심화될 것으로 보인다. 국경개념이 약화되면서 세계 여러 지역에서 발생하는 특정 문제도 국가의 안보에 직 · 간접적으로 영향을 미치게 될 것이다. 특히 테러, 재해 재난 등 다양한 초국가적 · 비군사적 위협의 등장은 전통적인 적과 위협에 대한 개념을 바꾸어 놓았다. 이에 따라 전 · 평시 지속적인 국가기능 및 질서유지를 위한 안정화작전 소요도 점차 증가하게 될 것이다.

셋째는 전쟁수행 개념의 변화이다. 최근 발발했던 전쟁사례를 통해 동시성 · 통합성에

8) C4ISR+PGMs : Command, Control, Communications, Computers, Intelligence, Surveillance and Reconnaissance +Precision-Guided Munitions 지휘, 통제, 통신, 컴퓨터, 정보, 감시, 정찰 및 정밀유도 무기로 센서(Sensor)에서 발사자(Shooter)까지 연결하는 자동화체계. 감시정찰정보체계와 정밀타격체계, 지휘통제체계를 실시간에 디지털로 연동된 무기체계 또는 이와 관련된 하부체계를 말한다.

기초한 새로운 전쟁개념의 효용성이 입증되고 있다. 걸프전은 공지전투(Air-Land Battle) 개념을 적용한 신속기동전을, 아프가니스탄전은 특수작전부대와 장거리 정밀타격 전력을 결합한 정보전 개념을 입증하였다. 이라크전에서는 네트워크 중심의 작전환경 속에서 대규모 공중정밀타격과 지상전을 병행함으로써 최단시간 내 전쟁목적을 달성하려는 신속결정작전(RDO[9])과 불필요한 대량파괴를 최소화하면서 설정된 요망효과를 달성하는 효과중심작전(EBO[10])을 적용하여 조기에 주요 작전을 종결할 수 있었다.

최근의 전쟁사례에서 보듯이 정밀타격무기의 발전에도 불구하고 산악 및 도시지역과 같은 작전환경에서는 여전히 전문화된 인간의 전투기술에 의존하지 않고는 전투를 종결할 수 없었다. 즉, 지상전에 의해서만 최종 전투를 종결할 수 있다는 사실이 이라크전에서 입증되었다. 따라서 미래에는 효과위주의 작전이 강조되기도 하겠지만 특수작전 등 병력에 의한 전쟁수행 방식 또한 여전히 필요할 것이다. 이와 같이 미래전에 대한 변화를 전망해 볼 때 미래의 작전환경은 네트워크를 기반으로 하는 작전환경으로 급속히 변화해 나갈 것이다. 이에 따라 미래전에서는 정보에 대한 의존성이 증가될 것이며 이 때문에 전쟁목표 또한 물리적 파괴나 영토 확보의 개념에서 적의 정보와 네트워크 능력을 파괴하여 전쟁통제능력을 마비시키는 개념으로 변화될 것이다. 결국 미래전 양상은 다양한 이론과 논의를 종합해 볼 때 지식 · 정보 기반의 작전, 효과위주의 작전, 인명을 중시하는 작전, 전력운용의 승수효과 달성을 위한 동시 · 통합전의 형태가 될 것이다.

〈그림 1-4. 미래전 모형도[11]〉

9) RDO : Rapid Decisive Operation
10) EBO : Effect Based Operations

나. 네트워크 중심전

정보기술의 발전에 따라 전통적인 전쟁이 플랫폼(platform)별 독자적인 탐지-타격수단을 이용한 형태로 수행되어 왔다면 미래는 지식 · 정보능력을 바탕으로 플랫폼뿐만 아니라 제 작전요소들이 네트워크로 상호 연결되어 실시간 정보공유가 가능한 환경으로 변화될 것이다. 이러한 환경에서는 복합타격체계(C4ISR+PGMs) 운용이 보편화될 것이며 제 작전요소들이 시간적 · 공간적으로 넓은 영역에 분산된 상황에서도 전장정보를 상호 공유 및 활용함으로써 지휘관 의도의 신속한 구현과 작전목적 달성을 위한 전투력의 동시 · 통합 운용이 가능하게 될 것이다.

다. 지식 · 정보 기반의 작전

미래전에서도 기동과 화력의 중요성은 여전히 강조될 것이다. 그러나 네트워크화 된 전장환경에서 적과 아군, 그리고 작전환경에 대한 사용자 중심의 지식 · 정보의 우위 달성여부가 승리의 관건이 될 것이다. 정보 우위 및 공유를 통해서 지휘관은 적보다 신속한 지휘결심의 완전성을 보장받게 된다. 이러한 제반 지식 · 정보를 지휘관 및 부대가 공유한 가운데 작전을 수행함으로써 상대적 전투력7) 우위 달성과 주도권 장악이 가능하게 될 것이다.

라. 효과 중심의 정밀 타격전

효과중심의 정밀타격전이란 전략적 · 작전적 · 전술적 수준에서 아군의 군사적 역량과 비군사적 역량을 모두 활용한 정보작전, 압도적인 기동, 정밀공격으로 적의 전쟁수단이나 의지를 단순히 파괴하기 보다는 핵심적 기능마비를 통제할 수 있는 효과성과 경제성에 초점을 맞춰 타격하는 것이다. 전통적인 전쟁에서는 적의 군사력을 대량파괴하거나 살상함으로써 적의 의지를 굴복시키고자 하였다. 그러나 미래에는 장사정유도무기의 획기적인 발전으로 적의 군사력을 대량으로 파괴하지 않고서도 적의 군사력을 통제할 수 있게 될 것이다. 여기서 '통제'란 전략적 요소들에 대한 적의 영향력을 지배할 수 있는 능력으로서 적의 일부 중요 핵심 시스템의 무력화로 국가의 전체 기능을 무력화시키는

---

11) 국방과학기술조사서

능력을 의미한다. 이와 같은 변화에 따라 미래에는 파괴중심에서 효과중심으로, 영토의 점령에서 시스템 통제로, 군사력의 행사에서 군사적 영향력의 과시로, 순차적 공격에서 동시 병렬공격으로, 투입중심에서 산출중심으로 급속히 전환할 수 있는 효과중심의 정밀타격전이 수행될 것이다.

마. 인명을 중시하는 작전

미래에는 도시화와 인구집중 현상으로 작전환경이 변화되고 무기체계가 고도로 발달함에 따라 단기간 내에 많은 인명피해가 발생할 수도 있다. 그러나 대중 언론매체의 발달로 물리적인 대량 살상이나 민간인 피해 발생 시 실시간대의 전파를 통한 반전여론이 조성되어 국내 및 국제적인 지지를 얻을 수 없게 될 것이다. 또한 아군의 피해 역시 반전여론이나 사기 저하에 영향을 미친다는 점에서 미래전은 인명을 중시하고 피해를 최소화하는 개념으로 변화할 것이다.

바. 승수효과 달성을 위한 동시 · 통합전

네트워크 기반 작전환경에서의 작전수행은 제반 능력과 활동을 유기적으로 연동시켜 전력운용의 승수효과를 달성하는 형태로 발전하고 있다. 동시 · 통합전은 광범위하게 분산된 위치에서도 가용 전투력을 시간적 · 공간적인 면에서 동시에 운용하여 적 전투력의 균형을 와해시키고 중심을 파괴하기 위해 모든 능력과 활동을 연동시키는 것이다. 따라서 미래전은 전략적 · 작전적 · 전술적 수준 등 전 제대에서 다양한 형태의 동시 · 통합적 노력을 통해 승수효과를 달성하는 형태로 전개될 것이다.

제2절 무기체계 발달과정 및 추세

1. 전쟁과 무기체계의 변천

무기체계와 전쟁(군사작전)과는 밀접한 관계가 있다. 어떠한 무기를 선택하느냐에 따라서 어떻게 전투를 수행할 것이냐 하는 것이 결정되고 또 어떠한 작전을 전개할 것인가에 따라서 어떠한 무기를 사용할 것인지도 결정된다. 어떠한 작전에 있어서는 무기체계를 약간만 변경시켜 그 작전을 가장 효과적으로 수행할 수 있는 경우도 있다. 또한 약간의 작전 변경으로 기존 무기를 가장 효과적으로 이용할 수도 있는 것이다. 따라서 무기체계에 관한 연구는 필수적으로 전술 및 전략에 관한 연구가 병행되어야 한다.

예를 들어 프랑스는 1346년 크레시전투에서 영국보다 2배나 되는 병력의 우세에도 불구하고 패하였다. 그 원인은 영국의 긴 활(Long Bow)이 프랑스의 짧은 활(Cross Bow)보다 사거리나 정확도 면에서 훨씬 우세함에도 프랑스는 병력 수의 우세만을 믿고 상대방의 무기 특성을 고려한 적절한 전술을 개발하지 않았기 때문이었다.

또 다른 예는 영국이 최초로 전차를 개발하였으며 전차를 이용한 전술 및 전략을 발전시켰는데도 불구하고 독일의 전차에 의해 유린당하였다. 그 이유는 영국은 전차를 방어전용으로 사용하였는데 반해 독일은 영국이 개발한 전차와 전술을 도입한 후 이를 발전시켜 PANZER 부대를 편성하여 전격전에 사용하였기 때문이었다.

무기체계의 변천과정을 단계적으로 구분할 때 〈표 1-2〉에서와 같이 통상 4개 기(期)로 나누고 있다. 제1기는 고대전쟁에서 사용된 창, 칼, 화살, 투척기, 방패 등과 같이 근력(筋力)에 의한 에너지를 축적하여 일격에 이것을 방출하는 무기로부터 시작된다. 제2기는 화승총과 화포 등 화약의 힘으로 탄환을 날리는 화포의 실현 이후이며 완력 대신 화학적 에너지를 사용하는 무기의 출현으로서 이는 전쟁을 크게 변화시키는 단서가 되었다. 14~18세기에 걸친 제2기 시대에 있어서 무기의 진보는 완만했지만 그 때문에 오히려 사회의 변혁이나 군대의 변화와의 상관관계가 명백해진 계기가 되었다. 제3기는 18세기 말부터 19세기 초에 걸친 이른바 산업혁명으로 화기의 비약적인 진보가 이루어졌다. 이에 따라 병기 기술의 이론적 연구가 촉진됨과 아울러 병기 개발 · 생산의 파급효과에 의하여 민수산업이 발전하게 되었다. 이 시기에는 무연화약이 등장하고 자동화기와 화학무기가 출현하였으며 특히 내연기관의 발명은 무기에 획기적인 기동성을 부여하게 되었다. 또한 빛이나 음향, 전자파, 전기, 전자, 적외선, 초음파, 사진 등을 이용하는 신기술에 의하여 주 무기의 효율성을 향상시키기 위한 여러 가지 문제의 해결이 시도되고 무기는 점차 복잡화되어 갔다. 투척무기는 조준, 사격통제, 목표 탐지 및 표적, 통신 및 무선명령 등의 부수장치와 불가분의 관계로 무기 그 자체가 아닌 시스템으로 발전되어 갔다. 이 시기의 무기체계는 현대전쟁에서도 사용하는 기관총, 야포, 전차, 항공기 그리고 잠수함까지를 포함한다. 제2기와 비교할 때 제3기의 두드러진 특징은 무기의 구식화가 매우 빨라졌다는 것이다. 무기의 발달 속도가 매우 빨랐기 때문에 어떤 신무기가 사용된 지 얼마 되지 않아 그 존재 의미를 잃어가는 일이 흔히 있었다. 이 같은 무기의 가속적 진부화는 보다 나은 무기를 탄생케 하는 촉진제가 되면서 기술발달은 급속도로 확산되어 갔다.

무기 변천과정의 제4기는 최초의 원자폭탄이 일본의 히로시마에 투하된 1945년 8월 6일 이후를 말한다. 핵탄두는 기존의 포탄이나 폭탄보다 발생 온도가 훨씬 높고, 폭풍속도가 크며 또 무서운 방사선을 방출하기 때문에 이것에 의한 피해는 화약과 비교가 되지 않고 효력반경만 큰 것이 아니었다. 핵무기 효력의 향상과 수량의 증가, 그 운반수단인 미사일의 진보에 의하여 모든 사람의 전쟁관이 바뀌었다. 핵전쟁은 지구의 파멸을 가져오기 때문에 제4기의 40여 년간은 전쟁 억제의 수단이 되어왔으나 국지적 무력분쟁은 제3기에 비해 오히려 증가되었다. 무기의 변천과정에 있어서 제4기의 특징으로는 미국과 소련은 물론 영국, 프랑스 등 핵보유 국가들이 거대과학(Big Science)의 조직적 대결에 익숙해졌다는 것이다. 제3기의 시대감각으로는 상상조차 할 수 없었던 고도의 무기가 예상을 뛰어넘어 단기간에 완성되어도 전혀 이상하게 생각하지 않게 된 것이다.

기술의 발달은 여기에 머무르지 않고 또 다른 새로운 무기를 개발하고 새로운 전쟁을 유발케 하였다. 이른바 하이테크 전쟁인 걸프전이다. 걸프전에서 핵무기 사용은 없었으나 첨단 정보수집 수단 및 무기의 등장으로 근접전투가 아닌 원거리에서 요구하는 지점에 정확하게 타격하는 형태의 전투가 수행되었다. 종래의 지상·해상·공중 합동작전으로부터 이제는 인공위성의 등장으로 우주까지도 전장화가 되어가고 있는 고도 입체전의 양상을 보여주고 있다. 반면 미군의 이라크 침공 후 안정화작전 기간에는 폭도, 반란군, 테러리스트와의 전쟁을 수행하기 위한 무기체계도 요구되고 있으며 이러한 측면에서 현대전의 냉전과 비정규전에 사용된 핵무기, 전자무기 및 유도무기 등을 제4기의 무기로 분류할 수 있다.

〈표 1-2. 무기체계와 전술의 변천과정〉

구 분	무 기 체 계	전 술
고대전쟁	• 무기 제1기 ·공격용 : 창, 칼, 화살, 투석기 ·방어용 : 갑주, 방패	• 집단대형 • 종대대형
중세전쟁	• 무기 제2기 ·화승총, 화포	• 선 전투(1차원) 횡대대형
근대전쟁	·총검	• 종대대형 • 내선작전
	·철도, 전신	• 외선작전
현대전쟁	• 무기 제3기 ·기관총, 야포	• 평면전투(2차원) ·후티어 돌파전술[2] ·구로우 종심방어[3]
	• 무기 제4기 ·핵폭탄	• 전격전, 입체전투 / 냉전(冷戰)
	·전자무기, 회전익 항공기 ·COIN 무기	• 비정규전
	·정밀유도무기	• 공세이전

일반적으로 무기에 대한 거대한 투자는 전술 및 전략을 그 무기에 고착시키는 경향이 있다. 만일 한 국가가 어떤 무기체계를 획득하기 위하여 많은 예산을 투자하였다면, 투자된 비용을 고려하여 자연히 그 무기체계를 사용할 수밖에 없으며 그 무기체계에 따른 고유의 전술을 발전시키지 않을 수 없게 된다. 더구나 현대 무기체계는 핵무기를 비롯하여 그 획득비용이 한층 더 증가되어가고 있으며 현대 과학기술의 급속한 발전으로 군 및 민간 기업에서도 무기체계 개발에 많은 노력을 기울이고 있다. 따라서 군과 국가의 중요한 임무는 새로이 개발되고 등장하는 현대 무기체계의 특성을 잘 이해하는 것이며 이 특성이 군사적 전술과 전략에 미치는 영향을 면밀히 분석하여 적합한 무기를 선정하고 이에 부합하는 전술을 발전시켜 전략·전술 및 부대구조가 병행 발전되도록 해야 한다.

2. 무기체계 발전추세

가. 개 요

걸프전에서는 병렬전(Parallel War)이라는 새로운 전쟁방식이 위력을 발휘하였다. 이 새로운 전쟁은 전략, 전술, 작전 목표들을 동시에 공격하여 복구가 불가능하도록 피해를 가하였다. 이러한 전쟁이 가능했던 이유는 인공위성, 감시 및 표적획득 시스템(J-STARS), 공중조기경보시스템(AWACS[12]) 등 전장관리 시스템과 우주자산을 이용하여 대량파괴 및 살상을 피하고 군사표적만을 정확하게 식별하여 정밀하게 명중 파괴할 수 있었기 때문이다.

이라크전쟁의 또 다른 성과는 소프트 킬(Soft Kill)이 하드 킬(Hard Kill) 못지않게 위력이 있음을 증명한 전쟁이었다.

코소보전쟁은 최초로 전장이 우주에서 사이버까지 확대된 전쟁이었다. 전자우편(e-mail)의 대량 살포, 중국의 인해전술식 해커전 수행 등이 있었으며, 무인항공기를 활용한 무인전투 전개 및 탄소섬유탄과 같은 비살상무기가 일부 운용되었다. 또한 최근 들어 과학기술의 혁명적 발전은 미래전 양상의 급격한 변화를 가속화하고 있다. 대표적인 혁명적 과학기술은 정보통신기술, 나노기술, 신물질 · 신소재 기술, 로봇기술, 항공우주 기술 등이다.

앞에서 기술한 바와 같이 미래의 전쟁은 전장의 가시화와 정보의 공유화가 가능해 질 것이다. 전장은 각종 인공위성과 공중감시체계로 가시화되며 모든 정보는 네트워크화로 공유가 가능하게 된다. 정밀교전이 보편화되어 무기체계의 숫자보다 질이 더욱 중요하며 오차가 거의 존재하지 않는 정밀성의 혁명이 가능하게 될 것이다. 모든 전장 공간은 우주 및 사이버 공간까지 확장되고 중첩되게 되며 감시체계와 타격체계의 순간적인 결합이 가능하게 될 것이다. 또한 전쟁 수준의 중첩도 감시체계와 장거리 정밀타격 수단의 상호 연관관계가 증대될 것이다. 전자전 및 사이버전의 위력이 발휘될 것이며 전투 의사결정 사이클이 가속화되어 전장에서의 시간개념이 획기적으로 단축되며 이에 따라 전투 의사결정 절차도(OODA[13])로부터 IDA[14]로 단축될 것이다. 이러한 미래 전장에서

---

12) AWACS : Airborne Warning and Control System
13) OODA : Observation Orient Decision Action
14) IDA : Information Decision Action

요구되는 무기체계는 재래식 기술과 개념으로는 달성할 수 없다. 따라서 미래 전장 무기체계의 특성은 첨단기술에 기초하고 있으며, 새로운 기술의 발명은 새로운 미래 무기체계로 활용될 수 있다는 가능성을 지니고 있고 실제로 각종 기술이 무기체계에 적용됨으로써 새로운 전쟁개념을 탄생시키고 있다. 이러한 측면에서 선진 세계 각국의 군사과학기술 발전추세는 다음과 같이 변화되어 가고 있다.

첫째, 신기술을 기반으로 하는 군사혁신을 추진하고 있다. 군사혁신이란 신기술을 혁신적으로 적용하고 기술에 발맞추어 교리, 작전개념, 조직개념 등을 갱신하여 군 작전의 성격을 근본적으로 바꾸어 주는 것이다. 세계는 새로운 안보환경을 맞이하여 모든 부문에서의 혁신을 도모하고 있다. 직접적인 군사적 위협이 사라진 후 다양한 형태의 잠재적 위협이 등장하고 있으며 이를 대비하는 개념은 기존의 연장선상이 아닌 혁신적인 사고를 필요로 하고 있다. 미래전 양상은 적의 힘과 의지를 신속히 붕괴시키기 위하여 고도의 치사성과 기동력이 있는 일련의 통합된 동시작전이 고속으로 또 전 지역의 전 종심에서 병렬적으로 수행될 것으로 예상되고 있다. 이러한 형태의 전쟁에 대비하기 위한 군사혁신의 기본방향은 월등한 정보력의 유지와 다양한 기능간의 긴밀한 협조를 통한 시너지 효과, 비선형 비교전적(非交戰的) 전투의 활용 및 군사와 민간의 경계 모호로 인한 군사업무의 민간참여 확대 등을 들 수 있다.

둘째, 첨단 무기체계를 통해 질적인 면에서의 군사력 강화를 추진하고 있다. 미국의 국가안보과학기술보고서나 일본 방위대강의 공통된 핵심내용은 미래 국방을 위해 장비 및 군대의 규모는 축소하나 질적 능력은 강화한다는 것이다. 따라서 새로운 양상의 전쟁수행개념을 충족하는데 소요되는 무기체계의 질을 향상시키기 위하여 군사과학기술 분야의 연구개발 투자가 대단히 중요시되고 있다.

셋째, 군사 분야와 민간 분야의 연계가 강화되고 있다. 세계적인 공통사항으로 직접적인 군사위협이 사라진 대신 새롭게 등장한 위협의 하나는 군사력 규모와 국방비에 관한 축소 압력이다. 이에 따라 미국을 비롯한 선진 각국은 국방능력을 국가안보와 경제안보간의 새로운 시작으로 관계를 설정하고 있다. 즉 국방능력의 기반을 국가산업의 전반적 기술 및 경쟁력에 두고 방위산업과 민간산업 경제를 통합하는 소위 민·군 겸용기술이 투자전략의 핵심으로 등장하고 있다.

위와 같은 무기체계의 발전추세는 결국 진보된 군사 첨단기술의 발전과 함께 이루어지는 것으로 과학기술의 발전이 없이는 위에서 기술한 발전목표를 달성하기 곤란할 것이며 미래무기체계의 발전을 위해서도 과학기술의 의존도는 더욱 더 심화될 것이다.

나. 무기체계별 발전추세

무기체계별로 발전되어가고 있는 추세를 요약해보면 다음과 같다.

지상무기 중 전차는 전차포가 130~150mm급으로 대구경화 및 활강화, 전자열포 개념으로 발전하고 신소재 개발을 통한 방호력의 확대와 차고를 낮춤으로써 피탐률을 줄이는 방향으로 발전될 것이다.

화포는 장사거리, 발사속도 증가, 명중률 향상, 자동화, 자주화 등 기술발전 추세에 따라 발전되고 있으며 고체 추진제 대신 액체 추진제를 활용하여 발사속도를 증대시키고 전자열(Electro Thermal)을 이용한 포구속도 증대, 상온 초전도체 개발에 따라 전자력에 의한 전자포(Electro Magnetic Force or Rail Gun)의 출현으로 포구속도 및 사거리가 증대되고, 탄두는 밀리미터파 또는 적외선 감지센서를 장착한 고정밀 센서의 개발로 정확도가 향상되며 활주로 파괴, 견고표적 및 통신·레이더 시설 등을 파괴하기 위한 특수목적 탄두가 개발될 것이다.

해상 및 수중무기 분야 중 수상함은 복합 해전능력을 지닌 전투 시스템으로 발전하고 소음 감소 및 스텔스화로 생존성이 증대되며 새로운 추진방식의 도입으로 고속화됨과 아울러 대공 및 대유도탄 방어능력을 갖추어 다수의 표적을 처리 공격할 수 있는 이지스(Aegis)함으로 발전하고 있다. 또한 초전도체의 발달로 자기유체(MHD[15]) 추진 및 연료전지에 의한 추진 등의 소음 감소 및 고속화도 예상되고 있다.

잠수함은 대형화, 고속화 및 은밀화를 목표로 발전될 것이며, 추진동력은 폐회로 증기터빈, 폐회로 디젤기관, 소형 핵추진장치 및 연료전지의 개선으로 잠항능력이 확대되고, 공기불요추진체계(AIPS[16]), 흡음재료 등의 개발로 소음이 감소될 것이다. 어뢰의 발전추세는 잠수함의 속도에 비례하여 고속화 및 항주거리가 증대될 것이다. 또한 추진방식은 소음감소의 이점으로 배터리 방식이 유지되고, 배터리의 성능이 획기적으로 향상되며 항주거리 증가를 위해 폐회로 추진도 채택될 것이다. 유도방식은 기존의 능동호밍방식의 개량, 선 유도방식 및 표적의 추진기에서 발생하는 항적(Wake)을 찾는 방식이 발전될 것이며 동시에 복합유도방식에 의해 지능화될 것으로 예상된다.

---

15) MHD : Magnetic Hydro Dynamic
16) AIPS : Air Independent Propulsion System

항공기의 발전추세는 신소재 사용으로 스텔스화가 되고 초기동성, 최소 공기저항 및 형상 통제형 항공기가 출현할 것이며 항공전자의 발전으로 비행제어항법, 사격통제 등이 자동화될 전망이다. 또한 각종 시스템을 통합화하고 비행제어 및 무장시스템을 연계하여 자동 조정됨으로써 조종사의 임무가 단순화 될 것이다.

유도무기 분야는 표적획득 수단 및 탐지 · 추적 장비의 발전, 고성능 탐색기 및 정밀유도 조종 장치의 개발로 정확도가 향상되고, 전략탄두 및 목표물별 고성능 탄두의 개발로 타격 능력이 증대되며 대전자전 능력과 스텔스 능력의 보유로 생존성이 향상될 것이다. 지대지 유도무기는 향후 기존방식의 개량을 통한 성능향상에 초점을 맞출 것으로 예상되며 특수 구조재료를 사용해서 경량화하고 영상레이더를 이용한 종말유도장치가 개량될 것이다.

통신 · 전자분야는 초고속직접회로(VHSIC) 기술, 마이크로파 집적기술(MIC), 광학집적기술(IOC) 분야의 GaAs 반도체 소자 응용기술의 발전이 급진전됨에 따라 고정밀, 고밀도, 고속화 및 신뢰성이 향상될 것이다.

지휘통제 분야는 광섬유 통신을 이용하여 고속, 대용량 통신이 가능하고 다중 컴퓨터의 병렬처리, 분산처리 기술로 연속속도의 고속화와 신속성이 향상되며 인공지능(AI)을 활용하여 지휘관의 의사결정을 지원할 것이다. 통신 분야는 현재보다 10배 정도 빠른 주파수 도약이 가능하고 데이터 전용회선을 확보하여 패킷교환이 가능한 복합교환방식으로 발전될 것이며 새로운 주파수 개발을 위해 밀리미터파, 극저주파(ELF[17]), 초저주파(VLF[18]) 통신이 발전될 것이다. 전자전 분야는 레이저와 전자빔 무기의 실용화, 인공지능기술의 적용, 고에너지, 고주파 송수신 및 핵융합제어 등의 발전에 의해 기술혁신이 예상되고 있다.

이밖에도 자동화기술, 인공지능의 적용 등으로 지능을 가진 로봇이 전장감시, 항공작전, 지뢰제거, 수색정찰, 생화학 작용제 오염지역 제독 등 인간이 직접 수행하는데 위험이 따르는 작전에 활용될 것이다. 철기시대가 막을 내리고 경량, 내열성 및 내식성을 가진 신소재가 개발되어 각종 구조재, 스텔스 재료, 정밀부문 등에 사용되어 무기체계에 적용될 것이며 국제적인 핵무기 규제에 따라 핵무기에 버금가는 초에너지 물질인 기화폭탄, 준안정 헬륨탄이 개발될 것이다. 또한 기능상실, 무력화를 목표로 한 비살상 무기

17) ELF : Extremely Low Frequency
18) VLF : Very Low Frequency

체계가 개발되어 발전소, 변전·송전 시설의 파괴를 목적으로 탄소섬유(Carbon Fiber) 탄두의 개발과 핵폭발에 의한 고에너지 방출과 같은 효과로 통신기, 컴퓨터 등 전자제품에 치명적 손상을 입히는 EMP(자기) 폭탄을 개발하고 있다.

제3절 무기체계의 정의(定意)

1. 무기체계의 개념

무기체계가 무엇인가를 개념상으로 명확하게 구분하기는 쉽지 않다. 협의로는 무기 자체만을 의미하지만 광의로는 무기 및 이와 관련된 물적 요소와 인적 요소의 종합체계라고 할 수 있다. 원래 무기란 전쟁에서 적을 죽이거나 상처를 입혀서 물리치거나 승리하기 위하여 사용하는 도구로서 이 같은 무기는 고대에서는 칼이나 활 등 개인이나 팀 단위로 운용되는 간단한 것이었으나 과학기술의 발달로 무기가 점점 정교해지고 복잡화됨으로써 무기체계로 진화되었다. 즉 과학기술의 발전에 따라 지상무기, 항공무기, 해상무기와 이를 지원하는 군수, 통신, 기술인력 등이 하나의 팀으로 운용될 때에 그 무기는 제 기능을 발휘할 수 있게 되었다. 이러한 여러 가지 구성요소들이 함께 협력할 때 기능을 발휘하게 되는데 이것을 체계(System)라고 부른다. 체계의 개념이 처음 사용된 것은 무기의 운용이 복잡해지기 시작한 제2차 세계대전 당시 미국이 '무기체계 평가단'을 설치하면서 부터이다.

체계의 사전적 의미는 낱낱의 것을 그 구성부분에 따라 계통적인 것으로 통일한 전체를 의미한다. 또한 공학적으로는 어떤 공통목적에 기여하는 구성요소간의 상호의존 관계에 의하여 형성되는 복합체를 의미한다. 무기체계는 그 범위가 넓고 복잡하며, 사전이나 문헌들에도 여러 가지 내용으로 기술되고 있다. 군사학 대사전에서는 무기체계를 군수지원적 용어와 무기분석적 용어로 정의하고 있는데 군수지원적 용어에서 보면 무기체계는 폭격기, 미사일과 같은 하나의 전투용 기구와 이 기구를 표적이나 표적 상공에 운반하는데 동원되는 모든 부수적 장비, 지원시설 및 근무 등을 포함하는 하나의 총체적인 체계이다. 반면 무기 분석적 용어에서 보면 이것은 기능을 가진 구성요소가 복잡하게 통합되어 있는 하나의 전투용 기구를 의미한다. 국방전력발전업무 훈령에는 무기체계란 유도무기, 항공기, 함정 등 전장에서 전투력을 발휘하기 위한 무기와 이를 운영하는데 필요한 장비 · 부품 · 시설 · 소프트웨어 등 제반 요소를 통합한 것으로 정의하고 있다. 합동참모본부에서 발행한 합동무기체계에는 전투수단을 형성하는 주 임무 무기를 비롯한 보조장비들과 그 조직 및 운용기술이 망라된 복합체로 정의하고 있다. 미국 국방부 군사용어사전(JP 1-02)에는 무기체계란 자족성을 만족시키기 위하여 필요한 모든 관련 장비, 물자, 서비스, 인력과 투발 및 전개수단을 포함한 하나 혹은 다수 무기의 복합체라고 정의되어 있다. 이 같은 다양한 의견을 종합하여 보면 무기체계란 〈그림 1-5〉와 같이 『부여된 임무를 달성하기 위해 주 임무 무기와 이에 관련된 인력, 보조장비, 지원시설 및 정비기술, 군수지원 그리고 전략, 전술, 교육훈련 등이 통합된 전체의 체계』라고 정의할 수 있다.

〈그림 1-5. 무기체계 구성〉

무기체계의 간단한 예는 전쟁수단 즉, 창이나 활로 무장한 고대의 전사도 하나의 완전한 무기체계로 볼 수 있으며 이들은 무기가 너무 간단하기 때문에 체계라는 접미어를 붙이지 않고 있을 뿐이다. 무기체계의 다른 예로 전술 전투기 무기를 들 수 있다. 여기서 전투기 자체는 물론 활주로, 관제시설, 연료 및 주유시설, 폭탄, 사격장치, 조종사와 정비사의 작전 및 기술수준까지를 종합하여 하나의 무기체계로 보아야 하며 이 중에서 어느 한 가지가 미흡하여도 전술 전투기가 본래의 고유한 임무를 수행하는데 지장이 있다. 이처럼 현대전쟁에서 하나의 무기 자체로서는 완전한 기능발휘가 곤란하기 때문에

체계를 구성하고 있는 구성요소들이 기능적 · 유기적으로 결합되었을 때에 성능발휘가 가능하게 된다. 이와 같이 무기체계 구성요소의 상호관계를 클레멘트(Clement) 교수는 『표적을 직접 파괴하는 화력에는 탄환, 포탄, 폭탄 등이 있다. 그런데 이들 화력은 소총, 야포, 전차, 차량, 미사일 발사대, 항공기 등의 기계적 수단이 있어야 표적으로 운반되고, 또한 이것을 위해서는 소총병, 조종사, 항해사, 무전사 등의 운용조작인원이 있어야만 비로소 그 기능을 발휘할 수 있다. 그러므로 이들 각각을 개별적인 단위로 운용한다면 무용지물이 될 것이다.』라고 설명하면서 무기의 체계성을 강조하였다.

이에 따라 무기체계의 연구개발이나 선정 및 획득관리 분야에 있어서도 유기적인 체계성이 절실히 요구되고 있다. 예를 들면 무기체계를 국내에서 연구, 개발, 생산할 때 무기의 체계성은 대단히 중요한 요소이다. 만일 주 임무 수행을 위한 완성장비만을 생각한 나머지 그 절대 성능만을 고려하여 설계, 생산한 장비가 정비에 불편하고 조작이 어려워 수리 및 교육훈련 비용이 많이 든다면 그 장비는 훌륭한 것이라고는 말할 수 없을 것이다. 무기체계를 해외에서 구입할 때도 마찬가지로 주 임무 수행을 위한 완성장비 하나만을 구입하고 수리부속 및 부대시설을 획득하지 않는다면 그 완성장비는 무용지물이 되며 관련 부속장비 등을 뒤늦게 별도로 획득하려면 무기를 하나의 체계로 보고 획득할 때보다 훨씬 많은 비용이 들게 된다. 또한 무기의 체계성은 획득무기를 운용할 요원의 확보가 필수적이며 이들의 기술과 지식이 절실히 요구된다. 무기체계의 범주는 무기와 군사작전에 직접 운용되는 주요 장비 및 물자 그리고 기타 무기체계의 적용범주로 결정된 물자가 해당된다. 또한 현대의 무기체계는 매우 다양하고 복잡하여 단일 무기체계에서 여러 무기체계가 동시에 통합 · 운용되는 복합무기체계로서의 역할이 확산됨에 따라 시스템 복합체계(Systems of Systems)의 의미로도 확산되고 있다. 시스템복합체계는 구소련이 1980년대 중반에 발전시킨 「정찰 · 타격 복합체계」에 기초를 둔 것으로 미국의 전 합참의장 Owens 제독에 의해 재해석 및 완성되어 1990년대 초반에 미국 군사변혁의 기본개념으로 발전되었다. 시스템 복합체계의 개념은 ① 정보 · 감시 · 정찰(ISR)과 ② 첨단 C4I체계 ③ 정밀유도무기(PGM)를 상호 연계시켜 새로운 복합시스템을 구축할 경우 전투능력을 증폭시켜 전투력의 극대화를 달성할 수 있다는 개념이다.

이러한 체계의 적용사례는 걸프전시 합동감시 및 표적공격 레이더체계(JSTARS[19])와 위성 및 F-15로 연결된 시스템 복합체계를 적용하여 스커트를 파괴시켰으며 이라크전

19) JSTARS : Joint Surveillance and Target Attack Radar Systems

쟁에서는 표적식별 후 신속히 공격할 수 있도록 레이저에 의해 유도되는 스마트탄과 토마호크미사일 및 재래식 폭탄을 손쉽게 스마트탄화 시킨 합동정밀공격탄(JDAM[20]) 등이 대량으로 사용된 것으로 추정된다. 스마트탄으로 불리는 레이저 유도폭탄은 레이저 조사기를 장착한 전투기가 표적에 레이저 광선을 비추면 레이저유도폭탄을 장착한 전투기가 그 반사파를 받아 폭탄투하에 가장 적절한 순간 폭탄을 발사하면 레이저반사파를 추적하여 표적에 명중하게 되는 원리이다.

최근에는 레이저를 비춰주는 비행기가 공격기의 안전을 위해 폭탄을 발사해 놓은 후 전투기는 현지를 이탈해도 폭탄 스스로 표적으로 돌진하는 Fire & Forget 방식이 적용되는 폭탄으로까지 발전되었으며 이것이 바로 TV유도미사일인 매브릭(MAVERICK)이다. 이 폭탄탄두에는 TV카메라가 달려있는데 전투기 조종사가 표적을 선택하여 그것을 카메라의 중앙십자 선에 맞추고 이것을 매브릭탄 맨 앞의 무인 TV카메라가 표적을 계속 보고 찾아들어가는 것으로 PGM의 대표적인 유도폭탄이다.

2. 무기체계의 특성

가. 개 요

재래식 무기로 전투를 했던 과거의 전쟁양상과는 달리 제2차 세계대전이 원자폭탄으로 종결되고 걸프전쟁, 이라크전쟁, 아프카니스탄전쟁 등에서 최신 전차와 정밀유도무기의 위력은 우리들에게 현대 무기체계가 고도의 과학기술 무기체계임을 암시해 주고 있다. 더구나 이러한 무기체계가 사용될 전쟁의 형태 및 상황은 더욱 더 복잡하고 불확실하게 변화되어 기계로서의 무기, 이를 조작 및 운용하는 인력, 작전환경이 급변하는 다양한 상황 하에서 무기체계를 효과적으로 구상, 선정하고 국방재원의 제한에 따른 비용을 절감하면서 획득능률을 제고시킬 수 있도록 관리하기란 더욱 어려워지고 있는 상황이다. 이러한 인식을 기초로 현대 무기체계의 일반적이고 공통적인 특성을 열거하면 다음과 같다.

20) JDAM : Joint Direct Attack Munition

나. 다양성(Diversification)

무기체계의 다양성은 특정 임무수행 시 대체적인 무기체계의 수가 점점 증가되는 속성을 말한다. 과거에는 특정 무기체계가 고유한 임무 하나만을 수행할 수 있도록 연구개발되어 주어진 군사목표를 어떤 무기를 사용하여 그 목적을 달성할 것인가를 깊게 고려할 필요성이 많지 않았다. 그러나 최근 급속하게 발달되어 온 현대 과학기술이 무기체계 개발에 응용되자 한 무기체계의 기능과 역할이 다양화되고, 또한 특정한 군사적 임무를 수행할 수 있는 대체적 무기체계 또는 대체적 무기체계의 조합 수가 현저히 증가하였다. 예를 들면 과거에는 적의 전선 후방에 위치한 군사목표를 파괴하는 임무는 폭격기에 국한되었지만 오늘날에는 작전의 목적에 따라 지대지 미사일, 함대지 미사일 등의 중장거리 미사일이나 헬리콥터에 의한 공중기동, 상륙작전 등 다양한 수단으로 수행할 수 있게 되었다.

다. 복잡성(Complexity)

이는 무기체계의 정밀성 등 성능향상으로 이에 부수되는 보조지원 장비, 부속 및 지원보급체계 규모의 증대를 의미한다. 과학기술의 발전은 무기체계의 성능과 형태에 일대 혁신을 초래하여 사거리, 정확도, 파괴력 등의 발전을 가져왔다. 이와 함께 이에 대한 대응무기체계와의 경쟁적 발전관계는 계속 추가적인 장치를 부가시킴으로써 무기체계의 범위를 확장시키고 복잡성을 더 한층 증대 시키고 있다. 특히 이러한 복잡성은 항공기, 미사일, 핵무기, 우주항공, 전자통신 및 전장감시 수단 등의 분야에서 두드러지게 나타나고 있다. 예를 들어 항공기는 방공무기의 발달로 피격률이 높아지자 이를 방호하기 위하여 전자방해장치(ECM[21])를 발전시켰고 방공무기 성능을 더욱 발전시키자 이에 대하여 대전자방해장치(ECCM[22])를 한 단계 발전, 향상시키는 식이다.

최근 전자기술의 비약적인 발전은 무기체계의 복잡성을 보다 증대시키고 있다. 전자기술은 정찰, 조기경보장치, 지휘통제장치에 응용되는 것은 물론 표적을 획득 및 식별하고 화력을 분배하며 적에게 유도하는데 이용됨과 아울러 항법장치로 기동성을 향상시키고 있다. 그 예로써 C-141 수송기는 약 25만개의 부품으로 구성되어 있고, 기술도면만

21) ECM : Electronic Counter Measures
22) ECCM : Electronic Counter Counter Measures

약 2만 가지 이상이나 되는 복잡 다양한 구조를 가지고 있다. 일반적으로 현대 무기체계는 공군 및 해군무기체계와 같이 한 무기체계가 수행할 수 있는 임무를 팽창시키려는 방향과 재래식 육군무기와 같이 임무를 축소 단순화시키는 두 가지 패턴의 흐름을 보이고 있다. 그러나 육군무기체계 중 전차와 같은 것은 자동 사거리 측정 장치 또는 자동 안전장치와 같은 첨단 과학 장치를 구비하고 있기 때문에 결코 단순하지는 않다. 무기체계의 기술적인 복잡성을 경제학적 용어를 빌어 자본집약형과 노동집약형으로 표현하기도 한다. 자본집약형 무기체계는 병사 1인당 무장도가 높은 복잡한 고가의 무기이며 노동집약형 무기체계는 병사 1인당 무장도가 낮은 단순무기로써 무기운용에 많은 병력을 요구한다. 현대 무기체계가 점차 자본집약형으로 발전되어 감에 따라 여러 문제가 제기되고 있다. 상기와 같은 문제는 필연적으로 무기체계를 최초 구상할 때부터 정비, 조작 및 운용이 용이하도록 설계되어야 하며 기술적 복잡성에 따른 전문화 및 장기복무 관리의 필요성 등 인사관리 문제로도 파급된다.

♣ 자본집약형 무기체계 개발에 따른 문제점
≫ 정비의 곤란성과 정비요원의 전문화 ≫ 운용요원의 교육 및 훈련 ≫ 무기체계의 전술적 운용에 있어서 통합성 및 상호운용성 ≫ 전·후방 병력구조의 재편성

라. 고가성(High price)

현대 무기체계는 복잡 다양하고 질적 수준이 계속 향상되어가고 있으며 또한 무기의 질적 향상 추세는 무기체계의 획득비용 및 부수장비, 시설비용, 운영유지비, 조작요원의 훈련비용 등을 급격히 증대시키고 있다. 예를 들어 주요 지상무기의 구매단가를 보면 1975년 155mm 자주곡사포가 15만 달러인데 비해 2004년도 스트라이커(Stryker) 장갑전투차량이 150만 달러가 넘고 있고 일본의 무인정찰기 개발비용은 20억 엔에 달한다고 한다. 우리나라에서 개발 중인 최신전차는 100억 원대에 이를 것으로 전망되며 운영유지비까지 포함한다면 엄청난 금액이 소요될 것이다. 따라서 무기체계의 획득관리에 있어서 핵심적인 과제는 비효율적인 낭비요인을 제거하고 비용을 절감하면서 양질의 무기를 획득하는 것에 있다. 획득관리의 기본은 비용인식에서 출발한다. 따라서 체계 획득

비용과 유지비용을 동시에 절감할 수 있는 관리방식에 역점을 두어야 할 것이다. 특히 최소의 비용으로 획기적인 성능의 무기체계를 개발하는 군사기술혁신의 노력이 더욱 부각된다 하겠다. 한편 군사기술의 혁신에 의한 무기의 진부화 속도가 빨라지고 있으므로 현재의 노후된 무기를 잡다하게 장비하기 위하여 많은 경비를 사용하는 것보다 고성능의 신무기를 개발할 수 있는 능력을 보유하기 위하여 경비를 사용하는 것이 최우선적으로 고려되지 않으면 안 된다.

마. 가속적 진부화(Obsolescence)

과학기술의 급속한 발달은 새로운 무기체계의 출현을 가속화시키고 특정 무기체계에 대한 대응무기체계의 출현이 급속하게 이루어져 기존 무기체계의 수명은 더욱 짧아진다. 현재의 최신무기도 불과 수년 이내에 구식무기로 전락될 수 있다는 의미이다. 과학기술의 발전 속도가 가속화될수록 무기체계의 평균 유효수명은 이에 비례하여 대폭적으로 단축되고 있다. 극단적인 경우 어떤 무기체계는 연구개발 되어 야전에 배치되기까지 상당한 기간과 많은 비용이 투입되었음에도 불구하고 신기술의 도입으로 불과 수개월만에 퇴역하거나 개발도중에 포기되는 예가 허다하다. 이는 적 또는 잠재 적성국의 군사과학기술 수준을 확실히 파악하지 못하였거나 기술발전의 속도를 예측하지 못하는데서 비롯된다. 현대전에서는 과거 제2차 세계대전처럼 전쟁이 발발된 이후에 적의 무기와 비교하면서 실전무기를 개선하거나 신무기를 개발할 시간적 여유가 없다. 그러므로 무기체계의 진부화 문제는 소요를 결정할 때 과학기술 예측에 유의해야 할 중요한 사안이다.

바. 개발기간 장기화 및 개발실패 위험성

무기체계를 선진국으로부터 구입한다면 그 무기체계의 군사적 소요제기에서부터 획득에 이르기까지 경과된 기간, 즉 획득기간(Lead Time)이 짧지만 자체 생산을 할 경우에는 연구-개발-시제생산-평가-생산-배치 및 운용하는데 장기간이 소요된다. 표준개발기간은 일반무기의 경우 2~3년이 소요되는데 비해 첨단무기는 10년 이상이 소요된다. 통상 군사적 소요는 시간적으로 제약된 상태에서 긴급하게 제기되므로 시한성의 문제가 대두된다. 대부분의 경우 군사소요는 질적 우선주의에 의해 지나친 성능을 요구하게 되고 장기간의 연구개발 도중에 규격 및 계획을 자주 변경하기도 하며 연구개발 비용의 증대로 획득기간이 지연되기도 한다. 군사기획자들은 무기체계의 질(Quality), 양(Quantity), 시간(Time), 비용(Cost) 간의 상관관계를 분석해야 한다. 또한 무기체계의 연구개발은 기술적 불확실성에 의해 실패 위험성도 높게 된다. 예를 들어 영국은 세계 강대국으로서의 지위를 확보·유지하기 위해서 독자적으로 많은 무기를 개발해 왔으나 연구가 한창 진행 중에 타국에서 더 좋은 무기가 생산되어 연구개발을 중단하게 되거나 자금지원 및 기술 미흡으로 실패하는 경우가 많았다. 이런 경우 실패한 사업은 막대한 국방자원을 낭비하는 것을 의미하는 것이기 때문에 연구개발의 실패에 대한 위험부담을 감소시킬 수 있도록 하는 노력이 반드시 필요하게 된다.

사. 비밀성(confidentiality)

군사과학기술이 실용화될 때 상대국의 기술수준이 이를 쉽게 모방생산하게 되어 이에 대한 대응 무기체계가 출현하게 되므로 각국은 특정 핵심기술에 대한 공개를 꺼리게 된다. 전쟁에서 기술적 기습은 대단히 중요하며 능력 이상의 효과를 거두기 때문에 적대국은 물론 군사동맹국에게도 첨단기술의 비밀을 유지하는 속성이 있다. 따라서 기습적 충격효과를 증대시키기 위해서는 무기체계의 구상으로부터 배치에 이르기까지 비밀을 유지하여야 한다. 예를 들어 제2차 세계대전을 종식시킨 원자폭탄은 '맨해튼 계획(Manhattan Project)'이라는 베일에 싸여 일본 히로시마에 투하될 때까지 우방국조차도 몰랐었다. 특히 핵심 무기체계는 국가안보에 직결되는 문제로서 군사동맹국에게도 철저한 비밀로 유지된다. 중국과 구소련이 밀월시대에 있을 때 구소련의 어떤 공과대학에서 원자물리학을 전공하던 중국 유학생들이 귀국 도중 항공기가 공중 폭발하였던 예가 있다. 이는 핵심 무기체계의 비밀성을 유지하려는 좋은 본보기가 된다. 또한 무기의 비밀성은 상대국과 군비경쟁을 방지해야 한다는 관점에서도 그 중요성이 부각된다.

아. 수요의 제한성

무기체계는 국가가 유일한 수요자이다. 이와 같이 수요의 제한은 경제적 생산규모(Economic Scale)를 갖출 수 없게 되어 생산단가가 높아진다. 많은 공장 기계시설이 유휴화되어 기업은 채산성을 잃게 될 뿐만 아니라 무기소요는 간헐적으로 긴박하게 제기되므로 생산시설의 적정규모를 책정하기가 어렵게 된다. 또한 무기체계의 진부화와 연구개발의 실패 위험성으로 방산기업의 위험부담은 가중된다. 따라서 국방당국은 기본적으로 적정 방산수익률(Defense Profit)을 보상해 주어야 하며 수출에 주력하거나 국제협력개발 등 다양한 정책을 추진한다. 일반적으로 유도탄, 전차, 화포, 핵무기, 잠수함 등과 같이 전적으로 군수품인 자본집약형의 무기체계일수록 수요의 제한성이 높고 민수품과 같이 노동집약형의 무기체계일수록 제한성이 낮다. 노동집약형 무기는 비교적 경쟁적인 시장가격기구에 의해 어느 정도는 합리적으로 가격이 결정되지만 자본집약형 무기는 기술수준의 첨단화 및 투입자본의 증대로 독과점 형태에서 시장상황을 형성하므로 합리적인 가격결정이 어려워진다. 따라서 획득분야 관리자는 이와 같은 무기체계 시장의 특성을 고려하여 획득전략 및 개발계획을 수립해야 한다.

자. 기술적 · 경제적 파급효과

방위산업기술로써 무기체계를 연구, 개발, 생산, 배치하는 과정에서 소요되는 첨단 과학기술과 여기에서 얻어진 첨단기술을 민수산업에 이전하여 얻어진 경제적 이익의 파급효과는 엄청난 것이 된다. 예컨대 첨단과학 무기체계일수록 최신기술을 개척할 수 있는 기회를 많이 갖게 되고 또 여기에서 획득된 방위산업기술은 민수산업의 기술향상에도 크게 기여하여 민간에 상용화된 상품이 많은 경제적 이익을 얻도록 하고 있다. 무기체계의 기술 확산과 민간 상품의 생산효과를 확인하기 위해 무기체계 기술이 민수산업으로 확대된 사례를 보면 〈표 1-3〉과 같다. 국방과학기술은 국가안보와 직결된 전략기술이면서 민수산업 기술로 전환되어 파급효과가 큰 민군겸용 과학기술로 사용되고 있다. 그 사례로 제2차 세계대전 당시 군사적 무기체계로 정찰 · 통신 · 기동장비로 사용하였던 오토바이는 오늘날 민수용 교통수단으로 사용하고 있으며 기동로 개척 · 장애물 제거 · 비행장 건설에 사용되었던 도쟈 및 포크레인은 민수산업 건설장비로 운용되고 원자폭탄을 만들었던 기술과 자원은 평화적인 원자력 발전소로 이용되고 있다.

〈표 1-3. 무기체계 기술의 파급효과〉

무기체계 기술	민수산업 활용
• 지대지 미사일 추적 장치	• 카메라 개발에 응용
• 화포 사격통제장치	• 가스보일러 통제장치 개발
• 탄약 신관 AL 소재 제작	• VTR, 복사기 드럼 소재 개발
• 탄도계산기, 레이저 거리 측정기	• 적외선 경보기 제작
• 공중 기상관측장비	• 라디오 손데, 에어컨 손데 제작
• 무선 통신장비	• 전송장치(FM/VHF/UHF)
• 전자 유도무기 및 레이더	• 선박용 레이더, 해상 전자장비
• TTY용 프린터	• 민간 프린터
• 군사장비 도쟈 및 포클레인	• 민간 건설장비 도쟈 및 포클레인
• 원자폭탄 제조기술	• 원자력 발전기술
• 군함 건조기술	• 민간 선박 건조기술
• 군 항공기 제작 기술	• 민간 항공기 제작 기술
• 위성항법장치(GPS)	• 내비게이션 활용
• P전차 생산을 위한 용접·가공 기술	• 전동차 및 철도 차량 제작
• 군용 차량 및 오토바이	• 민간 차량 및 오토바이
• 전자 유도무기 및 레이더 기술	• 자동차 추돌 방지용 레이더
• 전자과학 추적 기술	• 비디오/디지털 카메라 및 반도체
• 전차 포술 시뮬레이터	• 전동차/다양한 장비 시뮬레이터

그 뿐만 아니라 미국 국방성이 군사적 목적으로 개발하여 사용하고 있는 위성항법장치(GPS[23])는 오늘날에 민수산업인 내비게이션으로 비행기·선박·자동차 등에 사용하며 제2차 세계대전 당시 독일이 영국을 공격했던 V-1과 V-2 로켓기술은 대륙간탄도미사일(ICBM) 및 잠수함 발사탄도미사일(SLBM) 로켓 발사기술로 발전되었고 그 기술은 다시 민수산업기술로 진화되어 달 및 우주탐사 로켓 발사기술에 전용되었다. 또한 로켓에서 인공위성 및 핵탄두를 분리하는 기술은 자동차 에어백에 사용되고 있다. 그리고 항공무기체계로 사용된 강력한 공기흡입 기술은 가정에서 진공청소기로 사용된 것을 비롯해서 정수기, 마이크로웨이브, 의료용 검사기인 CT와 MRI 등 파급효과는 헤아릴 수 없다. 이와 같이 방위산업에서 무기체계 기술은 민수산업의 기술 향상에도 크게 기여하고 있다. 그리고 연구개발 및 생산체계가 거대하여 많은 과학자, 기술자, 근로자를 흡수함으로써 고용증대 효과를 거두게 되고 다양한 기업이 만들어낼 수 있는 부가가치 높은 무기체계 혹은 민수상품은 국가성장 동력으로서 국가안보 및 국가이익에 기여하게 된다.

23) GPS : Global Positioning System

차. 무기체계 운영유지 측면에서의 특성

위와 같은 무기체계 고유의 특성 외 운영유지 측면에서 특성을 고찰해 보면 첫째, 체계성으로 어느 한 요소만이라도 정상적으로 운용되지 않으면 임무수행에 제한을 주게 된다. 주어진 목적을 달성하기 위하여 이를 유지하는데 소요되는 제반 시설, 지원장비, 보급물자, 운용 및 정비요원 등 어느 하나만 결여되어도 안 된다. 둘째, 과학기술의 발전은 무기체계의 특성과 형태에 급격한 변화를 초래하고 있으며 최근에는 정보통신 기술의 비약적인 발달과 성능향상을 위한 추가적인 기능의 기술적 첨가로 인해 무기체계의 복잡성을 촉진하고 있다. 이러한 복잡성으로 인하여 단순한 어느 부품 하나라도 고장이 발생하면 전체 무기가 임무를 수행할 수 없다. 이에 따른 고가의 수리부속과 고도의 운용 및 정비기술이 필요하게 되었다. 셋째, 무기체계의 고도 정밀화로 인하여 무기체계의 획득비용과 운영유지비용을 급격히 증가시키고 있으며 때로는 수명주기비용의 주요 비용항목인 운영유지비용이 무기체계의 획득비용을 능가하는 경우도 발생되고 있다. 무기체계를 운영 유지하는데 소요되는 부수적 무기체계 장비 및 시험장비, 교범, 시설 등을 확보하는데 소요되는 비용이 무기체계 자체 획득비용의 85%를 초과하는 경우도 있다.

3. 무기체계의 분류

가. 개 요

무기체계의 분류는 여러 가지 방법으로 할 수 있다. 분류하는 기준이 무엇인가에 따라 같은 무기체계라도 다르게 분류될 수 있다. 전차가 분류기준에 따라 기동장비로 분류되기도 하고 화력장비로 분류되기도 하는 것은 좋은 예이다. 가장 쉽게 무기를 분류하는 방식은 제작에 들어간 재료를 기준으로 분류하는 것이다. 인류의 역사를 구분할 때도 이 방식은 매우 유효하게 사용되어 왔다. 돌을 주재료로 사용하였을 때에는 석기시대, 청동을 주재료로 하였을 때에는 청동기시대, 철을 사용할 때에는 철기시대로 부른다. 이와 마찬가지로 무기를 분류할 때도 이 방식이 적용된다. 석기시대에는 돌, 청동기시대에는 청동, 철기시대에는 철을 주재료로 사용하였으며 석제무기, 청동제무기, 철제

무기로 구분하고 있다.

현대에는 전투수행기능에 따라 무기체계를 구분하는 방법을 사용한다. 전투수행기능(Function of Battlefield)이란 전장에서 전투력발휘를 극대화시키기 위한 군사적 역할과 활동을 의미하며 전장에서 통합된 제 전장요소에 대한 통제를 용이하게 하고 전력소요 도출의 기초를 제공하는 것을 말한다. 제1·2차 세계대전 전후에는 전장기능을 기동, 화력, 통신 등으로 구분하였다. 따라서 무기체계도 기동장비, 화력장비, 통신장비 등으로 구분하였다. 최근에는 전투수행기능을 지휘통제, 정보, 기동, 화력, 방호, 작전지속지원 등으로 분류하고 있다. 무기체계 분류는 전투수행기능과 유사하게 지휘통제·통신무기체계, 감시·정찰 무기체계, 기동무기체계, 함정무기체계, 항공무기체계, 화력무기체계, 방호무기체계, 기타 무기체계로 분류하고 있다.

무기체계란 ① 군사작전에 직접 운용되거나 전투력 발휘에 직접 영향을 미치는 장비·물자 ② 무기체계의 전투력 발휘에 영향을 미치는 장비·물자 ③ 전투력 발휘에 영향을 미치는 주요 전술훈련 장비 및 소프트웨어와 관련 시설 등을 말하며 운용목적, 용도 및 필요성 등에 따라 나누고 대분류, 중분류 및 소분류로 구분한다. 즉, 전투수행기능 또는 육·해·공군 전역(戰役) 등으로 구분하는 대분류, 병과, 작전형태, 무기체계 유형별로 구분하는 중분류, 단위 무기체계, 기본장비 등으로 분류하는 소분류로 구분된다. 우방국은 대체적으로 전투수행기능·전역(戰役) 등을 기준으로 분류한다. 대분류는 지휘통제·통신 무기체계, 감시·정찰 무기체계, 기동무기체계, 함정무기체계, 항공무기체계, 화력무기체계, 방호무기체계, 기타 무기체계로 분류한다. 중분류는 무기체계 대분류를 중간 기능별로 재분류한 것으로 예를 들면 기동무기체계를 전차, 장갑차, 전투차량, 개인전투체계 등 중간단계의 기능별로 분류한 것이다. 소분류는 무기체계 중분류를 다시 소기능별로 재분류한 것으로 중분류된 장갑차를 전투용, 지휘통제용, 전투지원용 등 구체적인 용도에 따라 분류한 것이다.

나. 무기체계의 분류

(1) 『방위사업법 시행령』 분류

무기체계 분류는 『방위사업법(2021.4.1.)』 제3조 3항에 따른 『방위사업법시행령(2021.11.12.)』 제2조에서는 무기체계의 분류를 아래 〈표 1-4〉와 같이 분류하고 있다.

〈표 1-4. 방위사업법 시행령의 무기체계의 분류〉

구 분	분 류 내 용
방위사업법 시행령(2조)의 무기체계 분류	1. 통신망 등 지휘통제 · 통신 무기체계 2. 레이다 등 감시 · 정찰무기체계 3. 전차 · 장갑차 등 기동무기체계 4. 전투함 등 함정무기체계 5. 전투기 등 항공무기체계 6. 자주포 등 화력무기체계 7. 대공유도무기 등 방호무기체계 8. 사이버전장관리체계 등 사이버무기체계 9. 위성 등 우주무기체계 10. 모의분석 · 모의훈련 소프트웨어, 전투력 지원을 위한 필수장비 등 그 밖의 무기체계

(2)『국방전력발전업무훈령』 분류

『방위사업법』, 동법 시행령 개정에 따라 개정된 『국방전력발전업무훈령』(훈령 제2568호, 2021. 6. 30) 제7조와 제8조에서는 군수품을 무기체계 또는 전력지원체계로 구분 · 결정하는 기준을, 별표 4에서는 무기체계의 세부분류 및 대상 장비를 명시하고 있다.

(가) 운용목적, 용도 및 필요성 등을 고려하여 무기체계로 분류하는 경우는 ① 군사작전에 직접 운용되거나 전투력 발휘에 직접 영향을 미치는 장비 및 물자, ② 무기체계의 전투력 발휘에 영향을 미치는 장비 및 물자, ③ 전투력 발휘에 영향을 미치는 주요 전술 훈련장비 및 소프트웨어, 관련시설 등이며,

(나) 국방M&S체계는 무기체계로 분류하는 데, ① 전투력 운용과 능력배양에 직접 관련이 되는 모델, ② 전투력 운용과 전력증강 타당성 분석을 위한 모델, ③ 무기체계 획득과 직접 연계되는 모델 등이다.

(다) 기존장비나 주장비와 달리 별개의 무기체계로 보는 경우는 ① 무기체계의 성능개량으로 운영개념이 현저하게 변경되거나 중대한 작전운용 성능이 변경되는 경우, ② 무기체계의 구성장비로 독립된 기능을 발휘하고 타무기체계에 탑재, 연결, 결합하여 사용하고 있거나 사용될 수 있는 경우, ③ 그 밖에 별개의 무기체계로 결정된 경우 등이다.

(라) 무기체계의 명칭은 전력명, 통상명칭, 고유명칭으로 부여한다. ① 전력명은 주 임

무 장비 및 관련 장비를 포함하는 포괄적인 명칭이며, ② 통상 명칭은 무기체계의 상징적인 의무 또는 임무 구분과 의사전달을 돕기 위한 애칭 또는 별칭이며, ③ 고유명칭은 무기체계를 쉽게 식별할 수 있도록 부여한 특정문자, 숫자와 문자로 조합된 이름 등이다.

통상명칭 제정 시 세부 범주와 기준은 ① 지휘통제·통신무기체계 및 감시·정찰무기체계는 영문약어 또는 기술발전 속도가 빠른 장비의 특성 등을 고려하여 (신)조어 등도 사용 가능하며, ② 기동무기체계의 제정 범주는 전차, 장갑차, 전투차량, 기동 및 대기동지원장비로 구분하는 데, 전차·장갑차·전투차량은 맹수 등 육상 및 수상 서식 동물과 그 동물의 신체적·행위적 특징 또는 무공이 있는 명장 및 전쟁영웅(장군~병사)의 이름을 사용한다. 기동 및 대기동지원장비 등은 영문 약어 또는 임무가 식별될 수 있는 상징적 용어를 사용한다. ③ 함정무기체계는 해군의 '함명 제정 기준'을 적용한다. ④ 항공무기체계의 제정 범주는 전투임무기, 지원기, 감시기, 헬기로 구분하는데, 전투임무기는 자연현상 또는 맹금류의 신체적·행위적 특징을 사용하며, 헬기는 영문약어 또는 날렵하고 용맹한 특성을 소유한 맹금류(상상 조류)와 그 조류의 신체적·행위적 특징을 사용하며, 감시기는 그 임무를 상징하는 용어를 선정하며, 헬기는 영문약어 또는 날렵하고 용맹한 특성을 소유한 맹금류(고양이·뱀 등은 제외) 등의 동물과 그 동물의 신체적·행위적 특징, 단, 국외 무기체계로 국제적으로 통용되고 있는 무기체계의 명칭(와일드캣, 코브라 등)은 고양이·뱀 등 명칭사용을 허용한다. ⑤ 화력무기체계의 제정 범주는 화포(대공포), 유도탄 및 로켓(유도무기 포함) 및 어뢰와 기뢰로 구분하는 데, 화포(대공포)는 우리 역사에서 활용된 옛 화포 또는 우리나라의 신화 및 수호신 등의 명칭을 사용한다.

고유명칭은 각 군이 방사청과 협의하여 제정하고 국방부 등 관련기관에 보고(통보)하여야 하며 방사청은 이를 목록화 등에 활용한다. 고유명칭 제정 시 중복 부여된 K계열 무기체계〔기동, 화력(탄약, 유도무기는 제외), 방호무기체계에 한한다〕는 'K+숫자(일련번호)+개량부호+장비명(한글 또는 영문)'로 표기하여 혼란을 방지한다. 이 때, 숫자(일련번호)는 이미 부여된 번호에 이어서 부여함을 원칙으로 한다.

〈표 1-5. 각국별 무기체계 분류〉

구분	한국	미국	중국	이스라엘
1	지휘통제·통신무기	항공무기체계	항공우주·미사일	항공우주
2	감시·정찰무기	전자·일반무기	해군·해양	해군
3	기동무기	유도무기·병기무기	항공	육군
4	함정무기	전략유도무기	육상 무기체계·병기	무인체계·로봇
5	항공무기	해양무기	전자장비	지휘통제통신(C4I)
6	화력무기	우주무기	핵	광학
7	방호무기	지상차량무기	-	잔자부품·구성품
8	사이버무기	해양무인무기	-	사이버방어
9	우주무기	발사무기체계	-	군목록
10	그 밖의 무기	전보·국방사업무기	-	민간방어·화생방준비
비고	국방훈령 제2568호	무기체계·전력지원체계 분류기준 재정립(합참, 2020.11)		

다. 무기체계 세부분류[24)]

(1) 지휘통제·통신 무기체계

중분류	소 분 류	대 상 장 비
지휘통제 체계	연합지휘통제체계	연합지휘통제체계(AKJCCS), 연합군사정보유통체계(MIMS-C) 등
	합동지휘통제체계	합동지휘통제체계(KJCCS), 군사정보통합처리체계(MIMS), 전구합동화력운용체계(JFOS-K) 등
	지상지휘통제체계	지상전술C4I체계(ATCIS), 대대급이하전투지휘체계(B2CS) 등
	해상지휘통제체계	해군전술C4I체계(KNCCS), 해군전술지휘통제체계(KNTDS) 등
	공중지휘통제체계	공군전술C4I체계(AFCCS), 공군자동화방공체계(MCRC) 등
통신체계	전술통신체계	전술통신체계(SPIDER), 전술정보통신체계(TICN) 등
	전술데이터 링크체계	합동전술데이터링크체계(JTDLS), 지상전술데이터링크(KVMF) 등
	위성통신체계	군 위성통신체계(ANASIS), 해상작전위성통신체계(MOSCOS), 위성전군방공경보체계(SAWS) 등
	공중중계체계	공중중계 UAV 등
통신장비	유선장비	전술용전자식교환기(TTC-95K, SB-30K 등), 전술용전자식 전화기, 야전용전화기, TA-713K 다기능전술전화기 등
	무선장비	휴대용·차량용FM무전기(PRC-999K), 휴대용·차량용AM무전기, U·VHF공지통신장비, 소부대무전기(전투원용무전기, 특수작전

24) 국방전력발전업무훈령(국방부훈령 제2568호, 2021.6.30, 개정)

중분류	소 분 류	대 상 장 비
		무전기 등), 무선전송장비(다중채널무선전송장비 등), 전술다대역 다기능무전기(TMMR) 등
	그 밖의 통신장비	경보용수신기(GRR-5K), 무선송수신기, 고속전문처리기, 정보·보안장비, PRE, 위성 PRE(PRE개선, 특전사 보급장비) 등

* 단, 연합지휘통제체계는 한국군이 주도하는 지휘통제체계에 한함.
* 무기체계의 구성장비인 상용정보통신장비는 무기체계로 분류

(2) 감시 · 정찰 무기체계

중 분 류	소 분 류	대 상 장 비
전자전장비	전자지원장비	기지용 ES장비, 지상·해상·공중신호정보수집장비, 동·서부지역 ES장비, 레이더경보수신기 등
	전자공격장비	동·서부지역 EA장비, 함정용 ES/EA장비, 전자전탄 살포기, 전자방해장비 등
	전자보호장비	유도탄접근경보기 등
레이더장비	감시레이더	GPS-100, SPS-95, GPS-98K, MR-1600, 지상감시장비(RASIT), 대함레이더 등
	항공관제레이더	MPN-14, GPN-22, TPN-24 등
	방공관제레이다	TPS-65, TPS-77, FPS-117 등
전자광학 장 비	전자광학장비	전자광학영상장비(LOROP), 전술정찰정보수집장비(TAC-EO), KA-56, KS-92A, 정찰위성(EO/IR), 다기능관측경 등
	광증폭야시장비	PVS-98K, AVS-01K, CK-037 등
	열상감시장비	TAS-502, TAS-970K, PAS-01K, 전방관측적외선장비 등
	레이저 장비	야간표적지시기, GAS-1K 등
수중감시 장 비	음탐기	선체고정형음탐기(HMS), 예인음탐기(TASS), 수중탐색 음탐기 등
	어뢰음향대항체계	SLQ-260K, SLQ-25K 등
	수중감시체계	항만감시체계 등
	그 밖의 음파탐지기	자기탐지기(MAD) 등
기상감시 장 비	기상위성감시장비	기상위성수신시스템(METSAT-GS09) 등
	기상감시레이더	기상레이더(RDR-IF, WXR-350A, TWR-850, WRK-100 등), 이동형기상레이더 등
	기상관측장비	항공자동기상관측장비, 운고측정장비, 상층대기 분석장비, 상측풍관측장비, 자동기상관측장비, 우주기상 예·경보체계 등

중분류	소 분 류	대 상 장 비
그 밖의 감시·정찰장비	경계시스템	GOP 과학화경계시스템, 해안복합감시체계, 중요시설경계시스템 등
	기타	OX-60, AN·UPX-23, 해군음향정보관리체계(NAIMS), 군사지리정보체계(MGIS), 26인치 제논 탐조등 등
기 타		드론무기체계(정찰·공격용 등)

(3) 기동 무기체계

중분류	소 분 류	대 상 장 비
전 차	전투용	M48A2, M48A3K, M48A5/5K. K-1, K1A1, T-80U, K-2전차 등
	전투지원용	K-1 구난전차, M88A1 구난전차 등
장 갑 차	전투용	K-200/A1, CM6614, BMP-Ⅲ, LVTP7A1, KAAVP7A1, 차륜형장갑차, K-281/A1, K-242/A1, K-21보병전투장갑차 등
	지휘통제용	K-277, LVTC7A1, KAAVC7A1 등
	전투지원용	·사격지휘용 : K-77 등 ·화생방정찰용 : K-216 등 ·구난용 : K-288/A1, KAAVR7A1 등 ·탄약운반용 : K-10 탄약운반장갑차 등
전투차량	전투용	중형전술차량, TOW·106mm·제논 탑재차량, K-532 다목적 전술차량, 소형전술차량(한국형 험비) 등
	지휘용	5톤 확장식밴, 1¼톤·2½톤 사격지휘차, 차륜형지휘소차량 등
	전투지원용	5톤·10톤 구난차, 궤도형정비샾, 정비샾차량, 통신중계용전술차량(K-534), 1¼톤 통신가설차, 암호차량(1½톤, 2½톤) 등
기동/대기동 지원장비	전투공병장비	장갑전투도쟈(M9ACE), 다목적굴착기, 장애물개척차, 폭발물탐지제거로봇
	간격극복 및 도하 장비	부교(M4T6), 기동부교(RBS), 장간·간편조립교, 교량전차(AVLB), 차기전술교량, 자주도하장비 등
	지뢰지대 극복장비	MICLIC, 휴대용 지뢰탐지기(PRS-17K), 지뢰제거장비(Mine Breaker) 등
	대기동장비	한국형 살포지뢰, 원격운용통제탄, 폭파기구셀 등
	기동 항법장비	휴대용 GPS(군사용) 등
	기타 지원장비	항공기 견인차, 유조차(2½톤 이상), 신형정수장비 등
지상무인 전투체계	전투용	무인경전투차량 등
	전투지원용	폭발물탐지 / 제거 로봇 등

중분류	소 분 류	대 상 장 비
개인전투 체 계	-	-

(4) 함정 무기체계

중분류	소 분 류	대 상 장 비
수 상 함	전 투 함	구축함, 호위함, 초계함, 유도탄고속함, 고속정 등
	기뢰전함	기뢰부설함, 소해함, 기뢰탐색함 등
	상 륙 함	대형수송함, 상륙함, 고속상륙정 등
	지 원 함	군수지원함, 잠수함구조함, 수상함구조함, 정보함, 잠수정모함 등
잠수함(정)	잠 수 함	잠수함, 소형잠수함 등
	잠 수 정	잠수정
전투근무 지원정	경 비 정	항만경비정, 도하경비정 등
	수 송 정	항만수송정, 군수지원정 등
	보 급 정	청수정, 유조정, 냉동정 등
	근 무 정	항무지원정, 예인정, 기중기정, 청소정, 준설정, 토운정, 근무주정 등
	지 원 정	고속정지원정, 초소지원정, 계류지원정, 폐유지원정, 상륙부교 등
	상륙지원정	상륙정, 부교예인정 등
	특 수 정	잠수지원정, 구조지원정, 반잠수정모함, 시험지원정 등
해상전투 지원장비	함정전투체계	잠수함전투체계, 수상함전투체계 등
	함정사격통제장비	WM-28, WSA-423, WCS-86, ECS-10 등
	함정피아식별장비	UPX-27, TPX-54, APX-72 등
	함정항법장비	MX-1105GPS, WRN-7GPS, SRN-15A 등
	침투장비	수영자이송정(SDV) 등
	소해장비	복합감응기뢰소해구 등
	구난 및 구명장비	심해구조잠수정(DSRV) 등
	그 밖의 지원장비	전술자료처리장치(TDS)
함정무인 체계	수상무인체계	항만방어 · 연안경비용 무인수상정, 대기뢰 · 연안대잠전용무인수상정, 전투용 무인수상정 등
	수중무인체계	해양조사 · 기뢰탐색용 무인잠수정, 정찰용 무인잠수정, 전투용 무인잠수정 등

(5) 항공 무기체계

중분류	소 분 류	대 상 장 비
고 정 익 항 공 기	전투임무기	F-4, F-5, (K)F-16, F-15K, FA-50 등
	공중기동기	C-130, CN-235, HS-748M B737 등
	감시통제기	KA-1, E-737, RF-16, RC-800 등
	훈 련 기	KT-1, T-103, T-50, TA-50 등
	해상초계기	P-3C/CK 등
	그 밖의 고정익 항공기	T-11, CARVAN-II 등
회 전 익 항 공 기	기동헬기	UH-1H, UH-1N, UH-60, CH-47D, 수리온(KUH-1, 한국형 중형 기동헬리콥터) 등
	공격헬기	AH-1, 500MD토우기, ALT-III, LYNX 등
	정찰헬기	500MD기본기, BO-105 등
	탐색구조헬기	AS-332, HH-32, HH-47, HH-60 등
	지휘헬기	VH-60, VH-92 등
	훈련헬기	BELL-412 등
무 인 항 공 기	-	무인전투기, 무인정찰기, 대공제압무인기 등
항공전투 지원장비	항공기사격통제장비	AN/APG-68, AN/APG-63, IRST, HUD 등
	항공전술통제장비	해상초계기 전술컴퓨터(DMS) 등
	정밀폭격장비	LANTIRN, Pave Take / Spike, TIGER Eyes, SNIPER 등
	항공항법장비	INS, GPS, TACAN, ILS, RDR, ALT, ADF 등
	항공기피아식별장비	AN/APX-76, AN/APX-101, AN/APX-109 등
	기타 지원장비	항공기시동장비, 항공기부양견인장비, 폭탄운반장비, 폭탄장탈착기 등

(6) 화력 무기체계

중분류	소 분 류	대 상 장 비
소 화 기	개인화기	38 · 45구경 권총, M16A1, K-1 · K-2소총, 수중권총, M203 · K-201 유탄발사기 등
	기관총	K-3 · K-4 · M60 · K-6기관총, K-15경기관총 등
대전차화기	대전차 로켓	M72LAW, PZF-3 등
	대전차유도무기	METIS-M, TOW, 현궁 등
	무반동총	90mm · 106mm 무반동총 등

중분류	소 분 류	대 상 장 비
화 포	박격포	60mm · 81mm · 4.2"박격포 등
	야 포	105mm(M101, KH-178), 155mm(M114A1, KH-179, K-55, K-9), K105A1 자주포(105mm 곡사포 성능개량) 등
	다련장 및 로켓	차기다련장, MLRS, 130mm 다련장, 2.75" 로켓 등
	함 포	20mm, 30mm, 40mm, 76mm, 127mm 등
화력지원 장 비	표적탐지 · 화력통제레이더	TPQ-36, TPQ-37, ARTHUR-K(1K) 등
	전차 및 화포용 사격통제장비	전차장 열상조준경, 전차 포수조준경, BTCS 등
	기타 화력지원장비	측지제원계산기, 광파거리측정기, 자동측지장비 등
탄 약	지 상 탄	기관총탄, 박격포탄, 포병탄, 전차포탄, 로켓탄, 지뢰, 폭약 등
	함 정 탄	20mm, 30mm, 40mm, 76mm, 127mm, 기뢰, 폭뢰 등
	항 공 탄	일반폭탄, 유도폭탄, 확산탄, 조명탄 등
	특수탄약	전자파펄스탄, 탄소섬유탄 등
	유도탄능동유인체	대유도탄기만체(DECOY), CHAFF, R-BOC 등
유도무기	지상발사유도무기	지대지유도무기(현무, ATACMS), 지대함유도탄(HARPOON), 전술지대지유도무기(KTSSM) 등
	해상발사유도무기	함대지 · 함대함 · 함대공유도탄, 잠대함유도탄
	공중발사유도무기	공대지 · 공대함 · 공대공유도탄 등
	수중유도무기	경어뢰, 중어뢰, 장거리대잠어뢰 등
특수무기	레이저무기	고에너지 레이저무기, 고출력 마이크로파 무기, 초저주파 음향무기 등

(7) 방호 무기체계

중분류	소 분 류	대 상 장 비
방공	대공포	20mm대공포, 30mm대공포, 35mm대공포 등
	대공유도무기	미스트랄, 신궁, 천마, 호크 등
	방공레이더	TPS-830K, DA-05 등
	방공통제장비	TSQ-73, 방공C2A 등
화생방	화생방보호	방독면, 보호의, 정화통 등
	화생방정찰 · 제독	화생방정찰차, 화학자동경보기, 방사능측정기, 신형제독차, 휴대용제독기, 중형제독기 등
	화생방 예방 · 치료	개인제독키트, 신경작용제 예방패치, 탄저해독키트, 방사능 해독키트 등
	연 막	발연기, 적외선차폐겸용발연체계 등

중분류	소 분 류	대 상 장 비
	화생무기폐기	화생무기 분석 / 검증장비, 화생무기 해체장비, 화생무기 비군사화 장비 등

(8) 사이버무기체계

중분류	소 분 류	대 상 장 비
사이버 작전체계	방어적 사이버작전체계	사이버전장관리체계 등
	공세적 사이버작전체계	사이버무력화체계 등
	사이버 훈련·분석체계	사이버훈련체계, 사이버전투실험분석체계

(9) 우주무기체계

중 분 류	소 분 류	대 상 장 비
우주감시	우주물체감시체계	전자광학위성감시체계, 레이더우주감시체계, 고출력 레이저위성추적체계 등
	우주기상감시체계	우주기상예·경보체계 등
우주정보지원	위성조기경보 및 정찰체계	조기경보위성, 군 정찰위성, 초소형위성체계 등
	위성통신체계	저궤도 소형 통신위성군 등
	위성항법체계	군용 KPS 등
우주통제	-	우주자산방어체계 등
우주전력투사	공중발사체계	공중발사체 등
	지상발사체계	지상발사체 등

(10) 그 밖의 무기체계

중 분 류	소 분 류		대 상 장 비
국방 M&S체계	워게임 모델	연습·훈련용	태극 JOS모의모델, 대화력전 모의모델, 창조21모델, 창공모델, 천자봉모델, 청해모델, 해군특수전(UDT·SEAL) 모의 훈련체계 등
		분석용	합동작전 분석모델, 차세대합동작전 분석모델, S4ISR 시뮬레이션모델, 항공무장효과산출모델, 해병대 상륙 작전분석모델 등
		획득용	JMASS모델 등
	전술훈련모의장비		K계열전차 소부대 전술모의훈련장비, P-3 및 LYNX 모의훈련장비, 전투기·수송기·훈련기 모의훈련장비 등

제4절 무기체계 획득 방법

1. 무기체계 획득관리 개념

가. 개 요

(1) 무기체계 획득관리 개념

무기체계 획득관리는 군에서 필요로 하여 소요제기한 무기체계를 효율적으로 개발 및 생산하거나 구매하여 군에 조달하기 위한 체계적인 계획 · 조직 · 통제 및 조치하는 제반 업무활동을 말한다.

무기체계 획득관리는 무기체계 획득을 위한 소요제기-소요결정-획득방법 결정-시험평가-양산 및 도입-전력화 순으로 진행하며, 무기체계 획득방법(연구개발 또는 구매)에 따라 약간의 차이가 있다. 무기체계 획득은 자연환경(지형, 기후 등), 가용 자원과 정치적 · 경제적 · 군사적 · 과학기술적 고려 요소 등을 획득원칙과 함께 검토하여 수행하게 된다.

무기체계 획득관리는 장기적인 국가안보정책과 국방정책 및 군사전략을 고려하여 수행하여야 한다. 특히 비용과 효과를 상대적으로 고려하고 안보상황, 경제여건, 국방정책 및 군사전략이 조화를 이루는 가운데 복합적이고 체계적인 무기체계 획득관리가 이루어져야 한다.

(2) 무기체계 획득관리 원칙

무기체계 획득관리는 국가의 국방정책, 군사전략 및 전술을 효과적으로 뒷받침하는 업무이며, 한정된 국가재원의 효율적인 투자 및 사용, 군에 대한 국민의 신뢰성 확보 등의 측면에서 매우 중요하므로 무기체계 획득관리 업무는 다음과 같은 원칙을 기반으로 수행하고 있다.

첫째, 군의 작전요구성능(ROC)[25]을 100% 충족시킬 수 있는 무기 및 장비를 획득하

25) ROC : Required Operational Capability

여야 한다. 즉 전장에서 적의 무기체계를 제압할 수 있는 성능을 가진 무기체계를 획득하여야 한다.

둘째, 무기체계 획득은 군이 요구하는 시기에 맞게 전력화될 수 있도록 관리되어야 하며, 셋째, 자주국방이 가능하도록 연구개발 및 국내생산을 우선적으로 추진하여야 한다. 넷째, 무기획득 비용절감을 위해서는 무기체계의 전 수명주기에 걸쳐 종합적인 관리개념을 가지고 부수된 군수지원체계를 포함하여 비용절감방법을 모색하여 최적화하도록 하여야 한다. 즉 경제적으로 획득하여 투자효율을 극대화하여야 한다. 다섯째, 무기체계 수명주기 간 비용구조는 개발·획득 비용이 전체 비용의 30~40%를 차지하는 반면에 20~30년 동안 운영·유지하는 데 소요되는 비용이 60% 이상의 규모가 된다는 것을 고려하여 전 주명주기 간 효율적인 운영유지가 가능토록 소요제기 및 설계, 개발 및 도입 시 반영하여야 한다.

이 외에도 무기의 해외수출, 국가이익의 추구, 과학적이고 체계적인 무기체계 획득관련 기구의 운용, 전문적이며 체계적이고 과학적인 사업관리기법을 적용한 획득업무 추진, 방위산업과 경제발전에 기여 등을 고려하여 획득관리를 하여야 한다.

2. 무기체계 획득 방법

가. 개 요

무기체계를 획득방법은 연구개발과 구매의 두 가지로 나눌 수 있다.

연구개발은 국외기관 참여여부에 따라 국내연구개발과 국제공동연구개발로 구분하며, 구매는 그 형태에 따라 국내구매, 국외구매 및 임차로 구분한다. 일반적으로 기술수준이 높고 국방가용자원이 풍부한 선진국은 대부분의 무기체계를 국내생산에 의해 획득하며, 기술과 자본이 미약한 후진국은 국외구매에 의존한다. 우리나라의 무기체계 획득방법은 국방전력발전업무훈령에 명시되어 있으며 기본적으로 국익에 유리한 방법을 선정하되 성능, 소요기간, 소요량, 기술 파급효과, 경제성, 군수지원 및 단가 등을 고려해야 한다.

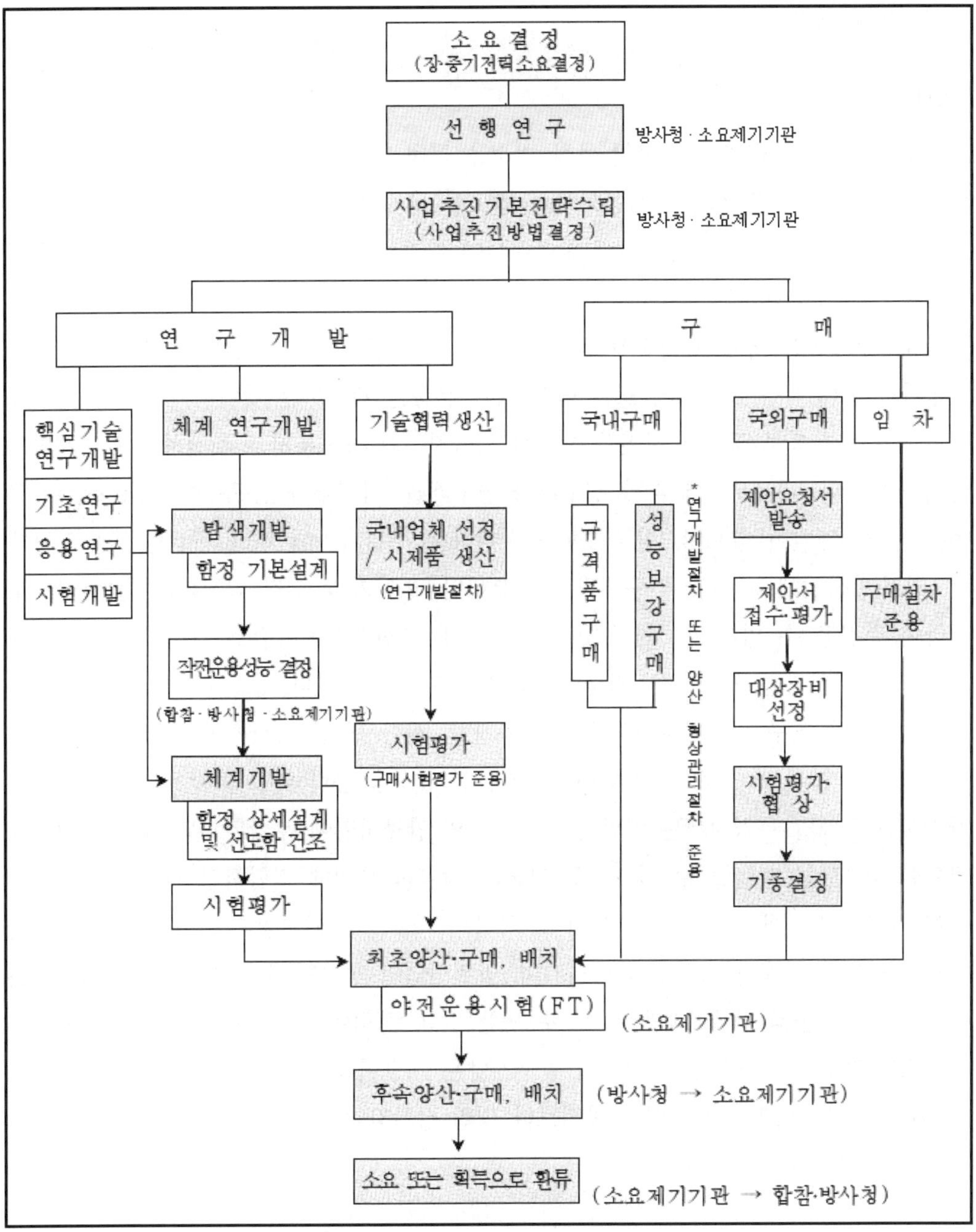

〈그림 1-6. 무기체계 획득 절차도[26]〉

26) 자료제공 : 국방전력발전업무훈령(2021.0.30)

나. 연구개발

(1) 개 요

연구개발이란 우리가 보유하지 못한 기술을 국내 단독 또는 외국과 협력하여 공동으로 연구하고, 연구된 기술을 실용화하여 필요한 무기체계를 생산 · 획득하는 방법을 말한다. 연구개발의 형태는 국외기관 참여여부에 따라 국내연구개발, 국제공동연구개발이 있다.

국내연구개발은 국내 기술진에 의하여 개념을 설정하고 이를 설계 · 시제품 제작 · 시험평가를 통해 특정 무기체계 또는 핵심기술 · 부품을 개발하는 것이며, 국제공동연구개발은 외국정부 및 외국업체 자본을 포함한 외국자본과 공동투자로 추진하는 연구개발의 형태를 말한다. 비용분담에 따라 정부투자 연구개발, 업체투자 연구개발, 정부 · 업체 공동투자 연구개발이 있으며, 연구개발을 수행하는 주관기관에 따라 국과연주관 연구개발, 업체(방산업체 등)주관 연구개발로 구분한다. 연구개발 추진 시 국제기술협력을 포함하여 추진할 수 있다. 또 연구개발은 개발 및 생산대상 · 방법을 기준으로 무기체계 연구개발, 핵심기술 연구개발, 기술협력생산 등으로 구분한다.

무기체계의 연구개발은 무기체계를 연구개발, 시험 평가, 생산하여 자국의 방위요소를 충족함은 물론 그 여력을 수출하여 국가발전의 성장 동력 역할을 할 수 있어야 한다. 따라서 연구개발 무기체계는 일반적으로 자국의 안보상황에 부합된 무기체계를 적시에 필요한 수요만큼 획득할 수 있다. 즉, 자국의 지형적 특성에 적합하고 자국의 전략 · 전술에 알맞은 무기체계 획득이 가능하며, 국방의 자주성을 확보할 수 있다. 또한 국가산업의 생산능력 확대와 이익을 증대시키며, 방위산업이 성장할 수 있는 기회를 제공하는 등 경제적 · 기술적 파급효과를 얻을 수 있는 등의 장점이 있다.

그러나 후진국의 경우는 무기체계 연구개발은 개발비용이 해외구매보다 많이 소요되며, 개발기간도 해외구매에 의한 방법보다 훨씬 장기간이 소요되고 연구개발의 실패 위험성도 클 수 있다.

(2) 무기체계 연구개발 단계

무기체계 연구개발 단계는 선행연구를 거쳐 탐색개발, 체계개발, 시험평가, 양산 및 운영단계로 구분하며 각 단계별 주요 내용은 〈표 1-5〉와 같다

〈표 1-5. 연구개발 단계별 주요내용〉

단 계	주 요 내 용
탐색개발	• 체계개발을 위한 기본설계 • 작전운용성능 결정 • 체계개발 일정 및 비용 산출
체계개발	• 확정된 작전운용성능을 만족하는 시제품 개발 • 시험평가
양 산	• 생산된 무기체계를 소요군에 배치 • 초도양산, 후속양산

(3) 핵심기술 연구개발

핵심기술 연구개발은 무기체계 또는 비무기체계의 국내개발 또는 생산에 필요한 고도의 첨단기술을 연구 및 개발하는 활동으로 기초연구, 응용연구, 시험개발의 단계를 거쳐 이루어진다.

(4) 기술협력생산

기술협력생산은 차기 무기체계 개발을 위한 기술축적을 위하여 외국의 원 제작업체와 기술협력에 의해 생산권한을 양도, 대여 또는 지원받아 국내에서 생산하는 것이다. 기술협력 생산은 국내 기술수준, 기술협력 정도, 국산화율 및 방산 파급효과를 고려하여 공동생산, 또는 외국의 기술지원 없이 생산권한만을 양도 또는 대여 받아 생산하는 면허생산(License Production)으로 구분한다.

(5) 연구개발의 장 · 단점

연구개발 획득방법의 장점은 첫째, 자국의 실정에 부합되는 무기체계를 획득할 수 있으며, 둘째, 국내 산업의 생산능력(기계, 시설)을 확대하고 이익을 증대시키며 기업이 성장할 수 있는 기회를 제공한다. 셋째, 연구개발을 함으로써 고용인구가 증가하고 기업이윤 및 유효수요를 창출하여 국가경제에 긍정적 파급효과를 유발하며, 넷째, 기술축적의 기회를 제공하고 획득된 국방과학기술을 민간부분에 파급시켜 민수제품의 품질을 향상시켜 국가경쟁력 향상에 기여한다. 다섯째, 자체 개발한 무기체계이기 때문에 야전에서 운영유지하기가 유리하고 성능개선이 용이하며, 국내에서 생산한 무기체계로 무장함에 따라 군의 사기가 높고 자주국방과 국민전체의 안보의식 고조에 기여하게 된다.

반면 연구개발의 단점은 첫째, 개발도상국은 자체 생산비용이 외국에서 무기를 직수입할 때보다도 많이 든다는 것이다. 따라서 무기 수입국은 수입단가가 저렴한 것을 이유로 무기를 수입하고 수출국은 비용이 저렴하다는 이유를 판매 촉진수단으로 사용하고 있다. 둘째, 무기획득에 소비되는 시간이 직수입보다 훨씬 길다. 따라서 선진국은 순수 자체개발을 할 때 기존무기의 차기세대를 5~10년 앞서서 구상하고 개발도상국은 군사 소요의 긴급성을 이유로 직수입에 의존한다. 셋째, 연구개발의 실패 위험성이 크고 연구개발 비용이 든다는 것 등을 들 수 있다.

다. 구 매

(1) 개 요

구매는 자국에서 연구개발 생산된 무기체계를 구매하거나 국외로부터 구매 획득하는 것을 말한다. 구매사업은 국내구매를 우선적으로 추진하고, 국내구매가 곤란한 경우에 국외구매를 추진하며, 구매사업 중 필요시 임차에 의한 도입을 추진할 수 있다.

국내구매는 국내에서 운영 중인 정보체계, 장비·물자를 일부 개조 또는 성능을 보강하여 구매하는 것으로, 민수규격품 구매와 국방규격품 구매로 구분한다. 민수규격품 구매는 한국산업규격(KS규격), 정부관계기관 규격 및 업체규격을 활용하여 공개경쟁입찰로 구매하며, 개조 또는 성능을 보강하여 구매하는 경우에는 연구개발절차를 준용한다. 국방규격품의 경우에도 공개경쟁입찰로 구매하며, 성능을 개량하여 구매할 경우 연구개발절차를 준용한다.

국외구매는 소요군이 요구하는 무기체계를 연구개발이나 국내구매로 획득이 제한되는 경우 외국에서 운용 중이거나 개발 중인 무기체계를 획득하는 것으로 대외군사판매(FMS[27])와 상업구매(DCS[28])로 구분한다.

(2) 대외군사판매(FMS)

대정부간 구매의 한 형태로 미국정부가 무기수출통제법(Arms Export Control Act)

27) FMS : Foreign Military Sales
28) DCS : Direct Commercial Sales

등 관련 법규에 의해 우방국 및 동맹국 또는 국제기구에 정부 간의 계약에 의하여 대외지급수단 및 차관금액으로 군사상 필요한 물자를 유상으로 판매하는 방법을 말한다.

미국의 대외군사판매는 1961년 9월에 제정된 대내지원법과 1968년 10월에 제정된 대외군사판매법에 의거 미국의 안전보장 및 세계평화 증진을 위하여 모든 우방국가와 국제기구 등에 방산 물자 및 용역을 민간계통을 통하지 않고 미국정부가 대리하여 구매국의 정부에 대외지급수단, 차관금액 등 유상으로 제공하는 판매의 형태로 자국 이익을 도모하는 제도이다. 이는 정부 간의 거래이므로 일반상용과 구별되며 방산물자란 점에서 상용물자와 그 성질이 다른 까닭에 정치적·외교적 차원에서 많은 제한을 받는다. 대외군사판매의 본질적인 특징은 정부 대 정부 간의 계약에 의존하여 거래되는 형태로서 사전에 그 거래규모에 따라 미 의회의 승인을 받아야 하며 금액, 수량 등에서도 제한을 받을 뿐만 아니라 판매대상국 선정 및 판매대상장비 등 많은 제한요소가 있다. 또 하나 특이한 것은 미국이 판매국을 대리하여 미국 내 업자로부터 방위물자 및 용역을 조달해주는 대가로 그에 수반되는 인건비, 행정비, 기타 제 비용을 구매국에서 부담하는 조건으로 미국의 군수물자를 판매하고 있다는 것이다.

대외군사판매는 지정구매, 총괄구매 및 군수보급지원 약정으로 구분한다. 지정구매(DOC[29])는 대상품목, 수량, 예상가격 및 인도예정일 등 제반조건을 청약 및 수락서상에 구체적으로 명시하여 구매하는 계약방법으로 지정판매계약을 통하여 판매할 수 있는 물자는 주요 장비, 탄약, 유류, 동시조달수리부속(CSP), 시험장비 등이다. 교육훈련이나 공사, 용역 등도 이 지정구매에 의하여 획득할 수 있다.

총괄구매(BOC[30])는 구매 대상품목에 대해 총금액 및 구매기간만을 명시하여 계약한 후 그 범위 내에서 수시로 청구하여 구매하는 계약방법으로 수리부속, 발간물, 교육보조자료, 지원장비 등을 총괄구매에 의해 획득할 수 있다.

군수보급지원약정(CLSSA[31])은 미국 국방성 군수지원체제를 통하여 외국에 군수지원을 제공해 주는 국제 협동군수지원체제로서 미국과 해당 우방국간의 군별 쌍무약정에 의해 평시 지속적인 계획의 일환으로 시행되고 있는 대외판매의 형태이다. 군수보급지원약정에 의하여 획득할 수 있는 품목은 현행 미군의 표준장비나 무기체계의 수리부속

29) DOC : Defined Order Case
30) BOC : Blanket Order Case
31) CLSSA : Cooperative Logistics Supply Support Arrangements

에 한정되어 있으므로 한·미간의 협정을 통하여 먼저 지원대상장비를 선정하고 장비별 연간지원규모를 결정한다.

<표 1-6. FMS 오파종류별 구매대상물자>

계 약 방 법	구 매 대 상 물 자
지 정 구 매 (DOC)	• 무기체계 : 주요장비, 탄약, 유류, 동시조달수리부속, 시험장비 등
총 괄 구 매 (BOC)	• 수리부속 : 주요결합체, 복구성·소모성 수리부속 • 발 간 물 : 교범, 규격서, 지도, 목록, 양식 등 • 지원장비 : 구성품, 특수공구, 시험장비, 무기체계 및 주요장비의 정비와 보급물자 • 기술지원장비 : 교육, 장비 설치운용, TECH REP 등 • 교육보조재료 : 비디오테이프, 슬라이드, 필름 등
군수보급지원협정 (CLSSA)	• 미국의 현행 무기체계 및 표준장비의 수리부속

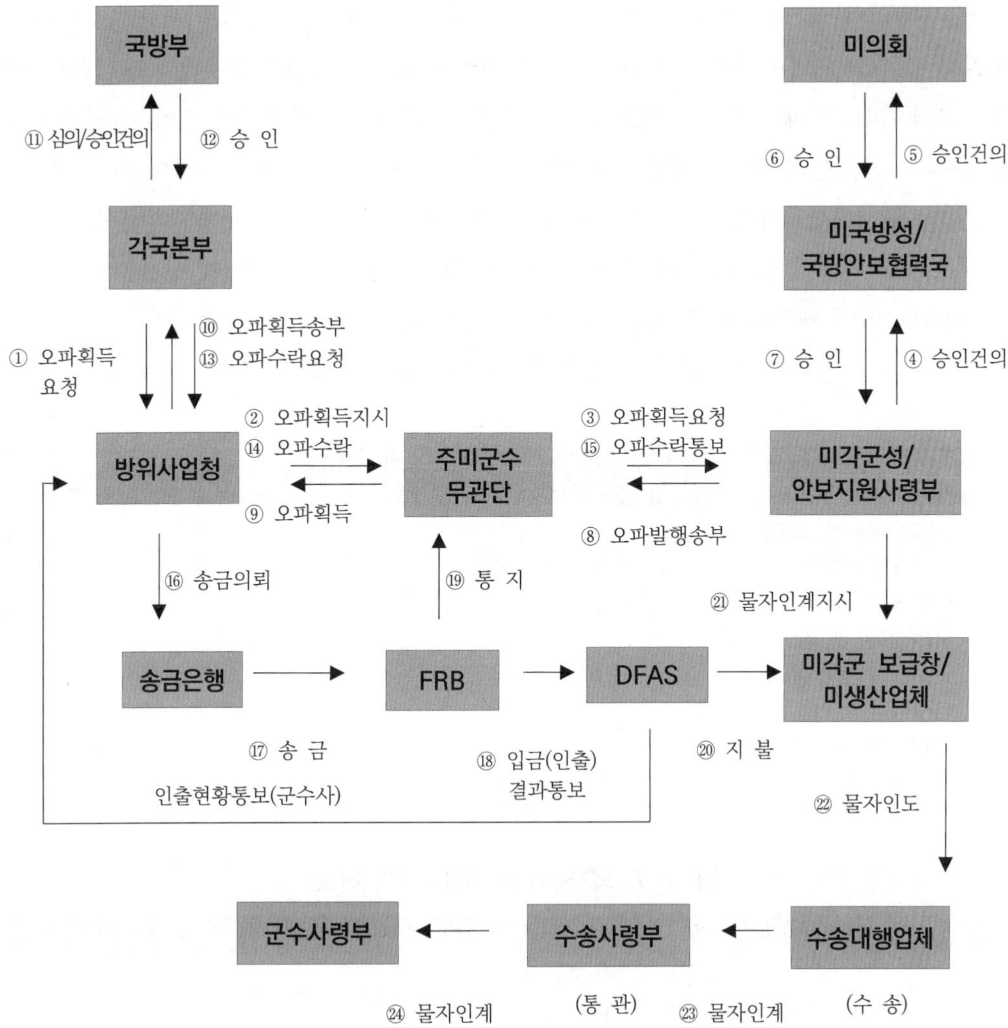

※ 국방안보 협력국(DSCA) : Defense Security Cooperation Agency

※ 미 안보지원사령부(USASAC) : US Army Security Asistance Command

〈그림 1-7. 지정구매(무기체계) 업무 절차도[32]〉

(3) 상업구매(DCS)

상업구매란 외자구매에 있어 FMS 구매와 구분되는 개념으로 해외 생산업자 또는 공급자와 직접계약에 의해 구매하는 제도이다.

32) 육군군수사령부 외자조달지침서

상업구매의 특성 즉, FMS 구매와 다른 점은 첫째, 계약당사자에 있어서 FMS 구매는 정부 대 정부의 계약이지만 상업구매는 민간 판매제도로서 생산자와 수입국간의 계약에 의한 거래이다. 둘째, FMS 구매는 미국의 일반적인 불평등계약인데 반해 상업구매는 일반무역거래 법규와 예산회계법규에 의거 당사자 간의 협상에 따라 이루어지는 계약이다. 셋째, 구매대상국에 있어서 FMS 구매는 미국과 거래할 수 있는 제도이나 상업구매는 대상국의 제한이 없어 자유우방 어느 나라와도 거래할 수 있다. 넷째, FMS 구매는 가격적용에 있어 계약납품 후 정산을 전제로 계약하나 상업구매는 확정계약을 원칙으로 하므로 특수한 경우를 제외하고는 계약 후 가격의 변동이 없다.

♣ 상업구매 종류

≫ 계약 형태에 의한 구분
- 일반경쟁계약
- 제한경쟁계약
- 지명경쟁계약
- 수의계약

≫ 집행기관에 의한 구분
- 방위사업청 계약
- 조달청 계약
- 재외국방군수무관 계약

≫ 계약방법에 의한 구분
- 확정계약
- 한도액계약(BOA)

〈표 1-7. 외자구매와 내자구매의 비교〉

구 분	외 자 구 매	내 자 구 매
적 용 법 규	• 국내법규(특정조달특례규정) • 국제통일규칙, 국제 상관습 등	• 국내법규(국계법시행령)
입찰참가자격	• 외국업체 원칙 • 필요시 국내업체 참여 허용	• 국내업체 원칙 • 양허품목의 경우 외국업체에 문호개방
공 고 방 법	• G2B시스템에 게재 - 필요시 일간신문 게재	• G2B 시스템에 게재
공 고 기 간	• 정상 : 40일 이상 사전에 예비공고를 하는 경우 공고기간을 24일까지 단축 가능 • 긴급 : 10일	• 정상 : 10일 이상 • 긴급 : 5일
예 정 가 격	• 예정가격 불비치→목표가 산정	• 예정가격의 비치

구 분	외 자 구 매	내 자 구 매
수의계약사유	• 수의계약사유 법정 • 수의계약사유 추가 인정 (특례규정 제23조) - 무응찰, 담합입찰 또는 조건에 부합되는 입찰서가 없는 경우	• 수의계약사유 법정 (국계령 제26조 내지 제28조)
보 험 부 보	• 운송시 위험에 대비 보험부보	• 현장납품도, 현장설치도 이기 때문에 부보하지 않음.
운 송 계 약	• 운송 수단별, 지역별 계약체결	• 국내생산 및 납품으로 별도 운송 계약 불요
대 금 결 제	• 신용장 거래방식, 송금방식, 추심결제방식 • 외화지급 * 당사자간 합의시 원화지급 가능	• 현금거래방식 • 원화지급

(4) 임 차

임차는 소요 무기체계를 외국에서 유상으로 빌려서 운용하는 것으로 다음과 같은 상황이 발생할 때 적용하는 획득방법이다. 첫째, 구매에 의한 장비획득보다 경제적일 경우. 둘째, 구매에 의한 장비획득으로는 전력화 요구 시기 충족이 불가능한 경우. 셋째, 장비의 진부화, 구식화 또는 지속적인 장비 성능개량 등으로 장비를 임차하는 것이 효율적일 경우. 넷째, 장비운영 필요기간이 5년 이하로써 구매획득이 비효율적일 경우. 다섯째, 소요량 및 전력화 시기 등 제반 여건상 임차만이 유일한 도입방법일 경우. 여섯째, 기타 가용재원, 후속군수지원 등을 고려 시 임차사업이 효율적일 경우 등이다

(5) 국외구매의 장 · 단점

국외구매의 장점은 첫째, 국외구매를 할 경우 개발도상국의 입장에서 볼 때 획득단가가 연구개발 및 기술협력생산보다 훨씬 저렴하다는 것이다. 둘째, 군사적으로 결정된 무기체계 획득 요구사항이 절박할 때 국외구매는 유일한 획득원이 될 수 있다. 셋째, 연구개발의 실패 위험성을 배제할 수 있다. 넷째, 무기 수출국가와 정치 · 경제 · 군사적 유대가 강화될 수 있다.

반면에 국외구매의 단점은 첫째, 무기체계의 종속화가 우려되며 대외 의존적인 국방체제가 될 수 있다. 둘째, 기술이전 및 축적의 기회가 상실된다. 셋째, 국가경제 및 산업

발전에 미치는 파급효과가 없다. 넷째, 운영·유지단계에서 수리부속비용의 비중이 크고 해외정비에 많이 의존할 가능성이 높다. 다섯째, 구매국의 작전환경과 신체적 조건에 맞지 않을 경우가 많다.

라. 연구개발과 구매 비교

무기체계 획득을 연구개발을 통한 국내생산(make)과 국내·외에서 구매(buy)하는 방법을 비교해 보면, 〈표 1-8〉과 같다.

〈표 1-8. 연구개발과 구매 비교〉

구 분	연구개발	구 매
형 태	• 국내개발, 국제협력개발	• 국내구매, 국외구매
	• 정부개발, 업체개발, 공동개발	• 민수규격품 구매, 국방규격품 구매 • 상업구매, FMS구매, 임차
장 점	• 독자기술 확보가능 • 장기적 기술 및 경제 파급효과 • 수명추가비용 측면에서 유리	• 획득기간 단축 • 비용 대 이득가능성 존재(초기) • 실패위험 낮음
단 점	• 장기간 소요 • 실패위험 높음 • 단기적 경제효과 불리	• 장기적 측면에서 비용 증대 • 필요한 기술 확보 곤란한 경우 발생

무기체계 획득방법 결정은 연구개발과 구매의 장·단점을 분석하고, 한국적인 상황 및 여건을 고려하며, 안보정책, 국방정책, 군사전략과 가용자원, 전력구조, 방위산업의 능력과 기술수준 등을 종합적으로 분석하여 결정하여야 한다.

무기체계획득을 위한 의사결정시 같이 가능한 범위 내에서 무기체계를 획득할 경우 더 빠른 기간(shorter)에, 더 좋은 성능(batter)을, 더 저렴한 가격(cheaper)으로 획득할 수 있도록 해야 한다.

3. 무기체계 획득대안 구상시 고려사항

무기체계 획득을 위해서는 다음과 같은 제약조건을 극복해야 하며 각각의 조건들이 균형 있게 조화를 이루어야 한다.

가. 정치적 제약조건

첫째, 군비경쟁 유발 가능성을 고려해야 한다. 무기를 구입할 수 있는 경제력이 있다고 해서 얼마든지 무기체계를 획득할 수는 없다. 무기생산국이 국제적인 힘의 균형을 파괴한다고 판단할 때에는 수출을 금지하고 있다. 무기수출국이 행사할 수 있는 국제질서의 통제력이기도 하다. 둘째, 군사동맹국과의 관계 유지에 대해 고려해야 한다. 예전의 서독은 자체 생산능력이 있어도 NATO에 소속된 여러 나라로부터 무기를 수입 또는 기술협력생산 등을 추진하였는데 그 이유는 이 같은 행위가 NATO의 결속력을 확인시키고 일단 유사시에는 서독의 안보를 위해 적극적인 지원을 유도하기 위함이었다. 셋째, 정치적 · 전략적 무기의 생산 및 수출을 금지하는 조항으로 전후 서독과 일본은 연합국에 의해 방위산업이 금지된 바 있으며 핵무기는 강대국들이 규제하고 있다.

나. 경제적 제약조건

첫째, 현대 무기체계 특징 가운데 하나는 엄청난 획득비용이 소요된다는 것이며 이러한 제약조건을 극복할 수 있는 국가경쟁력이 우선되어야 한다. 둘째, 무기의 획득비용이 고가인 것은 무기 수요량 제한의 주요인이 될 수 있다. 이를 극복하기 위해서 민수겸용생산, 무기수출 등의 대안을 고려해야 한다. 셋째, 무기체계 산업은 그 나라의 중화학공업 및 첨단산업에 기반을 두고 있다. 중기계, 석유, 화학, 선박, 항공, 전자통신, 컴퓨터 등의 여러 분야가 유기적으로 관련되어 각 분야가 원자재, 부품생산 및 조립에 이르기까지 상호보완하면서 체계적으로 계열화되어야 한다.

다. 기술적 제약조건

첫째, 무기체계는 고도의 정밀 과학기술을 요구하고 있다. 따라서 과학기술 수준의 미숙으로 군사적 요구수준을 만족시킬 수 없다면 자체생산은 곤란하다. 둘째, 효과적으로 무기체계를 개발하려면 유사한 분야에서 연구개발한 경험이 누적되어 있어야 하고 위험과 비용을 절감하는 관점에서 복잡한 연구개발 사업을 관리할 수 있는 능력이 갖추어져 있어야 한다.

라. 군사적 제약조건

첫째, 군사적 획득시한을 충족해야 한다. 무기체계는 본질적으로 적을 의식하고 획득하는 것이므로 적의 위협이 크면 클수록 대응 무기체계의 획득시한이 짧게 된다. 둘째, 군수지원의 가능성으로 수리부속품 및 부품의 문제는 대단히 중요하다. 실제 대부분의 국가가 무기 국산화의 동기를 수리부속품 조달에 두고 있다. NATO 제국(諸國)도 처음에는 미 군원에 의해 무장되었으나 점차 장비가 노후화되어감에 따라 수리부속품, 수리비용이 국방예산의 약 30%를 점유하자 이를 탈피하는 차원에서 국산화 시도가 활발하게 추진되었다. 셋째, 작전환경 및 인체공학적 특성을 고려해야 한다. 조작 및 운용요원의 신체조건과 작전지역의 환경·기후를 고려하여 무기체계를 설계해야 하며 조작기술의 습득이 용이한 무기를 획득할 수 있어야 한다. 넷째, 획득되는 무기체계는 국방 기본목표를 지원할 수 있고 기존 무기체계와 조화를 이룰 수 있어야 한다. 다섯째, 방위산업은 중화학공업이기 때문에 공해, 오염, 노동문제 등을 수반하게 되므로 이에 대한 대책을 사전에 수립하고 추진해야 한다. 이러한 제반사항을 고려하여 무기체계 획득방법의 결정은 획득방법별 장단점을 분석하고 합리적인 의사결정을 통해 이루어져야 하며 안보정책, 국방정책, 군사전략과 가용자원, 국가의 전력구조, 방위산업체의 능력과 기술수준, 발전 전망 등을 정확하게 종합분석하고 예측해야 한다.

제2장

지휘통제 · 통신무기체계

제1절 지휘통제체계

제2절 통신체계

제3절 주요 통신장비

제1절 지휘통제체계

1. 개 요

현대전은 정보통신기술 등 과학기술의 급속한 발전으로 전장공간이 확대되고, 무기체계의 지능화 및 정밀화, 자동화 등으로 정확성과 파괴력이 크게 증대되고 있다. 이러한 현대전장에서 주도권을 확보하고 유지하기 위해서는 적의 활동을 먼저 보고, 신속하게 결심하여 먼저 타격하는 것이 전승의 필수요건이 되고 있다.

지휘통제란 부여된 임무를 달성하기 위하여 부대의 활동을 지시 및 통제하는 것으로 지휘관, 참모, 통신 및 기타 지원요소로 구성된다. 성공적인 임무수행을 위해 편성된 지휘관 및 참모가 가용한 작전요소를 통합·협조시키며 각종수단을 적극적, 효율적으로 사용하여야 한다.

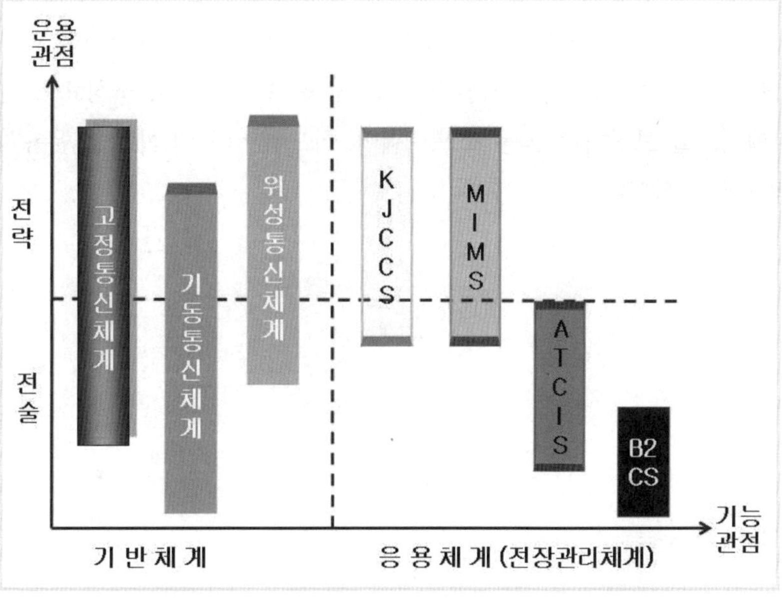

〈그림 2-1. 지휘통제·통신무기체계 구성도[1]〉

1) TICN 운용개념서(육군본부)

지휘통제(C4I)[2)]체계는 지휘관이 부여된 임무달성을 위해 지휘(Command), 통제(Control), 통신{Communication}, 컴퓨터(Computer), 정보(Intelligence) 등 5가지 각 요소를 유기적으로 통합하고 연결하여 실시간에 정보수집 및 분석, 지휘결심, 계획 및 지시, 작전수행을 가능하게 하는 모든 시설, 장비, 인원 및 절차로 구성된 체계이다. 지휘통제체계는 부대의 지휘통제를 신속하고 효율적으로 수행하는데 필요한 무기체계를 말하며, 합동지휘통제체계, 지상지휘통제체계, 해상지휘통제체계, 공중지휘통제체계 등으로 분류한다.

즉, C4I체계는 지휘관에게 먼저 보고(先見), 먼저 결심(先決)하여, 먼저 타격(先打)할 수 있도록 군사력을 운용하는 총체적인 수단과 절차를 제공한다.

지휘통제체계(C4I)의 역할은 첫째, 전장의 지휘관 및 전투요원들에게 영상 등 다중매체를 통하여 입체적이고 정확한 전투현장 상황을 제공하며, 둘째, 전장의 지휘관 및 전투요원들에게 구체적이고 명확한 목표를 제시함으로써 목표를 보면서 작전을 수행할 수 있도록 한다. 셋째, C4I체계는 전장 기능요소 간 노력의 통합 및 분권화된 시행을 지원함으로써 통합 전투력 발휘를 보장한다.

전장관리수단으로서 C4I체계는 감시체계와 타격체계를 연결시켜 주는 통신체계, 수집된 첩보 및 가공된 정보를 저장하는 데이터베이스, 이 데이터베이스를 이용하여 의사결정에 필요한 각종 자료를 가공 및 제공하는 응용 소프트웨어, 구성요소 간의 상호운용 및 인터페이스를 보장하는 공통 소프트웨어, 하드웨어와 이 체계를 운용하는 부대편성 및 조직으로 구성된다.

2) C4I : Command, Control, Communication, Computer and Intelligence System

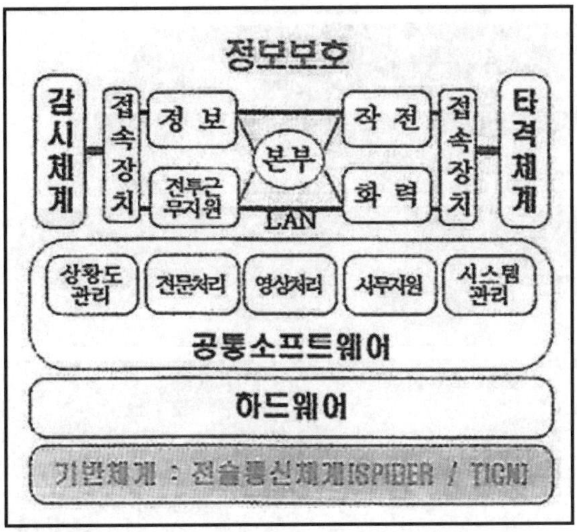

〈그림 2-2. 지휘통제체계 구성〉

국방 C4I체계의 목표는 최고 지휘관에서 말단 전투원에 이르기까지 필요한 전장상황과 정보를 보면서 지휘결심 및 전파, 행동할 수 있는 체계를 구축하는 것이다. 이러한 국방 C4I체계는 합동 C4I체계를 중심으로 각 군 및 전술제대 C4I체계가 연결되어 상호운용이 가능하도록 하는 것이다.

지휘 및 통제체계는 원거리 및 광역의 정찰, 지휘통제, 타격시스템을 발전시키고, 통신기술의 발전에 따라 네트워크화, 분산 DB화 및 시스템의 지능화를 통해 합동차원에서 운용할 C4I체계를 발전시키는 추세이다. 우리 군도 기 구축된 C4I체계를 기반으로 연합/전략/전술 C4I체계 간 상호연동 및 운용성을 구축할 수 있도록 발전시키고 있다. 또한 C4I체계 간 생존성과 이동성 향상을 위한 무선 LAN을 확대하고, 초고속 국가 망과 연계된 군 광대역 통신망(MISDN[3])을 완성할 수 있도록 통합된 지능형 합동 C4I체계로 발전하고 있다.

3) MISDN : Military Integrated Services Digital Network

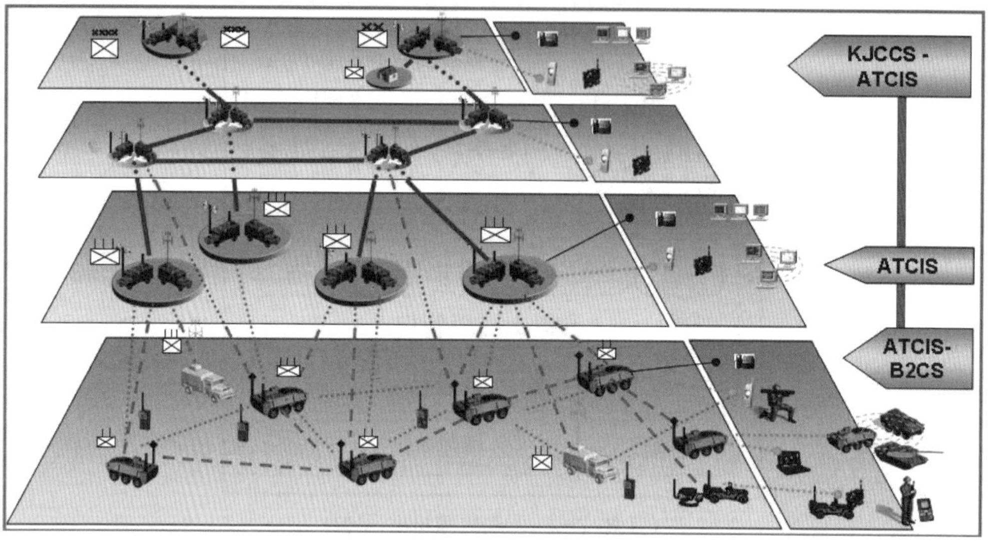

〈그림 2-3. 대별 지휘통제체계 구성도〉

2. 지휘통제체계 분류

지휘통제체계는 〈표 2-1〉과 같이 분류하고 있다.

〈표 2-1. 지휘통제체계 분류[4]〉

중분류	소 분 류	대 상 장 비
지휘통제 체 계	합동지휘통제체계	전략제대C4I지휘소자동화체계(CPAS), 합동지휘통제체계(KJCCS), 군사정보통합처리체계(MIMS) 등
	지상지휘통제체계	지상전술C4I체계(ATCIS) 등
	해상지휘통제체계	해군전술C4I체계, 해군전술지휘통제체계 등
	공중지휘통제체계	공군전술C4I체계, 자동화방공통제체계, 공중조기경보통제기, MCRC 등

가. 합동지휘통제체계(KJCCS[5])

합동지휘통제체계(KJCCS)는 1999년 전력화된 한국군 최초의 전술지휘통제자동화체

4) 국방전력발전업무훈령
5) KJCCS : 한국군 합동지휘통제체계, Korean Joint Command and Control System

계인 지휘소자동화체계(CPAS[6])의 후속체계로 육·해·공군 C4I와 연동기능을 추가하여 합동작전 기능을 보강하여 2008년에 전력화하였으며, 합참을 중심으로 작전사급 이상 제대에서 운용하고 있다. 이후 전장 환경변화에 따른 생존성 향상, 연동대상체계 증가에 따른 연동능력 개선 및 노후화를 개선하여 2015년 5월 성능개량사업을 완료하고 전력화하였다.

나. 육군 전술지휘통제체계(ATCIS[7])

ATCIS는 1990년 중반에 육군의 지휘통제체계의 필요성이 대두되어 개념연구와 시범체계 구축과정을 거쳐 2005년에 완성하였으며, 2차 성능개량을 추진하고 있다. 전술통신체계인 SPIDER를 기반체계로 하는 지상 전술지휘통제체계 ATCIS는 육군 군단급 이하 제대에서 지휘·통제·통신·컴퓨터를 유기적으로 통합하여 실시간 정보를 공유하고 효율적인 감시-결심-타격작전 수행을 보장하기 위한 체계이다.

다. 해군 전술지휘통제체계(KNCCS[8])

해군 전술지휘통제체계 KNCCS는 해군 작전사령부와 예하 함대사령부, 전단 및 전대에서 지휘·통제·통신·컴퓨터를 유기적으로 연결하여 정찰 및 감시자산과 타격체계를 연동함으로써 해군작전 수행절차를 자동화하고 전투력 승수효과를 최대한 발휘할 수 있도록 지원하는 체계이다.

라. 공군 전술지휘통제체계(AFCCS[9])

공군 전술지휘통제체계 AFCCS는 공군 작전사령부 및 예하 전투제대에서 지휘·통제·통신·컴퓨터를 유기적으로 연결하여 정찰 및 감시자산과 타격체계를 연동함으로써 공군작전 수행절차를 자동화하여 효율적인 지휘통제가 가능하도록 지원하는 체계이다.

---

6) CPAS : 지휘소자동화체계, Command Post Automated System
7) ATCIS : 지상 전술지휘정보체계, Army Tactical Command Information System
8) KNCCS : 해군 전술지휘통제체계, Korea Naval Command and Control System
9) AFCCS : 공군 전술지휘통제체계, AFCCS

제2절 통신체계

1. 개 요

통신체계는 모든 무기체계의 기반으로 다양한 전투공간에서 전장감시체계, 지휘통제체계, 타격체계 요소를 유기적으로 네트워크화 함으로써 효율적이며 효과의 극대화를 보장하는 체계이다. 군 통신체계는 〈표 2-2〉와 같이 운용관점 사용주체, 정보통신기반으로 분류할 수 있다.

〈표 2-2. 군 통신체계 분류[10]〉

구 분		내 용
운용관점	전략통신체계	• 전략적 통신 목적으로 광역의 통신을 커버하는 고정 통신망, 음성교환망, 지휘소자동망, 국방전산망, 위성통신망 등
	전술통신체계	• 전투 목적의 기동 통신망 위주, SPIDER, TICN
사용주체	지상통신체계	• 육군을 기준으로 운영하는 통신체계, TICN
	해상통신체계	• 해군을 기준으로 운영하는 통신체계
	공중통신체계	• 공군을 기준으로 운영하는 통신체계
	공용합동통신체계	• 합참을 기준으로 운영하는 통신체계, 위성통신
정보통신기반	고정통신체계	• 국방부, 합참 및 각 군을 지원하는 통신 네트워크, 광통신체계, 마이크로와이브통신체계, 시설교환치계
	기동통신체계	• 군단급 이하 작전제대를 지원하는 무선 기반 통신체계, 전술통신체계(SPIDER), 전술정보통신체계(TICN)
	위성통신체계	• 위성통신체계, 위성통신체계-II

2. SPIDER체계

SPIDER체계는 점대점 통신망의 제한점을 해소하고, 전술C4I체계를 효율적으로 지원하기 위한 디지털 방식의 자동화된 통신체계로서 생존성, 신뢰성, 융통성이 향상된 격자

10) 김철환 외, 전장기능별 무기체계, 한국군사문제연구원, 2015

형 지역지원 통신체계로 개선한 전술통신체계이다.

SPIDER라 함은 거미를 의미하는데, 이것은 거미가 복잡한 형태의 줄을 쳐서 집을 짓듯이 복잡한 듯 하면서도 체계적이고 현실적이며 생존성과 신뢰성을 향상시킨 것을 뜻한다.

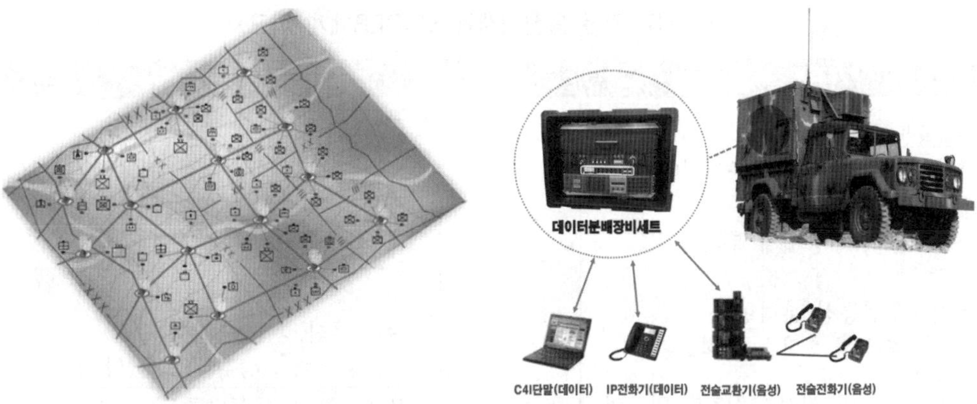

〈그림 2-4. 전술통신체계(SPIDER) 운용개념 및 구성도〉

기존 통신망과 SPIDER체계를 비교해 보면 〈표 2-3〉과 같다. 기존 통신체계는 작전을 지휘하는 시설과 통신시설이 1개 지역에 집중되어 적 특수부대의 침투나 포병 및 항공 공격 시 동시 피해가 예상되었고, 차후 작전을 위하여 지휘소를 이동하거나 부대를 전개하고 배치할 때 통신망을 설치하고 철수하는 시간이 과다하게 소요되었다. 반면 SPIDER체계는 〈그림 2-4〉와 같이 지역지원 통신소(이하 노드, node) 간 격자형으로 통신망을 구성하는 한편, 통신망을 사용하게 되는 각 부대는 어느 지역에서도 가장 가까운 노드에 가입할 수 있어 신속한 통신망 구성과 운용이 가능하다. 기존 통신체계는 제대별 나뭇가지 형태로 구성되어 통신망 두절시 우회가 제한되었지만, SPIDER체계에서는 격자형으로 통신망이 연결되어 있어 통신 두절이나 적 전파방해 시 자동 우회를 통해 통신이 가능하다. 또한 기존의 통신체계는 교환망과 전송체계가 분리되어 유선과 무선이 분리된 통신이 이루어졌고 교환 장비는 단순한 전화교환 수준이었다. 그렇지만 SPIDER체계는 교환과 전송체계를 통합하여 유선과 무선통신이 교환기를 거쳐 상호통화가 가능하며, 교환 장비도 단순한 전화교환 수준이 아니라 데이터 통신까지 지원이 가능하다. 기본적으로 기존의 교환 장비는 고정된 위치에서 통신 서비스를 제공하였지만, SPIDER체계는 기동화 된 차량에 탑재되어 운용되므로 신속한 통신지원이 가능하다. SPIDER체계는 이동 통신 지원과 장비의 소형 경량화, 차량화로 기동성을 보장하며, 적의 통신 방해와 자연적인 전자 잡음 환경 하에서 운용이 가능하고, 적의 감청 및 도청을 회피할 수 있는 대전자전(EP) 기능을 보유함으로써 보안성이 우수하다.

〈표 2-3. 기존 통신체계와 SPIDER체계 비교〉

기존통신체계	구 분	SPIDER 체계
• 전용통신망 - 나뭇가지(tree)형 구조형태 • 기능별 독립 통신망 - 교환망, 전송체계 분리형 ☞ 유 · 무선통신 분리형 - 교환장비 : 단순 전화교환	통신망 구 조	• 공용통신망 - 격자형, 별형, 나뭇가지형 등 복합 구성형태 • 기능 통합 통신망 - 교환 + 전송체계 통합형 ☞ 유 · 무선 통신 통합형 - 교환장비 : 종류다양, 역할 상이
• 음성전화 및 전신타자(TT) 위주의 통신제공 • 수동, 아날로그 방식 • 대전자전(EP) 기능 미 보유	특 성 및 기 능	• 음성전화 + 데이터통신 + 이동간 통신(음성, 데이터) • 자동화, 디지털 방식 • 대전자전(EP) 기능 보유
• 별도의 통신회선 필요 • 전투부대 통신소요 가중	전투지원/ 근무지원 부대통신	• 별도의 통신회선 불필요 • 최기지역 통신소에서 가입 운용

SPIDER체계의 주요 특성은 다음과 같이 요약할 수 있다. 첫째, SPIDER체계는 고속 및 대용량의 정보 전송이 가능한 디지털 자동화 통신망을 구성하고, 제대별 통신망과의 연동을 제공함으로써 전술 C4I체계 운용 시 요구되는 음성, 전화, 전신타자, 데이터 및 모사전송 등의 통신을 제공할 수 있다.

둘째, 피 호출자가 가입된 통신소 위치를 자동으로 탐지(확산 탐색 신호방식)하고 호출을 위한 회로연결을 제공해 준다. 일부 노드 간선의 고장이나 가입자의 위치이동 간에도 즉시 가입자의 통신소 위치를 자동 탐지하여 지속적이고 적시적인 통신지원이 가능하다. 셋째, 공용망 운용개념(Common User Concept)을 적용한다. 기존의 통신체계는 제대별, 기능별로 독립된 통신망을 운용하여 정보유통이 제한되고 융통성이 제한되며, 회선구성이 복잡하였다. 그러나 공용망 운용개념은 하나의 공용통신망에 각 제대와 전투수행기능별 부대들이 함께 가입하여 실시간으로 자유로운 정보유통을 제공하고, 교환대 간의 격자망이 우회 및 예비경로를 제공하여 통신의 생존성과 융통성을 보장해 준다. 넷째, 컴퓨터에 의한 통신망 자동화관리 및 통제로 전술통신 운용의 효율성과 체계 간의 상호지원 및 신속성을 보장한다. 여기에서 제시한 성능은 중요한 사항만을 요약한 것이고 이외에도 많은 장점과 성능을 갖고 있으며, 현재도 지속적인 성능개선 및 개량으로 발전시켜 나가고 있다.

3. TICN체계

가. 체계 정의

TICN체계[11]란 전술통신체계(SPIDER)를 대체하여 미래 네트워크중심전(NCW)에서 지작사로부터 소대까지 "先見-先決-先打"를 구현하기 위하여 감시정찰-지휘통제-타격체계 간 원활한 정보유통을 제공하는 기반 통신체계로서 전술제대의 작전템포 보장을 위한 기동간 지휘통제를 지원하고, 전 전장 가시화를 위한 대용량 전송능력을 보유하며, 제병·합동작전수행을 위한 상호연동성을 보장하는 체계이다.

TICN체계는 임의의 지형에서 기반시설의 도움 없이 자체적으로 통신망을 구성 및 운용할 수 있는 전술통신체계이다. 위성통신체계는 이동성과 생존성을 보장하는 지휘통신체계로 고정 및 기동통신체계와 상호보완적으로 운용하고 있다.

11) TICN 운용개념서(육군본부, 2012. 11), Tactical Information Communication Network

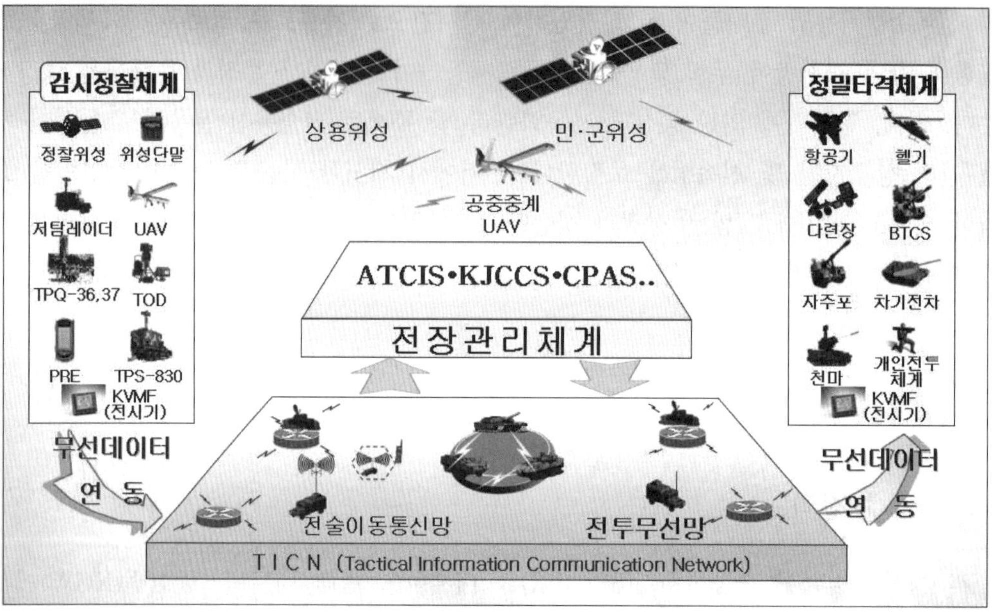

〈그림 2-5. TICN의 역할〉

나. TICN체계의 특징

TICN체계는 작전간 어떠한 상황에서도 반드시 지휘통제를 보장하고 야전 운용 간 발생할 수 있는 통신망 이동 및 복원 등과 같은 제반 요구에 부합할 수 있어야 하며 효과적인 작전수행을 통한 전승을 보장해야 한다. 따라서 기존 SPIDER체계의 전장 가시화 및 기동간 지휘통제(C2OTM[12])의 제한사항을 극복하고 제 작전요소들이 네트워크로 상호 연결되는 네트워크 중심 작전환경을 구축하여야 하므로 다음과 같은 특징이 있다.

첫째, TICN체계는 음성, 데이터, 멀티미디어의 근실시간 전송으로 전장 가시화를 지원하고, 제 전투수행기능 동시통합이 가능하다. 둘째, TICN체계는 IP[13]기반으로 지능화된 통신망으로 대용량 데이터유통 보장이 가능하다. 즉 ATCIS, B2CS, 군사정보지원체계 등 전장관리정보체계 및 무기체계간 근실시간 정보유통 지원이 가능하고 수시로 변하는 망 연결 상태 및 대역폭의 변화(수백 Kbps~45Mbps)를 자동으로 인지하고 대처하는 적응능력을 보유하고 있다. 또한 TICN체계는 전술적 이동 부대의 기동간 지휘

12) C2OTM : Command & Control On the Move
13) IP : Internet Protocol

· 통제 통신소요와 기반체계 및 사용자의 이동간 필수 정보 유통을 보장하고 이동통신망을 확대 적용할 수 있으며 휴대단말서비스를 제공하여 기동간 지휘통제를 보장할 수 있다. 마지막으로 TICN체계는 기존의 SPIDER체계, 위성통신망, 전투무선망, 상용망, 미군 통신체계 등과 상호 연동이 가능하며, 특히 전투수행기능, 하부체계 등을 상호 결합하여 제 전장 기능이 동시통합 되도록 지원하는 특징을 가지고 있다.

다. TICN체계 구조

통신망은 지리적으로 이격된 두 지점간의 정보유통을 위한 선(유선망)과 전자기적 경로(무선망)이다. TICN체계의 통신망은 시스템 내부의 기능적 특성을 기준으로 부 체계(Sub-system)로 구분할 수 있으며, 전체망을 완성하기 위한 물리적 경로의 역할을 기준으로 중계망과 부대망으로 구분된다. 통신망은 단말, 링크, 노드의 집합으로 구성되어 있다. 단말이란 가입자에 인터페이스를 제공하여 전달하고자 하는 정보를 전달받아 링크로 전송 가능한 신호로 변환하고, 전달된 신호를 가입자가 이해할 수 있는 정보형태로 변환하는 장치를 말한다. 링크란 두 개의 지점을 연결한 연결로이며, 수도관의 파이프라인과 같이 전기적 신호가 흐르는 물리적인 경로이다. 노드 및 통신지원반은 통신 연결지점으로서 두 개 이상의 링크가 모여서 정보의 교환, 경로 선정 및 관리통제 기능을 수행하기 위한 인원·장비가 모이는 장소이다. 단말과 노드를 구성하기 위해서는 여러 가지 장비와 인원이 필요하다. 통신체계의 구성 장비는 통신 5대 기능[14)]을 수행하기 위한 장비와 기타 장비 등으로 구성된다.

TICN체계는 음성, 데이터, 멀티미디어를 지원하기 위하여 IP기반의 네트워크를 구성하여 서로 다른 부체계의 상호연동이 가능토록 구축된다. 부체계(Sub- System)는 체계를 서비스유형의 특성에 따라 구분한 것으로 대용량 전송체계, 소용량 전송체계, 이동통신체계, 전투무선체계, 교환접속체계, 망관리체계로 구성된다.

대용량 전송체계는 노드통신소, 통신지원반, 연대급 이상 부대통신소간의 주 전송로를 구성하는 체계로 TICN체계의 중계망을 구성한다. 소용량 전송체계는 노드통신소와 대대급 부대통신소간 전송로를 구성하는 체계로 1개의 기지국 장비에서 O대의 단국용 소용량 전송체계의 접속을 지원한다. 이동통신체계는 이동기지국(MSAP)과 휴대용 단말

---

14) 통신 5대 기능 : 정보를 전송하기 위해 필요한 기본적인 기능으로 단말, 전송, 교환, 정보보호, 망제어 기능이 있다.

기(TMFT)를 이용하여 지휘통제통신을 위한 음성 및 데이터 통신망을 제공한다. 이동통신체계는 지휘소 지역과 전투지원 및 전투근무지원부대를 위한 이동통신을 제공한다. 교환 접속체계는 VoIP교환기와 라우터, 스위칭허브 등으로 구성되어 이동통신망 및 전투무선망 가입자와 상호 연동이 가능하다. 전투무선체계는 다대역다기능 무전기를 이용하여 제대별 무선망 및 여단급 이하의 데이터 전용망인 WNW망을 지원한다. 또한 무전기의 자동중계(Ad-hoc)기능으로 이동통신 및 IP교환망 가입자와 음성 및 데이터 통신이 가능하다. 마지막으로 망관리체계는 군단, 사단 단위의 분산 및 통합 망관리를 수행하고 체계 구성장비를 관리 및 통제한다.

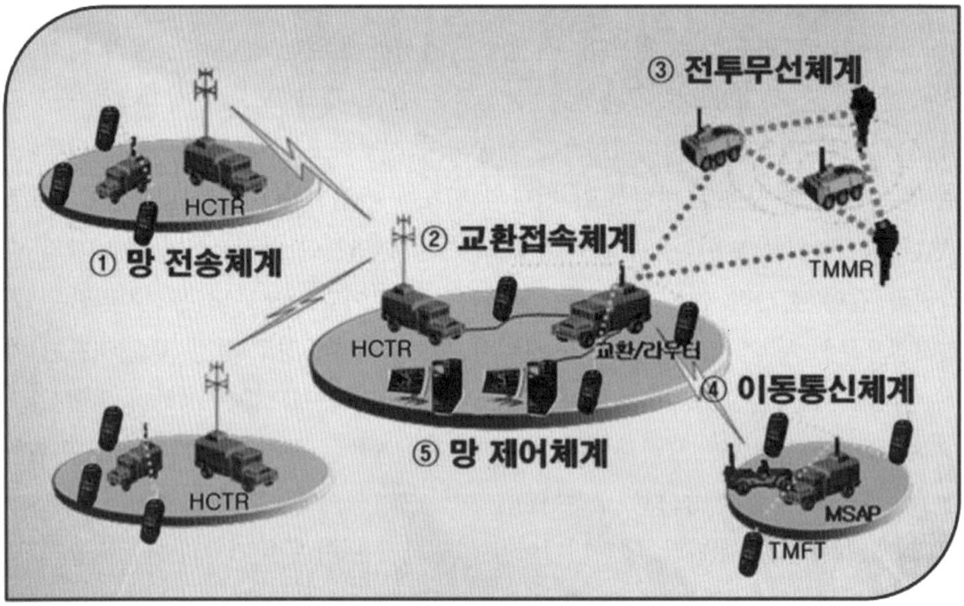

〈그림 2-6. TICN 구조도〉

라. TICN체계 운용개념

TICN체계는 군단 단위의 통합망이다. 이는 군단을 하나의 단위로 망을 계획하고 설치하며 운용하기 때문이다. 따라서 군단 예하의 모든 정보통신부대는 군단 정보통신단에서 작성한 계획을 바탕으로 상호 유기적으로 맡은바 책임을 다해야 성공적인 임무수행이 가능하다. TICN체계의 운용 조직은 중계망을 구성하기 위한 조직과 기 설치된 중계망을 이용하여 가입자를 지원하기 위한 조직으로 이원화되어 있다. 통신망을 계획하고 운영할 때는 이원화된 조직을 통합하고 책임소재를 구분하여 명확한 임무를 부여해야 한다. TICN체계는 자동화된 망 계획과 관리를 할 수 있다. 이는 대형통신소에 편제된 망 관리 서버와 노드통신소 및 중형 통신소에 편제된 망 관리 컴퓨터를 통해서 가능하다. 작성된 계획은 망 관리 서버와 망 관리 컴퓨터를 사용해서 제대별, 통신소별 임무 할당이 가능하다.

〈표 2-4. TICN체계의 통신망 설치 책임〉

중 계 망	접 속 링 크	부 대 망
• 후방노드 → 전방노드 • 좌측노드 → 우측노드	• 부대통신소 → 노드통신소/통신지원반	• 상급부대 → 하급부대 • 피지원(피증원)부대 → 지원(증원)부대 • 피초월부대 → 초월부대 • 후방부대 → 전방부대 • 좌측부대 → 우측부대

TICN체계의 운영은 계획-설치-운용의 반복과정이다. 따라서 계획단계는 부대지휘절차와 연계하여 원활한 기동부대 지원과 신속한 통신소 설치가 가능하도록 계획하여야 한다. 또한, 작전 실시간에는 망 관리 서버와 망 관리 컴퓨터를 사용하여 기동부대의 요구나 통신망 장애시 신속한 조치를 보장해야 한다. TICN체계 설치시는 우선순위를 고려하여 설치한다. 설치의 우선순위는 전투무선체계 → 이동통신체계 → 전송체계 → 교환접속체계 순으로 우선권을 가진다. TICN체계는 위성통신체계와 상호보완적으로 운용하여 작전부대에 중단 없는 원활한 통신지원을 보장해야 한다. TICN체계의 효과적인 운영을 보장하기 위해서 정비 지원이 필수적인 요소이다. 사단급 이상 제대는 정비능력을 보유하고 있어야 하며, 예상되는 수리부속은 적시에 확보해야 신속한 조치가 가능하다. 정비시간의 단축은 성공적인 작전 지원의 필수적인 요소이다.

제3절 주요 통신장비

1. PRC-96K 무전기

PRC-96K 무전기는 단거리 휴대용 소형무전기로서 야전에서 소대 - 중대간, 중화기 중대의 경우 분대 - 소대간 지휘통제를 위해 운용한다.

운용형태는 음성 및 경보용으로 주파수 변조(FM) 방식을 사용하여 단일 주파수로 음성을 송수신하며, 10개의 채널을 예치하여 운용한다. 통달거리는 1.6~3Km이며, 운용 시 비화키를 누르면 비화운용이 가능하다. PRC-96K 무전기는 수신 대기 중 또는 수신 중에도 탐색기능을 사용하여 예치된 채널과 일치되는 타망을 탐색하고 호출할 수 있다. 지휘관 또는 필요에 의해서 현재 운용중인 채널을 탐색하고자 할 때 10개 채널까지 탐색 운용이 가능하다. 머리걸이 송수화기(H-960K)와 이어 마이크(EM-960K)를 사용할 때는 송수신기(RT-210K)의 음성, 경보키를 사용하지 않아도 송수신이 가능하다. 자체 고장진단이 가능하며, 전원은 리튬전지와 니켈 전지를 사용한다.

〈그림 2-7. PRC-96K 무전기〉

2. PRC-999K 무전기

PRC-999K 무전기는 국내에서 개발된 전술제대 지휘용 무전기로서, 중대급 이상 부대에서 휴대 및 차량용으로 운용된다. PRC-999K는 데이터와 음성통신 모두 가능하고, 기존의 FM 무전기 보다 광대역의 주파수와 다채널을 보유하고 있으며, 상호간섭 및 혼신을 최소화하였다. 또한 PRC-999K는 기존의 무전기와 동일한 고정 주파수로 송·수신하는 고정방식 이외에도 적의 전자전 위협으로부터 생존성을 보장하기 위해 주파수를 도약하면서 송·수신할 수 있어 적군의 감청활동으로부터 방호될 수 있다. PRC-999K 무전기는 고온 또는 저온의 극한 온도상황, 습기지역, 높은 산악지형, 진동이 심한 곳에서도 운용이 가능하고, 무게는 6.2Kg이며, 자체점검 기능과 대전자전, 무전기내의 모든 정보를 제거할 수 있는 기능 등이 있다. 전원은 건전지 및 차량용 축전지의 전원을 사용할 수 있다.

〈그림 2-8. PRC-999K 무전기〉

3. PRC-950K, VRC-950K 무전기

PRC-950K 무전기는 진폭변조(AM) 방식의 도약형 휴대용 무전기로, 휴대하여 사용할 때는 PRC-950K 무전기라고 하며, 차량에 설치하여 사용할 때는 VRC-950K 무전기라고 한다. PRC-950K는 극한온도 상황이나 습기 찬 지역, 높은 산악지형, 진동이 심한 곳에서도 운용이 가능하다. 전원공급기(PP-856K) 또는 차량 축전지를 사용할 수 있으며, 고출력 증폭기를 이용하여 장거리 통화가 가능하다.

무전기 운용방식은 고정방식, 자동방식, 데이터 장비 연동 운용 방식이 있으며 내부 정보를 제거하는 기능도 포함되어 있다.

고정 방식 운용이란 단일 주파수로 송·수신하는 운용 방식이며, 필요시 송신 및 수신 주파수를 분리하여 운용할 수 있다. 자동방식 운용에는 선택한 채널에 예치된 주파수의 통화 품질을 측정하여 양호한 주파수로 통화를 연결시켜주는 측정운용, 선택한 채널에 예치된 주파수를 이용하여 자동으로 통화로를 연결하는 방식인 연결운용, 적의 통신방해나 도청을 방지하기 위한 도약운용(일반도약 및 선별도약) 기능, 선택된 채널에 예치된 주파수를 0.5초(500msec) 간격으로 순환하면서 수신 대기하다가 자신을 호출하는 신호가 검출되면, 호출 무전기의 기능(도약1/도약2/연결/측정)으로 전환하도록 해주는 대기 운용 기능 등이 있다. 도약방식을 사용하여 대전자전(EP)을 수행할 수 있으며 통화품질을 측정(LQA)하는 기능과 자동통화로 연결(ALE)하는 기능도 내장되어 있다. 마지막으로 데이터 장비 연동 운용이란 아날로그와 디지털 데이터를 음성 · 데이터 · 전신 연결구에 연결하여 운용한다.

〈그림 2-9. VRC-950K 무전기〉

4. 다선집선기 GTC-620AK

다선집선기란 노드 및 부대 교환기(TTC-95K)로부터 유선 또는 무선접속부(GRC-650AK)로 이격된 부대 및 부서 등에서 운용하는 원격 무인교환 기능 및 자체 전화기를 설치하여 운용하는 교환장비를 말하며 RSC(Remote Subscriber Concentrator)라고도 한다. 다선집선기는 3대를 복합 또는 분산설치가 가능하며 아날로그 및 디지털 가입자도 접속이 가능할 뿐만 아니라 음성통화 및 데이터 통신도 가능한 장비이다. 운용 중에 정전이 되더라도 정전 직전의 운용정보를 유지할 수 있으며, 장비를 일정시간 동안

(약 5분 정도) 동안 키 조작을 하지 않는 경우 표시창의 문자가 소등된다. 다중집선기는 TTC-95K와 동일한 서비스 기능을 보유하며 ① 기본 통화 기능 ② 단축 다이얼링 기능 ③ 할입 통화 기능 ④ 대기 통화(통화 예약) 기능 ⑤ 직통전화 기능 ⑥ 가입 기능 ⑦ 탈퇴 기능 ⑧ 착신 전환 기능 ⑨ 회선간선 호출 등이 있다. 기본 통화 기능이란 가입자가 수화기를 들면 발신음을 듣고 원하는 피 호출 가입자의 전화번호를 누르면 피 호출 가입자에게 링이 울리고 호출 가입자에게는 호출음을 연결한다. 이때 피 호출 측 가입자가 수화기를 들면 두 가입자간에 통화가 이루어진다. 통화 후 어느 쪽이 수화기를 내려놓으면 상대 가입자에게 화중음을 연결하고 통화가 종료되는 것을 말한다.

단축 다이얼링 기능이란 자주 이용되는 전화번호를 기능번호와 수신가입자 할당 번호로 기억시켜 3자리로 단축하여 수신가입자를 호출하는 기능이다. 우선순위가 높은 가입자가 통화중에 있는 우선순위가 낮은 가입자를 강제 할입하여 통화할 수 있다. 이때 통화중인 두 가입자 우선순위가 할입 하고자 하는 가입자 보다 낮아야 하며 할입을 할 수 있는 서비스 등급을 가져야 한다. DMT와 TA-512K 가입자만 가능하며 DMT는 우선키, TA-512K는 P키를 누르면 할입이 되는 것을 할입 통화 기능이라 한다.

대기통화(통화예약) 기능은 수신가입자가 통화중 일 때 수행하는 기능이다. 수신가입자가 통화중 일 때 발신가입자가 후크 플래시를 한 후 예약번호 두 자리를 키 입력 후 수화기를 내려놓으면 예약상태로 된다. 수신 가입자가 통화 종료 시 발신 가입자에게 링이 울리고 수화기를 들면 기본통화 상태로 된다. 직통전화 기능은 매우 빈번하게 이용되는 군단내 가입자의 전화번호를 미리 프로그램에 입력시키거나, 또는 필요에 따라 운용병의 조작으로 등록, 변경시켜 가입자가 송수화기를 들면 곧 바로 해당 가입자와 통화가 가능하도록 하는 기능이다. 가입 기능은 가입자 자신이 직접 전화기를 이용하여 가입을 수행한다. 또한 운용병의 조작으로도 가입이 가능하다. 가입이 정상적으로 이루어진 경우 가입 사실이 자동으로 통제기로 통보된다. 탈퇴 기능은 가입자 자신이 전화기를 이용하여 탈퇴를 수행한다. 또한 운용병의 조작으로도 탈퇴가 가능하다. 탈퇴가 정상적으로 이루어진 경우 탈퇴 사실이 자동으로 통제기에 통보된다. 착신 전환은 국부선 가입자가 자신에게 착신되는 호에 대하여 장비내(3대 연동까지)의 다른 국부선 가입자에게 착신시킬 수 있는 기능이다. 회선간선 호출기능은 국부선 가입자가 타 노드의 TTC-95K, SB-30K 또는 상용교환기 PABX와 연동되는 회선 간선을 호출하는 기능이다.

〈그림 2-10. 다선 집선기 GTC-620AK〉

5. 무선접속세트 GRC-650BK

전술통신체계 망의 근거리 다중 무선 반송장비를 말하며 약칭으로 ERLI[15]라고도 한다. GRC-650BK는 서비스기능과 자체 진단 기능을 가지고 있다. 서비스 기능에는 256 · 512 · 1024kbps의 데이터 반송능력을 갖고 가시거리(LOS) 12km 통신이 가능한 다중무선전송 기능과 초기에 전원을 입력하여 장비를 설치할 때 자체 진단 검사 결과가 이상이 없고 초기 무선 접속부간 채널 설정이 끝난 후 통화로를 재조정 하거나 운용중의 비상 통화 보조 수단으로 사용할 수 있는 타합선 기능으로 구성된다. 자체진단 기능은 시스템의 이상 유무를 진단하는 기능으로서 초기 전원 입력 시 또는 운용자의 필요에 따라 운용자의 필요에 따라 운용모드에서 수행되며, 기본적으로 시스템의 동작에 관계되는 모듈에 대해 시험하고 시험 결과에 대한 정보를 표시기에 나타내 줌으로서 운용자에게 적절한 조치를 취하도록 하는 서비스 기능이다. 자체진단 기능은 별도의 장비와 도구를 사용하지 않고 전면판에 실장된 표시기와 경보기를 이용하여 장비의 전체 또는 부분적인 이상 유무를 시각 및 청각으로 확인할 수 있다.

15) ERLI : Enhance Radio Link Interface

〈그림 2-11. 무선접속세트 GRC-650BK〉

6. 이동무선단말기 VRC-680AK

이동무선단말기는 대대급 이상 제대에서 사용되는 이동무선전화기를 말하며 MST[16] 라고 한다. 이동무선단말기에 디지털단말기 세트 TTC-630K를 연결하면 차량에 장치된 이동무선단말기 VRC-680K와 이격된 위치에서 망 접속에 의한 음성 및 데이터 통신도 가능하다. 음성신호는 각종 잡음의 영향에 강하여 전술환경에서 통화가 가능하도록 디지털신호로 변환된다. 데이터통신은 이동무선단말기에 접속된 디지털단말기 TTC-630K의 데이터 연결구에 데이터통신단말기를 접속하여 운용한다.

이동무선단말기는 적의 탐지 및 방해 신호에 대응할 수 있도록 주파수 도약 방식을 사용하며 16비트 마이크로프로세서를 중앙처리장치로 사용하여 축적제어방식으로 제어하며 장비운용에 필요한 중요 정보는 비휘발성 기억장치에 기억시켜 사용한다. 망 접속에 의한 통신가능여부를 확인할 수 있는 기능을 내장하고 있어 통신에 적합한 위치를 선정하는데도 편리하다. 접속되고 있는 이동무선결합기세트 TRC-660AK로부터 수신되는 신호의 세기를 표시창으로 보여줌으로써 위치선정에 도움을 준다. 쌍방쌍신 통화가 가능하고 송수화기 H-940K와 디지털단말기세트 TTC-630K 간의 호 분기 기능에 의

16) MST : Mobile Subscriber Terminal

해 사용자의 변경이 용이하다. 내장된 자체진단기능을 이용하여 자체 고장진단을 할 수 있다.

차량 운용의 경우 차량의 종류에 따라 지휘관용, 참모용 및 군수지원부대용 차량의 3가지 방식으로 운용된다. 지휘관 차량인 경우 무전기세트 VRC-946K 계열의 차량 장치대를 이용하고, 군수 지원 부대용 차량은 장치대 세트 MT-6832K, 참모용 차량에서는 거치대 세트 MT-6831K에 장치대 세트 MT-6832K를 조립한 후 송수신기 RT-681AK를 설치하고, 안테나 AS-682AK와 안테나 장치대 MT-684K를 사용한다. 휴대 운용의 경우 송수신기 RT-681AK와 무전기 지게 ST-938K, 주머니 CW-903K, 휴대용 안테나 AS-689K를 사용한다. 휴대 운용시 송수화기에 장착된 키패드를 이용한 다이얼링 기능은 전면판의 키패드와 같은 키에 대하여 같은 기능을 한다.

〈그림 2-12. 이동무선단말기 VRC-680AK〉

7. 전술용 전자식교환기 TTC-95K

전술용 전자식교환기(TTC-95K)는 전술적 기동작전을 수시로 실시하기 때문에 실시간 자동교환의 중요성이 요구되는 사단급 이상 제대의 전술용 및 연대급의 부대에 편제하여 교환기로서 운용하고 있다. TTC-95K는 기존의 기계식 수동식 교환기를 대체하는 자동화 체계로 다양한 정보를 실시간에 전송할 수 있으며, 지상 또는 차량에 설치하여 운용할 수 있다. SPIDER체계의 NODE교환기로, 격자형으로 망이 구성되며 최적 우회 경로를 자동 선택하고 추론 고유번호 방식에 의한 다양한 서비스 기능을 제공한다.

TTC-95K는 자석식 전화기 및 자동식 전화기와 디지털 가입자를 수용하여 자동 또는 반자동으로 교환 업무를 수행한다. 타교환대와 접속하여 자석식 간선, 직류 폐회로 간선, 톤신호 간선, E&M 간선 등으로 운용하기도 한다. 전신 타자기, 모사 전송 장비와 접속 가능하며 델타 변조 다중화 장비(TTC-15K), 선로 결합 장비(TTC-16K), 무전기 세트(KAN/GRC-103), 속도 변환기(CV-987K) 등 유무선 전송 장비와 연결하여 운용된다. 지상 또는 차량에 설치 운용할 수 있으며, 가입자의 수에 따라 60회선, 120회선, 240회선으로 가변하여 설치 운용할 수 있으며, 자체 고장진단 기능이 내장되어 있다.

〈그림 2-13. 술용 전자식교환기 TTC-95K〉

8. 전술용 전자식전화기 TA-512K

전술용 전자식전화기(TA-512K)는 첨단 전자부품을 사용하여 소형화, 경량화 및 높은 신뢰성을 유지할 수 있도록 1993년 국내기술로 개발되었다.

TA-512K 전화기는 휴대용 야전전술용 전화기로 공전식, 자석식, 전자식으로 운용이 가능하며, 군에서 운용중인 모든 군용 및 상용 교환기에 가입하여 운용할 수 있다. 군용 전화기는 상용 전화기와 달리 자체 전원을 공급하여 전화선만 연결하면 항시 통화가 가능하다. TA-512K 전화기는 무게는 2.8Kg, 통달거리는 30Km이다. 전원으로는 건전지 BA-30 3개(4.5V)를 사용하며 공전식으로 운용할 때에는 건전지를 장착하지 않는다.

〈그림 2-14. 전술용 전자식전화기 TA-512K〉

9. 디지털 단말기 TTC-630K

디지털 단말기(DMT[17])는 전술통신체계망에서 사용하는 비화전화기 및 데이터 통신용 모뎀으로 전술용 전자식 교환기(TTC-95K), 다중집선기(GTC-620K), 패킷통신기(TTC-610K/AK), 이동무선결합기(TRC-660AK), 이동무선단말기(VRC-680AK)에 연결하여 운용하며 전술 C4I 체계나 LAN용 데이터 모뎀으로도 사용한다. 디지털 단말기는 음성통신기능, 데이터통신기능, 자체점검기능, 서비스기능 등의 기능을 가지고 있으며, 음성통신기능은 전술용 전자식 교환기, 다중 집선기에 야전선으로 연결하여 1.6km까지 음성통화가 가능하다. 자체 점검 기능은 장비에 실장된 여러 구성품들의 기능을

17) DMT : Digital Multi-role Terminal

각각 점검하여 장비의 상태 및 구성품의 상태를 표시한다. 서비스 기능은 가입자에게 편리를 제공하는 기능으로 통화상태에서 우선순위가 높은 가입자에게 통화권을 제공하는 할입기능, 직통전화기능 등이 있으며 자세한 사항을 〈표 2-5〉에 정리하였다.

〈그림 2-15. 디지털 단말기 TTC-630K〉

〈표 2-5. 디지털단말기의 서비스 기능〉

구 분		주 요 내 용
강제 할입 기능	국부선 강제 할입 기능	통화 상태의 가입자에게 전화가 걸려 왔을 때 우선순위가 높은 가입자에게 통화권을 제공하는 기능
	간선 강제 할입 기능	노드간 통화시 필요한 간선 채널이 모두 사용 중인 상황에서 가용채널이 존재하지 않을 경우 사용 중인 가입자 중에서 우선순위가 가장 낮은 가입자가 사용하는 채널을 강제적으로 할입하여 우선순위가 높은 가입자에게 간선 호출을 수행하도록 하는 기능
직통 전화 기능		매우 빈번하게 사용하는 전화번호를 미리 프로그램에 입력시키거나 또는 필요에 따라 운용병의 조작으로 등록, 변경시켜 가입자가 송수화기를 들면 즉시 해당 가입자와 통화가 가능하도록 하는 기능
단축 다이얼링 기능		자주 사용하는 전화번호를 기억시켜 특정 번호를 통해 전화번호를 다이얼링하지 않고 통화할 수 있도록 편의성을 제공해 주는 기능
착신 전환 기능		가입자의 부재 시 걸려올 전화를 미리 다른 가입자에게 전환되도록 원하는 위치에서 받을 수 있도록 하는 기능
통화 전환 기능		걸려온 전화를 일단 보류하고 다른 가입자에게 전환하는 기능
통화 보류 기능		통화 상태에서 일시적으로 통화를 보류할 수 있는 기능으로 이때 상대방 가입자에게 음악 톤을 연결하여 통화가 보류중임을 알리는 기능
회의 통화 기능		여러 가입자를 동시에 호출하여도 통화가 가능한 기능으로 원하는 명령이나 연락사항의 교환이 가능하도록 하는 기능

구 분	주 요 내 용
예약 기능	상대방 가입자가 통화중일 때 적절한 절차를 수행하여 상대방 가입자의 통화 종료 즉시 자동적으로 통화를 연결하는 기능
대리 응답 기능	가입자의 위치에 따라 가입자를 일정수의 그룹으로 정하여 그 그룹으로 다른 가입자로부터 걸려온 전화를 그룹 내의 또 다른 가입자에게 대리 통화하는 기능
가입자 등록 · 탈퇴 · 번호 변경 기능	군 특성상 가입자의 이동이 빈번하게 발생됨을 고려하여 가입자의 등록, 탈퇴, 번호 변경이 가능하도록 하는 기능

10. 전술다중장비 KAN/GRC-512V

전술다중장비는 밴드 I (225~400㎒), 밴드II(610~960㎒) 및 밴드III(1350~1850㎒) 주파수 범위에서 주파수 도약, 간섭주파수 제거 및 이중 송 · 수신 등의 향상된 대전자전 기능을 보유한 디지털 방식의 다중채널 무선중계장비이다. KAN/GRC-512V는 양방향 통신이 가능한 시분할 송수신 방식(Time Duplex)으로 송신과 수신을 동일한 주파수로 사용한다. 대전자전을 수행할 수 있도록 주파수 도약, 자동출력 조정, 적응운용, 이중 송 · 수신 운용 기능 등이 포함되어 있다. KAN/GRC-512V의 주파수 도약은 전 주파수 대역을 도약할 수 있으며 도약 속도는 1초에 1,000회 도약한다. 전술다중장비의 운용방식은 다음과 같이 8가지의 종류가 있다.

① 고정모드(Fixed Mode) : 1개의 주파수를 사용 송 · 수신하며 프레임 펄스시간(8 msec)의 반프레임(4msec) 동안은 송신하고 나머지 반 프레임(4msec) 동안은 수신으로 전환된다.

② 고정 적응 모드(Fixed Adaptive Mode) : 예치된 2~8개의 고정 주파수 중 1개의 주파수를 사용하여 운용하며, 사용하는 주파수에 혼신이 발생하면 예치된 나머지의 주파수 중에 하나로 이동하여 혼신을 피하여 송 · 수신하는 방식이다.

③ 고정 이중 모드(Fixed Diversity Mode) : 예치된 2~8개의 주파수중 2개의 주파수를 사용하여 동일한 데이터를 2회씩 전송하여 좋은 품질의 데이터를 선택하여 수신하는 방식이다.

④ 고정 이중 적응 모드(Fixed Diversity Adaptive Mode) : 예치된 2~8개의 주파

수중 2개의 주파수를 사용하여 동일한 데이터를 2회씩 전송하며 수신측에서는 양호한 품질의 데이터를 선택하여 수신한다. 또한 송신측에서는 2개의 주파수 사용 중 간섭 받는 주파수를 회피하여 예치된 나머지 주파수중 하나로 이동하여 송신한다.

⑤ 도약 모드(Frequency Hopping Mode) : 도약 대역 주파수 상에서 무작위로 1초당 1,000회 도약을 하며, 무전기는 프레임 펄스 시간(8msec)의 반 프레임(4msec) 동안 송신할 때 4개의 도약펄스로 나누어 각 도약펄스마다 상이한 주파수로 송신한다.

⑥ 주파수 적응 도약 모드(Frequency Adaptive Hopping Mode) : 도약 대역 주파수 상에서 무작위로 도약하여 송·수신하는 방식으로 주파수 도약 중 간섭받는 주파수는 제거하면서 도약하며 마지막 2개 주파수가 남을 때까지 제거하고 남은 2개의 주파수 사용 중 간섭이 발생하면 제거된 주파수중 가장 양호한 주파수를 재삽입하여 사용하는 방식이다.

⑦ 주파수 이중 도약 모드(Frequency Diversity Hopping Mode) : 도약 대역 주파수 상에서 무작위로 도약하면서 송·수신하는 방식으로 연속하는 2개의 주파수에 동일한 데이터를 2회씩 전송하여 수신측에서 2개의 데이터 중 양호한 품질의 데이터를 선택하여 수신하는 방식이다.

⑧ 주파수 이중 적응 도약 모드(Adaptive Diversity Hopping Mode With Frequency) : 도약 대역 주파수상에서 무작위로 도약하면서 송·수신하는 방식으로 연속하는 2개의 주파수에 동일한 데이터를 2회씩 전송하며 수신쪽에서 두 주파수의 데이터 중 양호한 품질의 데이터를 선택하여 수신하는 원리이다. 주파수 도약 중 간섭받는 주파수는 마지막 2개 주파수가 남을 때까지 제거하고 남은 2개의 주파수 사용 중 간섭이 발생하면 제거된 주파수중 가장 양호한 주파수를 재삽입하여 사용한다.

〈그림 2-16. 전술다중장비 KAN/GRC-512V〉

제3장

감시 · 정찰무기체계

제1절 체계 개요

제2절 전자전 장비

제3절 레이더 장비

제4절 주요 감시 · 정찰무기

제1절 체계 개요

1. 감시 · 정찰의 개념

전쟁은 본질적으로 불확실성 속에서 진행되며, 이러한 불확실성은 전혀 예측할 수 없는 상황과 결과를 초래하는 경우도 있다. 따라서 전쟁에서 승리하기 위해서는 다양한 감시 · 정찰무기체계의 운용을 통하여 적에 관한 정보를 효과적으로 수집 · 관리하여 전장을 가시화함으로써 정보우위를 달성하고 전쟁의 불확실성을 감소시켜야 한다. 전쟁의 불확실성을 해소하는데 필요한 정보수집이란 정보요구에 따라 감시 · 정찰과 자료개발로 적과 아군부대의 임무 · 위치 · 활동 · 능력은 물론 지형 및 기상 등의 작전환경을 탐지 및 식별하는 활동을 말한다.

2. 정보작전

정보작전[1]이란 군사적인 정보 우위를 달성하기 위하여 아군의 정보, 정보 체계 및 C4ISR체계는 보호하고, 적의 정보, 정보 체계 및 C4ISR체계를 교란, 파괴하여 상대적으로 유리한 정보 상황을 조성, 전장의 주도권을 장악하는 일련의 군사작전을 말한다. 정보작전은 공세적 정보작전과 방어적 정보작전으로 구분되는 데, 상호 보완적으로 적절히 결합되어 수행할 때 정보우위를 달성할 수 있다. 공세 및 방어적 정보작전은 감시 및 정찰무기체계를 적절하게 사용하여 동시 또는 순차적으로 수행함으로써 적보다 신속하게 결정적 작전에 전투력 효과를 집중할 수 있고 아군의 취약성을 감소시켜 부대를 보호한다.

가. 공세적 정보작전

공세적 정보작전은 특정한 목적을 달성하거나 이에 기여하기 위해 적의 지휘관 또는

1) 국방과학기술용어사전

기타 요원에게 영향을 미칠 목적으로 작전요소를 통합하고 관련활동의 지원을 받아 수행된다. 작전보안, 심리전, 기만작전, 전자공격, 컴퓨터네트워크공격, 물리적 파괴 수단뿐만 아니라 공보작전과 민사작전도 공세적 정보작전에 기여하게 된다. 공세적 정보작전은 적의 정보, 정보체계 및 지휘관에게 영향을 미치는 파괴 · 무력화 · 거부 · 영향 등 4가지 요망효과를 지향함으로써 아군이 주도권을 확보 및 유지하는 능력을 향상시킨다.

〈그림 3-1. 공세적 정보작전 개념도[2]〉

나. 방어적 정보작전

방어적 정보작전은 아군의 정보 및 정보체계를 보호 및 방어하기 위해 정책 및 절차, 작전, 인원 및 기술을 협조 및 통합하는 것이다. 적이 그들의 목적을 위해 아군의 정보 및 정보체계를 이용하지 못하도록 거부하는 한편, 아군은 아군의 정보 및 정보체계에 적시 정확하게 접근하여 관련정보를 이용할 수 있도록 하는 것이다. 방어적 정보작전은 아군의 정보 및 정보체계를 파괴, 무력화, 거부 및 영향을 미치기 위한 적의 노력을 방해하거나 이용함으로써 아군부대의 효과적인 지휘통제가 유지되도록 하여 취약점을 최소화 시킨다.

---

2) 육군 교육회장 04-3-10 정보작전 수행교리

〈그림 3-2. 방어적 정보작전 개념도[3]〉

3. 감시 · 정찰 수단

감시 · 정찰 수단(장비)에는 인간에 의해 직접적으로 수행하는 방법(관측장비), 지상이나 공중에서 영상을 수집하는 방법(영상수집 장비), 적의 통신 및 전자장비로부터 방사되는 신호를 수집하는 방법(신호수집 장비) 등이 있다. 감시 · 정찰은 수단별 특성을 고려, 한 가지 수단에만 의존하지 말고 다른 수단과 상호 연계하여 운용하여야 한다.

3) 육군 교육회장 04-3-10 정보작전 수행교리

제2절 전자전 장비

1. 전자전 개요

전자전(EW: Electronic Warfare)[4]이란 적이 전자파를 효과적으로 사용하지 못하도록 방해하고, 아군이 이를 효과적으로 사용할 수 있도록 보장하기 위한 군사활동이다. 즉 적의 전자파를 탐지하여 위치를 식별하고 적의 지휘통제 · 통신(C4I) 및 전자무기체계의 기능을 마비 또는 무력화시키며 적의 전자전 활동으로부터 아군의 C4I 및 전자무기체계를 보호하는 제반활동을 말한다.

전자전은 1896년 마르코니가 무선통신을 개발한 것과 거의 동시에 시작되었다. 최초의 전자전은 1905년 러일전쟁 시 대한(쓰시마) 해협에서 일본의 보조순양함이 일본함대에 연락을 시도할 때 러시아함대에서 강한 전자파로 재밍을 시도하였으나 성공하지는 못한 것으로 알려지고 있다. 2차 세계대전 당시인 1942년에는 토부룩전에서 롬멜이 EW/신호정보부대를 이용하여 영국군의 전개지역과 전략을 정확히 파악하고 전자재밍을 실시함으로써 영국군 철수에 치명적인 결과를 초래하였다.

현대전에서 통합된 전자전은 1967년 중동의 6일 전쟁에서 이스라엘군이 EW장비로 이집트군의 방공망에 방해공격을 하였으며, 아랍어를 유창하게 하는 요원을 방공통신망에 침투시켜 진짜 명령을 취소하고 허위 명령을 송신하여 혼란을 야기하고 이집트군사령부의 무선사용을 방해하여 2시간 만에 이집트공군을 파괴하였다.[5]

2. 전자전 분류 및 전자전 장비

가. 개 요

전자전은 공세적 전자전과 방어적 전자전으로 구분된다. 공세적 전자전에는 전자전지원(ES), 전자공격(EA)이 있으며, 방어적 전자전에는 전자보호(EP)가 있다.

4) 한국방위산업진흥회, 『무기체계 원리』(2013)
5) 한국방위산업진흥회, 『무기체계 원리』(2013)

전자전 운용개념은 [그림 3-3]과 같다. 전자전은 단독으로 수행되는 것이 아니고 기동, 화력, 정보 등의 전장기능과 연계하여 수행되어야 한다.

〈그림 3-3. 전자전 운용 개념도6)〉

나. 전자전지원(ES : Electronic Warfare Support)

전자전지원(ES)이란 적 무선통신 및 전자장비로부터 방사되는 전자기 에너지를 탐색·분석·식별하여 정보를 생산하는 제반 군사활동을 말한다. 즉, 적의 통신 및 비통신장비로부터 방사되는 전자파를 탐색 → 감청 → 방탐 → 식별하여 지휘관의 결심에 필요한 정보를 지원하고, 전자전 작전(전자공격, 전자보호) 및 전술활동(타격, 대정보, 전장피해평가) 등에 필요한 정보를 제공하며, 아군의 전자공격 및 전자보호 효과를 파악하는 것이다. 전자지원에는 전술적 위치탐지와 전술적 위협 경고도 포함된다. 전자전지원의 종류에는 탐색 및 감청, 방향탐지, 식별 등이 있다.

(1) 탐색 및 감청 : 적이 방사하는 통신 및 비 통신 주파수(전자파)를 찾고, 탐색된 적 주파수의 통신 내용, 전파(통신) 제원 등을 청취, 녹음, 기록하는 행위를 말한다.

(2) 방향탐지 : 적 전자방사기의 도래 방향을 탐지하는 행위를 말한다.

6) 국방과 기술 제334호("미래전에 대비한 전자전 체계 발전방향")

(3) 식별 : 감청, 방탐된 내용을 분석하여 전술적 위치를 탐지하고, 위협을 경고하는 행위를 말한다.

전자지원 장비는 표적탐지와 경보를 위해 적장비가 방사하는 전자파 에너지를 탐색 및 감청, 방향탐지 및 식별하여 필요한 정보를 생산하거나 적 표적에 대한 첩보를 전자공격(EA) 장비에 제공한다.

전자전지원 분야는 적의 전파 방사원에서 발생하는 신호대역이 광역화됨에 따라 수신신호의 동시처리를 위한 장비대역의 광역화가 이루어지고 있으며, 전자공학의 발전에 의한 장비의 디지털화 추세에 따라 신호의 식별, 탐지(방탐), 분석 및 대응능력이 향상되고 있다.

다. 전자공격(EA : Electronic Attack)

전자공격(EA)은 적의 C4I체계를 교란, 마비시키거나 전투능력을 저하, 무력화, 파괴시키기 위하여 적의 병력, 장비, 시설에 대하여 전자기(전자파) 또는 지향성 에너지를 사용하는 활동이다. 전자공격은 전자방해/전자기만과 같은 전자기 스펙트럼을 사용하여 적 전자기 스펙트럼의 효과적인 사용을 방해하는 비 파괴적 전자공격과, 대 방사 유도탄, 또는 지향성 에너지 등으로 인원, 장비, 물자 등을 물리적으로 파괴시키는 파괴적 전자공격으로 구분한다. 전술적 수준에서 전자공격은 통상 전자지원 장비와 통합 운용된다.

(1) 전파방해(Electronic Jamming)

전파방해는 수신자의 전자파 수신을 저하 또는 방해하기 위하여 고의적으로 전자파를 방사 또는 재방사하여 적 장비에 원하지 않는 전자신호의 수신을 강요하는 활동이다. 전파방해(재밍)에 쓰이는 전파신호는 잡음, 연속적인 펄스파, 복합신호 형태 등 여러 종류가 있으며, 전파방해의 성공여부는 방해기의 출력, 표적과의 거리, 지형, 안테나의 형태에 따라 영향을 받는다.

(2) 전자기만(Electronic Deception)

전자기만에는 모방 전자기만과 조작 전자기만, 모의 전자기만이 있다. 모방 전자기만은 적으로 위장하여, 적 통신 및 비통신망에 직접 개입하여 허위첩보를 제공하는 것이다. 조작 전자기만은 적으로 하여금 아군이 계획한 틀린 정보를 맞는 것으로 믿고 행동하게 만들어 중대한 전술적 과오를 범하게 하거나 전자방사 자산을 허비하도록 유도하는 기만행위이다. 모의 전자기만은 아군의 통신전자체계를 위장하기 위해 방사하는 기만행위이다.

(3) 대방사 미사일(Anti-radiation Guidance Missile) 공격

적 레이더에서 방사되는 전파신호를 탐지하고, 해당 레이더를 추적하여 파괴하기 위해 미사일을 발사하여 공격하는 것으로, 주된 목적은 적의 레이더 사용을 무력화하여 감시 및 방공체계를 와해시키는 것이다.

(4) 지향성 에너지(Direction Energy) 공격

전자기에너지(전자파)를 집속 및 발사하여 표적을 파괴, 무력화하거나 기능을 저하시키는 무기체계이다. 이러한 무기형태는 레이저에 의한 공격, 무선주파수의 방해, 입자빔에 의한 파괴 등이 있으며 미래 전장에서 전자전의 강력한 수단으로 활용될 전망이다.

주요 전자공격 장비로는 전자파를 이용한 적극적 공격 장비인 레이더 및 통신전파 방해장비와 기계적 레이더 전파방해 장비인 채프·플레어를 들 수 있다. 능동방해 또는 기만전파를 발사하여 고의적으로 적 전자장비의 기능을 봉쇄하거나 저하시키는 장비를 Jammer라고 하는데 Jammer는 좁은 의미에서 적극적 전자공격의 한 방법인 방해만을 의미하나, 전자전 장비로서의 Jammer는 통상 전자적 방해 기능과 전자적 기만 기능을 포함한다. 항공기자체 보호용 ECM장비로는 적 레이더와 미사일을 방해하기 위해 항공기 외장형 Pod와 내장형 장비를 개발 운용하고 있다.

전자공격 장비의 발전추세는 제한된 Jamming 자원을 효과적으로 분할 사용하는 출력관리 개념에 의하나 고출력 Jamming으로 다중위협에 신속히 대응하는 추세이다. 다중위협에 동시에 대응하기 위해서는 주파수대역 분할, 시분할(Time Sharing)에 의한 Jamming 자원의 할당과 공간 분할에 의한 전자식 순간 빔 조향으로 적 레이더에 집중적인 고출력 Jamming이 가능해야 한다. 전자방해 기술로는 적 무기체계의 레이더, 통신장비 등에 대한 Jamming 효과를 크게 하기 위해 장비 Jamming 출력을 높이며, 디지털 주파수 기억(DRFM[7]) 기술을 사용하여 송신 유효방사 출력을 높이는 코히어런트

(Coherent)기만기법과 같은 다양한 Jamming 기법을 적용하고 있으며, 펄스 도플러 레이더를 포함한 다기능 레이더에 대해 전파방해 능력을 갖춘 장비 등이 개발되고 있다. 최근의 신형 유도무기체계는 표적 추적 후 발사까지의 준비시간이 약 5초 이내로 적 미사일의 발사준비 전에 효과적으로 대응하기 위해 다중위협 환경에서 2~3초 이내에 대응할 수 있도록 반응시간을 단축시키는 추세이다. 또한 디지털 초고주파 기억장치(Digital RF Memory)의 기술혁신으로 정교하고 다양한 Jamming이 가능하게 되었다. 따라서 적 위협특성, 운용 모드, 취약성을 분석하여 가장 적합한 전자전 대응기법을 적용하는 추세이다.

라. 방어적 전자전

(1) 전자보호(EP : Electronic Protection)

전자보호(EP)는 적 또는 아군의 전자전 운용에 의해 아군의 전투능력이 저하, 무력화 또는 파괴될 가능성이 있는 인원, 시설 및 장비를 보호하기 위하여 취하는 제반 군사 활동을 말한다. 적의 전자전 활동 및 전자기 간섭으로부터 아군의 전자파 사용을 보호하고 전자 무기체계 및 C4I체계의 효율적 운용을 보장하기 위한 것으로 대전자전 공격과 대전자전 지원으로 대별된다. 대전자전 지원(Anti-ES)은 적 전자전지원 활동으로부터 아군에 대한 첩보수집 효과를 최소한으로 억제하기 위하여 취해지는 모든 활동을 말하는 것으로 다음과 같은 활동을 포함한다.

① **전자 방사 통제(EMCON)** : 불필요한 전자 방사를 통제 및 조정한다.

② **회피** : 적의 도청 가능 거리를 벗어나거나 출력을 줄여서 적의 전파탐지를 피하는 행위이다. 사용 주파수 통제, 음어 및 암호 사용 등 공간적 · 시간적 · 기술적 방법을 통한 적 전자전 회피방책을 사용한다.

③ **전자위장** : 비화장비, 호핑방식 무전기 등 허위 전자신호를 방사하거나 변형하여 적으로부터 목표물을 위장하는 행위이다. 대전자전 공격(Anti-EA)은 적 전파방해 활동으로 인하여 아군의 전자장비가 방해 또는 기만을 받을 때 이를 최소화하고 전자장비의 기능을 최대로 유지토록 하는 활동이다. 전자기술 개발 및 배치, 주파수 통제, 운용자 교육 등이 포함된다.

7) DRFM : Digital Radio Frequency Memory

레이더의 신호밀도가 급속히 높아지고 전파방해 신호가 고 지능화되면서 이에 대응하기 위하여 모든 처리 영역에서 전자파 탐지 분해 능력을 대폭 향상시키고, 표적탐지의 정확도와 신뢰도를 높이기 위한 각종 알고리즘이 개발되고 있다. 이와 같은 대전자전 기법으로 신호탐지 추적방지, 저 감청성(LPI[8])기법, 저 피탐성(LPD[9])기법, 대 방사유도탄 회피기법(Anti-ARM), 항 재밍(Anti-Jamming) 능력, 적응성, 다차원 신호처리 및 표적식별 기법 등이 발전되고 있다. 프로세서 성능개선과 관련된 기술로는 다중모드 신호처리와 고집적회로(VLSI[10]) 기술이 있으며, 프로세스 알고리즘 성능개선을 필요로 하는 적응배열, 적응 간섭 제거, 송수신 분리 탐지기법 등이 적용될 전망이다.

신형 정밀레이더들은 펄스 도플러, 펄스 압축레이더와 같은 암호화된 펄스를 사용한다. 운용모드별로 다른 신호특성을 보유하여 탐지 · 식별이 어려운 다중모드 다기능 레이더로 발전하고 있다. 또한 주파수와 펄스 특성의 급속한 변경능력, 기만, 은폐, 위장기법 등의 발전으로 대전자전 능력이 고도화되고 있다.

≫ 방해방어 레이더 수신기 : 레이더 수신기에 부착하여 레이더가 적의 전자방해에 대항할 수 있는 전자보호용 서브시스템이다.
≫ Anti-Jam Module : 적 전파방해로부터 보호하기 위해 전술용 무전기 수신부에 혼합 운용함으로써 적 전파방해 신호를 제거시켜주는 보호 장비이다.
≫ SNAP(Steerable Null Antenna Processor) : 안테나에 수신된 신호간의 위상차를 검출 처리하여 장비에 수신되는 방해신호를 제거하나 원하는 신호만 무선장비 수신에 인가한다.
≫ 대역 확산기법(Spread Spectrum Technique) : 적 전파방해 하에서 전파 품질의 저하를 방지하고 통신보안 향상을 위한 보호기법으로 협대역 신호를 광대역으로 전환시켜 송신하는 기법이다.

(2) 대전자전 지원

대전자전 지원은 적의 전자전지원(ES) 활동으로부터 아군의 첩보누출을 방지하기 위한 활동으로, 무선침묵을 통해 불필요한 전파의 방사를 통제하는 전자방사 통제와 통신 규정 준수, 송신시간 단축, 지향성 및 모의 안테나 사용, 최소 출력사용 등을 실시하여 적의 도청 가능성을 최소화하기 위한 회피 등이 있다.[11]

8) LPI : Law Proba-bility of Intercept
9) LPD : Low Probability of Detection
10) VLSI : Very Large Scale Integration Circuit

(3) 대전자 공격

대전자 공격은 적의 전자공격(EA) 활동으로부터 아군의 통신전자장비 사용을 보장하기 위한 활동으로 주파수도약 무전기와 같이 적의 전파방해에 대한 취약성을 제거할 수 있도록 무기체계를 개발하고, 적의 전파방해 시 피해를 받지 않도록 주파수를 변경 사용하는 주파수 통제활동 등이 있다.

11) 한국군사문제연구원, 『전장기능별 무기체계』(2015)

제3절 레이더 장비

1. 운용개념

레이더(Radio Detection And Ranging)란 전자기파를 방사 후 표적으로부터 반사된 신호를 수신하여 표적의 존재 유무를 탐지하고 표적위치와 이동속도 등의 정보를 추출하는 장비로서, 제2차 세계대전 중 적의 대공침투를 경고하고 아군의 대공무기를 통제하기 위해 개발되었다.

초기에는 적 항공기 탐지 등의 군사적 용도로만 사용되었으나, 오늘날에는 비행기의 항법, 해상에서의 탐색 및 구조, 조기경보, 사격거리 내에 들어올 표적에 대한 화력제어, 미사일 유도, 피아식별, 기상관측, 지형영상 획득 등 다양한 분야에 이용되고 있다. 레이더는 용도에 따라 탐지, 추적, 다기능, 영상, 피아식별 레이더로 분류한다.

〈표 3-1. 레이더의 분류〉

구 분	용 도 및 종 류
탐지레이더	• 표적을 탐지하고 표적에 대한 거리·방위각·속도 측정 • 천마의 탐지레이더, 해안 감시레이더(GPS-98K), 지상감시 레이더(RASIT), 저고도탐지레이더(TPS-830K) 등
추적레이더	• 탐지된 표적 중에서 하나 이상의 표적을 지속적으로 추적 • 천마 추적레이더 등
다기능레이더	• 탐지, 확인, 추적 등의 기능을 동시에 수행하는 레이더 • 대포병 탐지레이더(AN/TPQ-36/37) 등
영상레이더	• 항공기, 인공위성 등에 탑재되어 표적의 수신신호를 측정하고 합성하여 영상으로 제작, 표적식별, • 합성영상레이더(SAR[12]), 위성탑재용 SEASAT[13] 등
피아식별 레이더(IFF[14])	• 탐지표적의 적인지 아군인지 식별하기 위한 레이더 • 사전에 약속한 암호화 된 질문과 응답으로 식별 • 보통 피아식별 장비라 한다. 암호체계(MODE-2, 4) 등

12) SAR : Synthetic Aperture Radar
13) SEASAT는 SEA(바다)와 SATellite(위성)의 복합어, 해양의 자료를 수집하는 자원탐사용으로 영상레이더가 탑재된 인공위성.
14) IFF : Identification of Friend or Foe

2. 발전추세

레이더의 세계적 발전추세는 다량의 표적을 동시에 탐지 및 추적기능을 보유하기 위한 탐지 능력의 확장, 해상 및 지상 클러터 제거, 대전자전 능력 향상 등에 주력하고 있으며, 전자식 스캔방식의 3차원 레이더 형태에 의한 효율성이 부각되고 있다. 현대의 세계적인 기술발전은 전자분야가 주도하고 있는 현실이며, 레이더의 주된 기술은 전자공학 전 분야에 걸쳐 광범위하게 구성되어 있어 일부 구성기술이나 새로운 이론의 발전이 레이더 기술발전의 기반으로 작용하고 있다. 레이더 기술은 초고주파기술, 디지털기술, 체계 및 종합기술로 대별된다. 레이더기술의 발전방향은 탐지 · 추적 성능 향상, 다기능 보유, 운용자인터페이스 최소화, 대전자전능력 강화, 소형 경량화, 저 전력소모, 신뢰성 증대에 중점을 두고 발전할 전망이다. 특히 신호처리기술은 컴퓨터의 고속화, 메모리 부품의 급속한 발전 등으로 추출자료의 다양화와 함께 자료의 정확성이 향상되고 있으며, 처리능력의 확대로 레이더의 다기능화에 적합한 자료를 생산할 수 있게 되고 있다.

제4절 주요 감시 · 정찰무기

1. 지상감시레이더 TPS-224K

지상감시레이더 TPS-224K는 전파의 특성과 도플러 효과를 이용한 레이더장비이며, 구형 RASIT와 신형 TPS-224K가 있다.

신형 TPS-224K [그림 3-4]의 탐지거리는 20~40km이며, 360도 전방위 자동탐지가 가능하고, 청음 및 자동표적 구분이 가능하다. 신형은 한국에서 국내개발한 장비로 표적을 화면전시가능하며, 전자보호(EP) 및 방사제어가 가능하다.

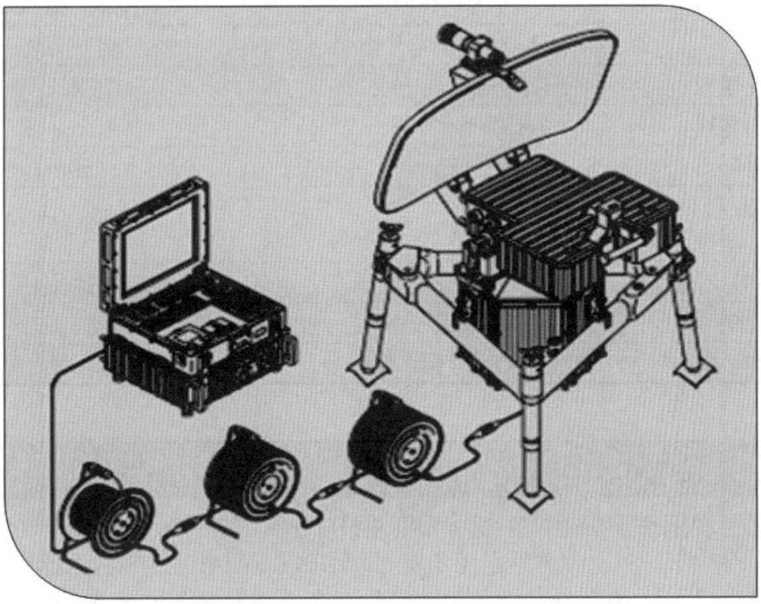

〈그림 3-4. 지상감시레이더 TPS-224K〉

지상감시레이더는 펄스 도플러 방식의 레이더로 탐지정확도는 거리 ±10m, 방위각 ±10mil 이내의 정확도를 유지하며, 펄스 압축 기술의 발전으로 최대 40km까지 탐지가 가능하다. 거리 해상도(Resolution)는 운용자의 설정에 따라 고분해능 또는 저분해능으로 전환이 가능하며, 설정된 탐지구역을 레인지 게이트로 구분하여 선택적으로 탐색할 수가 있다. 주파수 방해에 대한 대책으로 재밍을 회피하는 다양한 능력을 가지고 있으며, 그 방법으로는 송신모드 변경, 채널 변경, PRF 모드 변경 및 21개의 주파수 설정이 가능한 EMCON 기능 등 여러가지 방법으로 재밍을 회피할 수 있다. 운용자의 선택에 따라 수동·자동·단일표적 추적·지역탐색모드에서 임무를 수행할 수 있으며, 각 운용방식 간에 즉시적인 전환이 가능하여 운용의 신속성을 제공한다. 지상감시레이더는 -32℃~+43℃(통제기 -20℃~+43℃)의 온도 범위에서 운용할 수 있다.

〈표 3-2. 신·구형 지상감시레이더 비교〉

구 분		TPS-224K(신형)	RASIT-3190B(구형)
빔폭	고 각	4° 이상	4°
	방위각	2.6°~2.83°	2.7°
탐지거리		20~40 Km	14~30 Km
운용모드		수동 감시	수동 감시
		자동탐지(360°, 전방위)	30°~120°
표적식별 방법		청음/자동표적 구분[15]	청음
표적화면 형태		지도 전시 가능	-
원격 운용거리		3~133m	50m
이 격 거 리 (인접장비 영향)		10m	100m 이상 이격
EP/방사제어 기능		있음	없음
외부기기 연결		C4I 체계 연동	-
제작국(회사)		한국(삼성탈레스)	프랑스(톰슨사)

♣ 도플러효과

도플러 효과는 이동물체에 전파를 방사하여 반사되어온 전파에서 도플러 필터를 이용하여 고정표적은 삭제하고 이동 물체만을 탐지할 수 있도록 고안된 원리이다. 지상감시레이더는 도플러 효과를 이용한 펄스 도플러 레이더이다. 펄스 도플러 레이더는 펄스레이더의 장점인 거리정확도와 지속파 레이더의 장점인 속도 탐지에 의한 우수한 클러터 제거능력을 모두 취한 형태의 레이더로서, 표적의 도플러 성분을 추출하기 때문에 높은 수준의 클러터 환경에서 움직이는 표적의 탐지가 가능하다.

15) 표적식별을 위한 수단으로 주 기능은 청음이며 자동표적구분(ATC)은 보조기능으로 사용한다. 표적자동구분 기능을 사용하기 위해서는 일반적인 탐지설정보다 제한적인 사항이 요구된다. (예 : ① 가시선 확보를 위한 탐지표적보다 레이더 위치를 높은 곳으로 선택, ② 표적 탐지시 청음(도플러 음)이 최대가 되도록 안테나 고각 조정작업, ③ 수신모드에서의 최적 레벨의 임계값 조정)

이동표적으로부터 반사된 펄스에는 표적의 속도에 비례하는 주파수 정보를 포함하게 되며 이 주파수(frx)를 송신주파수(ftx)와 비교하게 되면 주파수의 변화값으로 상대속도를 측정할 수 있다. 즉, 표적의 신호강도보다 주파수 성분 검출에 관심을 가진 것으로서 매우 미약한 신호라도 도플러 주파수만 검출 되면 탐지가 가능하다. 표적의 거리는 레이더 펄스가 목표에 갔다가 되돌아오는 경과시간을 측정하여 계산한다. 펄스 도플러 레이더는 전파를 짧은 펄스로 구획 지어서 방사하는 송신기, 반사파를 수신하는 안테나와 수신기로 구성된다.

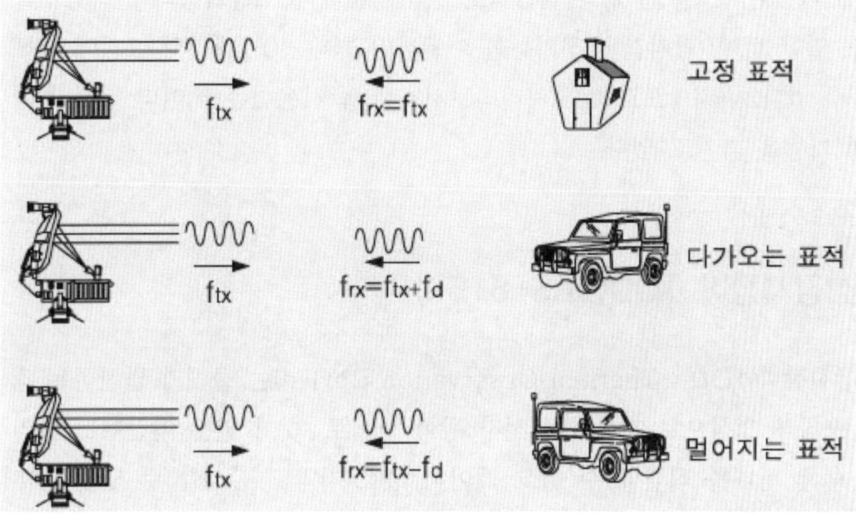

지상감시레이다의 특징으로는 첫째, 수신신호에서의 주파수 변화를 가청주파수로 변환하여 운용자가 화면에 표시되는 표적표시와 함께 청음으로서도 표적의 식별이 가능하다. 둘째, 수신신호 처리시 CFAR 알고리즘을 사용하여 클러터로 인한 허위표적을 제거하여 효율적인 표적추출을 가능하게 한다. 셋째, 디지털 지도를 수용하여 레이더 통제기 화면에 전시하고 탐지된 표적의 위치와 이동경로를 바로 판단할 수 있게 도와준다. 또한 디지털 지도와 함께 디지털 고도데이터(DTED[16])를 가지고 있어 탐색지역 내에서 가시선 분석을 하여 탐색가능 영역을 판단하는데 사용된다. 넷째, 통제기 화면은 많은 정보를 표시하나 레이어방식을 취함으로써 운용자가 선택한 정보만을 표시하여 운용자가 원활한 운용을 가능하게 한다. 다섯째, 레이더 운용모드와 상태에 따라 사용가능한 레이더 기능 조절키를 그룹별로 기능키에 할당함으로써 운용 중에 신속하게 레이더 운용정보를 통제할 수 있다. 여섯째, 해안지역에 설치시 해상에 나타난 표적에 대한 탐지

16) DTED : Digital Terrain Elevation Data

및 추적을 수행할 수 있다. 일곱째, 15인치 LCD디스플레이를 사용하며 최대 탐지범위인 80×80km 전영역 탐색을 동시 전시가 가능하고 화면확대를 100배까지 할 수 있다. 여덟째, 자동모드에는 단일영역, 다중역역, 전방위영역의 세 가지 하위모드가 존재하며 최대 5개까지 탐색영역을 설정할 수 있다. 아홉 번째, 단일표적추적기능을 사용하여 중요표적에 대해 계속적으로 추적을 자동으로 수행시켜 표적의 이동경로와 속도 등을 운용자에게 제공한다. 열 번째, 지역탐색모드를 이용하여 포병화력의 관측임무를 수행할 수 있다. 열한 번째, 탐지간 추적기능을 이용하여 최대 30개까지의 표적에 대해 추적을 실시할 수 있다. 마지막으로 GIS(지리정보시스템)을 사용하는 레이더 전시기 기반의 디지털 맵 기능을 가지고 있다.

2. 열상감시장비 TOD(TAS-815K)

열상감시장비(TOD : Thermal Observation Device)는 물체가 발산하는 적외선 에너지를 포착해 영상으로 재현하는 전자 광학 장비로, 빛이 없는 야간에도 멀리 떨어진 지역의 물체 형태를 식별할 수 있고 레이더 사각 지역도 감시할 수 있는 장비다.

TOD(TAS-815K)는 지속적인 감시임무를 수행할 수 있으며, GPS 및 레이저거리측정기를 이용하여 표적의 정확한 위치를 식별할 수 있다. 또한 광신호 케이블 조립체(W3) 이용 시 원거리에서 원격운용이 가능하며, 타 무기체계(지상감시 및 해안감시 레이더)와 복합 운용하여 적의 주요 접근로 및 침투로를 감시할 수 있다. 자체 고장진단 기능으로 장비의 고장여부를 확인할 수 있다. 그러나 TAS- 815K는 안개, 눈, 비 등 기상조건에 따라 탐지능력이 저하되고 차량 기동간 운용이 불가하며 지상의 고정된 상태에서만 운용할 수 있다. 폭우, 폭설, 낙뢰에 의해서도 장비운용이 제한된다.

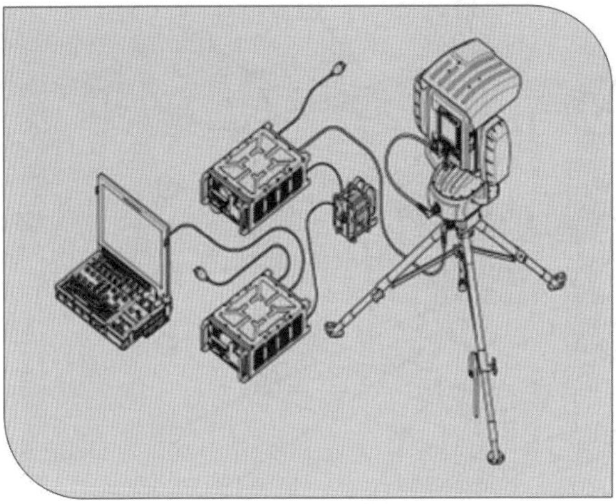 

〈그림 3-5. 열상감시장비 TAS-815K〉

〈표 3-3. 열상감시장비 주요 제원〉

- 탐지거리 : 인원 8Km, 차량 15Km
- 배율/중량 : 주간 3~40배 줌, 야간 3배,11배, 40배/55Kg
- 열 영상 카메라(흑백)
- 자체 녹화 가능

3. 전파방해장비 TRC274C

전파방해장비는 전파 방해를 통해 적 통신망을 무력화시키는 기능을 수행하며 5/4톤 표준 차량(트럭) 또는 전자전 장비 탑재형 운송 차량 궤도 차량(K-533)에 탑재되어 임무를 수행한다. 전파 방해 장비는 상업용 3상 전원을 사용하며 전파 방해에 필요한 각각의 구성품은 쉘터 내부의 랙 조립체에 설치된다. 장비와 장비와의 무선통신(VHF)망은 탑재차량 또는 다른 장비의 24V 직류전원을 사용하여 무선망을 구성하며 한 사람이 장비를 운용할 수 있다.

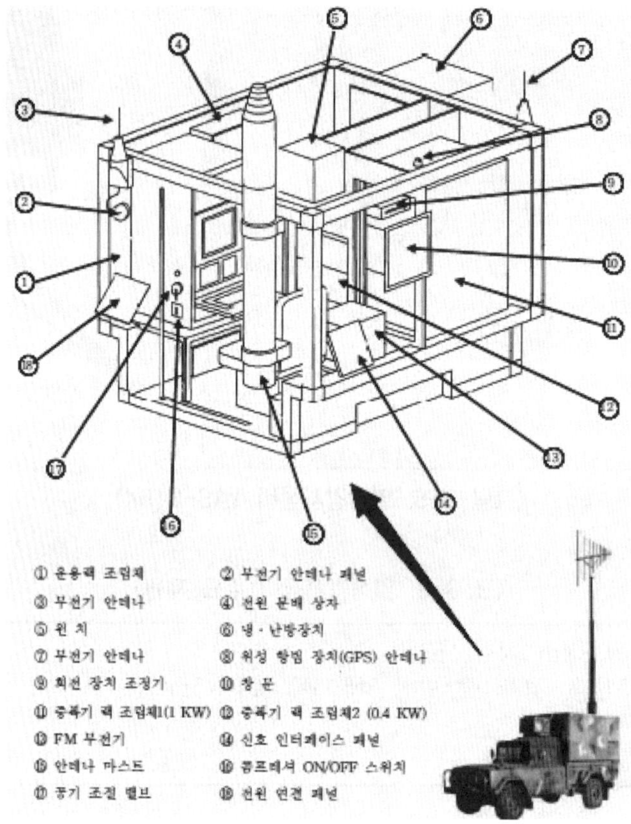

〈그림 3-6. 전파방해장비 TRC274C〉

전파 방해 장비는 기술 통제 분석 장비(TCAE)에서 전파 방해가 통제되는 원격 운용 모드와 국부 운용자에 의해 전체적으로 조종되는 국부 운용 모드 등 두 가지 운영 모드로 운영이 가능하다. 운용 컴퓨터는 FM 무전기 또는 모뎀을 통해 유선 링크로 기술 통제 분석 장비와 연결된다. 장비가 원격 운용 모드에 있을 때 기술 통제 분석 장비로부터 원격 제어 링크를 통해 시험이 요청될 수 있으며, 시험 결과는 기술 통제 분석 장비의 요청에 따라 기술 통제 분석 장비로 전송된다. 전파 방해 장비는 냉 · 난방 장치를 가지고 있어 건조한 대기 상태의 경우 -35℃~+50℃의 외부 기후 조건하에서 작동할 수 있으며 상대 습도 80%의 경우 +40℃까지의 온도에서 작동이 가능하다. 설치된 대부분의 장치들은 수송중 진동 효과를 감소시키기 위해 충격 마운트를 가진 조립체나 지지대에 설치되며 다음과 같은 기능이 있다.

♣ 전파방해장비의 주요 기능

≫ 명령 통합(원격 운용 모드)
≫ 전파 방해 계획 결정(전파 방해 주파수)
≫ 전파 방해 계획에 따른 대역 전파 방해
≫ 수립된 전파 방해 계획에 따른 대역 전파 방해
≫ 디지털 녹음기나 마이크로 폰을 통해 전자기만 실시
≫ 전파 방해 보고서 작성(원격 운용 모드)
≫ 신호 탐색, 감청, FSK나 신호 복조 기능

4. 전파탐지장비 TRC-613L

전파탐지장비TRC-613L 장비는 프랑스의 톰슨사에서 제작한 장비로 적의 무선 통신 중 고정 주파수 신호를 탐색, 감청, 방탐하며 주파수 도약 신호를 탐색, 방탐한다. 전파탐지장비는 쉘터에 장착되어 1명 또는 2명의 운용자에 의해 운용된다. 전자전 장비 1개 시스템은 전파 탐지 장비 TRC-613L 3대와 전파 방해 장비 TRC- 274C 2대로 구성되어 운용되며, 이 시스템의 통제를 위해 기술 통제 분석반(T CAE)에는 별도의 통제 장비와 통신장비가 포함되어 운용된다. 전파 탐지/ 방해 장비의 탑재는 K-533 차량 또는 K-311(쉘터 차량)에 설치하여 운용이 가능하며, TCAE 장비는 5톤 벤 차량이나 벙커에 설치하여 운용할 수 있다. 임무 수행을 위해 전자전 장비는 세 개의 동일한 전파 탐지 장비로 구성된다. 주어진 임무에 대해 각 전파 탐지 장비는 방향탐지 및 위치 측정을 위해 주 장비나 부 장비로 구분된다. 전파 탐지 장비는 임무 시작시 지휘관에 의해 주 또는 부 로서 지정된다. 하나의 장비가 주장비로 지정되면 다른 두 장비는 부 장비로 지정되며 다음의 기능을 수행한다.

♣ 전파탐지장비의 주요 기능

≫ 명령 통합
≫ 고정 주파수 신호의 탐색, 감청, 방탐 및 위치 탐지(주장비)
≫ 주파수 도약 신호 탐색, 방탐 및 위치 탐지(주장비)
≫ 고정 주파수 방향 탐지 요청 및 측정
≫ 고정 주파수 감청 보고서 작성

〈그림 3-7. 전파탐지장비TRC-613L〉

5. 야간투시경

야간투시경은 동일한 광학적 형상과 동일한 기능을 가진 2개의 단안경으로 구성된 광전자 방식의 장비이다. 배율은 1배이며 각 단안경은 대물렌즈, 영상증폭관, 그리고 대안렌즈로 되어 있다. 대물렌즈는 광에너지로서 유용한 빛을 받아 영상증폭관의 광음극으로 전달한다. 그것이 증폭되어 영상증폭관의 화면에 투영되고, 대안렌즈를 통해 영상을 보게 된다. 대물렌즈를 통해 입사한 영상은 도립상이며 이것은 증폭관 끝의 화면 위에 광섬유에 의해 역전되므로 운용자는 정립상을 볼 수 있다.

〈그림 3-8. 야간투시경〉

영상증폭관은 증폭관 통 안에 있으며 고전압 공급원은 증폭관에 둘러싸여 있으며 수지성형을 사용해 한 뭉치로 되어있다. 1차 전원은 2.7V 수은 건전지에 의해 전기 접속기와 전원스위치를 통해 발진기의 전압조정기에 사용된다. 1차 전압조종기는 배율기 회로의 음극과 화면에 교류전류를 공급하는 발진기에 입력을 공급한다. 배율기 회로는 교류 전류를 정류하여 직류전압V1(V2에 대하여 -200VDC)과 V3(접지에 대하여 +5800VDC)를 만든다. 2차 전압조정기는 마이크로 채널 플레이트(M.C.P)영상관에 필요한 직류전압 V2를 만드는 발진기에 입력을 공급한다. 전압 V2는 접지에 대하여 -700~-950V의 가변전압이다. 빛은 M.C.P영상관 안쪽에서 발진기로 전류를 흐르게 하는 광음극에 의해 집광되며 배율기 회로를 통하여 증폭된 현상이 화면 위에 나타난다. 장비형태별 제원은 아래 표와 같다.

〈표 3-4. 야간투시경 장비형태별 제원〉

구 분	AN/PVS-5A	KAN/PVS-7	PVS-04K
관측거리	50~150m	200~350m	800m
배 율	1배	1배	1배 (3배 : 3배율경 사용시)
무 게	860g	680g	380g
배 율	1배	1배	1배 (3배 : 3배율경사용시)

구 분	AN/PVS-5A	KAN/PVS-7	PVS-04K
초 점 거 리	25㎝~∞	25㎝~∞	25㎝~∞
작 동 온 도	-54℃~+52℃	-35℃~+45℃	-32℃~+43℃
가 시 명 도	흐린 별빛부터 달빛까지	흐린 별빛부터 달빛까지	흐린 별빛부터 달빛까지
시 계	40℃	40℃	40℃
화 면	녹색 형광막 화면	녹색 형광막 화면	녹색 형광막 화면
전 원	BA5567/U 2.7VDC	BA-5567/U 1개 또는 AA형 1.5V 건전지 2개	AA형 1.5V 건전지 2개 또는 1개
건전지 수명	12시간(21℃에서)	평균 65시간	평균 48시간 이상

6. 휴대용 주야간 관측장비(PVS-98K)

휴대용 주 · 야간 관측장비 PVS- 98K는 주 · 야간에 외부의 관측 영상을 안정적이고, 고배율의 영상으로 제공하여 주간에는 원거리 관측(15배 이상)에 용이하며, 야간에는 미광(월광 또는 성광)을 증폭시켜주는 전자관 등의 추가로 고배율(9배 이상)로 관측할 수 있도록 되어있는 관측장비이다. 특히, 사용자는 전투차량이나 헬기, 선박 등에 의한 이동중에 발생하는 진동과는 무관하게 안정된 고배율의 영상으로 관측, 정찰하게 된다. 주간의 경우에는 관측 목표물을 안정화 장치에 의해 안정된 15배 이상의 영상으로 관측할 수 있으며 야간의 경우 밤하늘에 비치는 별빛, 달빛을 증폭하여 9배로 확대된 영상을 역시 안정화 기구를 이용하여 관측한다.

〈표 3-5. 야간투시경 장비형태별 제원〉

구 분	주 요 내 용
경 량 성	• 총 중량 2.23㎏으로 휴대 용이(운용중량 : 1.9㎏)
전 원	• 상용 건전지(알카라인 AA, 1.5V 2개) 사용 가능 • 군용 건전지(BA-5567/U, 1개) 사용 가능
작동 용이성	• 안정화 모터 · 영상증폭관 스위치의 왼손 운용부위에 위치 • 안정화부 손잡이가 왼손 검지 부위의 위치
견 고 성	• 각종 진동조건시험으로 진동조건 운용 내구성 우수 • 각종 충격조건시험으로 충격조건 운용 내구성 우수
원거리 관측	• 주간 15배 이상의 배율로 4,000m 이상 식별 가능 • 야간 9배 이상의 배율로 1,000m 이상 식별 가능

구 분	주 요 내 용
안 정 화	• 로터조립체 포함하여 관성력 발생으로 이동간 영상 관측 • 링크 조립체 포함하여 이동간 부드러운 영상 제공

〈그림 3-9. 휴대용 주야간 관측장비 PVS- 98K〉

7. 기관총 주야조준경(PVS-05K)

주 · 야간 조준경은 4배율로 800m 거리의 인원이나 1,200m 거리의 차량 관측이 가능하며, K3 기관총, K4 기관총, K6 기관총의 망선을 이용하여, 사거리 판단 및 조준사격을 할 수 있다. 주 · 야간 조준경은 몸체 조립체, 주간대안렌즈 조립체, 야간대안렌즈 조립체로 구성되어 있으며 중요 기능품은 다음과 같은 주요기능을 수행한다.

첫 번째, 영점조정 기능으로 몸체 하우징 조립체의 영점조정 손잡이를 돌리면 망선을 움직여 탄착군 중심에 조준망선 조준점을 이동시켜 영점조정이 가능하다. 60개의 눈금과 5단위로 된 5에서 55까지의 숫자로 표시되어 있고, 영점조정 손잡이를 한바퀴(360°) 회전시키면 60크리크가 이동하고, 한 크리크는 0.12mil(0.41')에 해당하며 손잡이는 최대 약 3.5바퀴(약 220크리크) 회전이 가능하다.

두 번째, 망선밝기 조절 기능으로 망선의 밝기는 9단계로 조절이 가능하다. 세 번째, 확대 기능으로 릴레이렌즈 조립체의 렌즈 배열에 의하여 주 · 야간 조준경을 사물을 4배로 확대하여 관측할 수 있다. 마지막으로 시력보정 기능은 주간대안렌즈 조립체와 야간대안렌즈 조립체의 초점조절기를 돌리면 렌즈셋 조립체가 움직여 대안렌즈의 초점거리를 -4디옵터에서 +2디옵터까지 조정할 수 있어 사람마다 시력차이를 보정하는 역할을 담당한다.

〈그림 3-10. 기관총 주야조준경 PVS-05K〉

주 · 야간 조준경의 특성 및 능력을 살펴보면 첫째, 야간에 달빛, 별빛 또는 무월광에서 표적에서 반사되는 빛으로 800m 거리의 인원, 1,200m 거리의 차량을 탐지할 수 있다. 두 번째, 설치된 망선에 따라 K3 기관총, K4 기관총, K6 기관총에 주 · 야간조준경을 설치하여 주간, 야간에 조준사격을 할 수 있다. 세 번째, 영점 조정기의 좌우 영점조정 손잡이, 상하 영점조정 손잡이를 사용하여 간단하게 영점을 획득할 수 있다. 네 번째, 배율이 4배로서 사격시 명중률이 높다.

다섯 번째, 주 · 야간 조준경을 기관총과 분리하여 재장착하여도 영점을 유지할 수 있다. 여섯 번째, 영상증폭관은 상용건전지 사용이 가능하여 획득이 용이하고, 운용시간은 여름철(상온 약 15℃~25℃)에서 보통 100시간, 겨울철(저온 -20℃~-32℃)에서도 10~12시간 사용이 가능하다.

8. 조종수 야간잠망경(KAN/VVS-2)

조종수 야간잠망경은 각종 전투차량의 조종수가 야간 주행시에 전조등을 사용하지 않고 주변을 관측할 수 있는 장비이다. KAN/VVS-2 장비는 탐지거리가 250m 이상이며 전원은 28V의 군용축전지를 사용한다. 3세대 영상관을 사용하며 7배율로 관측할 수 있다.

조종수 야간잠망경은 입사부 조립체, 장착부 조립체, 대물렌즈 조립체, 영상증폭관 및 확대계 조립체, 몸체부 조립체 및 접안렌즈 조립체 등으로 구성된다. 입사부 조립체는 적용차량의 외부로 노출되며 목표물로부터의 빛을 90°로 굴절시켜 장착부 조립체 내부의 대물렌즈 조립체로 전달하는 역할을 한다. 장착부 조립체는 조종수석 장착판 또는 해치 덮개에 장착되며 조종수야간잠망경의 좌우회전 또는 전후회전을 가능하게 한다. 대물렌즈 조립체는 장착부 조립체 내에 결합이 되며 대물렌즈 조립체를 통과한 빛은 영상증폭관의 광음극판의 표면에 초점면을 형성한다. 조립체 영상증폭관 및 확대계 조립체는 대물렌즈 조립체를 통해 집속된 상의 빛을 증폭하고 상의 크기를 25㎜에서 47.6㎜로 확대 시킨다.

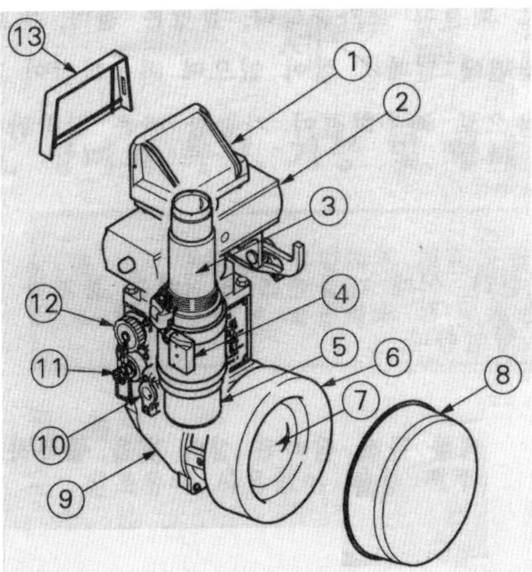

① 입사부 조립체
② 장착부 조립체
③ 대물렌즈 조립체
④ 전자조정 뭉치
⑤ 영상증폭관 및 확대계 조립체
⑥ 쿠션패드
⑦ 접안렌즈 조립체
⑧ 접안렌즈 조립체 보호덮개
⑨ 몸체부 조립체
⑩ 휘도조절 뭉치
⑪ 전원접속 뭉치
⑫ 건전지 케이스 뭉치
⑬ 입사부 보호 덮개

〈그림 3-11. 조종수 야간잠망경 KAN/VVS-2〉

몸체부 조립체는 조종수야간잠망경의 기본적인 기계구조로 상단에는 장착부 조립체 하단에는 접안렌즈 조립체 내부에는 영상증폭관 및 확대계 조립체가 광학적 성능을 위해 정밀히 조정된 상태로 조립될 수 있는 구조를 갖고 있다. 또한 전원접속 뭉치, 건전지 케이스 뭉치, 전자조정 뭉치, 휘도조절 뭉치들이 포함되어 몸체부 조립체가 구성된다. 접안렌즈 조립체는 맨눈으로 보는 것과 동일한 배율을 얻기 위해 영상증폭관 및 확대계 조립체에서 출력된 상을 보정한다. 접안렌즈 조립체에서 출력된 상은 양눈으로 동시에 관측할 수 있으며 별도의 조작없이 뚜렷한 상을 맺는다.

〈표 3-6. 조종수 야간잠망경의 종류 및 용도〉

구 분		KAN/VVS-2 (Ⅰ)	KAN/VVS-2 (Ⅱ)	KAN/VVS-2 (Ⅲ)	KAN/VVS-2 (Ⅳ)	KAN/VVS-2 (Ⅴ)
장착부 조립체 형태	크 기	작 다	크 다	크 다	크 다	작 다
	장 착 핀	있 다	없 다	없 다	없 다	없 다
	상하고정쇠	있 다	없 다	없 다	없 다	없 다
	밀폐형 씰	없 다	있 다	없 다	있 다	없 다
	기 타	전후회전 가능	좌우회전 가능	회전불가	좌우회전 가능	좌우회전 가능
시야	수 평	800Mil(45°)	800Mil(45°)	800Mil(45°)	800Mil(45°)	800Mil(45°)
	수 직	680Mil(38°)	680Mil(38°)	680Mil(38°)	680Mil(38°)	680Mil(38°)
크기	높 이	395㎜	395㎜	409㎜	400㎜	395㎜
	폭	200㎜	275㎜	244㎜	245㎜	165㎜
	두 께	192㎜	191㎜	165㎜	186㎜	190㎜
회전 범위	좌 우	고 정	30°	고 정	45°	45°
	전 후	23°	고 정	고 정	고정	고정
적용장비 (차량)		K-200장갑차 M48A3K전차 M48A5K전차	K-1, K-1A1 전차 K-1구난전차 K-1교량전차	K-55 · K9 자주곡사포, K77 지휘소용 장갑차	천마 / 비호, 화생방 장갑차	상륙돌격 장갑차량

9. 열영상 조준경(PAS-01K)

열영상 조준경은 개인화기에 장착하여 운용하는 장비로서 모든 물체의 열복사에너지의 차이를 이용하여 물체의 영상을 탐지하는 비냉각 열상방식을 사용한다. 열영상조준경은 야간, 연기, 안개, 먼지 등 시계가 불량한 조건에서도 목표물을 획득할 수 있다. 접안부 조립체의 초점 조절 손잡이를 조절하여 근거리(15m) 및 원거리(무한대) 까지 초점 조정이 가능하다. 접안부 조립체의 초점조절 손잡이를 조절하여 근시 및 원시에 대하여 -4디옵터에서 +2디옵터까지 보정이 가능하며 주요 구성품별 기능은 다음과 같다.

〈그림 3-12. 열영상 조준경 PAS-01K〉

♣ 최소분해가능 온도차(MRTD[17])

조준경은 배경온도 즉, 주위 환경온도와 목표물의 온도 차이를 적외선 검출기에서 검출하여 전자회로부를 통하여 영상신호로 출력된다. 따라서 조준경과 같은 열영상장비는 물체의 온도차를 얼마만큼 구별해 낼 수 있는가 하는 열분해능이 중요한 성능평가 요소가 된다. 이 성능평가 요소를 최소분해가능 온도차라 한다.

10. 야간표적지시기(적외선 야간 조준등)

야간표적지시기는 소화기의 총열에 장착하여 사용하는 야간 전투장비이다. 전투시에는 육안으로 볼 수 없는 적외선 광선을 사용하나, 영점조정시에는 가시광선을 사용한다. 야간표적지시기는 야간사격시 사수에게 조준점을 제공하며, 이 조준점을 표적에 일치시키는 것으로 정조준이 끝나기 때문에 조준이 용이하다. 각종 화기에 장착하여 사용되며 건전지로 작동되는 휴대용 전자광학장비로서 야간 사격시 적외선 광선에 의한 조준점을 제공하여 고도의 명중률을 보장한다. 각종 화기에 적합하도록 장치대 조립체를 제작하여 설치 사용하며 적외선 광선은 육안에는 노출되지 않으므로 야간 투시경을 운용하여 식별할 수 있다. 적외선 광선 외에 가시광선이 적용되어, 야간투시경을 사용할 필요없이 주·야간 실내 및 실외에서 조준점 조정이 가능하다.

17) MRTD : Minimum Resolvable Temperature Difference

야간표적지시기는 1.5V 건전지를 전원으로 사용함으로서 획득이 용이하며 건전지 보온을 위한 별도의 장치 없이 -32℃ 이상에서 운용이 가능하다. 광선(광)의 크기를 0~9단계까지 조절할 수 있도록 하여 사용자의 시력 및 주변 작전환경에 적합한 크기로 선택하여 사용할 수 있다. 육안으로 식별이 가능한 가시광선은 실탄을 사용한 영점사격 없이 주간의 어떠한 장소나 야간의 조명시설이 있는 장소에서 실시하는 영점조정 절차만으로 실거리 전투사격 적용이 가능하다. 야간표적지시기의 가시광선은 동굴지역, 건물지역 작전 등에서 신속하게 표적을 제압할 수 있는 조준점도 제공한다. 야간표적지시기에서 사용되는 광원은 시력을 손상시키지 않는 1등급의 광원을 채택하고 있다.

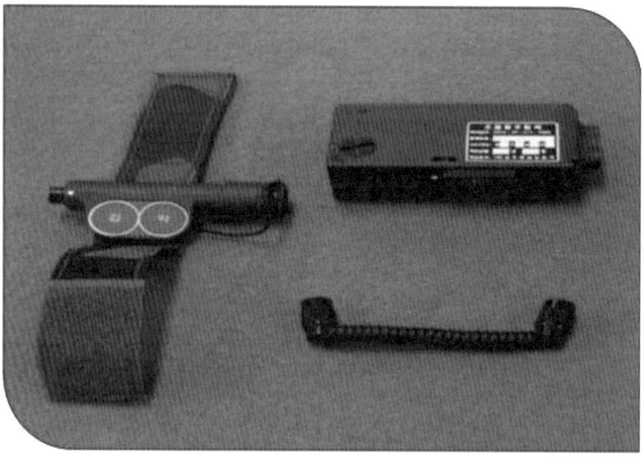

〈그림 3-13. 야간표적지시기〉

〈표 3-7. 야간표적지시기의 제원 비교〉

구 분		PAQ-04K(개량형)	PAQ-91K(구형)
광 원		적외선 광선 및 적색 가시광선	적외선 광선
발 산 각		1.0mrad	1.5mrad
조 사 거 리		300m 이상	300m
광출력	최 대 출 력	0.7㎽	2㎽
	조절가능범위	10 단계	3단계
무 게	몸통 및 발사스위치	200g	320g
	K1A 장치대조립체	141g	130g
	K2 장치대조립체	93g	185g
	M16A1 장치대조립체	92g	185g

구 분	PAQ-04K(개량형)	PAQ-91K(구형)
크기(몸통)	95×30×48㎜	177×54×76㎜
건전지(알카라인)	1.5V DC 1개	9V DC 1개
건전지 사용시간 (알카라인 상온기준)	8시간 이상	8시간
운용온도	-32℃~+43℃	-40℃~+52℃
영점확인(획득)기능	주야간 비사격 (야간투시경 불필요)	야간 실탄사격 (야간투시경 착용)

11. 포병 관측장비(TAS-1)

포병 관측장비는 표적의 위치 정보를 신속, 정확히 측정하여 표적제원을 자동으로 계산하고, 이를 유선 및 무선으로 사격지휘장비(BTCS A1 또는 K9 BTCS)에 전송함으로써 사격요구 및 조정임무를 수행하는데 사용한다. 포병 관측장비의 능력을 살펴보면 -32℃~+43℃의 온도 범위에서 운용되고 다양한 사격임무를 수행하며 주간 및 야간에 전장을 감시한다. 표적 위치(동거, 북거, 표고)를 신속, 정확하게 자동으로 산출하여 유선 및 무선 통신으로 사격지휘장비에 표적제원을 전송한다. 자체 고장진단 기능으로 고장 유무를 확인할 수 있고 임무수행시 비충전용 배터리 또는 충전용 배터리를 사용하며 교육훈련을 목적으로 하는 경우 교류 · 직류 변환기를 연결하여 상용 전원 사용이 가능하다.

〈그림 3-14. 포병 관측장비 TAS-1〉

포병관측장비는 열상장비, 레이저거리측정기, 측각기, 삼각대 등의 구성품으로 구성되어 있으며 각각의 구성품은 단독임무 수행이 가능하다. 첫 번째, 열상장비는 빛이 없는 조건 및 악천후에서도 표적을 탐지 및 획득할 수 있으며 측각기에 장착되어 직렬통신으로 측각기와 연동된다. 또한 레이저거리측정기로부터 전송되는 표적거리 정보를 열상장비 화면에 나타내며 자체 고장 진단 기능을 보유하여 고장유무를 전시 및 측각기로 전송한다. 두 번째, 레이저거리측정기는 인체에 무해한 파장을 사용하여 표적까지의 거리를 측정하여 측각기와 열상 장비에 전송하며 측각기에 장착되어 직렬통신으로 측각기와 연동한다. 세 번째, 측각기는 표적제원을 자동으로 산출하여 처리하며 다양한 사격임무를 수행한다.

열상 장비와 레이저거리측정기가 장착되어 직렬 통신으로 연동되며 표적제원 및 운용정보를 운용자가 볼 수 있도록 전시한다. 사격지휘소와 표적제원 정보를 무선 및 유선을 이용하여 송수신 한다. 네 번째, 삼각대는 포병 관측장비의 미끄럼을 방지하여 안전하고 견고하게 포병 관측장비를 수평으로 지지하며 2단으로 구성되어 높낮이 및 넓이를 조절한다. 다섯 번째, 교류/직류 변환기는 교류 · 직류 변환기를 측각기에 연결하여 상용전원을 사용한다. 여섯 번째, 충전용 배터리는 연동 운용시 열상 장비, 레이저거리측정기, 측각기에 전원을 공급하고 단독 운용시 열상 장비의 배터리로 사용할 수 있다. 마지막으로 무선용 케이블조립체는 무전기 세트 PRC-999K에 연결하여 표적제원을 무전으로 송수신 한다.

〈표 3-8. 포병 관측장비 구성품별 기능〉

구 분	주 요 내 용
열상 장비	야간 및 주간 악천후에 사용하며 각종 스위치로 대조비 및 밝기 조절, 배율 및 초점 조절, 메뉴 기능 등을 구현하여 표적을 관찰하고 표적의 정지영상을 저장 및 측각기에 전송한다.
레 이 저 거리측정기	레이저를 충전 및 발사하여 표적의 거리정보를 획득하고 이를 측각기에 전송한다. 다중표적 시 최소거리를 조절하여 표적의 거리 정보를 재획득 한다.
측 각 기	열상 장비와 레이저거리측정기로부터 전송된 표적 정보를 이용하여 자동으로 표적제원을 산출 및 전시한다. 유선 및 무선으로 연동 장비에 표적제원을 전송하여 사격요구 및 조정 임무를 수행한다.
삼 각 대	높낮이 및 수평을 조절하여 장비를 안전하게 지상에 고정시킨다.
무선용 케이블 조립체	무전기와 연결하여 표적제원을 무선으로 전송 및 수신한다.

구 분	주 요 내 용
교류/직류 변환기	측각기를 상용전원에 연결하여 외부전원을 공급한다.

12. 다기능관측경(TAS-1)

다기능관측경은 개인 휴대 장비로 주간 · 야간 관측경을 보유하고 표적좌표를 자동 획득하여 통신을 통해 화력유도 가능한 장비로 가벼운 무게와 운용 편의성으로 지상 감시와 정찰 임무에 최적화된 휴대용 장비이다.

다기능관측경은 2.4kg으로 설계된 경량화 장비로 휴대용 통합 다기능 솔루션을 제공하고 있어 열상모듈, 주간 망원경, 레이저거리측정기, GPS와 전자 나침반을 이용한 표적 좌표 계산이 가능하고 고성능 비냉각 열상모듈과 눈에 안전한 소형 레이저거리측정기로 향상된 표적 제원 관리(표적 지시 및 탄착점)가 가능한 원격제어 및 C4I 연동이 가능하다.

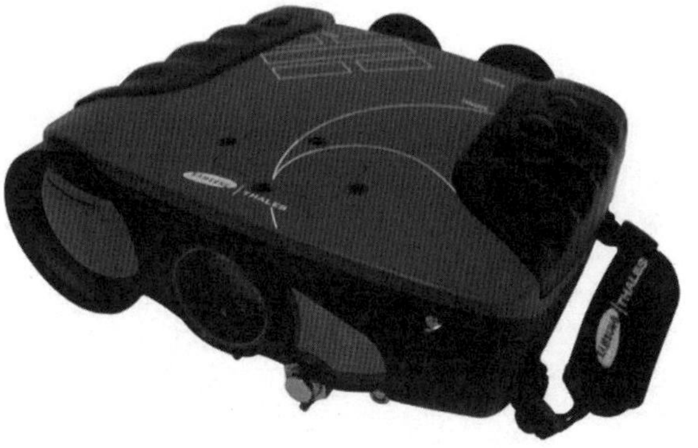

〈그림 3-15. 다기능관측경〉

세계적으로 휴대성, 경량화, 연동 운영체계 등 성능이 우수한 다기능관측경에 대해 개발이 이루어지고 있다.

〈표 3-9. 고성능 다기능관측경 비교〉

구분		중량	시계	센서사양	기능			
					이더넷 지원	동영상 지원	GPS/ DMC	Auto focus
다기능 관측경 (한국)		2.5kg	7°	640×480, uncooled	○	○	○	○
Sophie-UF (영국)		3.6kg	7°		×	×	○	×
OPUS-H (독일)		3.5kg	7°		×	×	○	×

제4장

기동무기체계

제1절 체계 개요

1. 지상작전

가. 육군의 임무와 역할

'육군은 지상작전을 주 임무로 하고, 이를 위해 편성되고 장비를 갖추며, 필요한 교육, 훈련을 한다'(국군조직법)고 명시되어 있다.

'육군(지상군)의 임무는 전쟁억제 및 비군사적 위협에 대비하고, 유사시 지상전에서 승리하는 것으로 명시하고 있다. 좀 더 구체적으로 보면, 지상군은 적이 군사력을 사용하여 아군을 위협할 경우 얻어질 이익보다 더 큰 손실을 입게 되리라는 것을 적에게 인식시켜 침략을 미연에 방지하는 전쟁억제와 비군사적 위협에 대비하고, 적이 침략할 경우 지상전에서 승리하는 것이며, 평시 국익 증진과 국민생활의 편익을 증진하는 임무를 수행하고, 국제평화유지 활동에도 참여하는 것을 포함하고 있다.'[1]

지상작전은 〈표 4-1〉과 같이 공격작전, 방어작전, 후방지역작전, 안정화작전으로 구분할 수 있다.

〈표 4-1. 지상작전 구분[2]〉

구 분	개념 및 기동형태
공격작전	• 적을 격멸하기 위해 적 방향으로 전투를 이끌어 나가는 작전 • 공격작전 형태 : 접적전진, 급속공격, 협조된 공격, 전과확대, 추격 • 공격기동 형태 : 포위, 우회기동, 돌파, 정면공격, 침투기동
방어작전	• 공세이전 여건 조성, 중요지역 확보, 시간 획득 등을 위하여 실시하는 작전 • 방어작전 형태 : 지역방어, 기동방어, 지연방어 • 방어작전 시 공세행동 : 역습, 역공격, 파쇄공격, 촌단공격, 유린 공격, 소부대 공세행동

1) 육군 홈페이지
2) 지상작전 구분은 국방과학기술용어사전(국방기술품질원, 2011), 군사용어사전(이태규, 2011)을 한국민족문화대백과사전(한국학중앙연구원) 참고하였다.

구 분	개념 및 기동형태
후방지역작전	• 각급 제대 후방지역의 다양한 위협에 대하여 실시하는 작전 • 후방지역작전 형태 : 대상륙작전, 대공정작전, 중요시설 / 병참선 방호작전, 도시지역 방호작전, 대유격작전 등
안정화작전	• 자유화 지역에서 치안 및 질서를 확립할 때까지 제반 작전활동

나. 기동무기체계

기동무기체계는 전장에서 병력 및 화력을 적보다 유리한 지역으로 이동시켜 적의 취약방향으로 공격을 개시하거나 우군의 취약사항을 최소화하는데 사용된다. 전쟁에서 적보다 신속하게 기동하여 심리적 우위를 달성하고 결정적인 타격을 가함으로써 전쟁의 주도권을 쟁취할 수 있어 동서고금을 막론하고 기동력의 중요성은 항상 강조되어 왔다. 장차전은 전투공간이 넓어지고 입체화되기 때문에 전투력의 분산과 통합이 신속하도록 운용되어야 한다.

또한 장차전은 입체적 전략 및 전술 기동성의 증대로 인하여 고속 기동전의 전투양상이 될 것이다. 이러한 양상은 다차원의 작전환경과 광역화된 전장공간상에서 군사력의 협동작전, 실시간 지휘통제를 위한 네트워크화, 정밀유도무기 및 화력의 역할 증대, 전자전 능력의 향상, 기갑 및 기계화 부대의 기동무기체계 전력 향상, 그리고 정보통신 기술기반의 전력시스템 구축 등을 필요로 한다. 그러므로 향후 기동무기체계의 역할과 중요성은 높은 비중을 차지하며, 기동 무기체계의 성능은 지상전에 있어서 특히 작전속도, 파괴력, 작전의 유연성 및 정밀도 등의 분야에서 매우 중요한 요소이다.

기동 무기체계는 전차, 장갑차, 전투차량, 기동 및 대기동 지원장비, 지상무인전투체계, 개인전투체계 등으로 분류한다.

♣ 기동무기체계의 역할

≫ 부대의 신속한 집중 · 분산을 통한 적보다 유리한 위치 확보
≫ 적의 공격으로부터 전투원의 적절한 보호 제공
≫ 지휘통제 및 화력 운용의 근간 역할 담당
≫ 입체고속기동전 등 전략 · 전술적 행동 보장

제2절 전차

1. 개 요

가. 전차의 개념

전차는 장갑으로 보호된 무한궤도 차량에 인원과 화기를 탑재하여 지상 전투임무를 수행할 수 있도록 제작된 전투차량이다. 전차는 기동력, 화력, 방호력 특성이 복합적으로 결합되어 지상작전에서 가장 강력하고 가장 핵심이 되는 기동무기체계이다. 전차는 도로나 평지뿐만 아니라 일반차량이 기동하기 곤란한 험준한 야지 및 참호, 장애물 등의 지형적인 제약을 극복할 수 있는 기동력을 보유하고 있으며, 직사화기인 주포로 목표물을 정확하게 명중시킬 수 있는 화력과, 장갑에 의한 승무원과 내부의 장비를 보호함으로써 생존성을 높일 수 있는 방호력을 구비하고 있다.

전차는 적의 전차에 대응할 수 있는 가장 효과적인 무기체계이며 적의 지상군을 제압하기 위한 공세적 기동전력의 주력 무기체계로 자리잡고 있어 지속적으로 발전하고 있다. 그러나 전차 단독으로 전투임무를 수행할 수 없고, 대전차 공격헬기 등의 항공지원 상태에서 장갑으로 보호된 보병, 포병 및 공병 등과의 제병 합동작전을 수행함으로써 임무를 효과적으로 달성할 수 있다.

전차의 이러한 특성은 전쟁양상과 국가별 기술수준에 따라 발전하여 왔으며, 최근에는 특성이 조화를 이루면서 생존성과 신뢰성을 향상시키는 방향으로 발전되고 있다.

나. 전차의 발전

현대의 전차는 1차 세계대전 당시 치열한 참호전으로 인하여 교착상태에 빠진 전선을 타개하고자 영국에서 최초로 개발되었다. 교착된 전선에서 적의 화력으로부터 방호를 받으면서 적진으로 공격할 수 있는 새로운 무기의 개발이 필요하게 되었던 것이다. 영국의 공병장교 E.스윈턴 중령은 적의 방어선을 뚫기 위해 농업용 트랙터에 적의 화력에 견딜 수 있도록 장갑으로 보호하고, 무한궤도, 기관총과 소형 포를 탑재하는 차량을 제안하였다. 이 제안은 육군에서는 받아들여지지 않고 해군(당시 해군성장관은 처칠)에서 받아들여져 지상군함(landship)이라는 명칭으로 개발되었다. 개발 후 실전에 투입하기 위해 '물탱크'라는 암호명을 붙였는데 이것이 오늘날 전차 탱크(Tank)로 부르게 되는 기원이 되었다. 세계 최초의 전차는 마크Ⅰ(M1)으로 불리었으며, 마크Ⅰ(M1)은 무게 28톤, 최고속도는 시속 6km, 항속거리는 약 20km이었으며, 57mm포 2문과 기관총 4문을 탑재하였다.

전차가 최초로 지상전에 등장한 것은 1916년 솜므(Somme) 전투였다. 당시의 전차는 잦은 고장 등 여러 가지 결함이 있었으나 독일군의 기관총 및 소총으로부터 방호를 받으면서 적진을 돌파하는 위력을 발휘함으로써 전차의 잠재력을 확인하는 최초의 사례가 되었다. 전차가 처음 개발되었을 때에는 보병의 공격을 보조하는 역할을 수행하였으나, 2차 세계대전에서 독일의 전차를 중심으로 한 전격작전에 의해 기갑부대의 위력을 실증하게 되면서, 세계 각국은 고유의 전차를 개발하였다.

전차는 분류기준에 따라 여러 가지로 구분할 수 있으나, 일반적으로 출현시기에 따라 세대별로 분류한다.

고대전투
(기원전, 시리아·이집트 사용)

최초전차(1915년)
(영국, Little Willie)

1960년 이전 전차

최초 전투 투입(1915년)
(솜므전투, Mark-1)

1970~1980년대

1990년대 이후

〈그림 4-1. 전차의 발달과정[3]〉

3) 육군종합군수학교 전차학

(1) 1세대 전차(제1차 세계대전~1950년대)

1916년 솜므전투에서 최초로 영국이 49대의 마크 I 전차를 운용한 것을 시작으로 1차 세계대전 직후부터 1950년대에 개발된 전차를 말한다. 구경 90mm급 주포, 전차의 기동 가능한 최대허용범위 내에서의 장갑 방호력 강화, 합리적인 차체 설계, 비교적 높은 기동성 등과 같은 특징을 갖추고 있다. 1세대의 대표적인 전차로는 소련 주력 전차(MBT[4])의 시초이며 한국전에도 참가한 T34전차, 미국의 M26 Pershing 전차와 이를 기본으로 엔진과 변속기 등을 개량한 M46 Patton전차, M48 전차 등이 있다.

〈그림 4-2. 1세대 전차〉

(2) 2세대 전차(1960년대~1970년대 중반)

2세대는 1960년대부터 1970년대 중반까지로 2차 세계대전 후의 기술혁신을 통해 신기술을 도입하여 1세대 전차보다 화력과 기동력을 크게 향상시켰다. 이 시기 전차의 특징은 화력면에서 구경 100mm급 주포와 신형 분리철갑탄(APDS[5]) 사용, 포 안정화 장치, 탄도계산기 도입, 거리측정시스템 개량에 의한 사격통제능력 향상, 야간전투시스

4) MBT : Main Battle Tank
5) APDS : Armor Piercing Discarding Sabot

템(적외선, 미광증폭식 야시장비 등) 추가 등이며 기동력면에서는 디젤 엔진, 신형 현수장치(토숀바, 유압식)에 의한 속도/기동거리 및 주행성능 향상, 스노클에 의한 도하능력을 갖추었다. 방호력면에서는 화생방 방어능력을 구비하였으나 대전차 미사일의 출현으로 오히려 방호력이 취약한 문제점을 드러내었다. 2세대의 대표적인 전차는 100mm포를 장착한 소련의 T-54 및 115mm 활강포를 탑재한 T-62, 105mm 주포와 새로운 사격 통제시스템을 구비한 미국의 M60전차, 독일의 레오파드Ⅰ, 스웨덴의 S전차, 영국의 센츄리온 등이 있다.

소련 T-54 전차

소련 T-62 전차

미(美) M60 전차

미(美) 레오파드Ⅰ

스웨덴 S전차

영국 센츄리온 전차

〈그림 4-3. 2세대 전차[6]〉

6) 육군종합군수학교 전차학

(3) 3세대 전차(1970년대 후반~)

1970년대 후반부터 전차는 2세대에 비해 보다 많은 신기술을 적용하여 전자장비의 비중이 높아졌으며 특히 방호력이 현저히 향상되었다. 일반적으로 제3세대 전차의 주요 특징은 화력면에서 120mm급 활강포 장착 및 날개안정분리철갑탄(APFSDS[7])채택, 반자동 또는 자동장전시스템에 의한 4명에서 3명으로 승무원 수 감소, 다양한 사격제원의 입력이 가능한 컴퓨터 사격통제시스템 적용, 야시장비에 의한 야간전투능력 구비 등 전자장비에 의해 성능이 크게 향상되었다.

한국 K-1 전차

소련 T-72 전차

미(美) M1 전차

영국 챌린저

독일 레오파드II

프랑스 AMX-30

〈그림 4-4. 3세대 전차[8]〉

7) APFSDS : Armor Piercing Fin Stabilized Discarding Sabot
8) 육군종합군수학교 전차학

기동력면에서는 경량·고출력의 엔진을 채택하였으며, 방호력면에서 복합장갑, 유격장갑의 채택으로 인한 방호력 향상, 피탄시 탄약·연료 폭발로 인한 승무원 및 내부피해를 최소화 하기위한 내부 격실화 시스템, 장차 장갑성능개량에 대비한 가변형 장갑을 채택하였다. 제3세대 주력전차는 국내의 K-1전차, 구 소련의 T-72, 미국의 M1, 영국의 챌린저, 독일의 레오파드II, 프랑스의 AMX-30 등이 있다.

(4) 3.5세대 전차

잠정세대 또는 3.5세대 전차는 기존 3세대 전차의 아날로그 방식을 디지털방식으로 개량하여 실시간 정보지원이 가능한 차량전자화 기술을 적용하였다. 3.5세대 전차는 미래전투체계 도입 전까지 각국의 주력 전차로 활약할 것으로 판단되며 특화된 기능은 첫 번째 정지상태든 이동 중이든 동등한 장전속도를 지닌 자동장전장치가 탑재되어 이동간 탄약장전 속도를 기존 3세대 전차에 비해 2배 이상으로 증가시켰다. 두 번째 기능은 이동간 사격시에 발생되는 주포의 흔들림과 자체의 흔들림에 의한 명중률 하락을 줄이기 위해 동적포구감지기와 우기압식 현수장치를 장착하였다.

〈그림 4-5. 3.5세대 전차[9]〉

9) 육군종합군수학교 전차학

동적포구감지기는 전차포의 포신 끝에 작은 거울을 장착, 이곳에 레이저 광선을 발사하여 레이저 광선이 산란되는 패턴을 읽어 냄으로써 포신의 흔들림을 예측하는 장비이며 유기압식 현수장치는 기존 전차에 널리 사용된 토션바식 장치 대신 충격흡수를 유압과 기압에 의존함으로써 전차에 가해지는 충격을 크게 억제하여 전차포의 명중률을 향상시킴과 동시에 승무원의 전투피로를 크게 감소시키는 장치이다. 3.5세대 전차는 국내의 K-2전차, 미국의 M1A2전차, 프랑스의 르끌레르전차, 일본의 90식전차 등이 해당된다.

(5) 4세대 전차

1970년대의 기술로 제3세대 전차가 등장한 이후 1980년대 초반부터 새로운 제4세대 전차의 개발이 시작되었다. 제4세대 전차란 기존의 한계에 도달한 전차의 구조, 즉 전차장과 포수가 탑승한다는 유인 포탑형 구조를 탈피해 무인형 포탑을 탑재한 전차를 통칭하는 것이다. 제4세대전차의 등장은 가장 취약한 피격부인 포탑의 크기를 줄이려는 이유가 가장 컸다. 과거 이스라엘 전차개발자들은 2차 세계대전부터 중동전까지 전차의 피격사례를 분석한 결과, 정면공격시 탄은 포탑 70%, 차체 30% 구성으로 명중했음을 알게 되었다.

〈그림 4-6. 4세대 전차[10]〉

당연히 포탑의 축소는 그만큼 피격될 가능성이 감소한다는 것을 의미하며, 전차승무원이 포탑보다 안전한 차체에 탑승하여 생존성이 크게 증가한다는 장점 역시 제공해 주었다. 그리고 도로와 교량통과에 한계에 다다른 60톤 규모의 3세대 주력 전차의 중량을 억제하면서도, 동시에 상황에 따라서 추가적인 방어력을 제공할 수 있는 중량적 여유를 얻기 위해 극소형 포탑을 기반으로 제4세대 전차가 개발되기 시작하였다. 현재 개발 중인 4세대 전차는 러시아의 T-95 전차, 요르단의 팰콘, 미국은 새로운 FCS 시스템의 일부로 MCS 호칭되는 전차이다.

〈표 4-2. 세대별 전차 제원 비교[11]〉

구분		제1세대		제2세대		제3세대		제4세대
		M47/48	T-52/55	M60A1	T-62	M1A1	T-80U	FCS
화력	자동장전	무	무	무	무/유	무	유	유
	주포(mm)	90	100	105	115/125	120	125	120/140
	주포형태	강선포	강선포	강선포	활강포	활강포	활강포	활강포
	거리측정기	광학식	광학식	광학식	레이저	레이저	레이저	레이저
	탄도계산	기계식	기계식	전자식	전자식	전자식	전자식	전자식
	야간 조준장치	무	적외선투사	영상증폭	영상증폭	열영상	영상증폭	열영상
	안정화장치	무	무/유	유	유	유	유	유
기동성	엔진형태	가솔린	디젤	디젤	디젤	가스터빈	디젤	디젤/ 가스터빈
	출력(마력)	810	520/580	750	580/780	1500	985	1200~ 1500
	톤당마력	18	14/16	14	15/19	26	23	-
	최대속도 (km/h)	48	40	50	40/50	65	55	100
	항속거리 (km)	130/113	400/450	500	450/480	465	400	-
생존	장갑재질	강판	강판	강판	강판	강판+ 복합재로	강판+ 복합재료	강판+ 복합재로
	방호형태	수동	수동	수동	수동	수동	반응+ 반능동	능동

10) 육군종합군수학교 전차학
11) 육군종합군수학교 전차학

구분		제1세대		제2세대		제3세대		제4세대
		M47/48	T-52/55	M60A1	T-62	M1A1	T-80U	FCS
	장갑두께 (mm)	100/110	150	254	196/275	-	-	-
	전투중량 (톤)	46/48	36	50	36/49	67	46	-

2. 전차체계 구성 및 기술적 발전

가. 전차의 체계 구성

전차의 형상은 그림에서 보는 바와 같이 차체(동력발생 및 전달장치, 현수장치, 유압/전기장치)와 포탑(주포장치, 포 및 포탑 안정화장치, 사격통제장치)로 구분된다.

차 체	포 탑
동력발생/전달장치, 현수장치, 유압장치, 전기장치	주포장치, 안정화장치, 사통장치, 전기장치

〈그림 4-7. 전차의 체계 구성[12]〉

이들 장치들은 하나하나가 독립된 체계를 유지하고 있지만, 전차에 종합되어 하나의 전차체계를 이루게 된다. 이는 포탑을 분리하여 회전이 가능케 함으로써 360도 전 방향으로 사격이 가능하게 하기 위해서이다.

(1) 차체

차체는 동력장치, 현수장치, 유압장치, 전기장치 등으로 구성되어 있으며, 각각의 장치들이 유기적으로 작동하여 전차를 움직일 수 있도록 역할을 수행한다.

동력발생 및 전달장치는 엔진과 변속기를 결합한 시스템으로 파워팩(Power Pac)이라고 불리기도 하며, 패키지로 전차에 설치되거나 제거된다.

동력발생 및 전달장치는 엔진, 종감속기, 냉각장치 등으로 구성되어 전차 운용에 필요한 동력을 발생시킨다.

현수장치는 유동륜, 보기륜, 기동륜, 완충장치 및 무한궤도로 구성되어 있으며, 동력장치로부터 동력을 전달받아 전차를 기동시킨다.

유압장치는 엔진의 동력을 이용하여 유압유에 압력을 발생시키고, 유압 에너지를 기계적 에너지로 전환하여 차체와 포탑에 공급하는 장치이다.

차체 전기장치는 축전지로부터 전원을 공급받아 전차를 시동하게 하고, 이후 발전기에서 전기를 발생시켜 차체 및 포탑의 각종 전기장치에 전원을 공급한다.

포탑은 주포장치, 포 및 포탑 안정화장치, 사격통제장치, 전기장치로 구성되어 있으며, 화력으로 적을 타격할 수 있도록 하는 역할을 한다.

(2) 포탑

포탑은 화력으로 적을 타격할 수 있도록 주포장치, 포 및 포탑 안정화장치, 사격통제장치, 전기장치로 구성되어 있다.

주포장치는 전차 포탄을 장전 및 발사하는 장치로서 포구감지기, 배연기, 주퇴장치, 포미장치로 구성된다.

포 및 포탑 안정화장치는 기동간 사격이 가능토록 주포를 안정화시키는 장치로서 기동간 포탑 및 차체의 상하좌우 요동을 감지하는 자이로, 주포를 상하로 움직이도록 하는 고저 서보장치, 포탑을 좌우로 회전하도록 하는 선회 서보장치로 구성된다.

---

12) 육군종합군수학교 CBT, 전장기능별무기체계(한국군사문제연구원, 김철환 외)

사격통제장치는 주포와 공축기관총이 정확하게 표적에 명중시키기 위하여 표적을 획득하고 사격제원을 산출하는 장치로서 전차장 및 포수 조준경, 탄도계산기, 레이저거리측정기 등으로 구성된다.

포탑 전기장치는 슬립링[13]을 통해 차체로부터 전원을 공급받으며, 전차장 및 포수 조정판, 실내등, 포탑통풍기, 포탑 회로망 상자 등으로 구성되어 있다.

나. 전차의 기술적 발전[14]

전차의 주요 특성은 기동력, 화력, 생존성으로 표현되며, 이러한 3가지 분야의 성능을 향상시키기 위한 방향으로 전차의 발전이 진행되어 왔다.

(1) 동력 및 현수장치

1970년대 후반부터 등장한 제3세대 전차에는 고성능 동력장치를 장착함으로써 방호력을 줄이지 않으면서도 더 높은 기동력(시속 60~70Km)을 구현하게 되었다.

전차의 동력장치는 디젤 엔진이 주류를 이루고 있으며, 3세대 전차는 엔진 출력이 1,200~1,500마력으로 증가하였다.

동력을 궤도에 전달하는 변속기와 주행 시 충격을 흡수하는 현수장치도 엔진출력에 맞게 발전함으로써 기동력이 비약적으로 향상되었다.

(2) 주포 및 사격통제장치

전차 주포는 1970년대까지 일반 화포처럼 강선포였으나, 3세대 전차포는 강선이 없는 활강포이다. 활강포를 채택하게 된 것은 포탄의 개량으로 인한 것이다. 전차 포탄의 관통력을 극대화하기 위해 화살 모양의 초고속철갑탄으로 날개안정분리철갑탄(APFSDS)이 개발되었다.

주포 위력의 향상과 함께 주포를 조준하는 데 필요한 사격통제장치(FCS: Fire Control System)도 발전하였다. 표적까지의 거리를 레이저거리측정기로 측정하고, 사격진지 지역에서의 기상(풍속과 풍향)을 자동으로 측정하여 탑재된 컴퓨터에 입력되며,

---

13) 슬립링(slip ring) 회전하는 장비에 전원 또는 신호라인을 공급할 때 전선의 꼬임 없이 전달가능한 일종의 회전형 커넥트이다.

14) 전장기능별무기체계(한국군사문제연구원, 김철환 외)

포수가 목표를 조준한 뒤 사용할 포탄의 종류를 입력하면 컴퓨터는 입력된 모든 데이터를 종합하여 최적의 탄도를 지정하고, 주포의 사격각도까지 자동으로 보정한다. 또한 포 및 포탑안정장치를 장착함으로써 이동 중에도 높은 명중률을 달성할 수 있다. 여기에 전차장 및 포수 조준경이 열상장비로 바뀌면서 야간 전투능력이 비약적으로 향상되었다.

이러한 발전으로 인하여 3세대 전차는 3,000Km 이상의 원거리 표적을 초탄에 명중시킬 정도로 정밀도가 높으며, 목표 포착 후부터 사격개시까지 걸리는 시간도 획기적으로 단축할 수 있게 되었다.

(3) 방호 구조

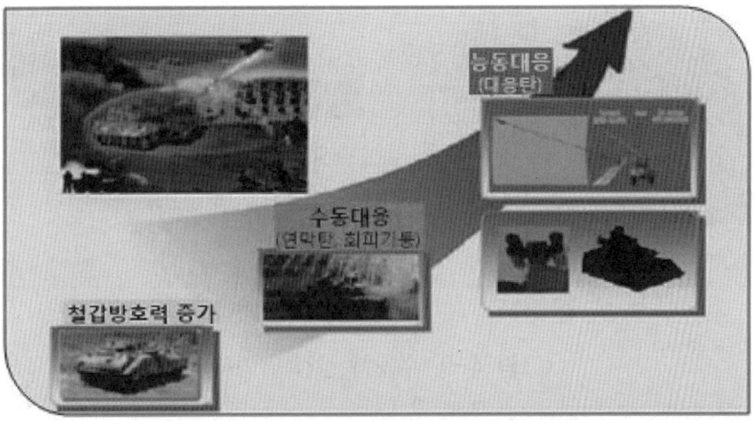

〈그림 4-8. 방호수단 발전과정[15]〉

동력장치의 발전으로 과거에 비해 더 두꺼운 장갑을 사용할 수 있게 된 것도 있으나, 장갑의 개념이 획기적으로 변화하였다.

1970년대까지만 해도 방어력을 높이는 가장 직접적인 방법은 장갑의 두께를 증가시키는 것이었으나, 대전차무기의 발전으로 철판의 두께를 늘이는 것만으로는 효과적으로 대처할 수 없게 되었으며, 이 때 등장한 것이 복합장갑이었다.

복합장갑은 다양한 종류의 소재를 적층(積層)하여 만든 특수장갑으로, 같은 두께의 철판에 비해 압도적으로 높은 방어력을 확보할 수 있어 장갑 무게를 최소한으로 줄이면서 방어력은 최대한으로 높일 수 있게 되었다. 장갑판재의 종류와 구성방법에 따라 그림

14) 국방과학기술조사서

(4-8)과 같이 부가장갑, 유격장갑, 초밤장갑, 반응장갑, 하이브리드 장갑 등으로 분류할 수 있다.

(a) 부가장갑 형상 (b) 유격장갑 형상

(c) 초밤장갑 형상 (d) 하이브리드 장갑 형상

〈그림 4-9. 수동형 장갑의 형태〉

부가장갑(added on armor)은 기본장갑의 부족한 장갑방호력을 보강하기 위해 여러 가지 모양의 장갑판재를 추가로 부착하는 형태의 장갑을 말한다.

유격장갑(aspaced armor)은 장갑사이에 공간을 부여하여 적 포탄의 관통효과를 감소시킬 수 있도록 한 장갑이다.

초밤장갑(choham armor)은 1976년 영국국방성 초밤연구소가 개발한 장갑으로, 세라믹을 알루미늄틀 속에 넣은 것을 방탄강판 사이에 삽입하여 기존의 강판보다 3배 이상의 방호력을 높인 장갑이다.

반응장갑(reactive armor)은 장갑판재 사이에 둔감화약을 넣어 포탄이 장갑에 충돌할 때 물리적 작용과 화학적 반응을 일으켜서 관통저항을 형성함으로써 방호력을 증가시키는 장갑형태이다. 실험결과 200% 내외의 장갑방호력이 증가하는 것으로 알려지고 있다.

<u>하이브리드 장갑(hybrid armor)</u>은 방호력을 극대화하기 위해 유격장갑, 초밤장갑, 반응장갑 등의 장점을 통합한 형태로, 〈그림 4-9〉와 같이 기본 방탄장갑 사이에 세라믹층과 공간, 둔감화약을 넣어 적 전차포탄의 관통력을 크게 줄인 장갑이다.

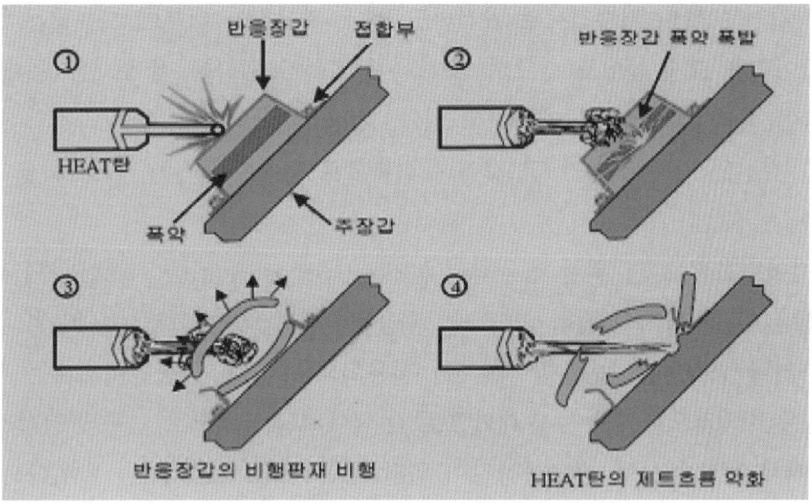

〈그림 4-10. 반응장갑의 작동원리[16]〉

(4) 전차의 기술발전

3세대 전차는 기동력, 화력, 방호력 면에서 획기적인 발전을 이루었으며, 각국의 주력전차로서 자리하고 있다. 3세대 전차 개념을 완전히 뛰어넘는 4세대 전차는 아직 개발되지 않고 있으나, 3세대 전차를 대폭 개량하거나 기술적인 개량을 통한 3.5세대 전차는 여러 국가가 실전에 배치하고 있다.

3세대 전차와 3.5세대 전차의 큰 차이는 아래와 같다. 첫째, 네트워크전 능력이다. 3세대까지는 전차 간, 또는 전차와 외부의 통신은 음성 통신으로만 이루어졌으나 3.5세대 전차부터는 네트워크 개념 도입되었다. 각 전차 및 지휘부는 무선 네트워크망으로 연결되며, 각 전차에는 네트워크 단말기와 위성 항법장치가 장착되어 전차의 위치와 아군의 위치, 확인된 적의 위치를 실시간으로 파악할 뿐만 아니라 각종 최신 정보를 실시간으로 공유할 수 있다.

16) 육군종합군수학교 보충교재

둘째, 사격통제장치(FCS)의 추가적인 개량이다. FCS를 종합하는 컴퓨터의 성능이 획기적으로 발전하였으며, 주행 간 사격능력도 크게 향상되었다. 포구의 미세한 움직임까지 포착하여 최적의 발사 타이밍을 자동으로 산출하여 발사하는 시스템을 갖추어 이동간 명중률을 획기적으로 높이고 있다.

셋째, 장갑과 포탄도 지속적으로 발전하고 있다. 복합장갑 내부에 사용되는 소재를 교체하여 방어력을 크게 높이고 있으며, 포탄은 주포를 교체하는 것 보다 비용대효과면에서 유리함에 따라 지속적으로 개량하고 있다. APFSDS탄의 관통자의 직경과 길이의 비가 동일한 직경인 경우 길이가 긴 것이 유리함으로 관통자의 길이가 점차 늘어나는 추세에 있다.

넷째, 방어력을 높이기 위한 능동방어체계(active protection system)의 발전이다. 적 포탄이나 대전차화기를 직접 막아내는 수동적 개념을 넘어 [그림 4-11]과 같이 비행을 교란하거나 요격하는 능동 방어체계가 실용화되고 있다. 능동방어체계는 전차의 방어력 한계를 비약적으로 향상시킬 대안으로 각 국에서 적극적으로 연구 발전시키고 있다.

능동방어체계란 수동 및 반능동장갑이 일단 피탄된 후 방호효과를 발휘하는 데 비해 능동방호는 피탄 전에 미리 위협요소를 제거토록 설계된 장갑체계로 적의 대전차 로켓이나 미사일을 사전에 탐지하여 전차에 도달하기 전에 유도교란/회피, 대응탄으로 파괴하거나 무력화시키는 것을 말한다. 즉, 수동장갑으로 적정 방호력을 유지하면서 능동방호를 채택함으로써 전차의 생존성과 기동성을 동시에 향상시키는 것으로 하드 킬(Hard Kill)과 소프트 킬(Soft Kill)로 나누어진다.

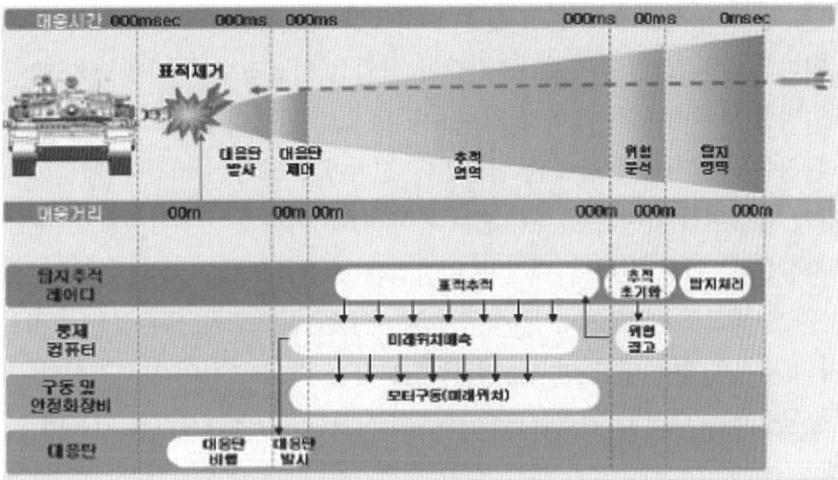

〈그림 4-11. 능동방호 개념도[17]〉

◉ **하드 킬(Hard Kill)** : 하드 킬은 접근하는 미사일을 비교적 근거리에서 탐지하여 미사일의 속도와 전차에 도달하는 시간을 계산하여 미사일이 전차에 접근하기 직전에 대응파괴탄을 발사하여 미사일을 파괴하거나 무력화시키는 적극적인 방호수단을 말한다.

(a) ARENA(러시아)　　　(b) 크레모아식 파편형 방호탄 구조

〈그림 4-12. 하드 킬(Hard Kill) 개념도〉

17) 국방과학기술조사서

◉ **소프트 킬(Soft Kill)** : 소프트 킬은 소극적인 대응방법으로서 위협의 효과적 회피를 의미하는데 〈그림 4-13(a)〉와 같이 적외선 영상경보센서, 방호용 레이더 또는 상부 위협 탐지레이더, 레이져 경보장치 등으로 원거리에서부터 위협을 탐지한다. 적의 위협을 인지하여 탐지된 미사일이 전차에 도달하는 시간을 계산하여 적절한 시간에 복합연막(가시광선, IR, MMW 연막)을 미사일 공격방향으로 분산 발사하여 차장한다. 이로 인하여 대전차 미사일은 순간적으로 관측·조준 및 유도가 불가능하게 되고 이때 전차는 신속히 회피기동을 함으로써 생존성을 보장한다.
전차의 상부공격에 대한 방호는 하드 킬보다는 소프트 킬이 효과적이다. 일반적으로 능동방호는 대전차 위협을 3~5배 감소시키는 것으로 알려져 있는데 이러한 능동방호수단은 소프트 킬과 하드 킬을 함께 채택하여 상호보완적으로 사용시 방호효과가 한층 증대된다.

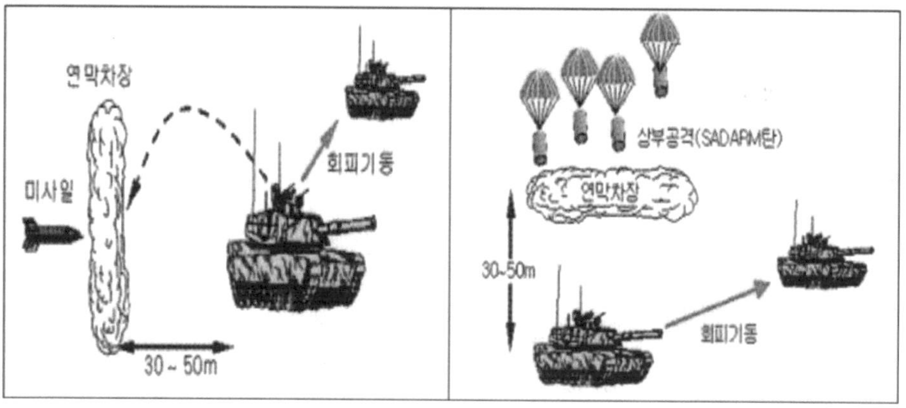

(a) 소프트 킬 방호 개념 (b) 상부공격에 대한 소프트 킬

〈그림 4-13. 소프트 킬〉

3. 국가별 주요 전차

가. 한국군 전차

◉ M48 전차

- 주포구경 90(M48A2~3) / 105(M48A5)mm
- 엔진출력 750마력
- 최고속도 48Km/h
- 탑승인원 4명
- 전투중량 49톤
- 야간 사격을 위한 제논 탐조등 운용
- M48A5K 전차만 측면 보호를 위해 스커트 부착

◉ K1 전차

- 주포구경 105mm 강선포
- 엔진출력 1,200마력
- 최고속도 65Km/h
- 탑승인원 4명
- 전투중량 51.1톤
- 항속거리 500Km(300G/A)
- 1974년 美설계 / 국내생산, 1987년 전력화 (초도배치)
- 스커트 부착, 탄약적재 47발, 연료 : 경유

◉ K1A1 전차

- 주포구경 120mm 활강포
- 엔진출력 1,200마력
- 최고속도 60Km/h
- 탑승인원 4명
- 전투중량 53.2톤
- 항속거리 400Km(300G/A)
- K1전차와 차체 동일, 국내기술로 성능 개량(주포 및 사격통제 장치)
- 전차장 조준경 열영상장치 부착, 탄약적재 32발

◉ K2 전차

- 주포구경 120mm 활강포
- 엔진출력 1,500마력
- 최고속도 70Km/h
- 탑승인원 3명
- 전투중량 55톤
- 운용성 : C4I연동 및 정보처리, 피아식별, 승무원 내장훈련
- 화 력 : 주포의 구경-120mm, 55구경장, 대헬기 교전응력 보유
- 기 동 : 엔진출력 증대(1,200→1,500마력), 도하능력 보유, 자세제어, 자동항법장치
- 방호력 : 반응장갑, 능동방호, 화생방 방호
- 사격통제 : 조준경 탐지 및 응지능력 향상, 표적 자동추적, 전기식 포 및 포탑 구동

나. 미군 전차 : M1A2 전차

- 승무원 4명
- 전투중량 69.54톤
- 엔진출력 1,500HP
- 주포 120mm, 활강포
- 탄약적재 44발
- 최고속도 67.6km
- 전력화 1992년
- 걸프전에서 성능이 입증된 M1A1 전차의 개량형
- 감손 우라늄 장갑, NBC방호
- Hunter-Killer 기능보유
- 승무원의 생존성, 목표 포착 능력, 사격 명중도 중시

〈표 4-3. 아브람스 전차 모델별 차이〉

구 분	M1	IP M1	M1A1	M1A2	M1A2 SEP[18)]
주무장	105mm 강선포	좌동	120mm 활강포	좌동	좌동
포수조준경	주간 / 1세대 열상	좌동	좌동	광학 / 1세대 열상	광학 / 2세대 열상
전차장조준경	주간장망경	좌동	좌동	1세대영상	2세대 열상
화생방양압장비	-	-	있음	있음	있음
차외정보통신	음성무전기	좌동	좌동	무전기/ IVIS	무전기/ IC3[19)]

18) SEP : System Enhancement Package, 체계 성능개량

19) IC3 : Integrated Combat Command and Control, 통합전투지휘통제

다. 러시아 전차 : T-80U

- 승무원 3명
- 전투중량 46톤
- 엔진출력 1,250HP
- 주포 125mm, 활강포
- 탄약적재 45발
- 최고속도 70km
- 전력화 1985년
- 자동장전장치, 대전차 미사일 무장
- 복합 · 반응 장갑
- 가격대비 성능우수
- 승무원의 생존성, 목표 포착 능력, 사격 명중도 중시

라. 프랑스 전차 : Leclerc

- 승무원 3명
- 전투중량 56톤
- 엔진출력 1,500HP
- 주포 120mm, 활강포
- 탄약적재 40발
- 최고속도 71km
- 전력화 1992년
- 자동장전장치, 자동 통합지휘통제 기능
- 디지털 전자/사격통제장치 탑재로 실시간 전투가능

마. 독 일 : LopardⅡA5

- 승무원 4명
- 전투중량 62톤
- 엔진출력 1,500HP
- 주 포 120mm, 활강포
- 탄약적재 42발
- 최고속도 72km
- 전력화 1979년
- 전차장용 열영상장치, 비디오 영상 열상 포수조준경
- 유격전층 장갑으로 장갑 방호력 보강
- 전기식 포 / 포탑 구동장치

바. 영 국 : ChallengerⅡ

- 승무원 4명
- 전투중량 62.5톤
- 엔진출력 1,200HP
- 주 포 120mm, 강선포
- 탄약적재 50발
- 최고속도 56km
- 전력화 1992년
- 복합장갑(초밤장갑), 스텔스설계 적용
- 유기압 현수장치

사. 이스라엘 : Markava MK3

- 승무원 4명
- 전투중량 62톤
- 엔진출력 1,200HP
- 주 포 120mm, 강선포
- 탄약적재 50발
- 최고속도 55km
- 전력화 1991년
- 복합장갑(중동전과 레바논 침공 전훈 반영)
- 60mm박격포 탑재, 전면에 엔진
- 차체바닥 내부에 공간부여(지뢰폭발시 생존성 향상)
- 승무원의 편의성, 안전우위 설계

아. 북한의 전차

◉ T-34 전차

- 주포구경 : 85mm
- 엔진출력 : 520마력
- 최고속도 : 55km/h
- 탄약적재 : 56발
- 전투중량 : 32톤
- 1939년 소련 개발, 전차장 포탑 없음, 7.62mm 기관총 2정 장착
- 1945년 구 소련에서 도입, 현재는 일부 후방군단에서 운용중
- 수동식 포탑 선회장치로 표적 포착 시간 지연

◉ T-54 전차

- 주포구경 : 100mm
- 엔진출력 : 520마력
- 최고속도 : 48km/h
- 탄약적재 : 34발
- 승 무 원 : 4명
- 전투중량 : 36톤
- 1964년 도입, 1973년 이후 모방 생산, 반원형 포탑, 파도방지용 격자 부착
- 기관총 : 7.62mm 2정, 12.7mm 1정
- 1989년 성능개량(반응장갑, 레이저 거리 측정기 부착)
- 엔진결함으로 장거리 운행시 고장 빈번

◉ T-62(천마호) 전차

- 주포구경 : 115mm
- 엔진출력 : 580(750)마력
- 최고속도 : 50(54)km/h
- 탄약적재 : 40발
- 승 무 원 : 4명
- 전투중량 : 41톤
- 포탑후미 자동탄피 방출구 부착
- 기관총 : 7.62mm 1정, 12.7mm 1정, 레이저 거리측정기 장착
- 천마호는 1992년 개량, 스커트 부착

◉ T-72 전차

- 주포구경 125mm
- 엔진출력 780마력
- 최고속도 80km/h
- 탄약적재 40발
- 승 무 원 3명
- 전투중량 41톤
- 연막탄 발사기 설치, 스커트 설치, 특수장갑 장착
- 기관총 : 7.62mm 1정, 12.7mm 1정, 양압장치에 의한 화생방 방호

4. 발전추세

세계 각국은 미래전에 대비하여 지상전의 핵심 무기체계인 전차에 대한 연구를 진행하고 있다. 각국의 미래 전차는 소형화 · 경량화와 함께 전자장비와 발달된 컴퓨터를 이용하여 자동화, 디지털화될 전망이며, 특히 정보통신의 발달에 따라 정보공유를 통한 통합된 전투수행이 가능할 것으로 보인다.

가. 방 호 력

동력장치의 소형 고출력화, 각 기능장치의 소형화 및 집중화, 자동장전장치에 따른 승무원의 감소 등을 통해 전차의 체적을 감소시켜 적에 의한 피탐지율 및 피탄율이 감소될 것이다. 장갑 측면에 있어 장갑판 재료의 개발과 설계의 혁신으로 방호력이 증대되며, 능동방호 시스템 채택으로 적의 위협을 사전에 탐지 및 경고하고 이를 효과적으로 방어하거나 피해를 최소화하도록 발전할 것이다. 또한 생존성 보장을 위해 스텔스기능 또한 검토 및 발전되고 있다.

〈그림 4-21. 전차의 발전추세[20]〉

20) 육군종합군수학교 CBT

나. 기 동 력

전차는 체적 감소와 동시에 중량도 감소시켜 20~30톤 사이에서 미래 전차의 중량이 결정될 것으로 보여 현재의 주력 전차에 비해 기동력이 크게 향상될 것이다. 미래 전차의 전체 시스템은 전기 구동식으로 동력장치 분야는 엔진과 변속기를 전자 제어하여 지형에 적합한 출력을 제어토록 함으로써 고속기동, 연비향상, 차체 안정성이 향상될 것이다.

특히 능동 현수장치를 채택하여 지형의 요철에 따라 자세를 능동적으로 제어함으로써 차체의 흔들림에 의한 영향 없이 고속주행이 가능하게 될 것이다.

다. 화 력

전차포는 현재 고체 추진제로 인한 한계를 극복하기 위해 전열 화학포, 레일 건 등을 장착하여 탄의 관통력이 크게 향상될 것이다. 사격통제장치는 전자화, 자동화되어 탄도계산기와 자동화 시스템이 연결된 헌터-킬러 기능, 신속한 사격 및 연속사격이 가능한 자동장전장치, 열상장비와 신호처리 기법의 발전에 따른 자동 표적탐지 및 추적기능이 적용되어 공격력이 크게 향상될 것이다.

라. 전장관리시스템(BMS)[21]

미래 전차는 비트로닉스(Vetronics)에 의해 방호력, 기동력, 화력을 통합하여 제어하는 것이 가능하게 될 것이다. 즉 무인정찰기나 인공위성에 의한 정확한 정보획득을 통하여 효율적인 지휘통제가 가능하도록 C4I체계, 전자 감시체계 및 정밀타격체계 등을 하나로 통합하여 전투효율의 극대화와 다차원 동시 · 통합전투가 가능하게 하는 전장관리시스템이 미래 전차에 적용될 것이다.

21) BMS : Battle Management System

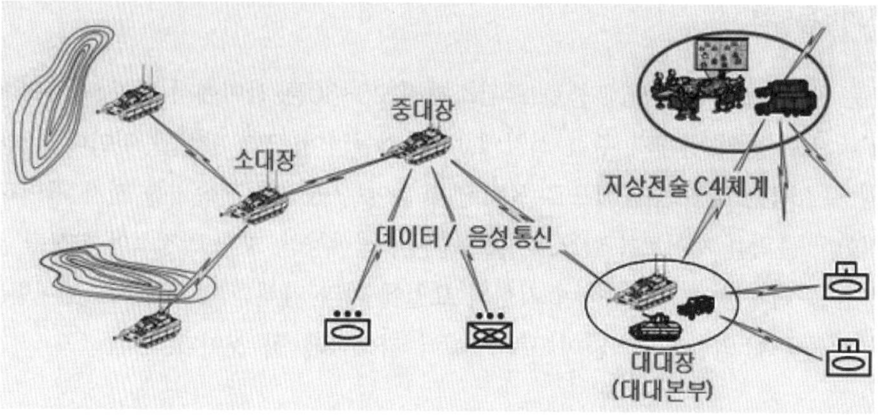

〈그림 4-22. 전장관리시스템 운용 모형〉

제3절 장갑차

1. 개 요

장갑차는 전장에서 안전하고 신속하게 요구하는 시간과 장소에 병력을 수송하는 것을 기본적인 역할로 하는 병력수송용 장갑차(APC: Armor Personnel Carrier)에서 출발하였다. 현대전에서 장갑차는 전차와 함께 고속기동전을 수행하는 핵심 무기체계로써 전장의 변화에 따라 강력한 적과의 조우 시 대응할 수 있는 자체 전투능력이 요구됨에 따라 보병전투장갑차(IFV: Infantry Fighting Vehicle)가 등장하게 되었다.

즉 병력수송용 장갑차(APC)는 주로 보병의 탑승 이동을 주목적으로 운용되며 적의 소화기탄으로부터 탑승보병을 방호하며 제한된 화력을 지닌 반면, 보병전투장갑차(IFV)는 보다 강화된 방호력과 화력으로 탑승전투와 제한된 대전차 전투가 가능하다.

장갑차는 주행장치의 형태에 따라 궤도형(Tracked)과 차륜형(Wheeled)으로 구분한다.

궤도형 장갑차는 전투중량 제한이 적어 방호력 증대가 용이하고, 산악 및 야지 지형에서 운용이 유리하여 주로 보병 수송 및 전투용으로 많이 운용된다.

차륜형 장갑차는 평지 및 포장도로에서 매우 우수한 기동성과 승차감을 제공하여 주로 수색·정찰 및 기지 방어용으로 활용되고 있으며, 운용 및 정비유지 비용이 저렴한 장점을 가지고 있다.

장갑차는 수행하는 임무에 따라 병력수송용 장갑차와 보병 전투용 장갑차로 분류할 수 있다. 병력수송용 장갑차는 보병을 수송하기 위한 경장갑·경무장 차량으로 전투병을 전장지역으로 방호된 차량을 이용하여 신속하게 배치하고 하차 전투병에 대한 화력지원을 통해 전술기동력·생존성·치명성을 증대시키는 것이 주임무이다.

〈표 4-4. 궤도형 장갑차와 차륜형 장갑차의 특성 비교〉

구 분	궤도형 장갑차	차륜형 장갑차
전투중량	• 비교적 제한 없음	• 중량 제한(20~30톤)
동력전달	• 엔진→변속기→종감속기→구동륜→궤도	• 엔진→변속기→동력전달축→차동장치→바퀴

구 분	궤도형 장갑차	차륜형 장갑차
조향방식	• 궤도추진 속도차 조향	• 조향기구에 의한 바퀴회전 조향
내부공간	• 동체공간 활용성 우수	• 동체공간 활용제한으로 협소
외부형상	• 차체높이 낮음	• 내부공간 확보를 위한 차체높이 증가
방호력	• 방호력 증대 용이	• 중량제한으로 방호력 증대 제한
기동성	• 야지 기동성 우수 • 제자리 선회 가능 • 장애물 통과능력 탁월	• 평지 및 포장로 기동성 우수 • 제자리 선회 불가 • 장애물 통과 제한
경제성	• 운용 유지면 다소 불리	• 운용 유지면 유리

2. 장갑차의 발전

최초의 장갑차는 1900년도 초반에 자동차를 개조한 원시적인 모델이 등장한 이후 1차 세계대전 중에는 궤도형 장비가 등장한 이후 '보병탑승'이라는 초기 장갑차 개념이 등장하였다. 2차 세계대전 시 독일에서 '전격전' 개념을 도입하면서 병력수송용 장갑차(APC)가 실용화 되었고, 이후 미국을 비롯한 서구권에서는 궤도형이, 구소련을 비롯한 동구권에서는 바퀴형 장갑차가 주류를 이루었다.

병력수송용 장갑차(APC)의 전술적 용도를 확대하여 장갑 및 전투능력을 강화하고 실제 전투에 참가토록 한 것이 보병전투장갑차(IFV: Infantry Fighting Vehicle)이다.

가. 장갑차의 기원

장갑차는 기병에서 유래되었다고 할 수 있으며 말을 타고 기동력을 이용하여 싸우는 기병은 기원전 7세기경부터 등장하였다. 초기 기병은 기마술과 기마장비가 많이 발달하지 못하여 가벼운 무장을 하였다. 기마술과 기마장비의 발달로 말과 사람이 중무장을 한 중기병이 등장한다. 그러나 과거의 전투에서도 보병을 위한 수색 · 경계 · 기습을 담당하는 경기병과 돌파 작전시 충격전술을 이용하는 중기병은 작전 형태에 따라 별도로 운용이 되어 모든 나라는 중기병과 경기병을 적절한 비율로 보유하고 있었다. 경기병은 초기의 장갑차의 모습을 통해 현대의 장갑차로 발전하였고 중기병은 전차로 발전하였다.

〈그림 4-23. 기병의 발전과정22)〉

나. 장장갑차의 등장 및 발전

제 1차 세계대전이 진행되면서 전차만으로는 탈취한 목표를 계속적으로 확보한다는 것은 곤란하였다. 따라서 전차와 협동작전을 수행할 수 있고 기동력과 방호력의 제공이 가능한 보병수송용 장갑차인 APC[23]개념이 영국에서 등장하였다. 민간영역에서는 정치 지도자의 신변을 보호하고 도시지역에서 귀중품을 안전하게 수송하기 위하여 자동차와 트럭이 대량 생산되기 시작하였다.

1899년 영국의 F. R. 심스는 동력을 갖춘 4륜차에 기관총을 장착하였고 같은 무렵에 미국의 R. P. 데이비슨 소령도 비슷한 차량을 고안했다. 1906년에 프랑스의 지라르도 부아수레사(社)는 회전식 포탑을 갖춘 장갑차를 개발했다. 초기에는 제1차 세계대전의 발발이 군용 장갑차의 대규모 개발과 제조를 자극하였지만 전쟁이 참호전으로 바뀌고 교착상태에 빠지자 장갑차의 주가는 더 올라가지 않았다.

제1차 세계대전이 끝난 직후 미국에서 갱단들이 난무하면서 초기의 군용 장갑차를 개조한 민간용 장갑차가 개발되었다. 은행들은 트럭 차체에 철판을 보강한 장갑차로 현금, 양도성 유가증권, 귀중품 등을 수송하였다. 제1차 세계대전 말기에는 철판을 씌운 자동 추진식 야포가 대전차포로 개발되었다. 제2차 세계대전 초기에 연합군은 전쟁터로 재빨리 달려갈 수 있는 가벼운 전차의 개발을 시도하였는데 이러한 노력으로 종래의 바퀴

22) 육군종합군수학교 CBT
23) APC : Armoured Personnel Carriers, 병력수송용 장갑차량

대신 무한궤도로 달리는 가벼운 장갑차를 제작할 수 있게 되었다. 미국 해병대는 상륙 작전에 이용할 수 있는 화물 운반차를 개발하려는 시도 끝에 LVT24)을 만들었다. 원래는 철판을 부착하지 않았지만 곧 개조되어 2가지 유형으로 모습을 갖추었다. 하나는 APC이었고 다른 하나는 회전 포탑을 갖추고 포를 쏘아 상륙부대를 지원하는 IFV25)이었다.

(a) Sdkfz(독일) (b) M-3(미국)

〈그림 4-24. 초기의 장갑차26)〉

(a) BTR-80(러시아) (b) M113(미국)

〈그림 4-25. 차륜 및 궤도형 장갑차27)〉

24) LVT : Landing Vehicle, Tracked 무한궤도상륙차량
25) IFV : Infantry fighting Vehicle, 보병전투차량
26) 육군종합군수학교 화력장비학 & CBT
27) http://www.jcs.mil.kr/main.html, http://ko.wikipedia.org/wiki/

(a) BMP-3(러시아) (b) Bradley(미국)

〈그림 4-26. IFV[28]〉

추진식 대포는 처음에 독일군이 즐겨 사용하는 개방 포대에서 벗어나 회전식 포탑을 갖춘 대포 쪽으로 꾸준히 발전했다. 뒤쪽에는 정지 마찰력을 얻기 위해 무한궤도를 사용하고 앞쪽에는 방향을 조종하기 위해 바퀴를 사용한 병력수송용 장갑차는 제2차 세계대전 때 독일과 미국에서 개발되었는데 이것은 반(半)무한궤도차이었다. 종전이후에 이런 유형의 장갑차는 다양한 지면에서 더 나은 성능을 발휘할 수 있는 완벽한 무한궤도차에 자리를 물러 주었다. 장갑차는 대개 전차보다 가벼운 강철판으로 덮여 있지만 기관총 사격으로부터는 방호될 수 있다.

3. 장갑차 구조

장갑차는 하나의 체계(System)이며 이는 차체, 동력발생 및 전달장치, 현수장치, 포탑, 기타장치와 같은 여러 개의 하부체계로 구성되어 있다.

28) http://www.jcs.mil.kr/main.html, http://ko.wikipedia.org/wiki/

〈그림 4-27. 장갑차 주요 구성품[29]〉

가. 차 체

차체는 주로 알루미늄 장갑판재를 이용하여 유격장갑의 형태로 제작, 승무원 탑승 및 장비탑재 공간을 제공하고, 외부 공격이나 충격으로부터 내부 승무원과 구성품을 보호하는 용접구조물이다. 최근 장갑차가 직면한 위협들에 대한 변화로 방호부분으로 많은 관심이 쏠리고 있다.

냉전시기에는 전차에서 발사되는 운동에너지탄과 대전차 유도미사일에 대응하는 방호에 중점을 두었기 때문에 1980년대부터 성형폭약에 대응하는 두꺼운 강철장갑이 사용되었다. 미국이나 영국에서는 초밤장갑과 공간장갑을 소련에서는 폭발반응장갑을 사용하였다. 이러한 방호체계를 가진 전차는 필연적으로 무거울 수밖에 없고 전면장갑은 단위 제곱미터당 3.5톤이 넘었다. 따라서 방호력에 있어 강철이나 알루미늄 장갑판의 두께에 의존하는 방법보다는 기존 장갑판에 다른 재질의 장갑을 추가함으로써 무게에 비해 더 효과적인 방호력을 가질 수 있는 장갑이 개발되었다.

29) 육군종합군수학교 장갑차학 & CBT

나. 동력발생 및 전달장치

동력장치는 주동력의 발생 및 전달을 통해 차량의 기동에 필요한 견인력, 제동력 및 조향력, 그리고 차량운용에 필요한 전력을 제공하는 기능을 한다. 여기에는 엔진, 변속기, 조향장치와 속도를 감소시키고 힘을 크게 하여 기동륜에 동력을 전달하는 종감속장치 등이 있다. 엔진은 장갑차에 필요한 동력을 발생시키는 구성품으로, 현재는 280~350마력 수준이며, 최근에는 차체의 중량과 가속성능 등을 고려하여 750마력 수준으로 향상되었다. 변속기는 엔진의 출력을 요구되는 속도로 변속하여 종감속기를 통하여 궤도를 움직이는 차량 좌·우측의 기동륜에 동력을 전달한다. 조향장치는 변속기의 조향작동축과 연결되어 좌·우 방향전환 및 제자리 회전을 가능하게 한다.

다. 현수장치

현수장치는 차량하중을 분산하여 지지하고, 주행시 접지력을 유지하며, 노면으로부터 전달되는 진동 및 충격과 사격시의 반동력을 흡수하는 기능을 담당한다. 여기에는 장갑차 좌·우측 하단에 지면과 접촉하는 궤도, 종감속기로부터 궤도로 동력을 전달하는 기동륜, 궤도의 작동을 뒤쪽에서 원활하게 하는 유동륜, 궤도의 안내 역할을 하는 보기륜, 스프링 및 감쇠장치 등이 있다. 스프링 및 감쇠장치 중에서 ISU(In-arm Suspension Unit)는 질소가스의 압축과 팽창에 의한 스프링 작용과 내부 오일이 오리피스를 통과할 때의 감쇠작용을 이용하는 핵심 구성품으로, K-21 보병전투차량에 적용하였다.

라. 포 탑

포탑은 적의 공격이나 외부 충격으로부터 내부 승무원과 구성품을 보호하고, 탑재장치를 지지하기 위한 용접구조물로서, 여기에는 주포, 부가장갑 및 외부 구성품이 설치된다. 주포는 현재 20~40mm급 기관포를 탑재하고 있는 추세이며, 포탑 하부에 주포 탄을 저장하고 지속적으로 탄을 공급해주는 송탄 장치가 있다. 부무장은 인원 및 밀집부대 격멸이 가능한 7.62mm 내지는 12.7mm의 기관총을 탑재하고 있으며, 특히 BMP-3의 경우 인마살상과 포 발사미사일용 100mm 주포를 장착하고 있다.

(1) 포탑무인화

포탑 무인화란 포탑은 존재하되 내부에 사람이 없다는 것으로 무인포탑이 체계 전체에 끼치는 영향은 대단히 크다고 할 수 있다. 먼저 포탑에 사람이 없기 때문에 내부공간이 작아져 포탑크기가 작아지고, 차체가 낮아져 생존성이 증가되며 방호력이 필요 없기 때문에 경량화 소재의 포탑적용으로 결국 체계 전체 무게가 가벼워지며 이에 엔진 및 변속기도 소형화될 수 있다. 이러한 무인포탑은 감시 · 영상장치가 발달하면서 가능해진 것으로 사수는 차체 내부의 모니터나 감시장비를 통해 관측 및 조준을 하는 것이다. 그러나 가장 확실한 감시수단인 육안관측이 장비로 대체된다는 것은 관측시계에 상당한 제한을 가져오게 되며 경량화된 포탑은 적 공격에 쉽게 파괴될 수 있는 단점도 있어서 무인포탑을 가장 효과적이라고 할 수는 없다. 단지 장비의 첨단화가 급속도로 진행되는 현대 무기체계에서 무인포탑은 로봇의 개념으로 발전할 수 있으며 인명에 대한 보호 면에서는 가장 효과적인 방법이기에 많은 나라에서 연구 및 적용을 추진하고 있다.

무인포탑과 유사한 개념으로 무포탑이란 것이 있는데 이는 포탑 자체가 없는 것으로 차체에 포를 설치한 형태로 이해하면 될 것이다. 무포탑 개념은 차 높이를 획기적으로 줄일 수 있는 장점이 있지만 포의 운용 측면에서 사용범위와 반응성이 낮아 주목을 받지 못하였다. 유인포탑과 무인포탑은 각각 고유의 장단점을 가지고 있어 어떤 형태가 가장 효율적이라고 정의하긴 어려우나 군사과학기술이 발달함에 따라 포탑은 점점 무인화가 되어 가는 추세에 있는데 현재 전 세계적으로 가장 많이 사용하는 방식은 유인형 포탑과 무인형 포탑의 형태가 절충된 형태를 많이 사용한다. 이 절충형이란 차체 공간의 일부를 포탑공간으로 이용하는 것으로 유인 포탑에 비해 차체는 낮아지면서 유인포탑의 장점인 시계확보는 그대로 유지되게 된다. 무인포탑에 대한 연구는 전차와 장갑차에서 동시에 진행이 되고 있지만 전차는 탄약의 크기 및 방호수단에서 실용화된 장비는 없으며 현재 개발 중인 러시아 4세대 전차인 T-95 전차에서 적용을 고려하고 있다.

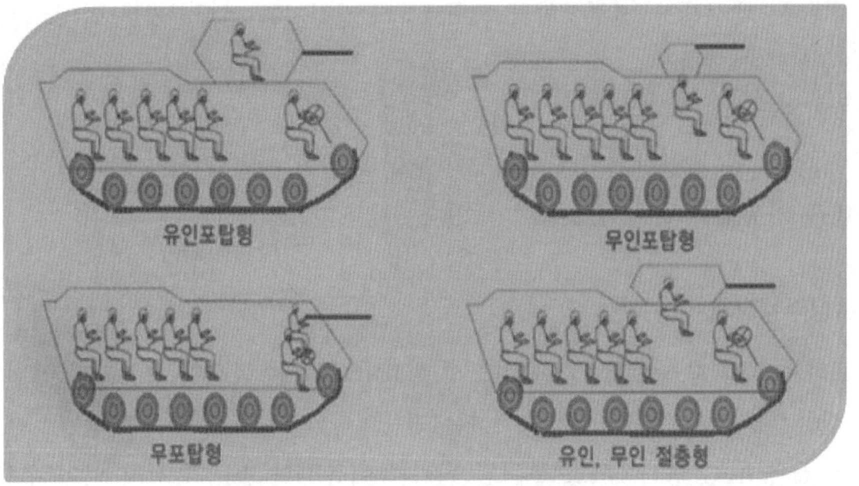

〈그림 4-28. 장갑차 포탑 종류[30]〉

(a) 무인포탑 T-95 전차

(b) 무인포탑 장갑차

〈그림 4-29. 기계화차량 무인포탑[31]〉

마. 보조 및 특수장치

보조장치는 장갑차의 기본임무를 효율적으로 수행할 수 있도록 지원하는 기능을 담당한다.

여기에는 각종 장치 구동을 위해 유압을 형성해 주는 유압장치, 장갑차 내부에서 발생한 화재를 감지·소화하는 소화장치, 수상운행이나 우천시 장갑차 내로 유입된 물을

30) 육군종합군수학교 무기체계학
31) 육군종합군수학교 무기체계학

배출시켜 주는 배수장치, 전투상황시 적으로부터 장갑차를 은폐시키는 연막탄 발사장치 등으로 구성되어 있다.

특수장치에는 수상운행을 위해 장갑차 자체의 부족한 부력을 제공해주는 수상부양장치와 수상 운행 중 발생하는 장갑차의 자세변화와 전방 침하 현상을 극복하여 안정적인 수상운행을 가능토록 하는 파도막이가 있다.

(1) 수상주행장치

한반도의 특성상 수상주행능력은 반드시 필요한 기능인 동시에 장갑차의 전천후 기동성능 보장을 위해 많은 나라에서 고려하는 기능이다. 장갑차가 단순한 인원수송 기능만을 수행하였던 APC 형태에서도 부력의 원리를 이용하여 별도의 장치 없이 수상주행을 하였다. 물의 밀도보다 물체의 밀도가 작으면 물에 뜨는 원리를 이용하여 『밀도=질량÷부피』이므로 질량을 줄이거나 부피를 크게 하여 자체 부력을 높일 수 있다. 물에 잠겨있는 차체의 부피에 해당하는 물의 무게가 장갑차의 무게보다 커야 뜰 수 있다. 이를 위해서는 차체가 물에 잠기는 부분의 부피를 크게 하거나 강철보다 약 30~40% 가벼운 알루미늄 합금을 사용하여 장갑차의 무게를 줄이는 방법을 사용하였다. 자체 부양을 할 수 있는 최대중량은 물리학적으로 18~19톤 수준이다.

무게가 30톤 내외인 IFV는 APC와 같은 자체 부양이 제한되는데 이를 위해 장갑차 측면에 에어백식 보조부양방식을 장착하면 수상주행이 가능하다. 차체 양 측면에 에어백을 장착하여 수면 아래까지 잠기게 하여 체적을 확대함으로써 추가 부력을 제공할 수 있다. 평상시에는 에어백을 양측면 스커트부가장갑 사이에 장착하여 적의 사격으로부터 방호 받을 수 있다.

보조장치에 의해 부양력을 가진 장갑차가 수중 주행력을 얻는 방식은 전통적인 궤도추진방식과 보조추진장치를 사용하는 방식으로 구분된다. 보조추진장치는 일반 선박에서와 같이 프로펠러를 돌려 추진하는 스크류 방식과 물을 후방으로 분사하여 추진력을 얻는 워터제트(Water Jet) 방식으로 구분된다.

궤도추진방식은 궤도에 물갈퀴형상의 홈을 만들어 궤도가 회전하면서 추진력을 얻는 방식인데 장갑차에 별도의 추진장치를 장착하지 않기 때문에 공간활용 측면에서 많은 장점이 있으나 물의 저항과 궤도의 회전속도를 고려했을 때 효율이 떨어지는 단점이 있다. 워터제트방식은 작용·반작용의 원리에 의해서 작동이 되는 것으로 워터제트 내로 흡입되는 물이 임펠러의 고속회전에 의하여 고속 · 고압으로 분사되는 힘에 대한 반대방향으로의 같은 힘이 작용함으로써 추진이 가능하다. 워터제트를 장착한 경우에는 장갑차의 무게와 가용 공급동력 등을 고려하여 최대 10km/h의속도로 운행할 수 있어 높은 추진효율을 낼 수 있지만 장착비용이나 중량의 증가, 차량 내부장착으로 인한 공간 활용성 측면에서 궤도추진 방식에 비해 다소 불리하다고 할 수 있다.

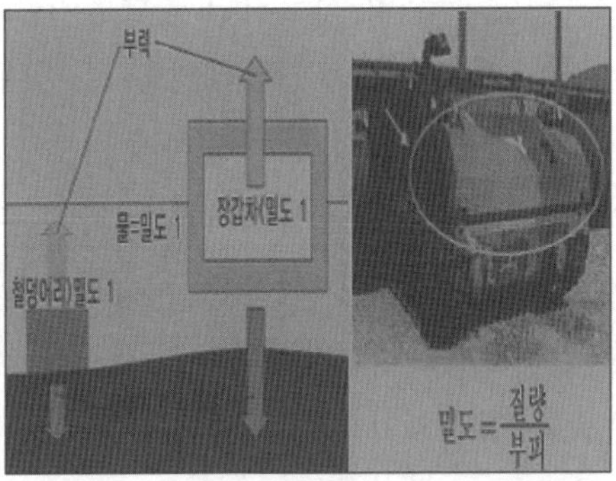

(a) 부력의 원리

(b) 에어백식 보조 부양장치

(a) 궤도추진 방식

(b) 워터제트 추진방식

〈그림 4-30. 수상 주행원리 및 주행장치[32]〉

바. 기타장치

이밖에도 전차 파괴를 위한 대전차 유도무기가 있으며, 화생방 상황에서 실내의 공기압을 일정하게 유지해주는 화생방 보호장치가 있다. 또한 적 전차의 조준경에서 발사되

32) 육군종합군수학교 장갑차학

는 레이저 빔 또는 접근하는 미사일의 자외선을 자동으로 탐지하여 승무원에게 경고신호를 제공하는 적 위협 경고장치를 장착하는 추세이다.

4. 작전적 운용

장갑차는 현재 가장 광범위하게 보급되어 있는 지상전투 및 전투지원 플랫폼이다. 전차는 강력한 화력성능으로 차체 차폐 진지에서 장거리 사격으로 적 제압을 주 임무로 하지만 장갑차는 보병 수송, 탑승 및 하차, 전투 간 다양한 표적제압, 도하작전 등 매우 다양한 임무수행이 요구되는 장비이다. 장갑차의 운용개념은 운용시기와 국가에 따라 차이가 있으며, 초기의 장갑차는 전장에서 전차만으로는 탈취한 목표의 계속적인 확보가 곤란함에 따라 전차와 협동작전을 수행할 수 있는 보병에게 기동력과 방호력을 제공하는 개념에서 출발되었으며 이를 위해 보병수송용 장갑차가 개발되었다.

이후 독일은 제2차 세계대전 중 유럽 동부전선에서 얻은 경험을 토대로 전차와 동반하는 보병이 적의 강력한 저항을 제압하려면 탑승한 상태에서 전투를 수행할 수 있어야 유리하다는 점을 강조하여 '탑승전투'의 새로운 전술개념을 도출하였다. 따라서 차체 내에 총안구와 관측구를 설치하여 개인화기를 사용할 수 있게 설계하고 적의 장갑차 파괴, 하차보병에 대한 화력지원 능력이 부여된 보병전투차량을 개발하여 운용하게 되었다. 오늘날 세계 각국에서 운용되는 장갑차는 보병수송, 탑승 및 하차 전투 간 다양한 표적제압, 도하작전 등 매우 다양한 임무수행이 요구되므로 사용군의 운용개념에 따라 다양한 특성을 나타낸다.

차기보병전투장갑차는 공세 기동전의 핵심부대인 기계화보병사단과 기갑여단 기보대대 및 기갑수색대(중)대에 편성되어 전차와 보전협동작전 임무를 수행한다.

차기보병전투장갑차는 그림에서 보는 바와 같이 복합기능탄, APFSDS탄, 대전차 유도무기 등의 화력을 탑재하여 인원 및 지역표적, 대공표적, 장갑차량 및 전차를 제압하는 임무를 수행할 수 있다. 현재 군은 군단급 이하 전술대대의 지휘 · 통제 · 통신 · 정보 · 컴퓨터의 유기적인 통합을 통하여 전투 수행절차를 자동화하고, 감시체계와 타격체계를 실시간으로 연동하여 전투력의 승수효과를 최대로 발휘하는 지휘통제체계를 개발 운용하고자 한다.

차기보병전투장갑차는 정보처리장치와 무선데이터 통신장치를 탑재하여 대대급 이하 기계화 부대간의 데이터 통신이 가능하도록 하고, 지휘용 장갑차에 C4I체계와 연동을 위한 대대 터미널을 탑재하여 디지털 지휘통제망을 구축할 예정이다. 기계화부대 대대는 C4I체계와의 연동을 통하여 부대 전투력 수준, 위치보고, 상황보고 등의 전장상황과 정기 작전보고 등의 계획 및 명령 작성, 화생방 상황, 경고 메시지 등의 생존성 정보를 공유할 것이다. 대대 이하 무선데이터 통신망은 대대망, 중대망, 소대망으로 구성되고 상급제대로 장갑차의 위치 및 차량상태를 포함한 각 제대의 상황을 보고하고, 하급제대로 적 위치 및 경고 메시지, 작전 메시지 등을 하달하는 무선 정보체계를 구축 운용한다.

♣ 보병 전투장갑차의 운용개념
◉ 기갑 및 기계화부대에 편성하여 단독 또는 보전포 협동작전 수행 ◉ 대장갑차량 파괴 및 인원살상을 주 임무로 하고 필요시 대공사격 임무를 수행한다. ◉ 전투병력을 수송한다. ◉ 탑승전투를 수행하고 대장갑파괴가 가능한 무장을 탑재 · 운용한다. ◉ 기동간 및 주야간 전천후 임무를 수행한다. ◉ 수상 및 고 · 저온 하 등 혹독한 작전환경에서 운용이 가능하다.

5. 국가별 주요 장갑차

가. 대한민국

◉ K200장갑차

- 도 입 : 1984년
- 중 량 : 13톤
- 탑 승 : 12(3+9)명
- 엔진출력 : 280마력→350마력
- 최고속도 : 70Km/h
- 수상속도 : 6Km/h
- 항속거리 : 480Km
- 성능개량 : 2010년

◉ K21 보병전투차량

- 도 입 : 2009년
- 중 량 : 26톤
- 탑 승 : 12(3+9)명
- 엔진출력 : 750마력
- 최고속도 : 70Km/h
- 수상속도 : 6Km/h
- 항속거리 : 480Km

◉ K-277 지휘용장갑차

- 도 입 : 1998년
- 중 량 : 13.6톤
- 탑 승 : 6(3+3)명
- 엔진출력 : 350마력
- 최고속도 : 74Km/h
- 수상속도 : 6.8Km/h
- 항속거리 : 480Km

나. 미 국 : M2 · 3 Bradley 장갑차

- 주무장 : 25mm 기관포
- 부무장 : 7.62mm 기관총
- 대전차무기 : 토우
- 엔진출력 : 600마력
- 최고속도 : 61km/h
- 항속거리 : 400km
- 탑승인원 : 3+7명(M2), 3+2명(M3)
- 차장, 포수, 조종수 열상장비
- GPS / 차량항법 시스템
- 여단급 이하 디지털 통신 / 전장관리 체계 적용

다. 러시아 : BMP-3 장갑차

- 주무장 : 100mm 강선포
- 부무장 : 30mm 자동포, 7.62mm 기관총
- 대전차무기 : AT-10
- 엔진출력 : 500마력
- 최고속도 : 70km/h
- 항속거리 : 600km
- 탑승인원 : 3+7명
- 주포 자동장전 및 안정화 장치, 자체 참호 구축 / 구난장비 보유
- NBC 자동탐지 및 경과 장치 / 여과시스템

라. 독 일 : Marder A3 장갑차

- 주무장 : 20mm 기관포
- 부무장 : 7.62mm 기관총
- 대전차무기 : 밀란 미사일
- 엔진출력 : 600마력
- 최고속도 : 65km/h
- 항속거리 : 500km
- 탑승인원 : 3+6명
- 서방측 최초의 보병 전투차량(IFV)
- 차체 경사 · 공간 장갑 채용, 열영상 사격통제 장치

마. 영 국 : Warrior 장갑차

- 주무장 : 30mm 기관포
- 부무장 : 7.62mm 기관총
- 대전차무기 : 토우
- 엔진출력 : 550마력
- 최고속도 : 75km/h
- 항속거리 : 660km
- 탑승인원 : 3+7명
- 전기식 선회 포탑 / 이동중 사격 가능
- 알루미늄 경합금 장갑판 / 증가장갑 부착, 걸프전 · 보스니아 내전 참가

바. 일 본 : 89식 장갑차

- 주무장 : 35mm 기관포
- 부무장 : 7.62mm 기관총
- 대전차무기 : MAT
- 엔진출력 : 600마력
- 최고속도 : 80km/h
- 항속거리 : 400km
- 탑승인원 : 3+7명
- 차체 / 포탑 공간 장갑 채용
- 적외선 유동방식의 대전차 미사일
- 탑승 보병 사격포스트(구식개념), 고가장비 (6억엔)

사. 북한의 장갑차

◉ M-1993 장갑차

- 주무장 : 30mm 기관포
- 대전차무기 : AT-4
- 엔진출력 : 180마력
- 최고속도 : 60km/h
- 항속거리 : 500km
- 탑승인원 : 2+8명

◉ BTR-60 장갑차

- 주무장 : 7.62mm
- 엔진출력 : 180마력
- 최고속도 : 80km/h
- 항속거리 : 500km
- 탑승인원 : 2+12명
- 차체장갑 : 9mm

6. 발전 추세

21세기의 전쟁 양상은 다양한 형태로 예상되며, 복잡한 도심 환경하에 분산되고 비대칭적인 전력을 보유한 적에게 신속히 병력을 투입하여 정밀하게 타격을 가하려면 효과적인 군 구조와 적합한 장비를 보유해야 한다. 현재, 미 육군은 경장비 위주로 무장하여 기동력은 강화되고, 화력은 현재의 중무장군이 보유한 것과 동일한 파괴력을 유지하면서 네트워크로 통합시켜서, 이를 통해 얻어진 방대한 정보를 활용하여 적을 압도하는 전략 하에 군 구조를 변환시키고 있다.

이러한 미 육군의 주력장비는 미래전투체계(FCS)라 불리는 광범위한 시스템으로서 통신과 전투기, 장갑차, 무장로봇 및 무인기들과 상호운용을 통해 완벽하게 통합시키는 것으로 유무인 플랫폼과 센서 그리고 C4ISR의 결합체라고 말할 수 있다.

미 육군의 목표는 현재 군에서 중간단계의 부대를 거쳐 2010년대에 작전 가능한 최초의 가용부대를 창설하는 것이며, 무인 및 유인 플랫폼은 모두 C-130 수송기로 수송 가능한 16톤급 차량을 개발하는 것이지만, 미래 목적군으로 전환되더라도 기존의 Abrams전차 및 Bradley IFV 같은 현용장비뿐만 아니라 Stryker와 같은 중간단계 무기체계도 향후 수십 년 동안 FCS와 함께 운용할 전망이다.

(a) 영국 FRES

(b) EBRC

(c) 미(미) ICV

<그림 4-31. 개발중인 장갑차 개념[33]>

영국은 신속한 전략적 전개와 전투력 유지를 충족시킬 수 있는 차세대 장갑 전투차량인 FRES[34]을 2001년 이후 개발 추진 중인 것으로 알려지고 있으며, 차량은 수송성을

33) 국방과학기술조사서

34) FRES : Future Rapid Effect System

고려하여 중량 20톤 이내로 계획하고 있다. 프랑스는 1990년 이후 자국의 장갑차량들이 Leclerc 전차와 협동작전을 수행하는 데 문제가 많다고 판단하여, 자국이 보유한 AMX 10RC를 포함한 전투차량을 대체할 계획을 본격적으로 검토하기 시작했으며, 2000년 Giat사와 EBRC[35] 개발에 착수하였고, 이는 프랑스의 미래장갑차가 될 것이며, 미국의 FCS 시스템과 유사하게 미래 프랑스 육군의 네트워크 중심전의 핵심이 될 것으로 예상된다.

기술적 발전추세로는 원격제어무장 탑재 확대 및 하이브리드 구동방식 채택이다. 도심 및 근접전투 상황에서 차량 외부로 노출된 상태에서 무장을 운용하는 병사는 저격수 또는 폭발에 의한 파편 등에 취약할 수밖에 없어 임무수행 중 승무원을 보호할 수 있는 원격제어 무장의 필요성이 제기되었다. 원격제어무장은 승무원이 방호 가능한 차량 내부에서 원격무장에 장착된 영상센서로부터 전해지는 영상을 확인하고 내부 조종기를 사용하여 무장 운용 및 사격임무를 수행할 수 있을 것이다.

초기에는 차량 주행간 사격 정확도 저하 및 운용 불편성 등의 문제점이 제기되었으나, 이를 보완하기 위하여 차량 기동 시에도 목표물을 지속 조준 가능한 사격 정확도가 향상된 안정화 제어를 접목하고 있으며, 또한 최근 급속히 발전한 영상처리기술을 바탕으로 목표물 포착 및 자동추적 기능을 구현하여 승무원의 운용 편리성이 증가되고 있는 추세이다. 〈그림 4-32〉는 이스라엘 원격제어 기관총인 RCWS-30 및 Pandur-Ⅱ장갑차 장착 모습, 노르웨이 Protector 원격제어장치, Stryker장갑차에 장착한 사진을 보여주고 있다.

(a) RCWS-30

(b) Pandur-Ⅱ

35) EBRC : Engine Blinde a Roues de Contact

(c) Protector (d) Stryker

〈그림 4-32. 장갑차 원격제어무장[36]〉

(a) RST-V (b) DPE

〈그림 4-33. 하이브리드 동력 장갑차[37]〉

36) 국방과학기술조사서

37) 국방과학기술조사서

제4절 전투차량

1. 개 요

전투차량은 적보다 유리한 지역으로 병력 · 전투장비 · 탄약 · 물자를 수송하는 것을 주 목적으로 하며, 기본차체를 활용하여 화기 및 장비 탑재, 전술지휘, 정찰 및 관측, 사격 지휘 통제, 의무후송, 구난, 제독, 급수 등 다양한 용도로 활용되고 있다. 전투차량은 일반적으로 크기 및 적재능력에 따라 소형 · 중형 · 대형차량으로 분류하며, 기동형태에 따라 차륜형과 궤도형으로 분류하며, 용도 및 운용목적에 따라 카고, 구난차, 급유차, 무기 탑재차량 등 다양하게 분류할 수 있다.

전투차량에 요구되는 주요성능으로는 우수한 기동력, 생존성 보장, 전술적 다목적 활용, 대형 · 대용량의 신속한 수송 등을 들 수 있다.

우수한 기동력이란 야지, 습지 및 한랭지 등 다양한 운행 및 기후조건에서 운용할 수 있도록 휘발유, 경유, 항공유 등 대체연료 사용, 고출력 엔진, 차동제한장치, 중앙공기압 조절장치, 독립현가장치 등을 부착하여 다양한 임무수행이 가능해야 한다. 생존성을 보장하기 위해서는 차량에 기관총 등 각종 화기를 탑재하고 총탄 · 지뢰로부터 승무원 및 차체를 방호할 수 있는 방호력을 갖추어 전투지역까지 최대 근접지원이 가능해야 한다.

전술적 다목적으로 활용하기 위해서는 각각의 전술개념에 의해 운용되는 전투차량들을 기본차량으로 통합하고 운용 목적에 따라 계열화 차량으로 다양한 전술에 활용함으로써 다양한 전술을 구사함과 동시에 보급 및 정비유지 단계의 단순화와 효율화를 도모하여야 한다. 마지막으로 대형 · 대용량의 신속한 수송이란 대형 · 대용량화 되어가는 군수물자의 신속한 수송을 위해서 자체 적재 및 하역 장치, 통신체계 등을 부착하여 운용 시간을 단축하여야 한다.

2. 전투차량의 발전

가. 전투차량의 기원

차량은 인간의 원초적인 욕망을 해결하려는 노력에서 출발하였다. 더 먼 곳까지 생활영역을 확장하려는 욕망과 더 많은 물건을 쉽게 운반하고 싶은 욕망, 더 여유로운 생활을 하고 싶은 욕망을 해결하려는 수많은 노력들이 결실을 맺은 것이다. 인류가 사용한 운반수단 중에서 썰매는 자동차의 효시이었다. 석조도로를 주행할 수 있는 마차를 걸쳐 풍력자동차, 증기자동차가 개발되면서 차츰 모습을 갖추었다. 1765년 프랑스의 군인이었던 퀴노는 화포를 견인할 목적으로 증기자동차를 개발하였는데 이는 군용차량의 시작이었다.

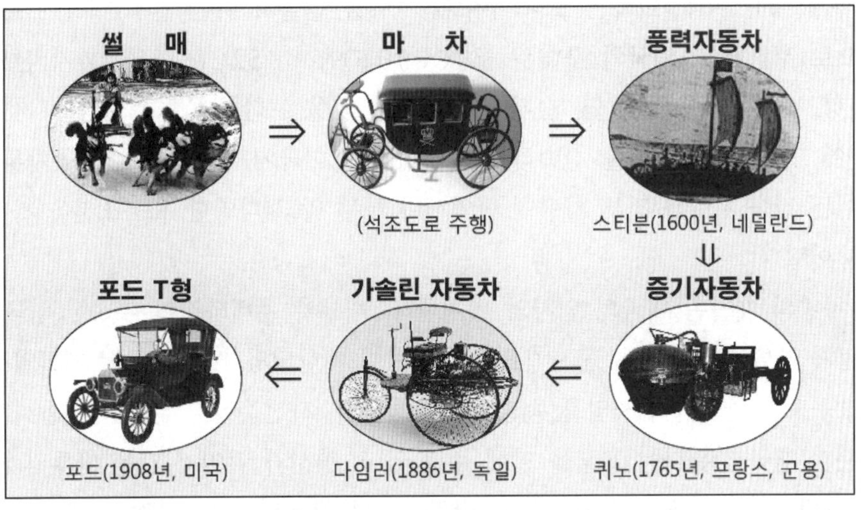

〈그림 4-34. 차량의 발달과정〉

나. 전투차량의 발전

1912년 미 육군은 실험 목적으로 4대의 상용 트럭을 구입하였다. 이것을 계기로 자동차가 병력, 보급품 및 장비를 운반하는 수단으로 도입되었다. 1916년까지 징벌 원정대가 멕시코 악당에 대항하기 위해 파견되었을 때 비표준 트럭이 멕시코 국경에서 조립되어 작전에 사용되었다는 점에 관심이 집중되었다. 그 당시 상용 운송수단은 거친 지형에서의 군사작전 요구조건 또는 정비와 수리의 핵심 요구조건을 충족시키지 못하였다.

따라서 군 사양을 충족시키기 위한 운용 장비의 설계 표준화와 다양한 변형이 이루어졌다. 1차 세계대전에 사용된 대부분의 차량이 표준화되었으며 일부 품목은 호환성도 지니게 되었다. 참호전은 전투 목적에만 사용할 차량의 개발을 촉발하였다. 전차가 개발되었으며 완전 표준화 및 높은 호환성을 갖춘 군용 차륜차량을 개발하기 위해 1차 세계대전 및 2차 세계대전 기간 중에 미국식 설계와 실험이 이루어졌다. 이 프로그램에 따라 업계는 전륜과 후륜 구동이 가능한 차량을 생산하기 시작했으나 모든 지형에서 작전을 성공적으로 수행해야 하는 군용 차량의 요구를 충족시킨 것은 특수 상용 장비뿐이었다. 독일 전차와 전투차량이 1939년과 1940년에 폴란드 · 프랑스 및 영국군과 비교하여 매우 성공적인 것으로 입증되었다. 미국의 기술은 유럽수준에 이르렀으며 미국은 경쟁에 이기기 위해 충분한 양의 물자를 사용하였다.

2차 세계 대전 이래, 미국은 보다 우수한 차량을 만들기 위한 연구 개발 프로그램을 지속적으로 추진했다. 외국의 구매는 -57℃(-70℉)에서 +52℃(+125℉)까지 온도와 험난한 지형, 사막, 진흙탕, 눈 및 습지에 적용하는 것을 포함하여 특정국가의 지형과 기후 조건에 맞게 군용 장비를 신속하게 개량하도록 미국에 압력을 가했다. 차륜형이든 궤도형이든 전술 차량과 전투 차량에 반영해야 하는 많고 다양한 요구조건을 가시화 하는 것은 어렵다.

군용 차량의 개발은 미국의 역사와 일치한다. 대부분 준비과정이 부족한 상태에서의 갑작스럽게 개발에 착수하여 군사적요구도 충족이 제한되었다. 결국에는 개발일정 또는 군사적요구도를 완화하여 사업을 종결하여야 하였다. 사전준비가 부족한 개발사업의 프로젝트는 실패하게 된다는 교훈을 말해 주고 있다. 평시와 같이 시간을 다투지 않을 때의 신규장비 개발은 군사적요구도에 적합하게 부분적으로 또는 완전히 새로운 개념의 차량 또는 시스템의 개발을 추진한다. 어떤 경우이든 반드시 고려해야 할 사항이 있다. 그 중 하나가 제품 개량이며 그것이 변속기(transmission)에 들어가는 기어나 볼트이더라도 어느 한 구성품의 개조를 통해 보통 점진적으로 변경된다. 제품 개량과 밀접한 관련이 있는 것은 신뢰성, 즉 최소 정비 요구조건을 충족시킬 수 있는 능력이다. 군용 차량에 요구되는 여러 가지 형태의 차량이 제작되었다. 다시 말하면, 화물 트럭, 구난차량 또는 유조 차량을 생산하기 위해서 특수 섀시와 수정을 하였거나 하지 않았더라도 동력전달장치가 추가 장비와 함께 사용된다는 것이다. 이러한 요건을 충족시키는 것 이

외에도 수리부품의 높은 호환성이 이루어졌으며 이것은 설계 표준화의 한 형태이다. 오늘날, 차량 개발시 고려해야 할 추가 요소에는 최신 정비 기술 · 경량 구조를 위한 진보된 재질의 사용 · 공중 수송성 · 도하능력 등이 포함된다.

3. 전투차량 구조

가. 차체(Body)

전투차량의 차체(body)는 그 속에 병력이나 장비 · 물자를 수용하는 중요한 부분으로 우수한 거주성(居住性)과 안전성 · 편리성 등이 요구된다.

구조적으로는 독립된 프레임에 기관 · 현가장치 등을 설치하여 섀시(chassis)를 조립한 다음 그 위에 완성된 차체를 장착하는 방식이 오랫동안 사용되어 왔다. 이 방식은 무게에 비하여 강도(强度)가 커지지 않기 때문에 오늘날에는 차체 자체를 충분한 강도를 가지는 상자로 만들고, 거기에 직접 기관이나 현가장치를 설치하는 단체구조(單體構造) 또는 일체구조(一體構造)를 사용하기도 한다.

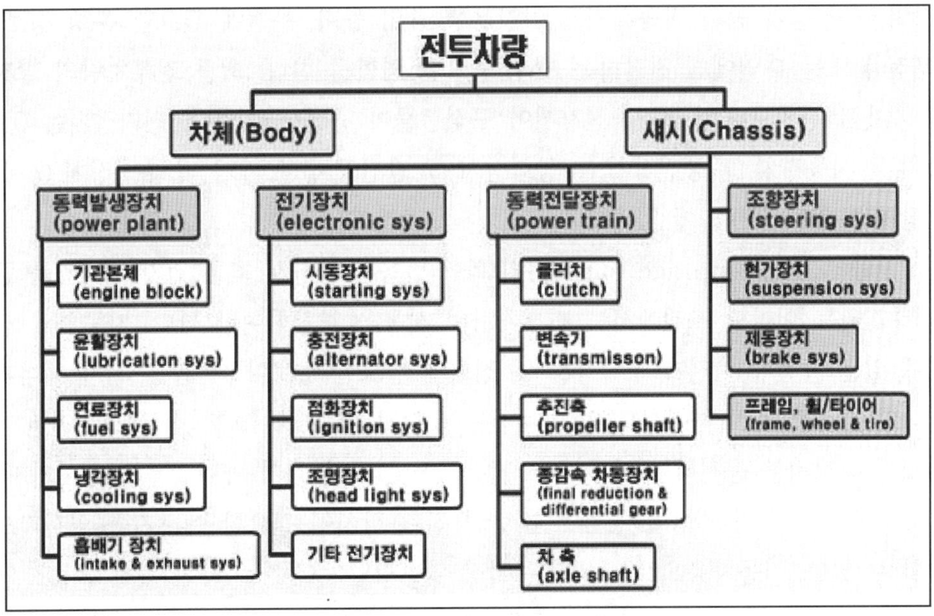

〈그림 4-35. 전투차량 구조도〉

나. 동력발생장치

엔진이란 연료와 공기가 혼합 · 연소하여 발생된 열에너지(화학에너지)를 피스톤의 왕복운동(기계적 에너지)으로 전환시켜 구동에 필요한 동력을 발생토록 설계된 열기관이다. 엔진은 대부분 4행정 내연기관으로 흡입, 압축, 폭발, 배기의 4행정에 의해 한 주기를 끝내는 내연기관으로 왕복운동 엔진의 가장 일반적인 유형이다. 내연기관은 연료를 공기 중의 산소와 완전연소가 이루어지도록 잘 혼합된 상태에서 압축을 한 다음 연소를 시킬 때 발생하는 열에너지를 이용하여 운동에너지를 얻는다.

엔진은 크게 주요부와 엔진 부속장치 두 부분으로 구성된다. 엔진 주요부에 속하는 것은 실린더 헤드와 헤드에 설치되는 밸브기구, 로커암 결합체, 캠축, 냉각수 통로가 있으며, 엔진 부속장치로는 흡기 및 배기장치, 윤활장치, 냉각장치, 연료공급장치, 전기장치 등으로 구성된다.

다. 전기장치

전기장치는 전투차량의 운행에 필요한 전기 장치 및 전자 제어 장치에 전기 에너지를 공급하는 각종 부품 및 회로를 말한다. 전기는 신경계통과도 같은 것으로 시동장치 · 점화 장치 · 충전장치 등을 작동시키고 야간운행 중의 등화, 운전에 필요한 운행 정보 등을 운전자 또는 타인에게 전달하는 매우 중요한 역할을 한다. 최근 전투차량의 발전추세는 기계식 장치보다는 전기 · 전자제어 구성품들이 증가하고 있다. 전기장치는 ① 점화장치 ② 시동장치 ③ 충전장치 ④ 등화장치 ⑤ 안전장치 ⑥ 계기 및 부속장치 ⑦ 실내편의장치 등으로 구성되어 있다.

전투차량은 축전지(storage battery)의 화학 반응을 통해서 최초 전기 에너지를 공급하며 축전지는 어떠한 조건에서도 전투차량의 시동을 보장하여야 한다. 자동차의 전기장치에 있는 발전기가 전기 부속장치 및 점화에 필요한 양보다 더 많은 전기 에너지를 발생하면 일정한 조건 하에서 과잉 에너지는 축전지로 보내져 화학 작용으로 전환된다.

이것이 축전지를 충전하는 과정이다. 발전기가 필요한 전기 에너지를 발생시키지 못할 때, 축전지는 화학 작용을 통해서 차량의 전기 장치에 필요한 에너지를 일시적으로 공급할 수 있다. 자동차용으로 사용되는 가장 일반적인 축전지는 납산 축전지이다. 엔진 시동시에는 전류를 공급하고 발전기 고장시에는 일시적으로 전류를 공급하여 발전기 출력과 전류 소모 부하와의 불균형을 조정한다.

라. 동력전달장치

동력전달장치는 자동차 엔진에서 발생된 동력을 바퀴로 전달하는 장치이다. 또한 엔진의 출력 특성을 자동차가 요구하는 구동력 특성에 맞추는 역할도 담당한다. 동력전달장치는 엔진의 구동력을 끊거나 이어주는 클러치, 속도에 맞게 엔진 동력을 선택하는 변속기 및 차축을 포함해서 엔진과 차바퀴를 연결하는 추진축, 유니버설 조인트, 종감속 차동장치 등으로 구성된다.

일반적으로 엔진 → 클러치 → 변속기 → 추진축(앞기관 뒷바퀴 구동의 경우) → 종감속장치 및 차동기어장치 → 차축 → 구동바퀴의 순서로 동력이 전달된다.

클러치는 마찰판과 압력판으로 되어 있다. 일반적으로 스프링의 힘으로 압착하여 동력을 전달하게 되어 있으며 운전석의 클러치 페달을 밟으면 마찰판과 압력판의 접속이 떨어져 동력이 차단된다. 클러치는 수동식인 기어변속기의 변속을 할 때에 일시적으로 동력을 차단한다. 엔진은 일정한 속도로 운전할 때 큰 출력을 내는데 자동차는 차속을 저속에서부터 고속까지 내야한다. 이를 위하여 기어를 조합하여 회전속도와 힘이 변화하도록 한 것이 변속기(變速機)이다.

복잡한 시가지에서는 변속조작이 번잡하므로 이러한 변속조작을 기계가 대신하도록 하였는데 이것이 바로 자동변속기이다. 자동변속기의 경우 운전석에 클러치 페달이 없고 조작레버에는 L(저속)·D(전진)·N(중립)·R(후진)·P(주차) 등의 선택표시가 있다. 일반적으로 자동변속기는 수동변속기에 비해 효율이 약간 낮아서 최고속도·가속능력·연료소비율 등이 약간 저하되는 것으로 알려 졌으나 기술의 발달로 오히려 능력이 우수한 사례도 보고되고 있다.

추진축을 통하여 뒤쪽으로 전달된 회전동력은 종감속기어장치에서 최종적으로 감속되어 차축으로 전해진다. 종감속기어장치에는 차동기어장치가 일체(一體)로 설치되어 있다.

자동차가 커브를 돌 때에는 안쪽 바퀴보다 바깥쪽 바퀴가 더 빨리 회전해야 하는데, 차동기어 장치가 작동하여 자동적으로 속도차가 생기게 한다. 개발중인 소형전술차량에는 야지기동성을 향상시키기 위하여 종감속기어 방식을 대체하여 허브리덕션 방식을 채택할 예정이다.

마. 조향장치

차량의 주행 방향을 바꾸는 데 필요한 장치로 조작기구, 기어장치, 그리고 링크기구로 이루어져 있다. 조작 기구는 운전자의 스티어링 휠 조작을 통해 발생한 조작력을 조향 기어와 링크에 전달하는 부분이고, 기어장치는 조향축의 회전을 약 20:1로 감속하여 조작력을 증가시키면서 조작 기구의 운동 방향을 바꾸어 링크 기구에 전달하는 부분이다. 또 링크기구는 기어 기구의 작동을 앞바퀴에 전달하고 좌우 바퀴의 관계위치를 바르게 지지하는 부분이다. 최근의 자동차에는 조향 성능을 향상시키고자 스티어링 휠의 조작력을 가볍게 해주는 동력 조향 장치(파워스티어링)를 많이 사용하고 있다.

바. 제동장치

제동장치는 주행 중인 자동차의 속도를 감속하거나 정지시키는 장치이며 전투차량의 고속성에 비추어 매우 중요한 것이다. 브레이크는 운전석에 있는 브레이크 페달을 밟으면 마스터 실린더에서 발생된 유압이 가는 튜브를 통해서 각 바퀴에 있는 휠실린더에 전달되어 작동한다.

전투차량에서는 이밖에 주로 뒷바퀴에 작용하도록 된 주차 브레이크도 장치되어 있으며 계기판 아래나 바닥 위에 있는 레버를 잡아당겨 기계적으로 작동시킨다. 주차 브레이크는 주브레이크가 작용하지 않을 때 비상 브레이크로도 사용된다. 최근에는 전투차량에도 제동시 바퀴가 지면에서 미끄러지기 시작하면 이를 감지하여 브레이크를 풀어 미끄러짐을 방지하는 ABS[38]도 사용된다.

사. 현가장치

현가장치는 보통 서스펜션(suspension)이라고도 하며 노면에서의 충격을 완충하여 차체나 각종 장치에 충격이 직접 전달되지 않도록 하기 위한 장치이다. 차체와 차축 사이를 연결하고 노면으로부터의 충격이나 진동을 흡수하여 승차감을 좋게 하며 또 차체와 기관 등을 보호하는 장치이다. 도로의 요철(凹凸)에 관계없이 자동차를 안전하게 주행시키기 위한 역할을 담당하는 중요한 장치이다. 원래는 앞뒤 모두 하나로 된 차축의

38) ABS : Anti-lock Brake System

양쪽에 바퀴를 설치한 형식이었다. 최근에는 적어도 앞바퀴만은 좌우가 별개의 차축으로 구성된 독립현가(獨立懸架)로 되어 있고 차종에 따라서는 뒤쪽도 독립현가로 된 것이 있다. 독립현가의 목적은 바퀴와 차축의 중량을 가볍게 하여 노면에 잘 추종(접지성)시켜 승차감을 향상시키고 노면상태에 관계없이 차체가 수평상태를 유지할 수 있게 하는 데 있다. 현가장치는 스프링 · 쇼크업소버(shock absorber) · 스태빌라이저 등으로의 구성되어 있다.

타이어는 접지성을 높이고 승차감이 향상되도록 하기 위해 점점 두꺼워지는 경향이 있으며, 속에 독립된 튜브가 없고 쉽게 펑크나지 않는 튜블리스 타이어가 대부분 사용된다. 최근에는 대부분 레이디얼 타이어가 사용되고 있는데 이전의 타이어의 플라이 코드가 바이어스로(기울게) 되어 있는 데 비해 회전 방향과 직각으로 되어 있다.

레이디얼 타이어는 승차감은 조금 딱딱한 기분을 주나 고속으로 선회할 때 안전성이 높고 내구성(耐久性)도 우수하다. 최근에는 타이어의 펑크로 인해 타이어 안의 공기가 없어져 공기압이 감소하여도 타이어의 형상을 유지하여 80km의 속도로 100km 전후 거리를 주행할 수 있는 런플넷 타이어를 채택하고 있다.

4. 작전적 운용

과거에는 전투지대 후방에서 기본임무인 인원 및 중량물을 운송하는 용도로 주로 활용 되었으나 현대전의 특성에 따라 고속기동성과 생존성을 증대하여 광범위한 전장 환경에서 다양한 전술적 임무를 수행을 하고 있다. 고기동성과 생존성 등이 요구되는 무기탑재 전투차량 및 전투지원차량은 고성능의 다목적 전술차량을 운용하고 전투근무지원이 주기능인 전술차량이나 전투지대 후방에서 운용되는 지원차량은 상용차량을 군용화한 차량을 많이 활용하고 있다. 미국, 유럽 등 선진국에서도 민수분야의 차량 관련기술의 발전이 가속화됨에 따라 개발기간 및 비용, 운용유지비용의 절감을 위해 상용기술 및 부품을 최대한 활용한 기본차량을 개발하고 이 차체를 활용하여 차량을 계열화함으로써 후속군수지원 단계에서의 효율성을 도모하고 있다.

소형전술차량은 야지적재 중량 ½~2톤급으로 성능개량 차량 등 다양한 전술차량이 운용되고 있으나 무기체계 발전추세에 따라 소형급 전술차량을 통합한 차세대전술차량의 개발이 요구되고 있다.

중형전술차량은 야지적재량 2.5~5톤급의 병력 · 물자 수송, 무기체계 등의 탑재가 가능한 전술차량으로 2½톤, 5톤 계열 및 성능개량 차량 등이 운용되고 있으나 미래전에 요구되는 병력 및 물자의 신속한 배치를 위한 기동성, 운용성 등의 저하로 고성능의 중형급 전술차량의 개발이 요구된다. 대형전술차량은 대형화된 화물에 대한 대량수송 및 물자, 탄약 등을 위한 차량으로 민수 대형차량을 개조한 10톤 계열차량이 있으나 소요군의 다양한 전술적 작전운용성능을 충족시키는 데는 한계가 있다.

5. 국가별 주요 전투차량

가. 대한민국

(1) K131 차량

1/4톤급 K131 차량은 지휘업무와 행정지원, 인원수송용으로 운용되는 차량으로 과거의 구형지휘차량인 K111 차량에서 풀체인지 된 모델로서 레토나 차량을 군용화 개조를 거쳐 개발된 차량이다. 이 차량의 승차인원은 기존의 4명에서 6명으로 증가되어 차량의 전방에 선탑자와 운전병, 후방에 4명이 서로 마주 보고 탑승하도록 만들어져 있다. 차량운용의 편의성을 위한 후방 도어가 설치되어 있으며 상부에는 탈부착이 가능한 직물재질의 방수포가 설치된다.

특히 K131 차량은 과거 K111 차량의 기화기를 사용하는 기계식 엔진을 사용한 것에 비하여 배기량 2,000CC급의 전자제어식 가솔린 엔진을 사용하고 있는데, 이 엔진은 공기흐름센서(AFS), 냉각수온도센서(WTS), 산소센서 등 6개의 센서가 엔진의 작동상태를 감지하여 전자제어유닛(ECU)로 정보를 제공하면 전자제어유닛(ECU)이 최적의 연료분사시기와 분사량을 제어하여 최대 출력 130마력, 최대 토크 18kg · m, 시속 130km로 주행할 수 있다.

또한 배출가스 재순환 장치(EGR), 연료증발가스와 블로바이가스 재순환장치, 삼원촉매장치가 설치되어 대기 중으로 유해가스가 배출되는 것을 방지하여 환경보전에 기여하도록 제작되었다. 점화장치는 기존의 기계식 접점방식을 사용하던 것을 DLI방식의 전자제어식으로 개선하여 점화시기의 최적화 제어를 통하여 엔진의 출력과 차량의 주행성능을 증가시켰다.

이 차량은 60%의 종경사 등판능력을 보유하고 있으며, 변속기는 전진 5단, 후진 1단의 동기물림식 수동변속기를 장착하였고, 야지 기동성능 향상을 위하여 4륜 구동장치와 차동제한장치(LSD)가 설치되어 있다. 또한 동력조향장치와 전륜에 더블위시본 타입의 독립현가장치를 설치하여 차량의 주행간 안정성과 편의성을 향상시킨 차량이다. 제동장치는 진공배력식 유압제동장치로서 기존의 유압식보다 페달 조작력은 감소한 반면 제동력은 2배 이상 향상되었으며, 전방 차륜은 디스크 방식, 후방 차륜은 드럼식 제동장치가 설치되어 있다. 타이어는 튜브리스 레이디얼 타이어가 장착되어 있다.

〈그림 4-36. K131 다용도 짚차[39]〉

(2) K311A1 계열 차량

1 1/4톤급 K311A1 차량은 1978년에 전력화한 기존의 K311 차량을 성능개량한 차량으로 야전부대 인원 및 화물수송용으로 운용되는 차량이다.

따라서, 이러한 제한사항을 극복하고자 성능개량된 차량이 K311A1 차량이다. 주요 성능개선사항으로 엔진은 기존의 6기통 디젤엔진에서 터보차져와 인터쿨러가 장착된

39) 육군종합군수학교 전투차량학

고출력 4기통디젤엔진으로 변경되어 출력이 115마력에서 130마력으로 증가되었으며 토크는 28kg · m에서 37kg · m로 향상되었고, 차량의 속도는 시속 96km에서 104km로 개선되었다. 이 차량은 450km의 항속거리를 가지고 있고, 종경사 60%와 횡경사 20%의 경사지를 등판할 수 있으며, 야지 기동성 향상을 위하여 4륜 구동장치와 차동잠금장치(NSD), 튜브리스 타이어를 장착하고 있다.

K511A1 · K711A1차량은 겨울철 시동성능을 위하여 전자제어 예열장치를 적용하고 있다. K311과 K311A1 차량을 기본 섀시로 다양한 임무와 목적에 적합한 차량들이 계열화 되어 있는데, 구급차, 정비용 샵밴, 화생방 정찰차, 사격 지휘차, 전투 부식차, 통신 가설차 등으로 개발되어 운용하고 있다.

K312A1 구급차량은 환자수송용으로 중상환자는 4명, 경상환자는 8명을 후송할 수 있으며 산소통, 의료장비함, 냉방장치, 시술용 의자 등이 설치되어 있다.

K313A1 정비용 차량은 야전정비부대에서 이동정비용으로 사용되는 차량으로서 운전실에 2명, 밴바디에 3명이 탑승하여 운행되며 밴내부에는 수리부속 보관함과 공구함, 드릴링 머신, 그라인더, 바이스 등 정비용 장비가 배치된다. 외부에는 산소용접기 셋이 있어 야전에서의 응급정비시 활용이 가능하다. 또한 전동식 윈치는 고장차량의 구난시에 사용하며 밴내부에는 220볼트의 상전이 설치되어 있다.

K316 화생방 정찰차는 화학부대에서 운용하며, 이동간 화생방 오염여부 탐지 및 수색, 정찰 등에 활용하는 차량으로 운전식에 2명, 밴바디에 4명이 탑승하고, 기상측정기, 양압장치, 가스여과기, 자동경보기, 오염표시기 등을 탑재하고 있다.

(a) K313A1 구급차 (b) K313A1 정비용샵차 (c) K316A1 화생방정찰차

〈그림 4-37. K311A1계열 차량[40]〉

(3) K511A1 계열 차량

현재 한국군이 사용중인 K511A1 모델은 K511 차량의 성능개선 모델 차량이다. 주요 개선사항으로 엔진의 출력을 138마력에서 183마력으로 증대하였고, 후방 차축에 차동잠금장치(NSD)를 장착하여 야지 기동성을 향상시켰다. 또한 변속기, 중간변속기, 차축 등 동력전달장치의 강도를 보완하였고, 안전성 향상을 위하여 상용브레이크 변경(ASH ⇒ AOH), 안전벨트 변경(2점식 ⇒ 3점식), 도어 글래스, 시트, 라디에이터 그릴, 계기판 등을 개선하였다.

〈그림 4-38. K511A1 차량[41]〉

2 1/2톤 계열화 차량으로는 K512A1 정비용 샵차, K513 유조차, K515 급수차, 제독차, 사격지휘차, 전투부식차, 장축 카고 차량 등이 있다.

K512A1 **정비용 샵차**는 정비부대 이동정비용으로 운용되며, 드릴링 머신, 그라인더, 발전기와 바이스 등 정비용 장비가 설치되며, 수리부속 저장대 및 공구함, 변압기 등이 구비되어 있다.

K513 **유조차**는 보급부대에서 유류수송용으로 운용되는 차량으로서 4,540리터 용량의 급유탱크를 장착하고 있으며, 계량기, 급유펌프와 호스, 압력계 등이 설치되어 있다.

K515A1 **급수차**는 공병부대에서 운용되는 차량으로, 3,780리터의 급수탱크와 펌프,

40) 육군종합군수학교 전투차량학
41) 육군종합군수학교 전투차량학

배출 및 흡입호스와 배기가스를 이용한 가열장치를 갖추고 있다.

K517 장축차량은 탄약 및 길이가 긴 화물을 수송하기 위한 차량으로 기존의 K511 카고차량보다 적재함의 길이가 3,734mm에서 5,594mm로 약 1.9m가 길어진 적재함을 사용한다.

구형 제독차인 **KM9 제독차**는 화학오염지역 제독용으로 운용되는 차량으로서 500리터 용량의 제독제 탱크를 장착하고 있으며, 제독용액을 가열시키는 보일러 장치, 살포장치 등을 갖추고 있고, 조작인원은 7명으로 348평의 면적을 제독할 수 있는 능력을 가지고 있다.

사격지휘차(FDC)는 포병 사격 지휘용으로 운용되는 차량이며, 유압식 크레인 차량은 비교적 가벼운 화물을 적재 및 하화하는데 이용되며 6톤 용량의 크레인과 그래플, 바스켓, 포크 등의 작업도구를 장착하여 여러 가지 작업에 활용될 수 있는 차량이다.

(a) K512A1 정비용 샵차　　(b) K513 유조차　　(c) K515A1 급수차

〈그림 4-39. K511A1계열 차량[42]〉

KM9 제독차량　　사격지휘차량　　유압식 크레인 차량

〈그림 4-40. K511A1계열 특수차량[43]〉

42) 육군종합군수학교 전투차량학
43) 육군종합군수학교 전투차량학

(4) K711A1 계열 차량

기존의 5톤 K711 카고 차량을 성능개량한 것이 K711A1 차량이다. 이 차량은 K711 차량에 비하여 엔진의 출력이 과급기를 장착하여 204마력에서 270마력으로 증가되었다. 후축의 차동잠금장치(NSD) 적용, 변속기와 중간변속기, 차축의 강도가 보강되었으며, 안전성 향상을 위하여 기존의 하이드로 백을 사용하는 형식에서 에어마스터를 사용하는 제동장치로 개선되었다. 추가적으로 배기브레이크가 장착되었다. 클러치 또한 기계식에서 유압식으로 개선되었다.

〈그림 4-41. K711A1 차량〉

5톤 차량의 계열화 차량으로는 K712 구난차량, K713 덤프차량, K715 트렉터 차량, K716 확장식 밴, K717 수리부속 밴과 리본부교차량, 장축카고 차량, 유압식크레인 차량과 신형 제독차 등이 있다.

K712 구난차량은 고장장비의 구난 및 견인과 중량물 인양용으로 운용되는 차량으로서 유압으로 작동하는 크레인을 사용하여 9톤의 인양능력과 0.9톤의 인양, 포장도로에서 13.6톤 차량까지 견인이 가능한 차량이다.

K713 덤프차량은 공병부대에서 공병자재 수송용으로 운용되며, 덤프의 용량은 $3.9m^3$으로 70°의 각도로 세워질 수 있다.

K715 트렉터 차량은 트레일러 견인차량이며, **K716 확장식 밴 차량**은 야전전술 지휘

소로 운용되는 차량으로 밴 내부에는 상황판, 전화단자, 냉난방 장치 등이 설치되어 있다.

K717 수리 부속 밴 차량은 정비부대에서 수리부속 추진보급용으로 사용되는 차량으로 밴내부의 용량은 19m^{3}으로 수리부속 보관함이 내부에 설치되어 있다.

K721 신형 제독차량은 화학물질에 오염된 인체, 장비, 지역 제독용으로 운용되는 차량으로, 시간당 120명의 병력, 1회에 12대의 장비를 제독할 수 있는 능력을 보유하고 있으며, 지역제독은 1회에 1500m2의 면적을 제독할 수 있다. 이 차량에는 균일한 지역의 제독을 위한 정속 주행장치(Auto Cruise), 크레인 등이 설치되어 있다.

(a) K721 구난차량

(b) K713 덤프차량

(c) K715 트렉터

(d) K716 확장식 밴

(e) K717 수리부속 밴

(f) 리본부교 차량

(g) 장축카고 차량

(h) 유압식 크레인 차량

(i) K721 제독차량

〈그림 4-42. K711A1 계열 차량〉

(5) K532 계열 차량

K532 차량은 보병연대 전투지원중대에서 4.2인치 박격포를 탑재하여 운용하는 차량으로, 1979년 스웨덴 군과의 계약하에 해글런드사에 의해 개발된 BV(Bandvagn)-206을 기술도입하여 국내에서 생산하였으며, BV-206은 다목적 전천후, 전지형 운송차량으로 스웨덴 군이 명명한 이름이다. 이 운송차량의 주목적은 연중 내내 어떤 기후, 어떤 지형조건에서도 도로 및 야지를 횡단하면서 이동하는 차량으로 전투원과 장비 및 물자를 보급해주는 기능을 수행한다. 차량의 총중량은 7톤이며 조향반경은 최소 8m이며, 독일의 벤츠에서 생산된 배기량 3000cc, 136마력의 6기통 디젤엔진과 전진 4단, 후진 1단의 자동변속기를 사용하며, 고무밴드형 궤도를 장착하여 설상지 및 연약지반 등 야지 기동성능이 우수하며 차량의 최고속도는 시속 55km, 항속거리는 300km이다. 또한 이 차량은 가벼운 강화플라스틱(FRP) 재질의 차체와 넓은 차체 내부를 이용하여 호수나 유속이 느린 하천 등을 시속 3km의 속도로 도섭하여 건널 수 있다. 1m 높이의 수직 장애물과 넓이 2m의 참호를 극복할 수 있고, 수평앞·뒤 차체로 구분되어 관절식 조향장치를 사용한다. 등판능력은 지면 60%, 설상지 30%의 종경사, 횡경사 40%의 지면을 주행할 수 있다.

〈그림 4-43. K532 차량112)[44]〉

이 차량에는 6명이 탑승하며 4.2인치 박격포 1문과 탄약 60발, 포판을 적재하여 운용된다.

44) 육군종합군수학교 전투차량학

이 차량의 계열화 차량으로는 정보부대에서 전자전 장비를 탑재하여 운용하는 K533 차량과 군단 및 사단급 통신부대에서 통신중계용 장비를 탑재한 K534 차량이 있으며, K533 차량에는 5~15kw의 자체 발전기를 가지고 있고 K534 차량에는 5kw 발전기가 2개가 설치되어 있다.

(a) K533 전자전 장비 탑재차 (b) K534 통신중계용 장비 탑재차

〈그림 4-44. K533 & K534 차량[45]〉

(6) K912 계열 차량

K912 10톤 구난차량은 전차, 자주포 등 궤도차량의 파워팩 등의 중량물 교환과 포탑 정비, 장갑차 및 중(重)차량의 구난 또는 견인을 목적으로 개발된 차량이다. 이 차량에는 2명이 탑승하며, 차량의 총중량은 36톤, 차량의 최고속도는 시속 90km, 종경사 등판능력은 60%, 횡경사등판능력은 20%, 항속거리는 400km이다. 엔진은 과급기와 인터쿨러를 사용하는 "L-엔진"을 장착하고 있으며, 이 엔진은 배기량 12,920CC의 6기통 오버헤드밸브(OHV)방식으로 압축비는 17:1의 전자제어 디젤엔진이며, 엔진의 최대 출력은 450마력, 최대 토크는 190kg · m이다. 변속기는 ZF사에서 개발된 전진16단, 후진 2단의 AMT[46]를 사용하며, 클러치는 마찰클러치를 사용하지만 페달의 조작이 필요 없이 전자식 자동장치에 의하여 작동한다.

또한 이 차량은 4륜 동력조향장치와 차동잠금장치(NSD)가 설치되어 있고 구동력 증대를 위하여 유성기어 방식의 허브리덕션을 적용하였다. 미끄러운 노면에서의 제동능력

45) 육군종합군수학교 CBT
46) AMT : Automated Transmission

향상을 위한 ABS 장치를 사용한다. 제동장치는 대형트럭 및 버스에서 사용하는 공기식 제동장치를 사용하며 보조제동장치로 배기제동장치가 사용되는데, 배기제동장치는 배기 다기관과 흡기 통로를 개폐하여 엔진의 흡기 및 배기효율을 저하시켜 차량의 속도를 감속하는 작동원리를 가지고 있다.

차량의 후방에 설치된 유압식 크레인은 최대 10톤의 인양능력을 가지고 있으며, 360°회전이 가능하다. 차량의 견인능력은 후방의 윈치가 20톤, 전방의 윈치는 10톤이며, 유압식으로 작동하는 아우트리거와 후방견인장치가 장착되어 있다. 원격조종기는 차량에 탑승하지 않고 크레인을 조작할 수 있다.

K915 10톤 중장비 수송차량은 전차, 자주포, 장갑차 등 궤도차량을 수송하기 위하여 운용되는 차량으로 차량의 총중량은 18.8톤, 최대 적재 중량은 31톤, 최대 견인 하중은 100톤이다.

K912 구난차량과 동일한 엔진과 변속기, 조향 및 현수장치와 제동장치를 사용하고 최대속도는 시속 80km, 항속거리는 450km이다.

〈그림 4-45. K912 구난차량[47]〉

(7) K-151 현마 소형전술차량

K-151 현마 소형전술차량(Light Tactical Vehicle, Light Utility Vehicle, Light

47) http://www.army.mil.kr/gbbs/mukihome/index.html

Activity Vehicle, Light All-Terrain Vehicle)은 SUV형태의 군용차량이다.

기아에서 개발한 신형 소형전술차량으로 현재 국군에서 운용중인 K-131 다용도 짚차 등을 포함하여 앞으로 지휘차량, 병력운송차량, 통신운영차량 등 다양한 형태의 소형전술차량으로 개발되어 대체될 예정이다.

K-151 현마 소형전술차량의 구동방식은 파트타임 사륜구동으로 1+3명으로 장축형은 최대 8명 탑승 가능하다. 차량의 무장은 M60, K-16 기관총, K4 고속유탄기관총, K6 중기관총 등을 탑재하고 있다. 최고속도는 포장도로 기준으로 130km로 1회 주유시 640km 주행하며 수중에서 1m 까지 도하 능력을 가지고 있고 CH-47 수송헬기를 통해서 공중수송도 가능하다.

〈그림 4-46. K-151 현마 소형전술차량〉

나. 미 국

최초에는 인원 및 중량물 운송을 목적으로 개발 및 운용되었으나 걸프전, 이라크전 등을 통해 전술차량의 전술적인 운용개념이 확대됨에 따라 생존성, 신속성, 군수지원성 등이 강화된 미래형 전술차량을 운용하고 있는 추세이다. 운용중인 전술차량은 소형전술차량(HMMWV[48]), 경전술차량(JLTV[49]), 중형전술차량(M35계열, M809계열, M939계열, FMTV[50]계열), 대형전술차량(HEMTT[51]), HET, PLS, M915계열) 등이 있으며, 운용목적에 따라 병력수송, 정찰 및 구난 등 다양한 계열차량을 개발하였다.

48) HMMWV : High-Mobility Multipurpose Wheeled Vehicle 고기동전술차량
49) JLTV : Joint Light Tactical Vehicle 합동 경전술차량
50) FMTV : Family of Medium Tactical Vehicle 중형전술차량계열
51) HEMTT : Heavy Expanded Mobility Tactical Truck 대형전술차량

(a) 미래전술차량 (b) 합동 경전술차량 (c) 대형전술차량

〈그림 4-47. 미국의 전투차량[52]〉

다. 독 일

독일군은 자체방어개념과 국내의 우수한 도로조건 등으로 야지주행 성능을 보유한 차량은 30% 수준에 불과하며 용도 및 야지주행 여부에 따라 구분하여 운용하고 있다. 주력차량은 UNIMOG으로서 1946년 산업 및 농업용으로 개발하였으나 승무원실, 차체, 뒷문, 앞문 및 캔버스 등을 개조하여 군사용으로 사용하고 있다. 중대형급 차량으로는 MAN Category I A1이 4×4, 6×6, 8×8의 고속 기동차량으로 민수부품을 많이 사용하였으며, 모든 차량이 동일한 타이어를 사용하고 있다.

(a) UNIMOG(U5000) (b) MAN(8×8)

〈그림 4-48. 독일의 전투차량[53]〉

52) 국방과학기술조사서
53) 국방과학기술조사서

라. 러시아

러시아는 전투차량을 기동성, 효율성, 내구성을 기준으로 3세대 차량으로 구분하여 개발하였으며 동일세대의 차량은 유사한 특성을 가진다. 제1세대 차량은 지상군이 제2차 세계대전 이후 사용한 차량으로 외국에서 대여, 기술제휴 또는 1930년대 고유의 모델로 구성되었다. 제2세대 차량은 1950년대부터 1960년대 초반까지 생산된 차량으로 야지에서의 주행능력을 보장할 수 있도록 적재량의 변화를 가져왔다.

(a) URAL-375D (b) MAZ-543

〈그림 4-49. 러시아의 전투차량[54]〉

제3세대 차량은 기동성, 내구성 및 효율성에 관련된 문제들을 러시아 독자적으로 해결하려고 노력한 모델들이다. 기동성에 따라 저기동성, 향상된 기동성, 고기동성으로 구분되며 일반도로 수송용차량은 저기동성, 전술적 야지수송차량은 향상된 기동성, 특수목적 차량은 고기동성차량으로 구분된다.

마. 중 국

1950년대부터 러시아 및 동구권의 차량을 운용하기 시작 하였으며 1960년대에는 이를 모방개발하였다. 1980년대 부터는 서구 선진국 차량들을 모방 개발 운용하였다. BJ-212은 0.6톤급으로는 러시아 UAZ-469B와 유사하며 NORINCO Type 75는 105㎜ 무반동총 등을 탑재하였고 1986년에는 미 AMC 엔진을 탑재한 BJ-212E를 개발하

54) 국방과학기술조사서

여 운용하다가 BJ-2020 차량으로 성능 개선하였다. Sungi-61은 1.75톤급으로 러시아 GAZ-63과 유사하며 민·군수 공용으로서 뒷차축이 민수용은 복륜, 군용은 단륜으로 대전차포 등 견인용으로 운용된다. EQ2080E(2.5톤)와 CA-32(2.5톤)은 러시아 ZIL-157과 유사하며 화포 견인, 122㎜ MLRS, Type74 지뢰살포용 로켓시스템 등을 운반한다.

(a) BJ2020

(b) EQ2080E

〈그림 4-50. 중국의 전투차량[55]〉

6. 발전추세

가. 전투차량 요구 성능

(1) 주요 요구 성능

과거의 전술차량은 후방지역에서 인원 및 중량물을 운송하는 정도의 지원 성격의 용도로 주로 활용 되었으나, 미래에는 전술차량의 고속 기동능력과 생존능력을 증대시켜 광범위한 전장환경에서 다양한 전술적 임무수행이 요구된다. 물론 고기동성과 생존성 등이 우선시 되는 무기체계 탑재용 전투차량 및 전투지원차량에는 고성능의 다목적 전술차량으로 활용되고 있고, 전투근무지원에 주로 사용되는 전술차량과 전투 후방지역에서 운용되는 지원차량은 민수용 상용차량을 군용으로 개조하여 활용하고 있다, 전술차량에 요구되는 주요성능은 기동력, 생존성, 전술운용 목적과 신속한 수송능력 등이 있다.

55) 국방과학기술조사서

첫째, 전술기동능력이다. 전술차량의 생명은 기동성이라 하겠다. 이는 야지, 습지, 자갈 등 어떤 지형조건에서도 고속으로 통과할 수 있는 능력으로 전술차량이 이러한 기동력을 확보하기 위해서 다양한 지형과 기후조건에서 운용 가능해야 하며, 임의의 작전지역에서 수월한 연료 확보를 위해 휘발유, 경유, 항공유 등 대체연료 사용 능력도 필요하다.

둘째, 화기탑재 및 생존능력이다. 높은 기동능력을 보유하는 전술차량에 생존성을 높이기 위해 기관총과 같은 화기 탑재가 가능해야 하고, 총탄과 지뢰 폭발에 대한 승무원과 차량 방호 등의 자체 방호능력을 갖추어 전투지역까지 최대한 근접지원 능력이 필요하다.

셋째, 다목적 전술운용능력이다. 기본 차대를 중심으로 기본차량에 최소한의 구조변경을 통해 각종 특수임무의 차량을 용이하게 개발할 수 있어야 하며, 필요한 전술 운용 개념에 따라 각종 전술차량들을 계열화함으로써 보급 및 정비유지가 단순하고 효율적으로 차량을 운용할 수 있는 능력이 필요하다.

넷째, 대형 및 대용량 물자 수송능력이다. 점차 대형 또는 대용량화 되어 가는 군수물자의 신속하고, 원활한 수송을 위해 전술차량에 자체 적재 및 하역 장치, 통신체계 등을 부착하여 수송 소요시간을 최대한 단축할 수 있는 능력이 필요하다. 일반적으로 전술차량은 작전운용성능을 충족하기 위하여 고기동성, 내구성, 생존성 등에서 유사수준의 상용차량에 비하여 월등히 우수한 점은 있으나, 소량 주문생산방식으로 개발 및 생산됨에 따라 지속적인 성능개량에 제한을 받고, 생산비용도 상승한다는 특징을 갖고 있다.

(2) 첨단 신기술 적용

오늘날 전술차량은 전방 · 후방의 넓은 작전영역을 소화할 수 있는 고속 기동능력과 군수지원 능력 그리고 작전영역 확대에 따른 장거리 수송성 · 편의성 등의 운용개념, 환경 및 경제성 등을 종합적으로 고려하여 차량 개발이 요구되고 있다. 최근에 개발되는 전술차량에는 고출력 엔진과 자동변속기, 자동잠금장치, 독립현가장치 등이 선호되고 있으며, 이에 대한 기술은 민간의 자동차 관련기술과 부품을 활용함으로써 호환성을 최대한 강조하고 있다. 아울러 장차 다양한 계열화차량으로 전개하기 위해 차체를 모듈화하여 개발하는 추세이다. 일반적으로 전술차량은 세계적으로 고기동성, 경제성 및 생존성이 요구되는 운용환경에 맞는 미래형 전술차량을 개발하고 있으며, 이를 위해 하이브리드 동력장치, 능동형 현가장치, 방호구조기술 등 주요 핵심기술이 발 빠르게 개발되고 있다.

제5절 기동 및 대기동장비

1. 개 요

기동지원은 아군의 행동의 자유를 보장하고 적의 행동의 자유를 제한하는 것을 말하며, 대기동지원은 반대로 적의 기동을 저지 및 지연하여 아군의 기동부대를 지원하는 것이다.

기동부대 특히 기계화된 부대의 신속한 기동을 위해서는 기동로 상의 자연장애물(하천, 협곡 등) 및 인공장애물(지뢰지대, 도로 낙석 등)을 극복하여야 한다. 원활한 기동을 위한 통로 확보를 위해서는 하천 도하를 위한 도하장비, 적이 설치한 장애물을 제거하기 위한 지뢰지대 통로개척 장비, 전투공병차량 등의 무기체계가 필요하다.

반대로 방어작전이나 지연작전 등 적의 기동을 저지하기 위해서는 지상, 포, 공중 살포식지뢰체계 등이 필요하다.

기동 및 대기동지원체계는 아래 〈표 4-5〉에서 보는 바와 같다.

〈표 4-5. 기동 및 대기동지원체계〉

구 분	개념 및 유형, 주요 운용체계
기동전투체계	전차, 장갑차, 전투차량(차륜형 전술차량, 궤도형 전술차량)
기동 및 대기동지원체계	• 기동지원체계: 장애물 극복 및 기동로 개설장비, 간격극복장비, 도하지원장비 • 대기동지원체계: 장애물운용장비

가. 기동지원의 개념

기동부대가 결정적인 시간과 장소에 적 보다 우세한 전투력으로 승리하기 위해서는 아군의 행동의 자유를 보장하고 적의 행동의 자유를 제한하는 활동이 요구된다.

기동지원은 아군부대의 기동에 제한을 주는 각종 장애요소를 극복하기 위해 실시하는 지원활동을 말하며, 기동지원의 유형에는 장애물 극복, 간격 극복, 도하지원, 기동로 개설 등이 있다.

나. 대기동지원 개념

대기동지원은 적의 기동을 저지, 지연, 전환하기 위하여 지뢰를 살포하고 장애물 등을 운용하여 아군 기동부대를 지원하는 것을 말하며, 장애물 운용과 거부작전 지원활동이 있다.

대기동지원은 방어시에 주로 운용된다. 그러나 공격시에도 적의 퇴로를 차단하고 증원을 거부하거나 아군의 측방을 보호하며, 확보된 목표를 방호하고자 할 때 운용된다.

2. 주요 장비

가. 전투장갑도쟈(M9ACE[56])

전투장갑도쟈는 장갑차량 및 전투인원에 필요한 참호 및 보호시설을 구축하고 장애물 제거 및 전투기 통로 개척, 보조 활주로 건설 및 도하지점 진·출입로 개척 등에 주요 사용할 수 있도록 개발하여 미 육군이 1998년부터 운용하고 있다. 한국 육군은 삼성테크윈에서 면허생산한 장비를 공병부대에서 운용하고 있다. 전투장갑도쟈는 전면에 대형 도저가 있고 후방에는 스크래퍼볼이라고 부르는 흙의 주입을 자동적으로 조절하기 위한 밸런스 장치가 있다.

이들 스크래퍼볼을 이용하여 9톤의 흙을 차량내부에 적재하고 운반하거나 흙의 무게로 차량의 무게를 증가시켜 도저의 작업에너지량을 조절 할 수 있다.

56) ACE : Armored Combat Earthmove

- 총중량 : 24,493kg
- 최대속도 : 48km/h
- 항속거리 : 322km
- 등판능력 : 60~20%
- 도섭능력 : 0.9m
- 수상최대속도 : 4.8km/h
- 배수펌프 : 758l/min

〈그림 4-51. 전투장갑도쟈 형상 및 제원57)〉

나. 다목적굴착기

다목적굴착기는 한 대의 장비로 로더, 굴착기, 지게차, 유압해머, 체인톱의 5가지의 작업을 수행할 수 있는 장비로 CEMS58)라고 부르며 구성품별 수행임무를 아래 표와 같다. 다목적굴착기는 야지극복 및 주행능력이 우수한 장비로서 사용목적에 따라 상기 구성품을 부착하여 개인호, 교통호, 전차호, 방어진지, 포병진지 구축 및 야지 물자수송 등의 임무를 수행하여 아군 전력의 기동성, 생존성을 증대시키고 적 전력의 기동성을 저하시키기 위하여 공병부대에서 사용한다.

〈표 4-6. 다목적굴착기 구성품별 수행 업무〉

구 분	주 요 수 행 업 무
로 다	• 전시 구축물 구축작업(전차호, 차량진지, 포병진지) • 굴착 및 정지작업, 토사 제거작업 • 자연 및 인공 장애물 제거작업 • 덤프트럭에 토양적재
굴 착 기	• 개인호 · 교통호 등 구축물 구축작업
지 게 차	• 2.5톤까지의 화물운송 및 적화작업
유 압 해 머	• 자연 및 인공장애물 파괴작업
체 인 톱	• 구축물 구축작업 및 수목 절단작업

57) http://bemil.chosun.com/
58) CEMS : Construction Equipment Multipurpose Section

- 총중량 : 11.98ton
- 최대속도 : 45km/h
- 엔진출력 : 148Hp
- 장비크기 : 6.59×2.6×3.05m
- 등판능력 : 종경사 60%, 횡경사 30%
- 도섭능력 : 0.8m
- 회전반경 : 7.9m

〈그림 4-52. 다목적 굴착기 형상 및 제원〉

다. 교량전차(AVLB[59])

교량전차는 간격 극복 장비로 도로대화구, 대전차구 등 장애물을 제거하고 즉각 사용 가능한 간이 교량을 구축하여 전투 부대의 기동을 지원하는 장비이다. 구형 장비인 장간 조립교나 MGB(간편식 조립교)의 수송 및 조립시간을 크게 단축시켰다. 주력 전차 수준의 주행속도 보유로 기계화 부대의 근접지원과 제병 협동작전을 가능케 한 장비이며 교량전차에 탑재된 교량은 20.5m 이하의 반땅크 호 및 대전차 구나 각종 간격을 신속하게 극복할 수 있다. 장비 가설방법의 특성상 상부 13m 높이까지는 장애물이 없어야하며, 양안의 제방높이 차가 2.4m 이하이고, 종경사 ±10°, 횡경사 3° 이상일 경우에는 평탄작업이 요구된다.

K1 교량전차는 K1전차의 차체와 한국 지형에 맞는 교량장치를 개발하여 기술적으로 결합하여 성능을 개선한 것으로 대부분이 산악 및 소하천인 한국 지형에서 효과적으로 운용되도록 최대 폭 20.5m의 장애물 지대를 통과 시킬 수 있게 제작되었다. K1전차와 대등한 가속, 야지주행, 최대속도, 수직 장애물 및 호 통과 능력을 보유하고 있어 전차 k1을 가장 효과적으로 근접 지원할 수 있다. 교량장치는 유압장치에 의해 작동하여 4~8분 이내에 교량가설을 완료 할 수 있다.

59) AVLB : Armoured Vehicle Launched Bridge

• 차 체 : K1 전차
• 길이/폭 : 20m / 4m
• 통과중량 : 93톤
• 가설시간 : 4~8분
• 총중량 : 53.7톤
• 전장×전폭×높이 : 12.5 ×4×4
• 최대속도 : 65km/h
• 등판능력 : 60%(31도)

〈그림 4-53. K1교량전차 형상 및 제원[60]〉

교량은 고강도 구조용강으로 제작하여 전차가 8,000회 이상 통과 할 수 있는 높은 내구성을 갖추었으며 하천, 둑, 대전차호 등 전투시에 발생 가능한 각종 장애물지대를 주력장비 및 인원을 신속하게 통과 시킬 수 있다. 비상시에는 승무원이 해치를 닫은 탑승상태로 교량가설 임무 수행이 가능하다. 연막탄 발사기, 화재 탐지장치, 소화장치, 화생방 탐지기 등이 장착되어 뛰어난 생존성을 보장한다.

라. 간편조립교(MGB[61])

간편조립교는 파괴된 교량이나 대전차구, 계곡, 운하 등 기동이 불가한 지점에 교량자재를 조립하여 구축함으로써 기동을 용이하게 해 주는 장비이다. 장간조립교에 비하여 경량화 되어 있음으로 구축인원·시간 소요가 비교적 작다. 교량구축은 병력이 투입되어 이루어지기 때문에 적 공격에 취약하여 신속하고 원활한 수송이 요구됨으로 수송 및 구축간 경계 대책과 교통통제 대책에 대하여 기동부대 지휘관과 협조가 이루어져야 한다. 또한 기동부대의 원활한 기동 보장을 위한 신속한 기동로 복구 요구가 지속적으로 요구되므로 선행 복구수단인 교량전차와 후속 복구수단인 M2 장간조립교와의 연계성을 고려한 전술적 운용계획이 수립되어야 한다.

60) http://www.army.mil.kr/gbbs/mukihome/
61) MGB:Medium Girder Bridge

마. 장간조립교(Panel Bridge Bailey Type M2)

제2차 세계대전 초기에 미국과 영국은 인력으로 신속히 구축할 수 있고 다양한 협간에 사용할 수 있는 다용도의 교량장비를 채택하였다. 이것이 독일군에 의해 파괴된 교량을 신속히 구축할 수 있었던 M1 장간조립교이다. 이 후 폭이 넓은 차량의 통행을 위해 차도 폭을 12% 넓게 개조하여 M2 장간조립교라 하였다. 또한 영국은 미국의 개조된 교량보다 폭을 다시 증가시켜 M3 장간조립교를 생산하였다.

〈그림 4-54. 장간조립교 설치 형상[62]〉

M2 장간조립교는 공병여단(야공단) 교량중대에 편제되어 기동부대의 기동지원, 병참선 및 주보급로 유지보수 등 지역피해복구 지원을 위해 교량중대의 기술지원을 받아 주로 야공대대 및 사단 공병대대에 의해 운용된다. 운용지역은 적 위협을 고려하여 군단급 이상 근접작전지역에서도 운용 가능하나 다른 종류의 군용교량보다 구축을 위한 인원과 시간, 장비소요가 많아 적의 직사화기 및 곡사화기의 위협에 비교적 안전한 후방지역에서 주로 운용한다. 즉, 공격작전에는 기동부대의 진출에 따라 장간조립교는 선행

62) http://bemil.chosun.com/

복구 수단인 교량전차, 간편조립교와 대체하여 구축하고 교량전차, 간편조립교를 전방 지역으로 이동하는 등 각종 간격극 복수단을 고려하여 융통성 있는 교량운용계획이 수립되어야 한다.

바. 리본교(RBS[63]))

리본교(RBS)는 하천 장애물 극복을 위한 장비로 부교를 구축하는데 소요되는 인원 및 시간을 절약하고 전투장비의 신속한 도하지원을 위하여 개발되었다. 리본교는 문교·부교 두 가지 형태로 구축하는 것이 모두 가능하다.

문교는 교량 구성 장비인 교절[64]을 결합, 뗏목처럼 이동시키는 형태의 도하 수단을 의미한다. 문교는 안전이 완전히 확보되기 전 비교적 소량의 차량·장비가 도하할 때 사용한다. 문교는 자체 동력이 없으므로 이동시킬 때는 교량가설단정(BEB : Bridge Erection Boa)이나 외부 모터가 필요하다.

부교는 교절 여러 개를 결합, 강을 완전히 가로지르는 완전한 교량 형태로 만든 도하 수단을 의미한다. 일단 설치가 되면 일반적인 교량처럼 대량의 차량과 장비를 도하시킬 수 있는 것이 특징이다.[65]

전투장비를 화물선에 실어서 운반하는 문교 형태로 운용하며 필요시는 문교를 연결하여 물위에 떠있는 교량구축도 가능하다. 재래식 장비에 비하여 운반, 구축, 철수가 용이하며 부주와 차도가 일체식으로 되어 있는 교절식 장비이다.

리본부교 운용지역에서는 별도의 도보교가 필요하지 않으며, 리본문교 구축시간은 경문교 보다 짧기 때문에 속도를 요하는 작전에서는 초기에 리본문교 및 리본부교 운용중심으로 도하계획을 수립하고 경문교 및 도보교는 필요시 추가지역에 운용하도록 한다.

사. 지뢰지대 통로개척장비(MICLIC)

지뢰지대 통로개척장비는 트레일러에 적재하고, 로켓모타가 전개시키는 장약으로 지뢰지대 돌파 작전시 전투차량 통과를 위한 통로를 개척하는데 사용된다.

63) RBS : Ribbon Bridge System
64) 교절 : 도형(圖形)이나 물체(物體)가 서로 만나 공통(共通)된 부분(部分)
65) 국방일보

〈그림 4-55. 지뢰지대 통로개척장비[66]〉

아. 지뢰탐지기(PRS-20K)

지뢰탐지기 PRS-20K는 전시에는 기동로 상 금속 및 비금속 지뢰탐지 임무를, 평시에는 민간인 출입통제선 지역 유실지뢰 탐지와 비무장지대(DMZ, Demilitarized Zone) 유해 발굴 등에 활용하는 장비이다.

지뢰탐지기 PRS-20K는 지표투과레이다(GPR: 전파 특성을 이용하여 표적을 탐지하고 그 위치를 찾아내는 장치[67])를 적용하여 국내 최초로 비금속 지뢰탐지가 가능하도록 개발되었으며, 금속탐지 측면에서도 현재 운용중인 PRS-17K지뢰탐지기에 비해 탐지율과 탐지 깊이 등 성능이 크게 향상되었다.

지뢰탐지기 PRS-20K는 2020년 12월 개발 완료되어, 야전운용시험을 거쳐 2022년 하반기부터 소요군(육, 해, 공, 해병)에 순차적으로 전력화 될 예정이다.

66) 육군종합군수학교 공병장비학
67) 지표투과레이더(GPR: Ground Penetrating Radar) 국방과학기술용어사전(국방기술진흥연구소)

〈그림 4-56. 지뢰탐지기 형상〉

제6절 지상무인 전투체계

1. 개 요

무인장비란 사람이 탑승하지 않고 외부에서 원격조종 혹은 내부에 탑재된 제어·통제체계를 통해서 군사임무를 수행하는 무기체계로서, 내부의 조종사(사람)가 없는 군용차량, 함정, 항공기 등을 말한다.

무인전투체계란 미래지상전에 활용될 근접 감시정찰·통신 중계용 무인기를 포함하여 다양한 경·중전투 로봇과 감시정찰 및 물자수송, 지원로봇 등으로 구성된 무인체계 및 지휘통제차량 그리고 미래병사체계 등 여러 단위 요소를 네트워크로 결합하여 위험한 전투선단에서 단위전투를 수행할 수 있는 복합체계라고 정의할 수 있다.

무인전투체계는 복합체계의 한 축으로써 고가의 유인 전투차량을 대체하고 전면전, 국지전, 테러전 등을 포함한 미래 전장환경에서 위험작업, 전술적 대응, 무인수색 및 정찰을 이용한 정보획득 등의 능력을 바탕으로 전투력의 우위를 통하여 인명손실을 최소화하고 적을 무력화시키는 새로운 개념의 무기체계를 말한다.

무인무기체계는 배치 및 운용되는 지상·해상·공중·우주·사이버 공간을 기준으로 무인지상차량, 무인수상함정, 무인잠수정, 무인항공기 등으로 구분한다.

지상전, 해상전 및 공중전 등 모든 환경에서 운용가능하며, 무인자율·원격제어·반자율 방식으로 전투 및 비전투 임무를 수행하며 주요 특징은 다음과 같다.

♣ 지상무인 전투체계 특징

- 자율·원격 기동을 통한 임무수행
- 네트워크 센서·정보통신 기반을 이용한 공중·지상전력 통합
- 3D 환경에서 병사 임무 대행
- 지속적 전투로 전투효율 증대
- 고가의 유인체계를 무인체계로 대체하여 경제적 전투실현
- 병사의 생존성 향상

2. 작전적 운용

무인전투체계의 운용개념은 〈그림 4-68〉와 같이 감시정찰위성, 무인항공기(UAV[68]) 및 정찰로봇 등에 의해 적 활동을 포착하고, 이를 네트워크 통신망을 통해 유인 지휘통제차량에 전송하면 지휘통제차량은 원격제어에 의해 무인지상차량(UGV[69]) 및 다목적 전투차량을 이용하여 타격을 실시한다.

무인전투체계 기반의 지상전은 각 무기체계를 네트워크로 결합하여 모든 시스템이 전장정보를 공유하며 감시정찰 기능을 갖는 무인기와 지상의 감시정찰 로봇이 전투선단에서 표적을 획득하며 지휘통제 차량은 후방의 안전한 곳에 위치하여 전체적인 전투를 지휘한다. 무인전투체계를 구성하는 각각의 로봇에 대한 임무는 아래와 같다.

◉ **휴대용 감시정찰 로봇** : 병사가 접근할 수 없는 협소지역 및 건물내부의 정보수집 임무에 투입한다.

◉ **보병지원용 경전투로봇** : 근접감시정찰 및 경화기를 탑재하여 보병지원 임무수행(지뢰탐지 · 제거로봇 포함)한다.

◉ **기계화 지원용 중전투 로봇** : 다목적 플랫폼에 임무별 장비를 탑재하여 감시정찰 · 전투 임무를 수행한다.

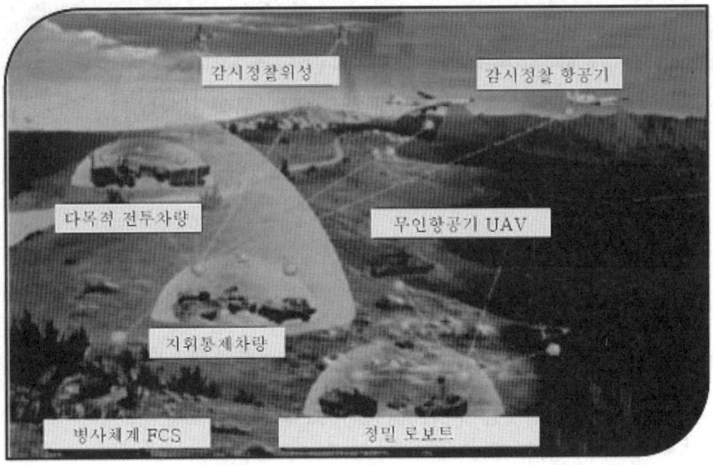

〈그림 4-57. 무인전투체계 운용개념도〉

68) UAV : Unmanned Aerial Vehicle
69) UGV : Unmanned Ground Vehicle

미래무기체계는 그림과 같이 분류할 수 있으며, 소형 무인정찰기로서 수직 이착륙이 가능한 OAV[70], 감시정찰 및 목표물에 대한 타격이 가능한 UAV RSTA[71], 전방감시 적외선 첨단센서인 FLIR[72], 지상무인전투차량(UGCV[73]), KEASAT[74], 정밀공격미사일(PAM[75], 적교란 미사일(LAM[76]), 소형 운동에너지 미사일(CKEM[77]) 그리고 지휘, 통제, 통신이 가능한 C3[78] 등으로 구성된다.

〈그림 4-58. 미래 무기체계 구성도[79]〉

70) OAV : Organic Air Vehicle
71) UAV RSTA : Unmanned Aerial Vehicle Reconnaissance, Surveillance and Target Acquisition
72) FLIR : Forward Looking Infra-Red
73) UGCV : Unmanned Ground Combat Vehicle, 지상무인전투차량
74) KE-ASAT : Kinetic Energy Anti-SATellite
75) PAM : Precision Attack Missile
76) LAM : Loitering Attack Missile
77) CKEM : Compact Kinetic Energy Missile
78) C3 : Command, Control and Communication
79) 국방과학기술조사서

3. 발전 추세

지상전의 전투형태는 단위부대 수준에서 감시정찰, 지휘통제, 정밀타격 등 기능 분산과 네트워크를 통한 단위부대 전투효율의 극대화 방향으로 나아가게 될 것이다. 무인시스템과 유인 지휘차량이 하나의 전투 활동단위로 구성되어 원활한 전투가 가능한 복합체계의 개념으로 발전하여 기존의 기갑, 보병, 포병 및 미사일부대의 기능을 포함한 다기능 전투수행이 가능할 것이다. 또한, 보병은 시가전 · 테러전을 포함한 특수전에서도 무인시스템을 활용하는 개념으로 발전할 것이며, 이러한 무인전투체계의 보다 완성된 활용을 위해서는 무인시스템의 플랫폼기술, 자율화기술 및 센서 · 정보통신기술 등의 발전이 수반되어야 한다. 무인전투체계의 핵심적인 구성요소로써 여러 무인장비의 개발이 필수적이며, 이를 위해서는 무인지상차량(UGV), 무인항공기(UAV), 무인잠수정(UUV[80])과 같은 무인장비가 필요함으로 다음과 같은 무인화기술 개발이 요구된다.

♣ 무인화 개발 요구사항
• 주변 상황 인지를 위한 식별 · 감시 기법의 개발 • 인간 착용형 로봇시스템의 개발 • 생체 모방형 로봇시스템의 개발 • 통합경로계획 및 험지환경에서의 무인 자율주행장비의 개발

80) UUV : Unmanned Underwater Vehicle

제7절 개인 전투체계

1. 개 요

최근까지 병사들은 각 제대에 소속된 전투원으로서의 임무를 수행하여 왔으나 첨단 과학기술을 적용하여 치명성, 지휘통제, 생존성, 임무지속성, 기동능력을 보유한 단위무기 체계로 발전시켜 전천후 임무수행이 가능하도록 할 계획이다. 즉, 소부대 전술 네트워크와 연동하여 미래 디지털 전장 환경에 적응하고 임무를 효과적으로 수행할 수 있도록 화기, 피복 및 휴대품에 이르기까지 혁신적인 첨단기술을 적용하여 병사의 능력을 극대화하는 것을 목적으로 한다.

- ◉ **지휘통제** : 병사 개인, 화기, 장비, 정보 및 임무수행을 위한 절차 등을 지휘통제하는 병사의 능력으로써, 관련체계는 병사의 무전기, 컴퓨터 및 HMD[81]로 통합된 지휘 · 통제 · 통신(C3)을 포함한다. 개인간의 통신, 컴퓨터 통제장치, 위치항법장치(GPS[82]), 정보취급 및 시청각 능력을 향상시켜 임무수행이 가능 하게 한다.
- ◉ **생존성** : 임무수행을 위하여 적군과 교전할 때에 적 화기로부터의 위협과 여러 환경조건에서 자신을 보호할 수 있는 병사의 능력이다. 관련되는 사항으로는 탄도, 화염 및 열기, 화학적 · 생물학적 직접에너지, 감시 및 환경적인 요인의 위협 등에 대한 통합 방어 체계, 고온에 의한 스트레스, 전투효율을 높이기 위한 개인용 냉방장치, 동료병사간의 피해방지를 위한 피아식별기, 병사 생체상태 파악을 위한 모니터링 시스템 등이 있다.
- ◉ **임무지속성** : 전술적 상황하에서 병사의 임무를 유지시키는 능력이다. 관련되는 사항으로는 동력 공급장치, 개인용 정수장비와 가열장치가 부착된 첨단 야전식량 등이 포함된다.
- ◉ **기동성** : 부여된 임무를 수행하기 위하여 병사가 필요한 장비를 갖추고 전쟁터를 이동할 수 있는 능력이다. 관련되는 사항으로는 최고의 풍속에서 인원, 군수품 및 장비를 초고도에서 극저고도까지 신속히 공중투하 및 침투 가능하도록 하고 각종

81) HMD : Head Mounted Display
82) GPS : Global Positioning System

휴대장비의 경량화, 야간전투를 위한 화기용 열상장비 등이 포함된다.

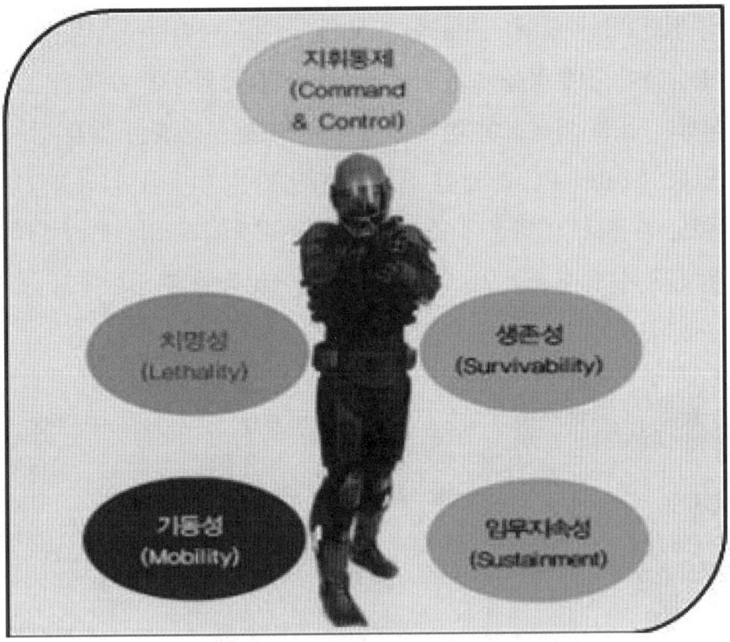

〈그림 4-59. 미래병사체계 요구능력[83]〉

2. 작전적 운용

전투원의 신체에 첨단 전자·통신장비, 센서, 화기, 방호품목 등의 요소를 통합 적용한 단위무기체계 개념의 미래병사체계는 현재의 병사와는 비교할 수 없는 고도의 전투능력을 발휘한다. 현재의 소부대 지휘관과 전투원이 수행해야 할 각종 전투행동 및 감시·정찰 및 보고, 지휘 및 결심, 타격 및 화력요청 등 전술적 조치들을 한명의 병사가 수행할 수 있을 뿐만 아니라 엄청난 전투력을 발휘한다. 화기에 장착된 첨단 관측장비를 이용하여 어떠한 조건아래서도 적을 탐지하여 지휘통제 네트워크를 통하여 상급부대에 보고하고 작전적·전술적 수준의 모든 제대가 수집한 정보를 수신하여 HMD를 통해 작전 책임지역내 피아상황을 사전에 파악한다. 식별된 적은 성능이 획기적으로 향상된

83) 국방과학기술조사서

복합화기와 공중폭발탄으로 직접 제압하거나 상급부대 화력을 요청하여 기습·정밀타격으로 적을 조기에 격멸함으로써 최소의 노력으로 최대의 전투효과를 달성한다. 또한, 원격 감시장비, 첨단 방탄 헬멧·위장복, 보호의, 생체모니터링시스템 등의 적용으로 생존성이 크게 향상되어 전투력을 보존한 가운데 다양한 임무를 수행한다. GPS, 디지털 나침반, 피아식별기 등을 이용하여 전투간 방향유지 및 우군간 사격을 방지한다. 소대장은 휴대하고 있는 Tablet PC나 개인 휴대용 단말기를 이용하여 공통작전 상황도(COP[84])에 공격목표, 기동로, 예하분대 전투임무를 분대장에게 명령을 하달하고 분대장은 다시 병사에게 전송하며 최종적으로 병사는 HMD를 통해 확인한다.

〈그림 4-60. 미래병사체계 운용개념도[85]〉

3. 발전추세

미국은 2008년에 Land Warrior Spiral #1을 2010년대에는 Ground Soldier System Spiral #2를 전력화하였고 2020년까지는 통합형의 Spiral #3·4를 전력화 할 예정이다. 프랑스는 2008년부터 2012년까지 FELIN[86]을 전력화하였다.

84) COP : Common Operation Picture
85) 국방과학기술조사서

한국은 체계운용 개념을 정립하면서 차기복합화기 등 일부 부체계를 개발하고 있다. 개인전투체계는 ①통합헬멧 서브시스템, ②화기 서브시스템, ③컴퓨터 및 무전기 서브시스템, ④전투복 및 개인장구 서브시스템, ⑤개인용 냉방 · 동력 서브시스템 등 5개의 서브시스템으로 구성된다.

통합헬멧 서브시스템은 전술적 상황아래에서 적 화기로부터의 보호하고 통신 및 청력을 증대하고 야간 관측 장비 및 관측센서와 정보처리기용 고해상도 전시기를 연동시킬 수 있는 위치정보 및 피아식별 센서를 통합하는 헬멧 서브시스템을 개발할 예정이다.

화기 서브시스템은 화력을 증대하여 적에게 심대한 타격을 가할 수 있고 사거리를 증대하여 원거리 교전을 보장한다. 근접전투시 피해를 최소화하며 HMD에서 직접 관측한 제원을 조준장치에서 활용할 수 있도록 연동된다. 복합형 화기는 기존의 화기와 구별되는 차세대 개인화기로써 병사가 점표적이나 지역표적과 교전시 가장 적절한 화기를 즉각 선택하여 사용할 수 있도록 기존의 소총과 유탄발사기를 한 개의 개머리판에 결합한다.

컴퓨터 및 무전기 서브시스템은 정보를 생성 · 출력 · 저장하며 GPS 수신기와 연결된 항법장치에 의해 자료를 제공하고 영상을 무선으로 전달하는 기능을 담당하는 시스템으로써 정보전달과 화학 탐지기, 생체신호 모니터링, 열상 카메라, 레이저 검출기 및 피아식별장치 등의 센서사이의 인터페이스, GPS 수신기와 연결된 항법장치를 통해 위치항법 자료, 각 병사가 생성한 실시간 전투정보, 디지털 영상 및 음성신호 전달 등 전자장비의 능력을 통합 관리하며, 소부대 전술 네트워크와 연결되어 각 병사로부터 실시간 전투정보를 받아 상급제대에 제공이 가능할 것이다.

전투복 및 개인장구 서브시스템은 다양한 전장의 위협, 특히 화기로부터 신체를 보호하고 보다 혁신적인 위장효과 제공으로 피탐 방지를 목적으로 개발되며, 특히 전투복, 방탄복, 전투화, 전투배낭 등의 비무기체계에 혁신적인 첨단기술을 적용한 통합체계개념의 플랫폼 역할이 요구되는 추세이다.

개인용 냉방 · 동력 서브시스템은 개인용 냉방장치는 병사가 고온에서 특히, 보호의를 착용하고 전투임무 수행시 병사의 능력을 향상시키고 개인용 동력장치는 화기용 조준장치, 컴퓨터, 냉방장치, 헬멧장착형 전시기, 통신장비 등의 운용에 필요한 동력을 제공하기 위한 것으로 소형압축기, 고성능 건전지 및 초소형 내연기관 기술 등에 대한 최적화 연구가 진행되고 있다.

---

86) FELIN : Fantassin a Equipments et Liaisons Integres

제5장

함정무기체계

제1절 체계 개요

1. 해군의 임무와 역할[1)]

해군은 국가이익을 보호하고 국가안보 유지를 주 임무로 한다. 평시에는 전쟁을 억제하고 해양주권 및 권익보호, 대외정책 지원 및 국위선양에 기여하며, 전시에는 해양을 통제하고 군사력을 투사하며 해상교통로 보호 임무를 수행한다.

해군의 역할은 전쟁억제 및 국가방위, 해양주권 수호 및 국익증진 등 네 가지로 구분된다. 첫째, 강력한 해군력 보유로 전쟁을 억제하고, 유사시 합동 및 연합작전으로 국가를 방위한다. 둘째, 영해 및 배타적 경제수역 내 해양주권을 수호하며, 서북도서-이어도-독도에 이르는 해양영토를 수호하고, 해상무역 및 어선, 해양자원 탐사 및 개발활동을 지원하고 보호한다. 셋째, 해적, 해상 국제범죄 등 초국가적 해상위협에 공동대응하며, 국제해양안보협력에 주도적 참여 등 국제사회 기여를 통한 국가위상을 제고한다. 넷째, 도서주민 행정 및 의료지원, 해양범죄 예방 및 질서유지 등 국민생활의 향상과 보호 역할을 수행한다.

함정은 병력과 무장을 탑재하고 전투 및 전투지원 임무 수행을 주목적으로 하는 선박을 말하며, 군사적 목적으로 사용하는 모든 배를 함정 또는 군함이라 한다. 함정은 해군이 사용하는 무기체계로서 크게 수상함과 잠수함으로 구분된다. 함정은 일반적으로 직접 전투에 참가하는 전투함과 후방에서 전투에 사용되는 전투장비, 탄약, 물자, 병력을 수송하거나 후속지원임무를 담당하는 지원함으로 나눌 수 있다. 해군작전에 운용되는 함정무기체계로는 이지스구축함, 구축함, 호위함, 초계함, 기뢰전함, 고속정, 지원함, 잠수함, 함정전투체계, 해상유도무기, 어뢰, 기뢰-폭뢰 등이 있다.

군함의 크기는 배수(排水) 톤수로 표시된다. 배수 톤수란 군함 자체와 함상 및 함내에 적재된 모든 장비품의 중량을 말한다. 일반적으로 함정은 만재배수량을 기준으로 500톤 이상을 함(艦), 이하를 정(艇)으로 분류하며, 속도를 기준으로 해상에서 30노트 이상이면 고속정이라 한다.

1) 해군 홈페이지

전투함은 200톤급에서부터 10,000톤급 이상에 이르기까지 종류가 매우 다양하다. 배수량이 적은 200톤급 고속정의 경우 기동력이 뛰어나 주로 불법어로 감시 등의 목적으로 이용된다. 1,000톤급 내외의 초계함은 연안경비 및 초계임무와 같은 작전을 수행하는 군함이며, 1,500~4,000톤급 호위함은 유사시 연안 전투에 투입된다. 4,000~10,000톤급에 해당하는 구축함은 대공·대잠 방호 임무를 수행하는 주력 전투함이다.

♣ 함정무기체계의 기능

≫ 전투능력 : 적을 공격하거나 적의 공격으로부터 방호하기 위한 무장
≫ 기 동 성 : 군함의 속력·내해성(耐海性)·안정성·기민성의 보유
≫ 전투지속능력 : 군함이 기지를 출발하여 얼마동안 작전을 계속할 수 있는가 하는 작전 계속 능력
≫ 방 호 력 : 적의 포탄·미사일·어뢰·기뢰 등에 의한 공격 효과를 무효로 하거나 최소한으로 줄일 수 있는 능력

2. 해군작전 구분

해군작전은 대함작전, 대잠작전, 대공작전, 상륙작전, 잠수함작전, 특수작전, 기뢰작전, 탐색 및 구조작전, NLL작전, 평화작전 등으로 분류된다.

대함작전은 아군의 해양사용을 거부하려는 적의 수상 전투세력 및 군수지원 선박 등을 파괴 또는 무력화시키는 작전이며, 대잠작전은 적 잠수함의 자유로운 활동을 거부하고 조기에 색출·격멸함으로써 적의 잠수함 공격으로부터 우군 함정이나 선박, 항구 등을 보호하여 해상에서 자유로운 활동을 보장하는 작전이다. 대공작전은 적 항공기 및 미사일 등 공중비행체를 조기에 탐지, 식별하여 파괴 또는 무력화시키는 작전이며, 상륙작전은 해상으로부터 육상에 군사력을 투사하여 적 지역 확보 및 특정지역 사용을 거부하는 작전이다. 잠수함작전은 적 수상함 및 잠수함을 탐색하여 식별 및 공격하고, 적 항구를 봉쇄하며, 적 육상 핵심표적을 타격하는 작전이며, 특수작전은 적 지역에 은밀히 침투하여 정보 및 첩보 획득, 중요표적에 화력을 유도하여 타격 및 화력유도, 상륙작전 시 해안 정찰, 장애물 및 수중기뢰 제거, 해상 대테러 임무 등을 수행하는 작전이다.

기뢰작전은 기뢰를 부설하거나 제거하는 작전을 말한다. 탐색 및 구조작전은 위험지역에 있는 우군과 국민의 인명구조를 최우선으로 하며, 부가적으로 해상조난 선박, 항공기, 잠수함 등을 탐색 및 구조하는 작전이며, NLL작전은 NLL에 대한 북한의 무력화 도발을 억제하고, 북한이 도발 시 현장에서 격퇴하기 위해 수행하는 작전이다.

평화작전은 유엔 등 국제사회와 협력하여 평화정착, 재건지원 등을 수행하는 합동작전, 평화유지작전, 평화강제작전, 평화구축 및 인도적 지원 등이다.

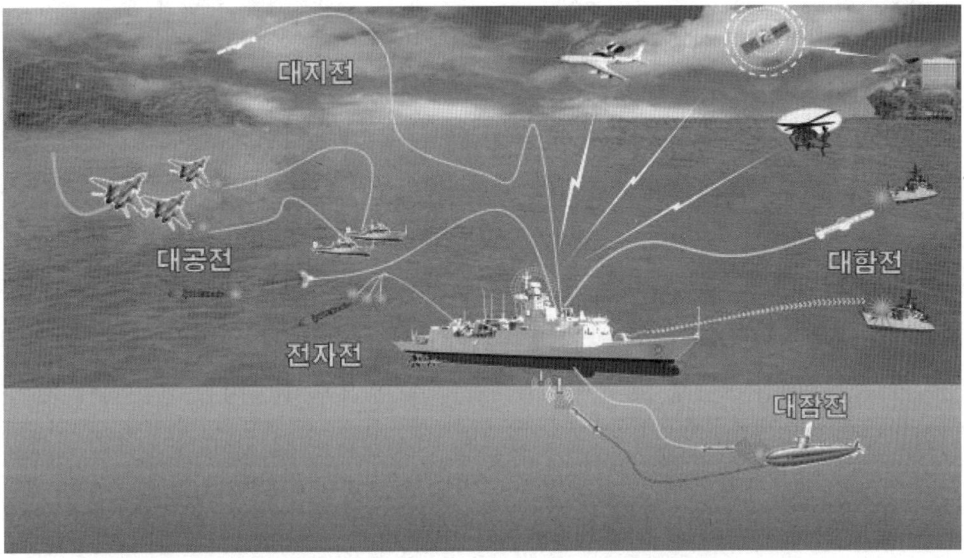

〈그림 5-1. 해군 함정 전투체계 운용개념도[2]〉

3. 해군 함정 작명법

함정 종류	함명작명 기준	“예”
구축함	역사적 위인, 영웅	광개토대왕함, 세종대왕함 등
호위함	광역시, 도/도청소재지	경남함, 광주함 등
초계함	중소 도시 지역명	김천함, 충주함, 진주함 등
유도탄고속함	해군 창설 이후 귀감이 되는 인물	윤영하함, 한상국함 등
고속정, 고속상륙정	조류 명	참수리-211정 등

2) 국방일보(2012.11.30.)

함정 종류	함명작명 기준	"예"
상륙함	산봉우리	고준봉함, 천왕봉함 등
잠수함	해양수호, 항일운동 등 호국인물	도산안창호함 등
군수지원함	큰 호수	소양함 등
대형수송함	최외곽도서 이름	독도함, 마라도함 등
기뢰탐색, 소해함	해군기지 인근 군, 읍 지역명	강경함, 강진함, 옹진함 등
기뢰부설함	기뢰전수행한 북한지역명	원산함, 남포함 등
잠수함구조함	해양력 관련 역사적 인지도 높은 지역	청해진함 등
수상구조함	해안지역 공업도시	통영함, 광양함 등

해군의 함정 작명법은 표에서와 같은 기준에 의거 함명을 명명한다. 구축함은 광개토대왕함, 세종대왕함 등 역사적 위인, 영웅을 함명으로 제정하며, 호위함은 경남함, 광주함과 같이 도(道), 특별·광역시, 도청소재지 지역명을 함명으로 삼으며, 초계함(PCC: Patrol Combat Corvette)은 시 단위급 중소도시 지역명을 제정 기준으로 하며, 김천함, 충주함, 진주함 등이 있다. 유도탄고속함은 해군 창설 이후 귀감이 되는 인물을 함명으로 하며, 특히, 2002년 6월 제2연평해전시 무공을 세운 인물명을 사용한 윤영하함, 한상국함 등이 있다. 고속정 및 고속상륙정은 조류 명으로 참수리-211정 등이 있으며, 상륙함은 산봉우리를 함명으로 하며, 고준봉함, 천왕봉함 등이 있다. 잠수함은 도산안창호함 등 해양수호, 항일운동 등 호국인물을 함명으로 하며, 군수지원함은 소양함 등 큰 호수 이름을 함명으로 하며, 대형수송함은 독도함(LPH), 마라도함과 같이 한국해역 최외곽에 있는 도서 이름을 함명으로 하는데, 그 이름에 대한민국 영토수호의 의지를 담았다. 기뢰탐색 및 소해함은 강경함, 옹진함 등 해군기지 인근의 군, 읍 지역명을 사용하며, 기뢰부설함은 원산함, 남포함과 같이 6·25전쟁 당시 우리 해군이 기뢰전을 수행한 북한 지명을 사용하며, 잠수함구조함은 청해진함 등 해양력 관련 역사적 인지도 높은 지역명을 사용하며, 수상구조함은 통영함, 광양함 등 해안지역 공업도시명을 사용한다.

제2절 함정 역사

1. 대한민국

문헌상 우리나라의 가장 오래된 해상전투 기록은 위씨조선과 한나라 수군의 해상 전투이다. 신라시대에는 석우로(昔于老)가 동해안에 창궐하는 왜구의 대선단을 사도해상(沙道海上)에서 화공으로 요격하여 섬멸한 사도대첩기록이 남아 있다. 광개토대왕은 친히 수군을 지휘하여 백제를 공격하여 58성과 7백 촌을 빼앗았고 황해도 근해에 침입한 왜군의 대선단을 격파하여 고구려가 동북아시아에서 해상강국의 절정기를 이루었다. 백제 동성왕은 중국 위나라 수군침공을 크게 무찔렀으며 청해진 대사 장보고는 서남해 제해권을 완전히 장악하여 일본과 중국 해상까지 해상교통로를 확보하였다. 이러한 사실로 미루어 보아 삼국시대의 우리 선조들은 수많은 해전을 치렀고 한반도의 지리적 여건상 중국대륙과의 교류와 일본과의 교통 등 해상활동이 활발하였다는 사실을 알 수 있다[3].

고려는 우리나라 군선 역사에 가장 많은 발명을 남겼다. 태조 왕건이 후삼국의 통일을 위해서 해전에 사용했던 누선(樓船)은 큰 누각이 있는 대형 군선이었다. 1010년(현종 1)에 동여진의 해상 침략을 격퇴하기 위하여 건조된 과선(戈船)은 누선보다 고속이며 선면에 철각을 꽂아 적선을 파괴하는 특수한 군선이었다. 그 뒤 충렬왕 때에 고려·원나라 연합군이 일본을 동정(東征)할 때 사용한 고려의 군선은 선체가 견고하고 항해능력과 전투능력이 뛰어나 고려의 조선술을 내외에 과시하였다. 우왕 때에는 최무선(崔茂宣)이 화통도감(火都監)이 되어 화약과 화포를 제조하는 데 성공하였으며 1380년에는 화포를 군선에 장비하였다. 당시 해전은 단병 접전에서는 창검을 사용하였으며 원거리 공격에는 활이 유일한 무기로 사용되었는데 군선에 화포를 장비한 것은 획기적인 발전이었다. 이 화포를 장비한 고려 군선은 1380년과 1383년에 진포와 관음포 해전에서 왜선 5백 척과 120척을 각각 격파하는 대승을 거두었다. 이는 서양의 베네치아 해군이 군선에 함포를 처음 장비한 갈리아스선(Galleass船)보다 약 160년 앞선 일이다.

조선시대에 들어와서 태조 이성계는 등극 직후부터 수군의 군제(軍制)를 정비하여 조

3) 한국민족문화대백과

선 초기에 군선제도를 확립하였다. 경국대전에 의하면 맹선의 보유 수가 대맹선 80척, 중맹선 192척, 소맹선 216척, 무군맹선 245척, 무군중맹선 3척, 무군대맹선 1척으로 모두 합하여 737척이며 당시 군선을 속도가 느린 중대선보다 속도가 빠른 맹선에 주력하였다. 조선 초기에 확립된 군선제도는 17세기에 함선에 등급을 매겨 분류한 서양보다 3백여 년 앞서 있다. 조선 중기의 대표적 군선은 판옥선(板屋船)[4]과 거북선(龜船)[5]으로 임진왜란 때 주력선으로 활약했고, 후기의 전선으로 계승, 발전하였다. 영조 22년에 편찬된 속대전에 의하면 군선의 종류는 전선(戰船)·귀선(龜船)·방선(防船)·병선(兵船)·사후선(伺候船) 등 13종에 달했으며, 1809년에 편찬된 만기요람에는 별선(別船)·경보선(警報船)·군수선(軍需船) 등 8종이 추가되어 모두 21종에 달하는 것으로 기록되고 있다.

〈그림 5-1. 복원된 거북선 형상[6]〉

현대 군함의 출발은 1945년 11월 11일(해군 창설일) 해군의 모체가 되는 해방병단이 창설된 때부터이다. 처음 해상 경비업무를 개시할 때는 군함 5척과 약간의 상륙 주정으로 진해와 인천근해에서 소규모 해상 경비로 출발하였다. 그 뒤 해군은 장병들이 거군

4) 판옥선 : 1555년(명종 10)에 처음 건조한 군선으로 수군들이 타는 곳을 완전히 판자로 덮어씌워 적의 총탄이나 화살로부터 수군을 보호할 수 있게 설계하였다. 임진왜란 때는 조선 수군의 주력선이었으며, 왜선보다 크고 우수하여 여러 해전에서 승리할 수 있었다.

5) 거북선 : 갑판 전체를 거북 등 모양의 철갑으로 덮고 그 위에 추도(錐刀 : 뾰족한 칼)를 꽂아 적의 접근을 어렵게 하였고, 용두와 귀미 및 선체 좌우에 총혈을 만들어 적을 공격할 수 있게 했으며 특정 부분은 견고하면서도 흘수(吃水), 즉 선체가 물에 잠기는 정도를 얕게 함으로써 당시 해전에서 종횡무진으로 활약할 수 있었다.

6) http://navercast.naver.com, 한민족백과사전

적으로 모금한 성금으로 미국에서 최초로 전투함(PC-701함, 백두산호)을 구입하여 1950년 4월 10일 실전에 배치하였다. 그 뒤 6·25전쟁을 계기로 군원시대(軍援時代)를 맞이하여 미국에서 대여받은 군함이 주축이 되어 경비함·호위구축함·고속수송함 시대를 거쳐 1963년에는 구축함시대의 장을 여는 등의 순차를 거치면서 우리나라 주력 군함이 발전하였다.

현대 국산 군함의 건조 효시는 우리 해군 기술진에 의해 해군공창에서 '충무공정(忠武公艇)'을 건조한 1946년이라고 할 수 있다. 그러나 실질적으로 군함을 우리의 기술과 힘으로 건조하기 시작한 것은 국민이 낸 방위성금으로 고속정을 건조해서 취역시킨 1972년도라고 할 수 있다. 1980년의 한국형 구축함 건조에 이어 1982년에도 한국형 초계전투함을 건조하여 취역시킴으로써 고속정·구축함·초계전투함 등 모든 군함을 한국 해역의 특성에 알맞게 한국형으로 개발, 건조하여 실전에 배치하게 되었다. 우리나라의 조함기술은 세계 유수의 선진공업국과 대등하게 되었으며, 국내 조선기술 축적에 커다란 전기를 맞이하게 되었으며 한국형 전투함의 양산체제가 이루어져 우리의 바다를 우리 힘으로 지키는 자주적인 해군력을 구축하기에 이르렀다.

2. 서 양

수상전투를 목적으로 특수한 배를 처음으로 제작한 것은 이집트인이지만 큰 규모로 사용하게 된 것은 페니키아인부터이며 그 뒤 그리스·로마가 이어받아 선체도 차츰 대형화 되었다. 이 무렵의 군함의 특색은 많은 노(櫓)를 뱃전에 늘어놓고 노예나 죄인에게 젓게 한 점이지만 동시에 간단한 돛을 달고 있다가 순풍 때에 사용했다. 고유한 장비로는 뱃머리에 청동으로 꾸민 램[衝角]을 마련하여 적함을 무너뜨리는데 사용하였다. 이런 종류의 목조군함은 갤리라고 불렀는데 선체가 커짐에 따라 노의 수도 차차 많아지고 노의 열도 2단·3단으로 배치되었다.

로마시대에는 5단인 갤리도 나타났다. 전투방식은 램이나 활과 화살·투석기로 적을 공격한 다음에 뱃전을 대고 무장한 병사가 적 속으로 쳐들어가는 격투전이었다.

〈그림 5-2. 서양의 갤리 형상[7]〉

갤리의 활약무대는 지중해로 한정되었으나 중세가 되자 스칸디나비아를 활동 근거지로 하는 노르만인이 바이킹선이라는 독특한 선형을 고안하여 유럽의 북부, 서부해안, 지중해까지 진출하였다. 바이킹선은 노를 주요한 추진수단으로 삼은 점은 갤리선과 같았으나 단단하고 항양성(航洋性)과 속력이 뛰어났다. 14세기 중엽에는 이탈리아에서 대포가 발명되고 베니스인이 이를 배에 장비하는 데 성공하였다. 돛단배로 달리는 기술이 발전함에 따라 돛대와 돛의 수효가 늘어나 추진 수단이 인력으로부터 점차 돛으로 옮겨감으로써 바람에 거슬러서 전진할 수 있는 범주함시대를 맞이하였다. 이런 변화는 매우 천천히 진행되었으나 시어[8], 캠버[9], 선체에 많은 돛을 펼친 항양성이 풍부한 범선의 출현, 항해술의 발달로 장시간동안 바다 위를 항해할 수 있는 군함이 탄생하게 되었다.

15세기부터 16세기에 걸쳐 이른바 대항해시대로 접어들어 미지의 세계로 가는 항해가 활발하게 되었는데 해양패권은 에스파냐 · 네덜란드 · 영국이 차지하였고 18세기말부터 산업혁명을 맞았다. 대포의 발달로 인해 군함의 형식도 뱃전에 가지런히 포문을 늘어놓은 포력을 중심으로 하는 것으로 변했고, 마침내 공격력에 치중한 전열함(戰列艦)과 운동성능을 중시한 프리깃이라는 식으로 기능적인 군함의 분화가 나타나게 되었다.

7) http://ko.wikipedia.org/wiki/
8) 시어 : 선체를 측면에서 볼 때 상갑판이 위로 휘어 굽어 있는 것
9) 캠버 : 갑판 중심선에서 가장 높게 되어 위쪽으로 불룩하게 만든 것

갑철 · 갑판의 발달에 따라 전함의 주포도 대형화되어 17~18인치까지 도달하였다. 1890년대에는 발사속도와 초속이 우수한 12~13.5인치 포가 주포로서 보급되었다. 순양함은 범선시대의 프리깃의 후예로 1880년대부터 고속화되어 대형의 장갑순양함과 중형의 방호순양함으로 나뉘어 발달하였다. 20세기 초에는 터빈 기관의 출현과 세관식 보일러의 발달로 3,000톤급 경순양함이 등장하였다. 어뢰의 실용화로 수뢰정과 구축함이 뒤를 이어 모습을 나타냈고 20세기 초에는 2차 전지와 내연기관의 발달로 잠수함이 출현되면서 해상전의 양상을 바꾸어 놓았다. 대함 거포주의는 제1차 세계대전을 정점으로 워싱턴 군비제한 조약에 의해 종결되었고 그 이후에는 경순양함, 구축함, 잠수함이 발달하였다.

제2차 세계대전 이후에는 해상전 양상이 달라지고 미 · 소 두 나라가 대립하였다. 미국은 잠수함을 주로 하는 소련에 대항하기 위하여 대잠함정을 중요하게 여겼으며 프리깃함, 구축함 등 대잠병장을 위주로 하였다. 대공미사일을 주무장으로 한 순양함과 양륙전을 주임무로 하는 각종 함정이 발달하였고 1950년 이래 가스 터빈 · 고속 디젤의 발달에 따라 수중익정(hydrofoil)과 고속초계정이 개발되었다. 원자력 추진기관은 2차 세계대전이후 잠수함의 근본적인 변혁을 가져왔으며 수중에서 발사하는 탄도미사일을 장착한 원자력 추진의 전략 보복잠수함이 오늘날의 주력함으로 등장하였다.

제3절 수상함 체계

1. 개 요

수상함은 해상작전을 수행하기 위하여 다양한 전투장비 및 무기체계를 탑재하고 승조원이 탑승하여 운용하는 무기체계이다. 작전임무에 따라 항공모함, 전투함, 고속정, 상륙전함, 기뢰전함, 지원함 등으로 구분한다. 전투함은 함의 크기 및 임무에 따라 순양함, 구축함, 호위함, 초계함 등으로 분류한다.

〈표 5-1. 수상함의 종류[10]〉

구 분		배수량	임 무
전투함	항공모함	3만톤 이상 (3만톤 이하 경항공모함)	• 항공기 탑재/이·착륙, 정비·보급, 관제·통신시설 등을 갖춘 바다위의 비행장 역할을 하는 군함
	순양함	1만톤 이상	• 원거리 단독임무 수행 가능/ • 한국 해군 미보유
	구축함	3,000~ 10,000톤	• 대공·대함·대잠작전을 독자적으로 수행 가능한 다목적 전투함 • 무장 : 함포, 대공·대함유도탄, 어뢰, 대잠헬기 등 • 역사적 인물과 호국인물 이름으로 명명 "예" 광개토대왕함, 충무공이순신함 등
	호위함 (프리깃함)	1,500~ 3,000톤	• 수송함·상륙함 등의 호위임무 수행(서울함 등) • 연안의 대공전·대잠전에 신속 대응
	초계함	1,000톤 내외	• 적의 기습에 대비한 연안경비·초계임무 수행 • 대함·대공·대잠전, 대기뢰전 수행(천안함 등)
	고속정	200~ 500톤	• 기동력이 뛰어나 근접전투에 유리 • 불법어로 감시, 밀입국 감시에 이용
지원함	상륙전함	9,000~ 25,000톤	• 상륙작전을 위한 지휘통제, 병력 수송, 군수보급 지원 등의 임무수행 • 전쟁 이외의 다목적 지원임무 수행
	기뢰전함	400~ 3,000톤	• 기뢰 부설, 탐색, 소해(제거)가 주 임무 • 기뢰 부설함, 기뢰 탐색한, 탐색 소해함 등
	지원함	2,000~ 4,000톤	• 해상작전을 위한 유류/식품/탄약/수리부속 등을 지원 • 보급유조함, 수리지원함, 해난구조함, 병원선 등

10) 합동참모본부 무기체계 분류

2. 항공모함(Aircraft Carrier)

가. 개 요

항공모함이란 전투기를 탑재하고 이·착륙시킬 수 있는 능력을 갖추고, 정비 및 보급, 항공관재, 통신시설 등의 기지시설을 완비하여 수상에서 이동항공기지 역할을 수행하는 군함을 말한다. 항공모함은 지상 항공기 지원이 제한되는 먼 바다에서 작전을 수행하는 해군 기동부대의 중심세력으로 역할을 수행하는 함정으로, 함대에 대하여 공중 엄호를 지원할 뿐만 아니라 적 해상세력과 지상에 대한 강력한 공격능력도 가지고 있다. 따라서 먼 바다에서 해군 단독으로 입체적인 작전수행능력을 갖추고자 하는 경우에 필요하다.

항공모함을 최초로 개발한 국가는 영국으로 영국 해군은 1912년에 최초로 항공모함의 개념을 발전시켰으며, 건조기간을 단축하기 위하여 여객선으로 건조하고 있었던 Argus라는 배를 해상 항공기 탑재함으로 개조하여 항공모함의 개념을 실현하였다.

항공모함은 30노트 이상으로 고속항해가 가능하며, 장기작전 능력 및 내해성을 갖추고 있고, 항공기 탑재 및 단독 정비능력을 보유하고 있으며, 방어적 특성보다는 공격적 특성이 강조됨에 따라 항공기 작전능력을 극대화시키기 위한 규모의 대형화 추세를 보인다는 특징이 있다. 즉 항공모함은 2차 세계대전 당시에는 3만 톤 규모였으나 항공기 작전능력을 극대화시키기 위하여 대형화 추세로 발전되어 오늘날에는 10만 톤 규모의 항공모함이 운행되고 있다.

항공모함은 추진동력을 기준으로 디젤/전기추진 항공모함과 원자력추진 항공모함으로, 크기를 기준으로 대형항공모함(8만 톤급), 중형항공모함(4만 톤급), 소형항공모함(3만 톤급 이하)으로 분류한다.

항공모함을 보유한 국가는 미국, 영국, 프랑스, 러시아, 중국, 브라질, 스페인, 이탈리아, 태국, 인도, 일본(경항모) 등이다.

〈그림 5-3. 미국의 항공모함인 니미츠호〉

나. 항공모함 분류(탑재기와 운용법에 따라)

구 분	내 용	비 고
초대형 항공모함	대형제트기를 캐터펄트로 발함시키고 와이어로 구속 착함하는 것	미국의 각 항공모함
중형 항공모함	대형 제트기를 운용할 수 있지만 탑재 가능 기수가 적음	러시아의 쿠즈네스초프, 프랑스의 샤를드골 등
구식 항공모함	신세대 함재기의 운용이 불가하고, 구식 항공기를 운용하는 항공모함	아르헨티나의 Veinticinco, 브라질의 Minas Gerais
V/STOL 항공모함	V/STOL기를 ski jump로 발진시키며,수직으로 착함	영국의 Invincible, 인도의 Viraat등
헬기 항공모함	보통 헬기만을 탑재, 작전형태에 따라서는 V/STOL기도 운용	미국의 LHD나 LHA 등

※ V/STOL: Vertical/Short Take-Off and Landing

다. 발전추세

(1) 비행갑판/격납고의 대형화로 이·착함 시 상호 간섭의 최소화

(2) 상부 구조물의 소형화로 스텔스화

(3) 전자기식 항공기 사출장치 개발 등을 추진 중

3. 순양함(Cruiser)

가. 개 요

전함(battleship)과 구축함(destroyer)의 중간급(1만 톤급 이상)인 다목적 전투함으로 순항거리가 길고 속력이 고속인 것이 특징이다. 전함보다 빠른 기동력과 구축함보다 우수한 전투력을 지닌 큰 군함이다.

순양함은 항공항모전단의 방어임무 수행 및 상륙 전력을 지원하며, 수상함대의 기함으로서 대잠수함작전, 대지미사일 공격, 대수상함전 등의 작전을 수행한다. 순양함은 1차 세계대전에서 중요한 역할을 수행하였으나 2차 세계대전에서는 해상전투가 항공모함에 탑재한 항공기 및 지상에서 발진한 항공기에 의해 주도됨에 따라 순양함은 육지에서 멀리 떨어진 원양의 단독작전 임무수행에 투입되었다. 현재 순양함은 미국과 러시아에서 운용하고 있다. 순양함은 유도탄 순양함, 방공 순양함, 대잠 소탕 순양함 등이 있으며, 크기에 따라 중순양함, 경순양함으로 나눈다.

나. 발전추세

순양함은 다중 위협에 대처할 수 있도록 설계되며, 다양한 무기체계 탑재, 핵 추진 체계 도입, 우수한 성능의 무장 및 전자장비 탑재형으로 발전하고 있다.

〈그림 5-4. 미국의 CG-73 Port Royal 순양함[11]〉

4. 구축함(Destroyer)

가. 개 요

구축함은 대양에서 독자적으로 작전을 할 수 있는 순양함보다 작은 수상 전투함으로, 함포, 대공유도탄, 대함유도탄, 어뢰, 폭뢰, 대잠헬기 등으로 무장하여 대함, 대잠, 방공 임무를 주 임무로 수행하는 함정이다. 구축함은 어뢰로 적의 대함을 물리친다는 뜻에서 붙여진 이름이다. 19세기 말 어뢰가 발달하여 어뢰정의 공격으로부터 자신을 보호하는 동시에 자신도 어뢰로 공격하여 적을 물리칠 수 있는 전함이 필요하여 제작하였다. 1893년 영국에서 어뢰정·잠수함 대항용으로 최초로 건조하였으며 수뢰정 구축함이라고 부르다가 후에 구축함으로 개칭하였다. 구축함은 잠수함보다 빠르고 잠수함을 탐지하는 수중 레이더와 잠수함 공격용 폭뢰, 어뢰 등을 갖추고 있다. 또한 함정간 교전에 대비한 하푼 등 함대함 미사일과 함포 등 무기들도 구비하고 있다. 제1차 세계대전 이후에는 해상전투에서 적 함대에 대하여 어뢰공격을 하거나 신속한 기동으로 적 함대의 정확한 포격을 교란시킬 때 이용하였다.

적 항공기·잠수함으로부터 함대·선단을 방호할 때에도 사용하였다. 제2차 세계대전 중에는 선단을 호위하기 위하여 종래 구축함보다 작은 호위구축함(destroyer escort)까지 나타났다.

〈그림 5-5. 한국의 구축함(광개토대왕함)[12]〉

11) 자료제공 : http://bemil.chosun.com/

현대의 구축함은 생존성 향상을 위해 스텔스화하고 함대지 · 함대공 · 함대함 유도탄 등으로 무장하고 있다.

우리나라는 1980년대 초부터 한국형 구축함사업(KDX)을 추진하였으며, KDX-1사업으로 1998년부터 DDH-Ⅰ급(3,885톤급)인 광개토대왕함, 을지문덕함과 양만춘함을 건조하였다. 이어서 KDX-2사업(4.000톤급, DDH-Ⅱ급 구축함)을 추진하여 충무공이순신함, 문무대왕함, 대조영함, 왕건함, 강감찬함, 최영함을 건조하였다.

문무대왕함은 한국 최초의 스텔스구축함으로 생화학, 방사선 공격 등으로부터 보호체계를 갖춘 대함 · 대공 · 대잠함 · 대지 및 전자전 수행이 가능한 구축함이다. 이지스체계[13]를 갖춘 DDG구축함(KDX-3사업)으로는 7,600톤급 세종대왕함, 율곡이이함, 서애류성룡함 등이 있다.

나. 발전추세

구축함의 발전추세는 첫째, 함정의 피탐방지를 위해 스텔스화를 추진하고, 함대지, 함대공, 함대함 및 대유도탄 방어 유도탄 등을 탑재하는 등 무장의 다양화 및 중무장화로 발전하고 있으며, 둘째, 대공방어 능력 강화를 위해 중거리 · 근거리 대공유도탄 등의 유도탄과 근접방어무기체계(CWIS) 등을 탑재하며, 셋째, 지휘통제 능력의 강화를 위해 정보수집, 전시(展示), 평가 및 신속한 무장 할당, 무장통제 기능을 보유한 함정전투체계를 탑재하고 있으며, 넷째, 대잠전능력 강화를 위해 원거리의 잠수함을 탐지 및 공격하기 위한 음향탐지기, 대잠무기체계 등을 탑재하고, 다섯째, 탑재무기 성능의 증대, 헬기 탑재능력 보유 및 원해 장기 기동작전 능력 보강을 위한 함정의 대형화가 이뤄지고 있다.

5. 호위함(Escort Ship)

적의 잠수함, 항공기 따위로부터 선단이나 항공모함을 호위하는 임무를 수행하며 대잠전에 주로 운용된다. 대함전 · 대공전 및 상륙부대 · 해상보급부대의 선단호송임무 수

12) http://www.jcs.mil.kr/main.html
13) 이지스(Aegis)는 고대 그리스신화에서 제우스가 그의 딸 아테네에게 준 신의 방패. 이지스체계는 군함에서 사용되는 전투시스템의 이름으로 방어를 목적으로 하는 시스템.

행하는 함정으로 구축함보다 다소 작지만 기능은 비슷하다. 광의개념으로는 항모기동부대, 각종 함대, 선단, 선박 등을 적의 공중·수상·수중 공격으로부터 경계·방어하는 모든 군함이 포함되고 있지만, 협의개념으로는 수송 또는 상륙작전용 등의 함정이나 선단과 행동을 같이하면서 호위임무를 수행하도록 되어 있는 해군 함정을 말한다.

제1차 세계대전 때까지는 해상호위작전에 구축함을 투입하는 것이 일반적이었으나 속도가 느린 상선이나 수송선단을 호위하는 작전에 고속·중무장의 구축함을 투입한다는 것은 비경제적이며 수량 면에서도 절대적으로 부족하여 제2차 세계대전 직전부터는 보다 경제적이고 신속하게 건조할 수 있는 군함이 필요하게 되었다. 이러한 임무를 수행하는 군함을 영국에서는 프리깃, 코르벳, 슬루프 등이라 하였고 세계대전 중에는 수중음파탐지기·폭뢰 등의 대잠공격무기를 탑재하여 대잠용으로 사용하였다.

제2차 세계대전이 종료된 이후에 잠수함 성능이 급속하게 발달하게 됨에 따라 호위함도 고속화와 고성능 무기가 요구되어 보유하고 있던 구축함의 개조도 추진되었다. 이때부터 호위함과 구축함의 구분이 모호해졌으며 오늘날에는 거의 구별할 수 없게 되었다. 현재는 미국·영국·러시아 등에서는 대형의 것을 구축함이라고 별도 분류하고 있지만 독일·프랑스·일본 등에서는 모두 호위함으로 분류하고 있다. 국방비의 제한으로 인하여 군사적 요구성능을 다소 완화한 군함도 생산되고 있다. 현재 호위함이라고 하는 것을 일반적으로 항양성을 갖추고 있는 700~800톤 이상의 함정을 일컫는데 대부분 1,500~3,000톤급이다.

〈그림 5-6. 한국의 인천급 호위함[14]〉

6. 초계함(Patrol Corvett)

초계함은 적의 기습공격에 대비해 연안 경비 및 초계 임무를 수행하면서 규모가 더 큰 군함인 구축함을 보조하는 역할도 담당하며, 해상 상태가 비교적 평온한 상태에서만 작전할 수 있는 배수량 1,000톤 내외의 군함으로 호위함보다 성능이 떨어지고 크기도 작은 함정이다.

우리 해군은 공해상 부근의 해상 경계에 초계함을 주로 배치하고 있다. 1999년 서해 교전에서 북한 경비정을 격침시키는데 결정적인 역할을 담당했다. 초계함에 장착된 76㎜ 함포가 쏜 포탄이 북한 경비정에 명중하였다. 북한은 이보다 작은 사리원급(6백50t)을 보유하고 있다.

〈그림 5-7. 한국의 포항급 초계함[15]〉

7. 고속정(Fast Attack Craft)

고속정은 연안방어 및 항만 방어용으로 운용되는 소형의 빠른 기동성 및 속도를 가진 전투함으로써 해군력을 갖추기 시작하는 신흥 해군국의 실질적인 주력함이다. 시속 80

14) http://search.naver.com/search.naver
15) 자료제공: http://cafe.naver.com/pohangwarship

㎞까지 달릴 수 있어 구축함이나 순양함보다 1.5배나 빠르다. 때문에 미사일이나 함포를 재빨리 쏜 다음 멀리 도망가는 작전을 하는 데 유리하다. 고속정은 유도탄정 외에도 대잠정, 초계정, 함포정 및 어뢰정 등으로 다양한 유형이 있으며, 속도를 내기 위하여 선형은 활주형, 배수량형, 수중익정, 표면효과정(SES), 해면 효과정(WIG)등 여러 형태로 개발되고 있다. 연근해용으로 200~250톤, 연안용으로 500톤 정도이지만 구소련에서는 중무장을 탑재한 700톤 이상의 초계함급 고속정도 개발하였다. 고속정은 속도가 우선이며, 가장 보편적인 최고속도는 30노트~40노트이나 50노트 이상 되는 고속정도 있다. 대잠 탐지 및 공격무기체계 탑재로 대함, 대공방어능력을 보강한 신형함 개발 추세가 두드러지고 있으나 해군이 발달한 나라에서는 큰 비중을 차지하지는 못하고 있다.

우리 해군의 고속정은 과거 북한 간첩선을 잡는 데 주로 이용됐으며, 지금은 해상경계에 배치돼 있다. 우리나라는 현재 차기 고속정 사업(PKX : Patrol Killer eXperimental)을 추진하고 있으며, 차기 고속정은 일반 고속정(PKM)과 유도탄 고속정(PKG)으로 구분된다.

PKX는 스텔스고속정으로 설계되어 대함미사일을 피할 수 있으며, 강력한 공격력과 은밀성을 바탕으로 생존성이 향상되었다. PKX의 명칭은 해전에서 무공을 세운 전사자의 이름을 부여하고 있는 데, 1번함은 제2연평해전(2002. 6) 전사자를 기리기 위하여 윤영하함으로 하였으며, 2번함 한상국함, 3번함 조천형함 등으로 명명하였다.

북한은 이 같은 소형 함정을 ① 어뢰를 주력무기로 하는 어뢰정 ② 함대함 미사일을 탑재한 유도탄정 ③ 함포를 위주로 하는 경비정 등으로 다양하게 개조해 사용하고 있다.

〈그림 5-8. 한국의 고속정[16]〉

8. 상륙전함(Landing Ship)

상륙전함은 상륙작전을 위한 지휘통제, 병력수송, 군수보급지원 임무를 수행하는 함정이다. 상륙전함은 전차, 장갑차, 트럭, 병력 등을 수송하여 상륙과 침투를 목적으로 운용된다. 상륙전함은 평시에는 재난구조 및 평화유지작전을 지원하고 전시에는 빠른 시간 내에 많은 병력을 적지에 상륙시킬 수 있도록 항공기는 물론 공기부양형 상륙정(Air-Cushion Vehicle), 수륙양용 장갑차량을 탑재하여 입체상륙작전을 수행할 수 있도록 능력을 구비하는 추세이다. 상륙전함은 제2차 세계대전 때에 개발되어 북아프리카 · 노르망디 · 태평양 등 여러 전쟁에서 사용되었으며 베트남전쟁에도 투입되었다. 여러 전쟁을 거치면서 개량되었으며 크기와 성능에 차이가 발생하였다.

배수량은 화물만재시 4,000~6,000톤에 이르고 10~15kn의 속력을 낼 수 있으며 원양(遠洋) 항행능력을 갖추었다. 이후 상륙전함은 다양한 형태로 개발되었으며 보다 많은 전차 · 차량 · 물자 · 인원 등을 탑재하기 위해 선박의 크기는 대형화 되었다. 또한 수심이 얕은 해변에도 접안할 수 있는 조건을 만족시켜야 했다. 육지에 접안하면 선수를 좌우로 열고 다리를 내려서 탑재인원과 물자를 차량에 실은 채로 양륙한다. 접안 및 양륙을 위해서 닻(anchor)이 함미에 있는 것이 특징이다. 오늘날 미국을 비롯한 선진국에서는 보다 개량된 형태와 성능을 지닌 상륙함이 개발되어 운용되고 있다.

우리나라도 2014년도부터 차기상륙함인 천왕봉함, 천자봉함, 일출봉함, 노적봉함을 전력화하여 운용하고 있다.

16) http://www.navy.mil.kr

〈그림 5-9. 차기 상륙함 노적봉호[17]〉

9. 기뢰전함

가. 소해함(Sweeper)

소해함은 기뢰를 발견하고 제거하는 것을 주 임무로 하는 함정이다. 평시에는 주요 항만에 대한 탐색작업을 통하여 자료를 수집하고 전시에는 폐쇄된 항구의 돌파소해, 주요 항만의 개항, 상륙작전 시 최전방에서의 소해임무 수행 등 해상교통로에 대한 소해임무를 수행한다. 소해함은 연안의 기뢰를 제거하기 위한 CMH(Costal Mine Hunter)와 항구의 기뢰제거작전을 위한 HMS(Harbor Mine Sweeper)로 구분된다. 소해함은 기뢰를 제거하기 위하여 흘수선[18]이 매우 작아 어떤 항구에도 톤수에 상관없이 입항할 수 있다. 흘수가 작은 만큼 종경사와 횡경사가 매우 심해서 뱃멀미가 다른 군함에 비하여 심한 편이다.

---

17) http://news.naver.com
18) 흘수선(water line, 吃水線), 선체가 물에 잠기는 한계선

〈그림 5-10. 소해훈련 모습[19]〉

나. 기뢰부설함(Mine Layer Ship)

기뢰부설함은 전술적 이익을 획득하기 위해서 완전히 조립된 기뢰를 목적지까지 운반하여 주요 해역을 방어하기 위한 방어기뢰를 부설하거나 적의 주요 해역에 공격기뢰를 부설할 수 있으며, 소해작전의 지휘함 임무 수행도 가능하다. 소해함에 대한 제한적인 군수지원 임무 수행이 가능하며, 넓은 헬기갑판을 보유하고 있어 헬기모함 임무도 수행할 수 있다. 기뢰부설함은 기뢰를 부설하여 기뢰가 부설된 해역에서의 소해 능력을 갖추지 못하는 전투함들이 진입하지 못하도록 특정 바다구역을 폐쇄하고 기뢰 부설 해역으로 진입하는 적 전투함을 공격하여 격침시키는 비대칭전력이라고 할 수 있다. 이러한 이유로 해군대국들은 기뢰부설함을 건조하고 전력화하였다.

1950년 6.25전쟁 중에 북한군은 원산상륙작전을 저지하고자 소련의 기뢰부설함의 지원을 받아 기뢰 3,000발을 원산앞바다에 설치하였다.

결과적으로 북한의 기뢰설치로 인하여 유엔군의 원산상륙작전은 10일간이나 지연되었다. 미군 10군단이 원산에 상륙했을 때는 이미 지상으로 진격한 국군 3사단과 수도사단이 원산을 점령한 이후였다.

19) http://blog.chosun.com/blog.log.view.screen

〈그림 5-11. 한국의 원산급 기뢰부설함[20]〉

10. 지원함

가. 구조함(Salvage And Rescue Ship)

구조함은 해상에서 함정의 구조와 예인을 주 임무로 한다. 구조함은 구조 대상이 어떤 함정인지에 따라 수상함 구조함, 잠수함 구조함 등으로 분류할 수 있다. 수상함 구조함은 고장 또는 좌초된 함정을 구조하거나 기름유출 등 해상오염을 방재하는 등 다양한 해상활동을 수행하며 사이드 스캔 소나, 수중무인탐사기, 감압 챔버 등의 다수의 구조장비를 보유하고 있다.

침몰된 잠수함의 구조를 주임무로 하는 잠수함 구조함은 잠수함의 출현과 함께 20세기 초에 개발되었다. 원래는 침몰한 잠수함을 인양하는 데 사용되어 왔으나 잠수함이 대형화되고 잠수 깊이가 증가하면서 깊은 바다에서 조난사고가 많아짐에 따라 선체의 긴급인양은 어려워졌다. 따라서 제2차 세계대전이 시작되기 수년 전부터는 조난 잠수함의 승무원에 대한 인명구조에 중점을 두는 것으로 성격이 바뀌었다. 제2차 세계대전 당시 미국의 잠수함 구조함은 배수량 1,800톤에 조난 잠수함의 바로 위에 정확히 정박하

20) http://bemil.chosun.com/nbrd/gallery/

기 위한 특수 계류장치, 각종의 구조기구, 잠수종이라고 하는 내압식인 원통형 잠수기, 잠수병환자 치료장치, 사고함 예인장치, 수중통신장치 등을 갖추고 있었다. 오늘날 미국의 최신형 잠수함구조함은 배수량 3,000톤에 쌍동식 선체로 1,000m의 깊은 바다에서 인원구조를 할 수 있는 소형의 심해구명정(DSRV)을 발진시킬 수 있다.

〈그림 5-12. 구조함의 구조[21]〉

11. 수상함 발전 추세[22]

해상권을 제패하기 위해 새로이 개발 건조되는 수상전투함의 체계특성은 함정 종류마다 상이하나 공통적인 요소를 요약하면 다음과 같다.

가. 스텔스 성능 고도화

스텔스 성능의 중요성은 생존성 강화와 함께 함정설계의 주요 목표가 되고 있다. 최근 해전양상이 연안해전으로 전환됨에 따라 스텔스 성능의 중요성은 더욱 강조되고 있

21) http://news1.kr/articles/
22) 국방과학기술조사서, 제인연감, Jane's Underwater Warfare Systems 등

다. 수상전투함의 상부구조물 형상은 RCS를 최소화하도록 설계하는 것이 이미 일반화 되었다. 안테나 등 각종 부착물에 대한 RCS를 줄이기 위한 대책이 실용화되고 있고 미래 수상전투함의 수면 상부 선체 형상은 현재 수상함과 완연히 다른 형태를 갖게 될 것이다.

IR[23]신호로 유도되는 대함미사일이 등장함에 따라 수상전투함의 IR신호 특성을 저감하기 위한 대책 또한 매우 중요한 함정 설계과제가 되었으며 현재 IR신호 특성 저감대책은 많은 열을 배출하는 배기가스 연돌의 배기온도를 낮추는 것에 집중되어 있다. 수상전투함의 대잠전 임무수행 시 수중 피탐지율을 저하시키고 동시에 소나의 탐지확률을 높이기 위해서는 수중방사소음 수준을 저감시켜야 하므로 함내 장비의 진동 및 소음이 선체외판을 통해 수중으로 전달되는 것을 막기 위한 진동 및 소음 차단장치와 프로펠러 추진기에서 발생하는 소음을 최소화하기 위한 추진기 설계 및 재료를 개발하고 있다. 함수부를 비롯한 선체 주위에서의 유체소음을 줄이기 위한 선형설계기법 등의 연구개발도 진행되고 있다.

수상전투함은 대부분 강재를 이용하여 건조되고 있어 자기특성을 가질 수밖에 없으므로, 함정의 영구자기를 소거하기 위한 자기처리 방법과 함께 잔류한 자기신호를 처리하기 위한 소자장치를 설치함으로서 자기신호를 저감시키고 있음. 최근 고감도 수중 전계(UEP[24]) 센서를 이용한 기뢰의 등장으로 이에 대비하기 위한 방책이 활발히 연구되고 있다.

나. 추진시스템 개선

현재의 수상전투함은 가스터빈이나 디젤기관 등 주기관의 기계적 출력을 감속기어를 통해 추진기에 전달시키는 추진방식이 주류를 이루고 있다.

미 해군은 통합전력시스템 IPS[25]을 구축함에 적용하고 있으며 영국 해군은 통합전기추진시스템 IEP[26]이라는 새로운 전기추진방식을 개발하여 적용하고 있다. 통합전기추진시스템은 주 기관을 구동하여 발전된 전력을 추진전동기, 무기체계 및 각종 장비에

23) IR : Infra Red, 적외선
24) UEP : Underwater Electric Potential
25) IPS : Integrated Power System
26) IEP : Integrated Electric Propulsion

전원을 동시 공급하는 시스템이다. 원동기인 주 기관, 발전기, 전동기를 각기 최적의 효율로 작동시킬 수 있으며 감속기어 및 가변피치 프로펠러(CPP[27])를 필요로 하지 않아 현재의 기술발전 추세에 비추어 통합전기추진시스템의 채택이 크게 확대될 것으로 전망됨에 따라 수상 전투함의 체계 구성에 많은 변화를 가져올 것으로 판단되고 있다.

다. 자동화 및 승조원 최소화

미 해군은 함정 운용을 자동화하고 이를 토대로 승조원 수를 대폭 감축시킬 수 있는 방안을 도출하기 위해 1996년부터 Smart Ship 계획을 추진하여 개발된 함정자동화 기술을 연안전투함(LCS) 및 DDG-1000 Zumwalt급에 적용하고 있다. 함정의 수명주기 총 순기비용에서 인건비가 차지하는 비율은 약 37%이고 함정 운영유지비와 대비할 경우 60%에 달할 정도로 높기 때문에 국방비 감축추세에 따라 함정의 총 순기 비용을 절감할 수 있는 경제성이 높은 함정을 개발하는 것이 필수과제가 되고 있다. 함정 운영체계의 개선과 함께 함 운용의 자동화를 위해 광섬유 LAN 체계, 통합함교시스템, 통합상황평가시스템, 통합기관제어시스템 등 새로운 함정 운용 장비체계도 연구개발하고 있다.

라. 모듈방식 설계 확대 적용

모듈방식 설계 개념은 독일 Blohm Voss사의 MEKO급 초계함과 같이 30년 이상의 함정 운용기간 중 탑재무장 및 장비체계의 급격한 발전과 작전운용 개념의 변화에 맞추어 함정체계 성능을 개량하기 위해 도입되었다.

모듈방식 설계 개념은 함정에 탑재되는 무장 및 장비체계의 표준화를 기반으로 하고 있어 무장 및 장비체계 선택의 폭이 넓어질 뿐만 아니라 정비유지 및 군수지원이 용이하게 됨으로써 함 운영유지비를 대폭 절감할 수 있는 이점이 있다.

마. Network 중심 작전능력 강화

Network 중심전은 각종 무기와 센서를 네트워크로 연결시켜 지휘관, 참모, 전투원이 전투정보를 실시간으로 공유하여 전쟁 상황에 대한 공통인식을 토대로 전투를 효율적으

27) CPP : Controllable Pitch Propeller

로 수행하기 위한 개념이다. Network 중심전을 수상전투함에 실질적으로 적용한 것은 미 해군의 협동교전능력(CEC[28])개념이다. 협동교전능력은 작전에 참여한 함정을 데이터링크로 연결하여 센서탐지 자료를 공유하게 하고 대공추적능력과 사격 통제능력을 증대시켰다. 미 해군은 200mile^2 이내의 전장공간 안에서 어떤 표적이라도 효과적으로 탐지, 추적, 공격할 수 있도록 네트워크 중심 전투력을 발전시킬 계획이다. 수상 및 공중에서의 전천후 네트워크 중심 작전을 수행하기 위하여 무인항공기개발을 적극 추진하고 있다.

28) (CEC : Cooperative Engagement Capability)

제4절 잠수함 체계

1. 개 요

잠수함이란 수중에 잠항(潛航)하여 적의 수상함과 잠수함을 수색하고 공격하는 것을 주 임무로 하는 군함을 말하는데, 전투, 전투지원, 연구개발 등 어떤 용도로 사용되더라도 최소한의 전투능력을 보유하면서 잠수할 수 능력을 갖춘 함정이므로 자신의 위치를 적에게 노출시키지 않는다는 가장 큰 장점을 가지고 있다. 소형은 잠수정 또는 잠항정이라고 하며 잠수정이나 잠수함이 아닌 모든 군함을 수상함이라고 한다. 잠수함은 바다속을 운항하여 표적물에 접근하며 공격목표를 선택한 때와 장소에서 공격할 수 있다. 그러나 해수면으로 부상(浮上)하는 동안에서는 적에게 노출되어 쉽게 공격을 당할 수 있다. 개발초기의 잠수함(잠항정)은 소형으로 항양성, 항속력, 수상항주 때 속력이 거의 없고 다만 잠수할 수 있는 성질을 가졌다 하여 submarīne이라 하였다.

2. 발달 과정

최초의 잠수함은 네덜란드의 물리학자 드레벨이 발명하였다. 드레벨은 목재로 된 선체에 기름을 칠한 가죽(수피)를 씌워서 노를 젓게 하였으며 1620~1624년에 수차례 템스강에서 약 3m 깊이를 잠항하는 데 성공하였다. 처음으로 전투에 사용한 잠수함은 1776년 미국 독립전쟁에서 영국 군함을 공격한 독립군의 1인용 잠수정 터틀(Turtle)이다. 미국의 남북전쟁에서도 남군이 잠항정 · 반잠정으로 북군의 군함 수척에게 손해를 입힌 전례가 있다. 초기 잠수함은 주로 항만의 방어나 국지용으로 사용되었다. 디젤기관이 발달함에 따라 작전해역에 진출할 때까지는 수상에서 항해하고 공격목표를 발견하였을 때는 잠항해서 표적을 공격하는 가잠함(可潛艦 : submersible)으로 발전하였다.

근대 잠수함의 발달은 축전지 · 전동기 · 내연기관 · 강철 등의 개발과 발달 및 잠망경의 실용화와 어뢰의 발달에 의해서 이루어졌다. 19세기 말에 가솔린기관과 축전지로 추진되고 어뢰발사관을 장비한 최초의 근대잠수함이라 할 수 있는 미국의 홀랜드호가 개발되어 영국 · 러시아 · 일본 등을 비롯한 여러 나라에서 모방하였다. 수상배수량 100톤, 수상속력 8kn, 수중속력 7kn 수준이었으나 항양성이 없고 잠항성능도 보잘것없어 실용할 정도는 아니었다.

〈그림 5-13. 부시넬 터틀29)〉

제2차 세계대전 말기에 원양 작전용의 수중고속잠수함이나 스노클이 개발되고 원자력이 잠수함에 장착됨으로써 본격적으로 잠수함 시대가 도래하였다. 제1 · 2차 세계대전에서 군수품을 수송하는 상선을 공격함으로써 해상교통로 파괴, 전쟁수행능력 거부 등의 유효한 해군 전력으로 자리를 굳혔다. 제2차 세계대전 후에는 스노클 기술과 핵추진 기술이 발전하여 잠수함의 수중작전시간을 증가시킬 수 있게 되었다.

특히 핵추진 체계는 수상기동부대와 동일한 속력으로 기동할 수 있게 되었고 장기간의 잠수능력을 부여함으로써 진정한 수중무기 체계로 발전하였다. 1960년대까지는 잠수함의 전략임무는 해상교통로 파괴였으나 탄도미사일을 탑재한 잠수함 개발로 새로운 전략적임무가 추가되었다.

포클랜드 전쟁에서 아르헨티나가 10척 내외의 잠수함을 보유하고 있었다면 60여척으

29) 두산백과, 1774년 기계공학도 부시넬이 전쟁시 사용할 구조형 잠수함으로 제작

로 이루어진 영국함대는 상당한 피해를 입었을 것이고 전쟁의 양상을 달라졌을 것이다. 비록 잠수함 자체의 한계는 있지만 영국과 같은 해양대국의 세력도 견제할 수 있는 강력한 수단이 될 수 있다. 잠수함은 어떠한 무기체계보다도 경제적인 방어 및 공격 전력으로 실전적인 가치가 증명되고 있다.

3. 잠수함의 분류

잠수함은 크게 재래식(디젤) 잠수함과 원자력(핵) 잠수함으로 구분되고, 잠수함을 크기에 따라 분류하는 방법은 세계적으로 통일되어 있는 것은 없다. 다만 미국의 채택하고 있는 목적에 따른 분류방법을 따르고 있다. 잠수함의 분류는 통상SS로 표기하며 목적에 따라서 대부분 SS뒤에 필요한 약자를 붙이고 있다.

〈표 5-2. 잠수함의 분류[30]〉

분류기호	내 용	특 징
SS	공격잠수함	• 2,000톤급, 22노트 · 장보고함
SSB	탄도유도탄 잠수함	• 1,800톤급, 24노트 · 오하이오급(미)
SSBN	핵추진 탄도탄 잠수함	• 26,000톤급, 25노트 • 타이푼급(러), 오하이오급(미)
SSN	핵추진 잠수함	• 1,500톤급, 35노트 • 아쿨라급(러), 씨울프급(미)
SSG	순항 유도탄 잠수함	• 2,100톤급, 13노트 • 줄리엣급(러)
SSGN	핵추진 순항 유도탄잠수함	• 18,000톤급, 28노트 • 오스카 II급(러)
SSM	잠수정	• 150톤급 이하

30) 합동참모본부 무기체계 분류

〈그림 5-14. 러시아의 타이푼 잠수함[31]〉

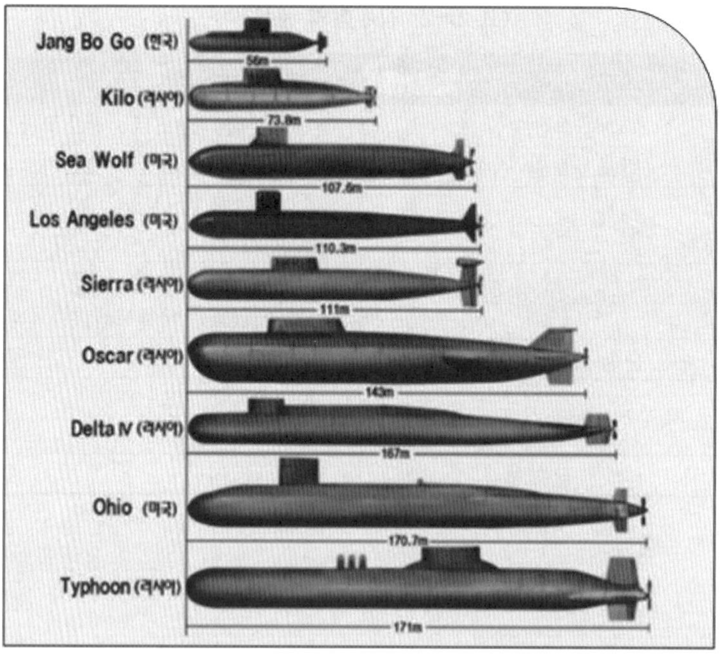

〈그림 5-15. 잠수함의 크기 비교[32]〉

31) http://navercast.naver.com
32) 두산백과

일반적으로 잠수함의 선체는 최대 잠항심도에서 수압에 견딜 수 있는 내압성이 강한 내각과 비교적 엷은 철판으로 된 비내압성의 외각이 2중으로 되어 있고, 내각과 외각 사이에 해수를 주배수하기 위한 밸러스트탱크(ballast tank)나 연료탱크를 설치한다. 그러나 소형함에는 선체가 한 겹의 내압선각이고 내부에 밸러스트탱크를 설치한 것도 있다. 전자를 복각형, 후자를 단각형이라고 한다. 중형 잠수함에는 밸러스트탱크의 일부를 내각 안에, 일부를 외각에 설치한 것이 있으며 이것을 반각형이라고 한다.

4. 발전추세

가. 작전적 측면

세계 각국은 성능이 우수한 잠수함을 확보하고 있는 추세이며, 대잠 무기체계 발달에 따라 잠수함의 생존성을 향상시키기 위하여 고속화되고 있으며 이에 적합한 선형으로 발전하고 있다. 최근에는 컴퓨터에 의한 무장통제장치, 항해, 통신장비, 함 운용 등을 통합한 하나의 통합전투체계 구축을 통해 함 운용요원을 최소로 하는 자동화 추세로 발전하고 있다. 연안작전 수행의 중요성이 증가함에 따라 다양한 임무수행에 필요한 여러가지 무장을 운용하기 위하여 잠수함 압력선체 외부에 무장 저장 및 발사체계를 탑재하는 개념으로 발전되고 있는 추세이다. 최근 확산되고 있는 대공 위협세력의 방어를 위해 잠수함에 대공 유도탄을 탑재하고 미 해군은 DDX 구축함에 탑재 예정인 함수포를 모듈화 설계하여 잠수함에 탑재하는 추세로 발전하고 있다. 핵잠수함의 경우 천해로의 작전환경 변화와 자동화에 의한 승조원 감소 및 건조비 절감을 위하여 점차 소형화되어 가고 있는 추세이며, 디젤잠수함의 경우 다양한 무장 탑재, 수중지속능력 증대를 위한 AIP 체계 탑재, 거주성 향상 등을 위해 3,000톤급의 중형 잠수함으로 대형화되어 가고 있다.

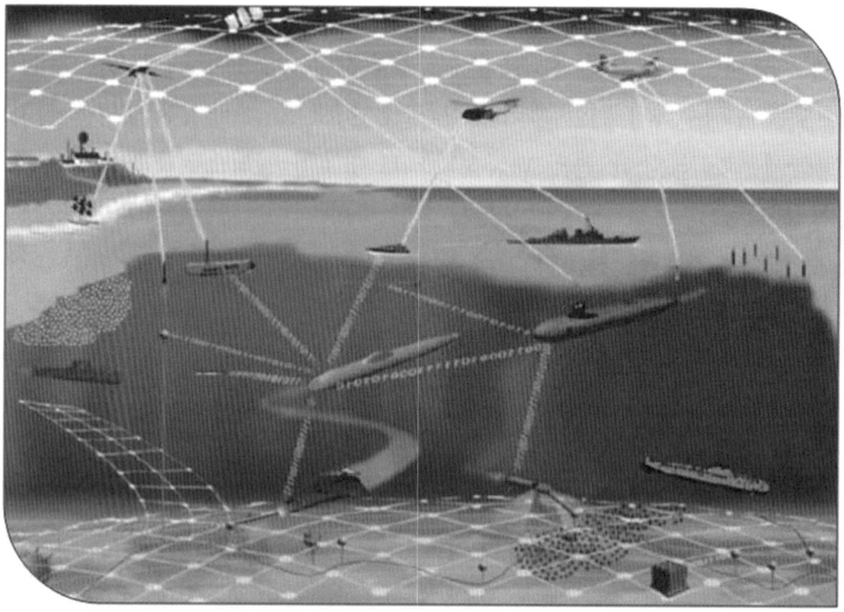

〈그림 5-16. 잠수함체계 운영개념도[33]〉

나. 구성기술 측면

≫ **선체기술** : 시뮬레이션 기반 설계(SBD[34]) 기술 등을 적용하여 조종성 · 내항성 향상 및 기동성 향상 등 최적의 선형 개발이 꾸준히 이루어지고 있다.

≫ **구조 설계 · 분석 기술** : 압력선체 재료로 고강도 저합금강을 개발하고, 새로운 강도평가 방법 및 용접, 변형 등 건조 공법 등을 개발하고, 모형시험 등을 통해 이를 검증하여 독자적인 고유 설계방식으로 발전하고 있다.

≫ **추진기술** : 원자력 잠수함 추진기술은 소형화 및 고 효율화 추세로 발전하고 있으며 AIP[35] 추진기술은 정숙항해 모드 등의 낮은 추진마력 범위로 운용속력이 제한적이다. 그러나 잠항지속능력 증대를 위해 재래식 잠수함에 활발히 적용되고 있는 추세이다.

≫ **스텔스 기술** : 수중방사소음 감소기술은 저주파와 고속에서의 소음 감소 방안, 음향타일 부착 등과 같은 선체코팅기술 등이 발전하고 있으며 부상 항해시 레이더에

33) Piere J. Corriveau, Next Generation Undersea Warfare, NUWC, 2006년
34) SBD : Simulation Based Design
35) AIP : Air Independent Propulsion, 공기불요 추진 장치

의한 탐지확률을 줄이는 방안이 연구 중에 있다.

≫ **생존성 기술** : 미국, 영국 등 해군 강국을 중심으로 연구와 투자가 이루어지고 있으며 영국은 잠수함 생존성 향상을 위해 스텔스기술을 발전시키고 있다.

≫ **시뮬레이션 기반기술** : 미국은 1990년대 중반부터 통합 제품 및 프로세스 개발(IPPD[36]) 개념을 도입하여 국방 M&S를 통한 무기체계획득개념(SBA[37]) 및 시뮬레이션기반설계시스템을 구축하였으며 차세대 공격핵잠수함(NSSN[38]) 설계 등에 적용한 바 있다.

36) IPPD : Integrated Product and Process Development, 통합제품 및 절차개발
37) SBD : Simulation Based Aquisition
38) NSSN : New Attack Submarine, Nuclear

제6장

항공무기체계

제1절 체계 개요

제2절 고정익 항공기

제3절 회전익 항공기(Helicopter)

제4절 무인항공기(Unmaned Aerial Vehicle)

제1절 체계 개요

1. 공군의 임무와 역할

'공군의 주 임무는 항공작전을 수행하는 것이다'(국군조직법) '평시에는 전쟁 억제를 위하여 적의 징후를 감시하고 전략적 타격능력을 구비하며, 실전적 교육훈련을 통하여 적의 어떠한 도발도 대응할 수 있는 전투준비태세를 유지한다. 전시에는 공중우세와 정보우세를 확보하고, 적의 군사력과 전쟁의지 및 잠재력을 파괴하며, 지-해상군 작전을 지원하고 지속적인 능력향상 및 전력보호 임무를 수행한다.'[1)]

따라서 공군은 항공우주력[2)]을 운영하여 전쟁을 억제하고 영공을 방위하며, 전쟁에서 승리하고, 국익증진과 세계평화에 기여하는 것을 목표로 하고 있다. 공군은 전쟁에서 승리하기 위하여 적의 아 공중과 우주공간의 사용을 거부하고, 아군의 제반 군사작전 여건보장과 전쟁주도권 장악을 위한 공중우세와 정보우세를 확보한다.

2. 항공우주작전 구분

항공우주작전 영역은 지상, 해상, 우주 및 사이버공간 등 전 영역을 포함하며, 공군은 이 영역에서 항공우주력을 운용하고 있다.

공군의 작전은 지상 및 해상에서 수행하는 종심작전지역, 근접작전지역, 후방작전지역과, 입체 공간적인 공중작전지역, 우주작전영역 등으로 구분되는 모든 전장에서 수행된다.

항공우주작전은 부여된 공군의 임무를 수행하는데 필요한 주요 작전들을 포함하여 〈표 6-1〉과 같이 제공작전, 전략공격작전, 항공차단작전, 근접항공지원작전, 공수작전, 감시·정찰작전, 우주작전, 그 밖의 여러 작전으로 분류하고 있다.

1) 대한민국공군사이트
2) 공군은 항공력의 범위를 우주공간으로 확대하여 항공우주력으로 표현하고 있으며, 항공 작전도 항공우주작전으로 정립하고 있다.

〈표 6-1. 항공우주작전 구분〉

구 분	내 용
제공작전	공중우세를 확보 · 유지하기 위하여 적의 항공력과 방공체계를 파괴 · 무력화시키는 작전으로 공세제공작전과 방어제공작전이 있음
전략공격작전	적의 중심인 전쟁지휘부, 전쟁지속능력, 전략에 영향을 줌으로써 가장 직접적인 효과를 창출하는 전략목표에 대한 공격작전
항공차단작전	적의 군사적 잠재력이 아군에 대하여 효과적으로 사용되기 이전에 차단 · 교란, 지연 · 파괴하여 적 증원 및 재보급, 기동을 제한하는 작전
근접항공지원작전	아군과 근접하여 대치하고 있는 적 전투력을 공격하여 유리한 작전여건을 조성하거나, 아군의 공격 및 방어작전을 지원하는 작전
공수작전	공중수송수단을 이용하여 인원, 장비, 물자를 이동시키기 위한 작전
감시 · 정찰작전	국가전략 수립 및 군사작전 수행에 요구되는 정보를 제공하기 위하여 수집자산을 운용하고, 정보를 개발하여 전파하는 작전
우주작전	우주체계를 이용하여 정치 · 군사적 목적을 달성하기 위하여 수행되는 제반 군사활동으로, 항공우주작전 수행에 필요한 모든 정보를 제공
그 밖의 여러 작전	정보작전, 탐색구조작전, 특수작전, 국지도발대비작전, 기지방호작전, 화생방방호작전, 안정화작전, 평화작전 등

3. 항공무기체계의 특성

항공무기체계는 공간을 작전매개체로 하여 지상, 해상, 공중의 3차원 공간에서 신속한 이동이 가능하여 임무수행 능력면에서 타 무기체계로는 발휘할 수 없는 작전효과를 발휘한다. 이는 다음과 같은 항공무기체계 고유의 특성에 기인하는 것으로 공군의 교리에서 규정하는 공군의 특성과 일맥상통한다.

가. **융통성** : 이는 항공무기체계의 가장 중요하고 포괄적인 능력으로 여러 가지 상이한 상황과 긴박한 조건하에서도 다양한 임무를 신속히 수행하며 또한 임무형태의 전환도 용이하다.

나. **감시성** : 이는 공간 매개체를 통하여 적의 활동을 감시할 수 있는 특수한 능력이며 광범위한 공중전투 및 지원 기능을 수행하는데 대단히 중요하다.

다. **대응성** : 이는 위기와 분쟁의 정도에 따라 폭넓은 선택의 범위를 갖고 신속히 대응할 수 있는 능력으로 적의 위협에 대해 초기단계부터 적절한 규모로 대응이 가능하며 위협을 제거 후 원상태로의 복귀도 용이하다.

라. 이동성 : 지형적인 제한 없이 어떠한 지역에서도 임무를 수행할 수 있도록 자연적인 경계를 넘어 무기체계를 이동할 수 있다.

마. 침투성 : 고도·속도를 이용하여 적의 여하한 지역에 대해서도 기습적으로 다양한 작전을 수행할 수 있어 적의 방어망을 침투할 수 있다.

바. 파괴성 : 특정목표에 대해 단시간 내에 막대한 화력을 집중시킬 수 있으며 적을 선택적이고 광범위하게 파괴할 수 있다.

사. 생존성 : 속도·고도 및 거리를 결합한 기동성과 융통성 등 공군력 고유의 성을 이용하여 적 공격으로부터 피해를 받지 않고 작전을 수행할 수 있다.

4. 항공무기체계의 분류

항공무기체계는 고정익 항공기, 회전익 항공기, 무인 항공기, 항공전투지원장비로 분류되며, 세부 분류는 〈표 6-2〉에서 보는 바와 같다.

〈표 6-2. 항공무기체계 분류〉

구 분	항공기 / 장비 명
고정익 항공기	전투임무기. 공중기동기, 감시통제기, 훈련기, 해상초계기, 그 밖의 고정익 항공기
회전익 항공기	기동헬기, 공격헬기, 정찰헬기, 탐색구조헬기, 지휘헬기
무인 항공기	무인정찰기
항공 전투지원장비	항공기 사격통제장비, 항공전술통제장비, 정밀폭격장비, 항공항법장비, 항공기 피아식별장비, 그 밖의 지원장비

5. 항공기의 발전

인간은 먼 옛날부터 하늘을 날기를 희망해 왔는데 이러한 희망을 증명해 주는 고대의 전설이 전해진다. 이 중에서 가장 잘 알려진 것은 고대 그리스의 신화에 나오는 전설로서 데달루스와 그의 아들 아카루스가 밀랍과 새의 깃털로 만든 날개를 달고 크레타 섬에서 탈출하고자 하였으나 실패하였다. 그러나 중세, 곧 로마제국이 멸망한 서기 476년부터 15세기말까지 일천년간의 꿈에서 깨어난 선각자 중의 한 사람으로 레오나르도 다 빈치가 있다. 다빈치는 많은 새를 해부한 결과 다음과 같은 결론을 내렸다. 새는 수학적 법칙에 따라 작동하는 기계이며 그의 모든 운동을 인간능력으로 구체화 시킬 수 있다. 1505년에 발표한 이 논문은 후세의 글라이더나 동력항공기에 관심을 가진 사람들에게 큰 자극을 주었다. 다빈치의 결론은 지상에서만 행동하는 인간의 힘(출력)과 체중에 대한 비율을 너무 과대평가한 점과 극히 복잡한 새의 날개 운동을 너무 과소평가한 모순점을 내포하고는 있다. 그러나 앞으로 돌아올 비행시대를 예고하고 비행을 수학적 법칙에 따라 실현할 수 있다는 결론을 제시하였다는 측면에서 하늘을 날려는 인류의 꿈을 실현하는데 획기적인 기초를 제공하였다고 볼 수 있다.

1903년 미국의 라이트 형제가 비행을 성공한 이후 열강들은 항공기의 군용화를 추진하였다. 제1차 세계대전에서 군용기는 육·해군에 소속되어 정찰임무를 수행하면서 폭격·공중전투 등에 사용되었다. 제1차 세계대전에서 항공기의 활약에 관심을 가진 영국은 1918년에 공군을 독립시켜 적의 영토공격을 위한 폭격기와 국토방위를 위한 전투기의 정비를 추진하였다. 이탈리아의 G. 두에, 미국의 W. 미첼 등이 대형 폭격기로 적의 군사·공업·정치의 중심을 반복 폭격함으로써 군수시설을 붕괴시키고 국민의 항전의지를 좌절시키는 것이 가능하며 항공전력이 전쟁의 승패를 결정한다는 『공군만능론』을 전개하였다.

〈그림 6-1. 라이트형제 및 초기 비행기[3]〉

3) 두산백과사전

제1차 세계대전 이래의 작전 교훈과 항공무기의 진보는 공군만능론과 서로 어울려 종래의 육·해군 지원작전(협동작전)과 함께 독립적으로 수행하는 전략항공작전 사상을 정착시켰으며 캐나다(1920), 이탈리아(1921), 독일(1935년) 등이 차례로 공군을 독립시켰다. 제2차 세계대전에서 공군은 즉응성(卽應性)·기동돌파력·타격력 등의 특성을 살려 독일군의 폴란드전격 작전과 같은 육·해군과의 협동작전에서 위력을 발휘하였다. 또한 영국 공군의 국토방공이라든가 미국 항공부대의 대일전략공격과 같은 독립된 항공작전에서 전쟁을 지배하는 힘을 실증하였다. 특히 영국의 레이더, 미국의 B29폭격기·원자폭탄 등과 같은 새로운 고성능무기가 항공 전력의 향상에 크게 공헌했으며 승패를 좌우하였다.

제2차 세계대전 이후 항공기의 제트화 및 레이더·미사일·컴퓨터 등의 개발과 성능향상이 진전되었다. 특히 미사일은 항공기 등의 탑재무기로서 뿐만 아니라 단독무기로서 대륙간탄도미사일 등이 개발되어 핵무기의 진보와 함께 항공전력을 비약적으로 강화시켰다. 이와 같은 정세를 배경으로 하여 1947년 미국을 비롯하여 많은 나라들이 항공기 및 미사일을 주요 무기로 하는 공군을 독립시켰다. 제2차 세계대전 후에 발발한 6·25전쟁, 베트남전쟁, 중동전쟁 등에서는 항공기·미사일·레이더 등으로 이루어지는 항공전력이 다각적인 능력을 발휘하여 공군이 전쟁의 승패를 결정짓는 중요한 요소로 인식되고 있다.

제2절 고정익 항공기

1. 개 요

고정익 항공기(fixed wing aircraft)는 동체에 날개가 고정되어 있는 항공기로, 회전익 항공기를 제외한 모든 항공기가 해당되며, 비행 상태에서 고정된 날개 면을 가지고 그 날개 면에서 발생하는 양력으로 비행하는 모든 항공기를 말한다.

고정익 항공기는 전투임무기, 공중기동기, 감시통제기, 훈련기, 해상초계기, 그 밖의 고정익 항공기로 분류하고 있다. 전투임무기에는 전투기, 공격기, 폭격기, 전자전기 등이 있으며, 공중기동기는 수송기와 공중급유기, 감시통제기는 정찰기, 공중조기경보통제기로 세분된다.

- 전투임무기 : 전투기, 공격기, 폭격기, 전자전기
- 공중기동기 : 수송기, 공중급유기
- 감시통제기 : 정찰기, 공중조기경보통제기
- 훈련기, 해상초계기, 그 밖의 고정익 항공기

2. 전투기(Fighter Plane)

가. 개 요

적기와 공중전 수행을 주 임무로 하는 군용기이다. 적기를 공격하고 아군의 폭격기·수송기 등 대형기의 호위나 지상전을 도와주는 비교적 작고 빠른 비행기이다. 전투기는 고성능기관포, 공대공미사일, 전천후레이더, 화기관제시스템 등을 장비하여 고도에서 침입하는 고속목표뿐만 아니라 초저공으로 침입하는 목표도 고공에서 발견하여 공격할 수 있는 룩다운·슛다운 능력을 갖추어야 한다. 우수한 전투기는 제공권을 획득하여 전세를 유리하게 이끌어갈 수 있으므로 각국은 최첨단기술을 도입하여 신형 전투기를 개발하는데 주력하고 있다.

현대의 전투기는 용도와 성격에 따라 요격기, 제공전투기, 전투폭격기로 구분한다. 요격기는 내습하는 적기를 공격하기 위한 전투기로서 속도·상승력을 중요시하고 레이더와 공대공미사일을 장착하여 전천후 전투능력을 갖춘 것이 많다. 전쟁구역의 제공권 확보를 목표로 하는 제공전투기는 적의 전투기와 공중전을 수행하기 위해 경쾌한 운동성과 뛰어난 가속성능을 추구하며 미사일 외에 접근전투용인 기관포를 장착하는 것이 일반적이다. 공중전 능력보다는 지상에 대한 공격에 중점을 두는 전투폭격기는 무기 탑재량이 크고 저공비행성 성능과 항공계속력에 초점을 맞추어 설계되고 있다. 그러나 이들 사이를 엄격하게 구분하기는 어렵고 순수한 요격기 가운데 지상에 대한 공격능력을 전혀 갖추지 못한 것 외에는 필요에 따라 제공전투, 지상공격, 요격용으로 다양하게 사용할 수 있다.

미국 공군이 새로운 주력 전투기로서 배치하고 있는 F-15이글은 공중전 능력을 철저하게 추구한 제공전투기로 알려져 있지만 지상에 대한 공격능력도 크고 미국 본토의 방공용으로도 쓰이고 있다. 또한 전술전투기는 대공·대지 공경능력을 양립시키기 위한 기종이다. 이 명칭을 광의개념으로 적용하면 일부 방공 전용기를 제외한 모든 전투기가 이 범주에 속한다. 최근에는 전투폭격기와 공격기의 침공능력 증대로 방공전투기라 할지라도 경쾌한 공중전 능력을 필요로 하게 되었다. 또한 전투기 가격이 매우 높아져 많은 종류의 전투기를 갖추기가 어렵게 되어 방공 전용기는 점차 사라지고 앞으로는 광의의 전술전투기만이 쓰일 전망이다. 전투기의 역사를 되돌아볼 때 가장 두드러진 것은 속도의 향상이다.

전투기는 다른 많은 군용기처럼 제1차 세계대전 중에 선보였는데 당시의 전투기는 복엽(2날개)비행기가 대부분이었다. 엔진은 100~200마력 최대속도는 150~200㎞/h에 불과하였다. 구조는 목재 또는 강관을 사용한 뼈대에 천을 붙인 것이 대부분이었다. 제2차 세계대전이 시작될 무렵에는 알루미늄합금을 위주로 하는 전금속제 구조를 사용하였고 바퀴를 집어넣는 방식의 날렵한 단엽비행기가 주력비행기가 되었으며 1,000마력 정도의 엔진을 달고 500~550㎞/h의 고속을 낼 수 있게 되었다. 제2차 세계대전 말기에는 700㎞/h의 프로펠러식 전투기도 등장하였다. 독일과 영국이 선봉 역할을 수행한 제트엔진 실용화에 따라 속도는 비약적으로 향상되었다. 6·25전쟁 때에는 최대속도 1,000㎞/h에 달하는 제트전투기가 등장하였고 그 뒤 초음속전투기가 실용화되어 1960년대에는 마하 2급 전투기가 널리 쓰이게 되었다. 그러나 전투기의 최대속도는 크게 신장되지 않았고 현재 쓰이는 비행기는 대략 마하 1.8~2.5에 머무르고 있다. 그 이상의 고속화도 기술적으로는 가능하지만 마하 3 정도로 고속화되면 공기마찰에 의한 기체표면의 온도상승을 견디기 위해 티탄합금이나 강철을 사용해야 하므로 기체가 커지고 값도 비싸지기 때문에 마하3 이상의 속도를 내는 전투기는 실용화되지 못하였다. 마하 2급의 전투기라 할지라도 공중전에서 기민한 행동을 할 때는 마하 1.5~0.8 이하의 속도밖에 내지 못하므로 최근의 전투기는 이러한 속도 범위에서 운동성과 가속성에 중점을 두어 설계하고 있다.

현대의 전투기는 제2차 세계대전 당시의 것과 비교하여 보면 비행성능면에서 뿐만 아니라 레이더 등의 전자장치를 갖추고 미사일을 주무기로 삼고 있다는 점에서 크게 다르다. 레이더는 제2차 세계대전 후반부터 폭격기의 야간 요격용 전투기에 장착되기 시작하였다. 현재는 컴퓨터로 정보를 처리하고 단순히 먼 곳에서 적을 발견하는 것만이 아니라 무기를 발사하는 데 가장 알맞은 위치와 시간까지 지시하도록 되어 있어 전투기의 전투력을 결정짓는 중요한 요소로 인식되고 있다. 그 밖에 폭격조준시스템, 항법시스템, 피아식별시스템, 적의 전자장비 방해시스템, 전자방해에 대한 방어시스템 등 전투력과 관계되는 전자장비가 많아졌으나 장비품목이 늘어나면 값이 비싸지고 고장률도 높아지므로 전천후능력 등은 보류하더라도 가동률이 높은 기체(機體)를 많이 갖추기 위한 시도를 하였다.

공대공미사일은 1950년대부터 실용화되어 전투기의 주요 무장품목이 되었는데 기관포 또한 격투전에 대비한 표준장비무기가 되었다. 미사일이 만능무기로 인식된 적도 있지만 민첩하게 움직이는 전투기보다는 아직 명중률이 낮아 기관포의 필요성이 인식된 것이다. 그러나 전투기에 적재된 미사일의 사정과 추미능력이 공중전의 국면을 결정짓는 것이므로 미사일 능력과 정밀도를 향상시키기 위한 노력이 계속되고 있다. 지상에 대한 공격용으로는 미사일 외에도 파괴력이 큰 보통 폭탄과 유도폭탄, 로켓탄, 광역산포폭탄, 화염폭탄, 기관포 등 다양한 무기가 공격목표에 따라 선택되며 핵폭탄을 적재할 수 있는 전투기도 개발되었다.

나. F-22 Raptor 전투기

미공군이 구소련 공군 및 지역분쟁의 위협에 대비하고 공대공 및 공대지 우세를 유지하기 위하여 개발한 전투기이다. 1983년 F-15를 대체할 차세대 제공전투기(ATF[4])의 개발에 대한 개념연구를 시작하여 스텔스, 초음속 순항 및 고 기동성이 우수한 F-22 Raptor을 개발하여 2005년 전력화하였다. 레이더와 IR기술을 적용하여 생존성을 향상 시켰고 육안 탐지율을 최소화하기 위한 스텔스기술을 적용하였다. 전체 기체의 30~40%를 열 경화성 복합소재로 제작하였으며 연료소모율을 대폭 감소시켜 항속시간 및 작전가능 거리를 향상시켰다. 기수에 M61A1 20mm 기총 1문, 동체측면 격실에 AIM-9 사이드와인더 미사일 4기, 동체하부 격실에도 AIM-120 AMRAAM 4기를 장착할 수 있으며 JDAM 등 다양한 대지공격용 폭탄 적재도 가능하다.

항공기 크기(FT)	16.4×67.1×44.5	기 총(공군형)	20mm×480발
최대이륙중량	70,000lbs	최대속도	M 2.5
엔진모델	F-119-PW-100 (추력편향장치 구비)	최대 항속거리	3,000NM
레이더 TYPE	AN/APG-77	무장장착량(내/외부)	5,000/20,000lbs

〈그림 6-2. 미국의 F-22 Raptor 전투기[5]〉

다. F-15K 슬램 이글 전투기

F-15K 전투기는 고도의 성공률을 자랑하며 전투에서 입증된 미 공군 F-15E 의 최신 변형기종으로 2002년 한국공군 F-15K 차기전투기 사업 대상기종 선정되어 2005년에 공군이 인수하였다. 불후의 제공 전투기인 미국 맥도널 더글러스 F-15 이글 전투기의 후손 중 하나이다. 강력한 공대공 전투력과 F-15E 스트라이크 이글 다목적 전투기에서

4) ATF : Advanced Tactical Fighter
5) http://www.jcs.mil.kr/main.html

물려받은 강력한 공대지 공격력을 가졌다. 전투기F-15K 전투기는 전천후 제공 및 대지 공격의 2중 임무를 수행하는 전투기로서 공대공 전투능력 뿐 아니라 주·야간 장거리 후방차단 등 고도의 대지공격 능력을 보유하고 있다.

항공기 크기(FT)	18.8×63.9×42.1	기 총	20mm×512발
최 대 중 량	81,000lbs	최 대 속 도	M 2.3
엔 진 모 델	F100-GE-129	최대 항속거리	2,400NM
레이더 TYPE	AN/APG-63(V)1	주요장착장비	JHMCS, FLIR, IRST

〈그림 6-4. F-15K 슬램 이글 전투기[6]〉

최신 작전 레이더인 AN/APG-63(V)을 장착하여 신뢰도 및 유지보수성을 크게 향상시켰다. F-15K 센서장치는 전방감시 적외선 장비(FLIR)를 통합하여 목표 포착 및 공격에 있어 최대한의 승무원 유연성을 보장한다. 적외선 탐색·추적(IRST) 시스템은 수동 공대공 목표물 탐지용으로 통합되었으며 조종석에는 7색 칼라 LCD와 두개의 평면 전방컨트롤 패널, 탁월한 상황경계 능력을 제공한다.

라. F-35 전투기(Joint Strike Fighter)

미국을 비롯한 영국, 이탈리아, 네덜란드 등 9개 국가가 현재의 전투기·공격기를 대체하거나 보완할 수 있는 다목적 첨단 전투기로 개발하여 보유하고 있다. 미공군의 기본기, 미공군의 항모탑재형, 영국 해군의 수직 착륙형 등 용도에 맞추어 개발하여 운용하고 있다. 1,200여개의 모듈로 구성된 AN/APG-81AESA 레이더를 장착하고 6개의

6) KODEF 군용기 연감

IR 센서로 구성된 데이터 획득장치 DAS[7]와 고성능·경량의 다기능 정밀 표적획득 및 추적체계인 내장형 EOTS[8]를 장착하여 모든 방향에서 생성되는 IR를 탐지하고 추적할 수 있도록 개발하고 있다. F-35전투기로 접근하는 적의 미사일이나 공중목표물을 정확하게 식별하고 위치 파악이 가능한 것으로 알려져 있다.

항공기 크기(FT)	15.0×51.1×35.0	기 총(공군형)	25mm×180발
중 량	60,000lbs	최 대 속 도	M 1.6
엔 진 모 델	F-135	최대 항속거리	1,200NM
레이더 TYPE	AN/APG-81	무장 장착량	5,700/15,000lbs

〈그림 6-3. F-35 전투기[9]〉

마. MIG-35 전투기

러시아가 미국의 ATF 계획에 대응하기 위하여 1981년 구상을 시작하여 1986년 MFI[10] 계획에 따라 개발한 다목적 전투기이다. MIG-29 펄크럼의 발전형으로 1986년 첫 비행을 실시하였다. 기본적인 형태는 MIG-29와 유사하며 스트레이크부의 앞전을 날카롭게 하여 고받음각 비행시의 특성을 개선하고 보조익을 익단부까지 확대하였다. 전방동체는 알루미늄-티타늄 합금을 사용한 용접 구조를 만들어 기내연료 탑재량이 20%이상 증가하였다. 첨단 위상배열 레이더를 장착하고 공대공미사일과 공대지미사일은 적의 레이더 탐지를 피하기 위해 동체 안의 무기고에 탑재하고 있다. 마하 2.6의 최

7) DAS : Data Acquisition System
8) EOTS : Electro-optical Tracking System
9) KODEF 군용기 연감
10) MFI : Multi-role Front-Line Fighter, 다목적전선전투기

대속도에 스텔스기능을 적용한 제5세대 쌍발단좌전투기로 요격임무와 함께 장거리 전략폭격 임무도 수행한다.

항공기 크기(FT)	17.0×56.9×39.3	기 총	30mm×150발
최대이륙 중량	51,700lbs	최 대 속 도	M 2.5
엔 진 모 델	RD-33MK	최대 항속거리	1,900nm
레이더 TYPE	주크-AE AESA	최대 상승고도	62,000ft

〈그림 6-5. 러시아의 MIG-35 전투기[11]〉

바. MIG-29 전투기

구소련이 서방측 전투기에 대한 상대적 열세를 극복하고 F-14, F-15 등과 대등한 우수한 기동성과 작전능력을 구비하는 전투기를 확보하기 위하여 1971년경부터 개발하였다. 1977년 모스크바 근처의 라멘스코어 비행장에서 서방측에 최초 관측되어 "RAM-L"이라는 임시명칭을 부여하였다. 1982년 중반 MiG-29라는 이름으로 시험생산 개시하여 1984년 본격적으로 생산하였다.

MiG-29는 SU-27보다 소형이며 가변면적 방식의 공기흡입구를 사용하여 마하 2.3 속도 유지가 가능하다. MiG-29의 조종석은 넓이가 넓고 깊이가 얕아 넓은 시계를 확보할 수 있다. 레이더는 F-18에 탑재된 APG-65와 유사한 성능을 가진 멀티모드 펄스 도플러 레이더로 완전한 하방 탐색능력을 구비하고 있다. 1983년부터 부대배치를 시작하여 1,300여대를 생산하였으며 러시아, 우크라이나 등 구소련 공군이 운용하고 있다. 인도, 유고슬라비아, 폴란드, 체코, 슬로바키아, 독일, 루마니아, 불가리아, 북한, 헝가리,

11) KODEF 군용기 연감

이란, 이라크 등에 수출하였다. 이란-이라크 전쟁에서 첫 실전을 기록하였으며 발칸분쟁에도 투입되었다.

항공기 크기(FT)	15.5×56.8×37.3	기 총	30mm×150발
최대이륙 중량	40,785lbs	최 대 속 도	M 2.3
엔 진 모 델	R-33D 터보팬엔진	최대 항속거리	1,565nm
레이더 TYPE	N-019 슬롯백	최대 상승고도	57,420ft

〈그림 6-6. 러시아의 MIG-29 전투기[12]〉

사. 발전추세(전투기)

미국(F-22), 프랑스(Rafale), 영국/독일/이탈리아/스페인의 EF-2000, 러시아의 SU-37 등 항공선진국에서는 차세대 전투기를 개발 및 운용 중이며, 차세대급 전투기들은 일반적으로 초음속 순항 능력, 뛰어난 기동성, 스텔스능력, 첨단 항공 전자장비 및 무장 등을 장비하고 있거나 제한적으로 갖추고 있다. 또한 엔진 성능의 지속적 개선으로 모든 고도에서 초음속 순항능력이 가능하며, 기동성은 러시아의 SU-37에 적용된 추력변향제어(TVC)[13] 엔진을 통하여 더욱 발전하고 있으며, 전투기 기체는 은밀한 침투가 가능하도록 스텔스기술을 적용하고 있다. 그밖에 첨단의 항공 전자장비와 무장의 탑재로 21세기 전투에서 요구되는 가시거리 밖 전투능력을 향상시킬 것이다.

12) KODEF 군용기 연감, http://bemil.chosun.com/
13) TVC : Thrust Vectoring Control

3. 폭격기(Bomber)

가. 개 요

폭격기(bomber)의 임무는 적의 전선 전·후방에 위치한 전략적 표적을 공격하는 것이다. 폭격기에 의한 폭격은 재래식 무장 또는 핵무기를 통해 이루어진다. 최근 공대지 미사일 개발에 따라 공중발사 순항미사일(ALCM[14])도 폭격에 사용되고 있다. 폭격기는 군사적 요구에 따라 전략적 혹은 전술적 목적으로 운용되는데, 전술적 목적으로는 특정 지역내의 전장에서 적의 병력, 장비 및 시설 등 군사력을 파괴하는 것이고, 전략적 목적으로는 적의 군사, 산업, 정치 및 경제상의 핵심요소를 파괴하는 것이다.

보통 항속거리에 따라 원거리·중거리·근거리폭격기, 공격 목적에 따라 전략·전술폭격기로 구분된다. 항공기에 의한 폭격은 1911년 이탈리아군 비행기가 터키군에 무게 2㎏인 수류탄 4개를 투하한 게 최초며, 그때까지 폭격기라는 기종은 없었다. 제1차 세계대전이 시작되면서 본격적인 폭격기 개발이 진행되어 경폭격기와 함께 장거리 작전용인 대형폭격기가 생산되었다. 그즈음 경폭격기의 폭탄 탑재량은 100~200㎏, 대형폭격기는 0.5~1톤 정도였으나 독일이 개발한 슈타켄 R. Ⅵ는 7명의 승무원과 2톤의 폭탄을 탑재하였다.

제2차 세계대전 때는 폭격기의 성능향상과 기종의 다양화가 이루어져 다량의 폭탄과 연료를 탑재할 수 있는 중(重)폭격기, 탑재량은 적으나 경쾌한 비행성능을 가진 경(輕)폭격기, 소형으로 급강하폭격이 가능한 급강하폭격기 등이 등장해 전쟁의 흐름을 좌우하였다. 제2차 세계대전 중 폭격기 기술개발의 절정은 미국의 B-17·B-24·B-29 등 중폭격기였다. 특히 B-29 폭격기는 세계대전 말기 개발된 원자폭탄을 탑재하여 일본 히로시마에 투하, 전쟁 종결을 앞당기는 데 큰 역할을 하였다.

제2차 세계대전 말에는 제트엔진 실용화와 핵무기 출현으로 폭격기는 고속 대형기에 의한 장거리 핵공격형으로 개발되었다. 특히 폭발위력 20k톤, 항속거리 2만㎞, 최고속도 마하 0.95인 B-52는 50년 중반부터 미국 전략폭격기의 주력이 되었다. 그러나 60년대에 대륙간탄도미사일(ICBM)이 핵전략 주력무기로 폭격기와 대등한 위치를 차지하게 되어 핵 운반수단으로서의 폭격기 비중은 상대적으로 크게 저하되고, 공대공·지대

14) ALCM : Air Launched Cruise Missile

공 미사일들의 출현과 대공레이더 발달로 방공체제가 획기적으로 강화되자 종래의 고고도 고속침입 전법에서 저고도 고속침입으로 전환하지 않을 수 없게 되었다. 이에 미국은 B-52에 장거리 순항미사일을 탑재하여 원거리 공격을 높이는 한편 초저공 고속인 B-1B 전략폭격기를 개발·배치하였고, 또 스텔스기술을 사용해 레이더에 탐지되지 않는 B-2 전략폭격기 개발에 성공하였다.

소련은 중거리폭격기 T-22와 미국 B-1B에 필적하는 가변익 전략폭격기 T-160을 개발하여 배치하였다. 이처럼 전략폭격기는 계속 개발·사용될 전망이지만 전술폭격기는 제트시대에 들어와 전투폭격기와 공격기의 기술향상으로 점점 사라져 가고 있다.

나. B-52 폭격기

B-36, B-47 폭격기를 대체하기 위해 개발한 전략폭격기로 1955년부터 미 공군에서 운영하고 있는 장거리 아음속 폭격기이며, 재래식 폭격을 위한 높은 성능과 저렴한 운영비로 인해 B-1B, B-2로 대체할 계획을 취소하고 지속 운영중인 폭격기이다. B-52폭격기의 날개는 고익 단엽기이며 8개의 엔진을 장착하고 있다. 1962년 생산이 종료되었으나 지속적인 성능개량을 통해 최신 전자 장비를 탑재하고 있다. 즉, 다기능 정밀 표적 획득 및 추적체계인 내장형 EOTS[15]를 장착하여 모든 방향에서 생성되는 IR을 탐지 및 추적할 수 있다. 또한 접근하는 미사일이나 공중목표물을 정확하게 식별하고 위치파악도 가능하다. 동체 후미에 20mm 기총 1문을 장착하고 있으며 2,000파운드 재래식 폭탄은 최대 35발을 장착할 수 있다. 순항미사일은 12발을 장착하고 작전임무를 수행할 수 있다. 수차례 성능개량을 통해 수명을 연장하고 JDAM[16], WCMD[17] 등 GPS/ INS[18] 정밀무기를 포함한 미국이 개발한 모든 재래식 무기의 운용능력을 확보할 예정이다.

15) EOTS : Electro-optical Tracking System 전자광학추적시스템
16) JDAM : Joint Direct Attack Munitions, 합동직격탄
17) WCMD : Wind Corrected Munition Dispenser, 바람수정 확산탄
18) GPS/INS Global Positioning System, 위성항법장치 / Inertial Navigation System, 관성항법장치

제원(FT)	185×159.4×40.8	최대항속거리(NM)	7,652
자체중량(LBS)	185,000	추력(LBS)	17,000×8
최대중량(LBS)	488,000	최대무장(LBS)	70,000
최대속도(Mach)	0.86	승무원(명)	5

〈그림 6-7. 미국의 B-52 폭격기[19]〉

B-52폭격기는 베트남전에서 총 124, 500회 출격하여 3,735,000톤의 폭탄을 투하하였다. 걸프전에서는 총 1,624회 출격하여 미국이 투하한 폭탄의 29% 다국적군의 38%에 달하는 25,700톤의 폭탄을 투하하였다. 생산 및 작전배치 이후 45년이 지났으나 지속적인 필요성이 대두되어 수명연장 및 성능향상을 통해 2040년까지 사용할 계획이다.

다. B-2 스텔스 폭격기

미국의 Northrop Grumman 회사가 스텔스 기술을 최대한으로 응용하여 적의 레이더망을 피하고 재래무기뿐만 아니라 핵폭탄까지도 장착가능한 장거리 전략 폭격기이다. 스텔스성의 도입으로 특이한 형태의 전익기로 설계되었다. 애칭은 스피릿(Sprits)이며 1987년 7월에 최초의 시험 비행이 실시되었다. 1993년 12월, 14대의 B-2가 최초로 미주리주의 화이트맨 공군기지의 작전 항공대에 배치되었다. 전체 형태는 전익(全翼·無尾翼)형의 부메랑 모양이다. B-2 전략폭격기가 개발된 배경은 구소련의 방공망을 뚫고 침투가 가능한 폭격기를 개발하기 위함이었다. B-2는 몰래 조용히 적진을 침투하기 위한 최적의 폭격기로 개발되었다.

19) http://bemil.chosun.com/, KODEF 군용기 연감

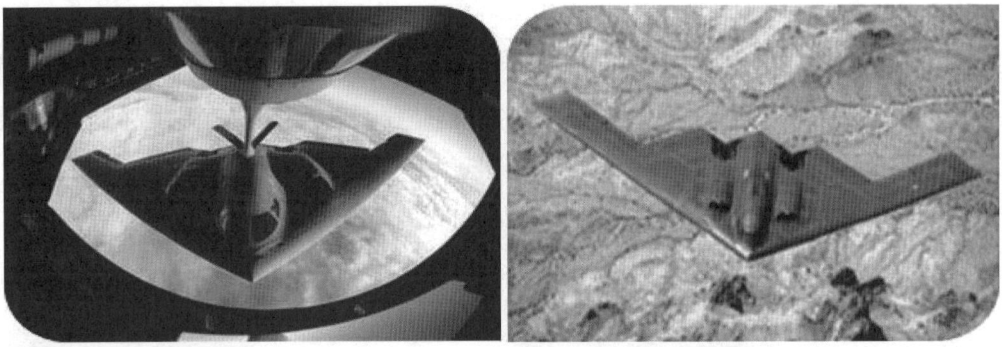

제원(FT)	172×69×17	최대항속거리(NM)	6,600
자체중량(LBS)	160,000	추력(LBS)	17,300×4
최대이륙중량(LBS)	336,500	최대무장(LBS)	40,000
최대속도(Mach)	0.8	승무원(명)	2

〈그림 6-8. 미국의 B-2 스텔스 폭격기[20]〉

복합소재로 만들어진 특수한 형태의 동체와 전파를 흡수하는 외면 도장(塗裝)에 의하여 전파 반사율이 B-52 폭격기의 100분의 1밖에 되지 않아 레이더망에는 중간 크기의 새 정도로 파악된다. 레이더에 탐지되지 않는 보이지 않는 폭격기로 적의 레이더망을 피하여 적진 깊숙이 침투할 수 있다. 항속거리가 6,000마일에 이르러 전 세계의 분쟁지역에 재급유 없이 40시간을 비행할 수 있다. 16톤가량의 폭탄 및 미사일을 적재하고 수시간 내에 도달할 수 있는 능력을 갖추고 있다.

고도 5만 피트에서 공격임무를 수행할 수 있고, 위성의 관제를 받으면서 비행하고 1,500마일의 사정거리를 가진 순항미사일을 발사하여 정확하게 목표를 명중시키는 능력을 보유하고 있다. B-2는 4만 파운드까지의 정밀유도 무기, 중력폭탄, 다양한 해상무기형태로 된 재래식 및 핵무기를 적재할 수 있다. 이 모든 무기는 동체 중앙 내부에 있는 2개의 분리된 무기고에 장착되어 있다. 각 무기고에는 1개의 회전식 발사대와 2개의 폭탄 적재대가 있다.

미국 공군의 평가보고서에 따르면, 정밀무기로 무장한 2대의 B-2기는 스텔스 기술이 적용되지 않은 재래식 항공기 75대의 역할을 수행할 수 있다. 이것은 132명의 공군요원의 몫을 단 4명의 승무원이 수행할 수 있다는 의미이다. 승무원은 보통 2명이 탑승하

20) http://bemil.chosun.com/, KODEF 군용기 연감

는데 특수 임무를 수행하기 위하여 커맨더나 인스트럭터가 1명 더 탑승할 수 있다. 조종사는 간단한 3개의 스위치 조작을 통하여 이륙 모드, 전투 모드, 착륙 모드에 부합되는 비행과 임무 장비의 최적의 선택을 할 수 있다. 구소련의 체재가 무너지자 1999년 말까지 단 21대만의 B-2가 생산되어 미국 공군에 인도되었다. 1999년 나토의 일원으로 세르비아를 공격하는 실전에 처음 투입되었다. 대당 가격은 약 2조 원 수준이다.

라. B-1B 전략폭격기(Lancer)

미 공군이 재래식 폭격임무를 수행한 B-52 전략폭격기를 대체할 목적으로 개발한 초음속 다목적 전략폭격기이다. 핵폭탄 · 재래식, 정밀 · 비정밀, 유도/비유도 폭탄 운용이 가능하다. 록크웰인터내셔널사와 노스아메리칸 항공사가 공동개발을 시작하여 시제기 4대가 제작된 단계에서 인권 및 평화주의 원칙을 기본정책으로 내세운 카터행정부가 개발을 중지시켰다. 이후에 음속의 고공침투보다 초저공 침투가 오히려 생존성을 향상시키고 폭격 명중률도 높일 수 있다는 전술교리가 개발되어 레이건행정부 때 스텔스 기능을 보강하여 개발하였다.

1985년 1호기가 미공군에 인도되어 관성 항법장치를 갖추고 1986년부터 전력화되었다. 1998년 실시된 '사막의 여우' 작전에서 최초로 실전에 투입되어 1999년 연합군 전체 소티의 2%를 수행하면서 전체 사용한 폭탄의 20%를 투하하였고 2003년 항구적 자유작전에서는 전체 JDAM의 67%인 3,900발을 투하하였다. 초대형 기체로서 초저공으로 비행할 때 일어나는 하중과 이착륙 문제들을 해결하기 위하여 날개를 가변익으로 하였다. 공기 흡입구의 고정식 채택과 캡슐식의 사출장치도 개별식으로 교체하였다.

제원(FT)	137(79)×146×34	최대항속거리(NM)	6,470
자체중량(LBS)	190,000	추력(LBS)	30,000×4
최대중량(LBS)	477,000	최대무장(LBS)	75,000
최대속도(Mach)	M 1.2	승무원(명)	4

〈그림 6-9. 미국의 B-1B 폭격기[21]〉

조종사, 부조종사, 방어·공격 시스템 요원 2명 등 4명의 승무원이 탑승한다. 마하 2가 넘는 초음속으로 비행하여 全세계 어느 지역이라도 수 시간 이내에 도달할 수 있는 능력을 갖추고 있다. 재급유 없이도 대륙간을 비행할 수 있다. 지금까지는 세계에서 가장 큰 적재량을 가진 폭격기로 알려져 있다.

동체 3곳에 세로로 설치된 폭탄 투하창은 자동회전식 발사대로 설계되어 있다. 공대지미사일 36발, 자유낙하 핵폭탄 12발, 일반 핵폭탄 24발을 장착할 수 있는 전략폭격기로 개발하였으나 중간에 재래식 폭격 임무로 전환되어 일반 폭탄·기뢰·클러스터 폭탄·정밀무기 등을 장착하고 있다. 방어무기로는 방어항공전자 슈트를 장착하여 적의 조기경보 레이더에 대한 교란기능을 제공한다. 공대공 미사일·지대공 미사일·레이더 관제 대공포의 사격으로부터 항공기를 보호한다.

마. Tu-95 폭격기

러시아가 미국의 B-52 전략폭격기에 대항하여 A.N.투폴레프의 설계로 제작한 4발 터보프롭의 대형폭격기이다. 공식 명칭은 "투폴레프 TU-95형 베어"이다. 1954년 처음 모습을 보인 이래 개량을 거듭하여 베어-B·베어-C·베어-E·베어-F 등 300기 이상이 생산되어 장거리 공군의 주력이 되었다. 터보프롭기(機)로서는 고속에 속하여 최대시속 800 km, 항속거리 1만 2000 km이다. 미사일의 발달로 장거리 폭격기로서의 가치가 떨어지고 성능면에서도 구식화하였기 때문에 해상초계형·정찰형·공대함 미사일모기 등으로 개조하여 운용하고 있다. 동해 상공에서 정찰비행을 간혹 실시하였다.

Tu-95는 4발의 터보프롭엔진[22]을 장착하였으며 각 엔진은 14단의 압축기와 5단의 터빈을 가지고 있는 Kuznetsov NK-12이다. 프로펠러는 4엽 블레이드를 갖고 2중 반

21) http://bemil.chosun.com/, KODEF 군용기 연감

22) 터보 프롭 엔진 : turbo prop engine, 터보제트의 터빈의 단수(段數)를 증가하여, 에너지의 대부분을 연소가스의 회전력으로 바꾸어 프로펠러를 돌려서 추진력을 얻는 원동기

전식으로서 각각 완전하게 독립되어 있다. 전기식 제어에 의한 피치조절이 가능하므로 제트기에 버금가는 속도를 낼 수 있다. 동체는 조종실, 전부, 후부 등 3개의 여압객실로 분할되어 있고 중앙에 있는 폭탄창의 앞뒤를 연결하는 이동용 터널이 있다. 수평 꼬리날개는 수직 꼬리 날개 근저부에 설치되어 있으며 수평, 수직 꼬리날개 및 주날개 공히 전 후면이 큰 후퇴각을 이루고 있다. 자체방어용 전자장비로서 후방경계 레이더와 ECM[23]장비, 항법용 레이더와 항법 보조장비 등을 장착할 수 있다.

기　장	47.50m	기　폭	51.10m
자체중량	86,000kg	최대이륙중량	169,000kg
승 무 원	8명 이상	최대순항속도	925km/h
실용상승고도	43,000ft	항속거리	8,285km

〈그림 6-10. 러시아의 Tu-95 폭격기[24]〉

바. Tu-160 폭격기(Blackjack)

미국의 B-1B 폭격기에 대응하기 위하여 구소련에서 개발한 초음속 전략폭격기로 저고도 천음속 침투와 60,000ft에서 마하 1이상의 초음속 또는 아음속 순항이 가능한 폭격기이다. 구소련 투폴레프 설계국이 개발하였으며 애프터버너를 사용할 수 있는 4개의 대형엔진을 장착하였다. 가변후퇴날개를 채용하는 등 B-1과 전체 구조가 비슷하다. 하지만 항속거리와 무기탑재량이 B-1을 능가하고 기체도 크다. 블랙잭(Blackjack)은 미

23) ECM : Electronic Countermeasure 전자방해책
24) http://bemil.chosun.com/, KODEF 군용기 연감

국이 붙인 이름이다.

1975년 개발되어 1981년 12월 19일 시제기가 첫 번째 시험비행에 성공하였다. 1984년부터 1992년까지 카잔의 Nr.22 항공기 공장에서 40여 대 생산되어 1987년 구소련 공군에 처음 배치되었다. HK-32 터보제트 엔진 4개를 장착하여 최고속도는 시속 2,200㎞에 달한다. 항속거리는 1만 4000㎞로써 공중급유를 받지 않고도 미국 본토를 폭격대상으로 한다. 유럽 전역과 인도 · 싱가포르 등 남아메리카를 제외한 전 세계를 폭격할 수 있다.

제원(m)	55.7×54.1×13.1	최대항속거리(km)	14,000
자체중량(kg)	110,000	추력(kg)	25,000×4
최대중량(kg)	275,000	최대무장(kg)	40,000
최대속도(Mach)	M 2.05	승무원(명)	4

〈그림 6-11. 러시아의 Tu-160 폭격기[25]〉

최대 40t의 무기탑재량도 전 세계 폭격기 중 최고 수준이다. 무기는 공대지미사일과 핵폭탄, 재래식 폭탄 등을 탑재할 수 있다. TU-160은 핵폭탄이나 재래식 폭탄으로 미국 중심부를 폭격하기 위해 개발된 기종이다. 기관포 등 고정무장과 공대공미사일은 장착하지 않았지만 능동형 ECM 장비와 레이더 경보장치, 채프 및 플레어 발사장치 등을 통해 기체의 생존율을 높였다. 우크라이나도 19대를 보유하고 있다.

25) http://bemil.chosun.com/, KODEF 군용기 연감

4. 공격기(Attack airplane)

가. 개 요

공격기는 아 지상군에 대한 화력지원과 적 지상 · 해상군의 전술적 목표물을 파괴하는 항공기이다. 공격기는 전선(FEBA)에서 작전중인 지상 전투를 지원하는 근접항공지원, 적 지상군 제 2제대의 전선 투입을 거부하기 위한 전장항공차단 등 적 지상군에 대한 공격임무를 수행한다. 부가임무로서 적의 후방지역에 대한 공격임무인 항공 후방차단과 적 해상전력에 대한 대함 공격 임무도 수행한다. 제2차 세계대전 이후의 냉전시기에 NATO를 중심으로 한 유럽의 전역에서 구 바르샤바 조약 기구 국가의 전차 위협에 대응하여 대 지상군 공격임무를 수행하기 위해 개발한 것이 시초이다. 50년대 후반의 Fiat G91 항공기가 최초의 NATO 표준 공격기로 채택되었다. 그 후 유사한 설계를 바탕으로 Harrier가 개발되었고 미국에서는 대 전차 대량 공격이 가능한 A-10 대지공격기를, 구 소련은 SU-25를 개발하였다.

오늘날 전투기들은 다목적형으로 개발됨으로써 공대공 임무에 부가하여 공대지 강습(strike) 임무까지도 병행하고 있다. 폭격기도 전술목적의 임무를 수행할 수 있기 때문에 순수한 공격기로서의 구분은 다소 모호하다. 그러나 공격기는 근접항공지원(CAS[26]) 및 전장항공차단(BAI[27]) 임무를 핵심적으로 실시하고 상황에 따라서는 일부의 항공후방차단(AI[28]) 임무와 대함공격 임무까지도 수행할 수 있는 대지 및 대함공격 전용기라고 말할 수 있다.

공격기는 전천후성(全天候性)이 있어야 하고 저공 · 고속에 뛰어난 운동성이 요구된다. 경우에 따라서는 직접지원에도 사용되며 전투폭격기의 임무도 수행할 수 있어야 한다. 오늘날은 항공모함에서 발진하거나 지상추적 레이더를 장착한 것 등도 있다. 탑재한 병기는 대형 기관총, 소형 핵탄두를 포함한 각종 폭탄, 공대지 미사일 등이며 공격목표에 따라서 특수한 전자식 병기관제장치를 장비할 경우도 있다. 현대전에 이르러 지상병력의 근접항공지원은 대부분 공격 헬리콥터들에 의해서 이루어지고 있으나 A-10 선더볼트II 등의 고정익 항공기들은 워낙 뛰어난 성능을 보여 공격기로의 명성을 이어가고 있다.

---

26) CAS : close air support
27) BAI : battle air interdiction
28) A I : air interdiction

나. A-10 공격기(Thunderbolt II)

A-10 공격기는 근접항공지원이라는 단일목적에 주안점을 두고 제작되었다. 저공에서 지상군을 지원하기 위하여 특별히 설계된 미공군 최초의 공격기종이다. 미국 공군이 베트남전쟁에서의 경험을 바탕으로 요구한 근접 항공지원기 A·X계획에 의하여 개발되었으며 선더볼트II라고도 한다. A·X계획에서는 새로운 공격기가 갖추어야 할 요건으로 많은 탑재량, 저공에서의 뛰어난 기동성, 높은 생존성, 간편하고 튼튼한 기체 등을 요구하였다. 이런 요구를 수용하기 위하여 압익을 직선익으로 하고 동체 후방의 상부에 쌍발의 터보팬 엔진을 장비한 독특한 형태를 하게 되었다. A-10 A기는 내부 구조상 엔진을 비롯한 랜딩기어, 수평유지장치 등 많은 비행기 부품을 좌우로 옮겨 장치할 수 있는 기능도 갖추고 있다.

최초비행은 1975년 2월 실시하였으며 1975년부터 1984년까지 총 700여대를 생산되어 미공군에 전력화되었다. 그러나 우방국가에 제공하거나 수출하지는 않았다. A-10 공격기는 고아음속권에서 성능이 좋은 터보팬 엔진을 사용하여 효율이 높고 소음이 적다. 우수한 체공능력과 타전투기에 비해 2배 이상의 대기갑 화력능력을 구비하여 1회 출격에 16대의 전차를 파괴할 수 있다.

항공전자 장비로는 ASN-141 INS 장비와 대공레이더 주파수 변화에 대처할 수 있는 ALR-69 RWR 장비와 걸프전시 각광을 받은 LANTIRN을 장착하고 있다. A-10공격기는 AGM-65 매브릭 공대지미사일, MK-82 스네이크아이 폭탄을 포함하여 최대 7,250kg을 탑재할 수 있다. 미공군은 성능개량을 실시하면서 향후에도 지속적으로 운용할 계획이다.

항공기 크기(FT)	14.7×57.5×53.3	기 총	30mm×1,350발
최대이륙 중량	47,400lbs	최 대 속 도	450kts
엔 진 모 델	TF34-GE-100	최대 항속거리	2,300NM
추 력	2×9,065lbs	이착륙거리	4,500/2,500FT

〈그림 6-12. 미국의 A-10 공격기[29]〉

다. KA-1 공격기(웅비)

KA-1 공격기는 KT-1 초등훈련기를 기초로 개발하여 전술통제기와 경공격기로 활용하는 전선통제용 항공기이다. KT-1 훈련기에 무장 포드 및 정찰 장비를 장착하여 육군의 작전을 지원하고 전선항공통제 임무를 수행하고 있다. 국방과학연구소에서 설계하고 한국항공우주산업(KAI)에서 총조립 제작하였다. KT-1 초등 훈련기의 파생형으로 플랫앤휘트니사의 950마력 엔진을 탑재하고 있다. 본래 명칭은 KO-1이었으나 2007년 KA-1으로 변경하였다.

KA-1공격기는 임무수행을 하는 동안에 지속적으로 산소 제공이 가능하며 표적 표시 및 공격이 가능한 무장을 장착할 수 있으며 WCP[30] 등의 사격조준 제어장치를 탑재하였다. GPS/INS 항법장비와 내외부 LIGHT를 포함하여 야간임무를 지원할 수 있는 NVIS[31] 기능 ROC를 충족시켰다.

29) http://bemil.chosun.com/, KODEF 군용기 연감
30) WCP : Weapon Control Panel, 무기통제패널
31) NVIS : Night Vision Imaging System, 야간투시장비

전 장	33ft 7inch	기 폭	34ft 8inch
최대 이착륙 중량	7,300lbs	체 공 시 간	4Hr
엔 진 추 력	950hp	상 승 고 도	22,000ft
최대/순항속도	350/180kts	이/착륙거리	1,091/1,750FT

〈그림 6-13. 한국의 TA-1 공격기[32]〉

라. SU-25 공격기(Frogfoot)

구소련의 수호이 설계국이 개발한 아음속 근접지원공격기로 미국의 A-10 선더볼트에 버금가는 성능을 갖고 있다. 특히 조종석을 24㎜ 두께의 타이타늄합금 장갑으로 강화하고 K-36 탈출좌석을 장비함으로써 조종사의 생존률을 높였다는 점이 특징이다. 저고도에서 저속으로 적의 지상부대를 공격해야 하는 항공기 특성상 조종석에 대공포화가 집중될 가능성이 크기 때문이다.

SU-25공격기는 1982년 초부터 아프가니스탄에 투입되어 실전을 경험하였다. 소련이 해체된 뒤에는 러시아 공군과 해군, 벨로루시, 우크라이나 등에 배치되었다. SU-27이나 MIG-29와 같은 시기에 개발된 기종이지만 아프가니스탄 침공에 사용되었기 때문에 서구에 일찍 공개되었고, 많은 수가 친소(親蘇) 국가들에 수출되었다. 이란 · 이라크 · 불가리아 · 헝가리 · 체코 · 앙골라 등에 수출되어 주력 공격기로 활약 중이며 북한도 20대를 보유하였다.

32) http://bemil.chosun.com/, KODEF 군용기 연감, http://terms.naver.com/entry.nhn

<table>
<tr><td colspan="2">크기(FT)</td><td>15.7×50.9×47.1</td><td>기 총</td><td>30mm×260발</td></tr>
<tr><td rowspan="2">중량</td><td>최대이륙</td><td>38,800lbs</td><td>최 대 속 도</td><td>M 0.8</td></tr>
<tr><td>최대무장</td><td>8,818lbs</td><td>최 대 G</td><td>6.5G</td></tr>
<tr><td colspan="2">엔 진 모 델</td><td>R-195 터보제트엔진</td><td>최대 항속거리</td><td>675nm</td></tr>
</table>

〈그림 6-14. 러시아의 SU-25 공격기[33]〉

마. 발전추세(공격기)

향후 공격기는 지상군 무력화를 위해 속도는 다소 저하되더라도 무장 탑재량을 증가시키고, 항속능력과 침투능력을 고려한 자체방어용 전자 장비를 장착하고, 레이더에 노출을 최소화하기 위한 스텔스기술을 적용할 것이다

5. 수송기(Transport Airplane)

가. 개 요

1920년대 유럽에서 민간여객기가 처음 등장한 후 군용수송기는 1930년대에 등장하여 후방에서 연락이나 병력·장비의 소규모 공수에 그쳤다. 그 후 항공기의 발달과 그에 따른 작전운용개념의 발전으로 오늘날 수송기는 군사력의 전술적, 전략적 운용에 중요한 역할을 담당하고 있다. 즉, 평시에는 국제평화유지활동, 재해·재난지원, 인도주의활동 지원 등의 임무를 수행한다. 위기시에는 병력 및 물자를 전투지역으로 신속히 투

33) http://bemil.chosun.com/, KODEF 군용기 연감

입하여 작전지속능력을 보장하고 특수작전이나 항공의무후송작전을 수행한다.

나. AN-2기(COLT)

AN-2기는 구소련의 ANTONOV BYREV 설계국에서 1940년초 설계 제작하여 1947년 최초로 시험비행을 실시하였다. 1957년 중국에 생산면허권을 인계하여 Y-5 (YUN SHUJI-5)란 이름으로 생산하였고 1960년 폴란드에서도 생산 면허권을 인수받아 현재까지 생산중이다. An-2기는 단발엔진을 갖춘 구소련제 복엽 수송기로서 시속 160km의 저속 · 저공비행과 레이더 회피가 가능한 경수송기다.

An-2기 동체는 실내 공간을 넓게 하기 위해 Semio-Monocoque구조로 설계되었으며 기골과 표피는 가벼운 합금의 금속으로 제작되었다. 상하날개는 레이더 파를 흡수하는 도료로 피복된 특수 천으로 제작되었으며 동체 내에는 승객과 화물을 실을 수 있도록 되어 있다. An-2기는 17회의 설계변경 및 시험비행 등으로 여러 기능 및 용도에 적합하도록 개조되어 생산되었으며 구소련, 중국, 폴란드에서 운용하고 있고 현재까지 생산된 대수는 약 9,000 여대 인 것으로 추정된다. 200m의 짧은 활주로에서도 이착륙이 가능하며 기상 관측 사진 촬영, 낙하산 훈련 및 소규모의 병력 투입 등에 운용되고 있다.

북한은 약 300여 대 보유하고 있으며 대한민국의 깊숙한 후방지역까지 특수부대를 침투시킬 수 있으며 일부는 폭탄투하용으로 개조하여 운용하는 것으로 알려졌다. 대한민국 육군이 MD500 헬기를 대량 도입한 이유도 이 수송기의 격추에 있을 정도로 저속에 무소음에 가까운 비행특성을 가지며 야음을 틈타 대거 남하시 문제가 될 전력중 하나이다.

기 장	42.5ft	기 고	18.8ft
화물적재량	3,350lbs	최 고 속 도	135KTS
엔 진 형 태	ASH-62IR	항 속 거 리	600NM
순 항 고 도	15,500ft	항 속 거 리	600NM

〈그림 6-15. AN-2기[34]〉

다. C-130 수송기(Hercules)

1956년에 양산되기 시작한 C-130 수송기는 미 공군의 주력 전술 수송기이며 안정성과 임무능력을 인정받아 전세계적으로 2006년 기준 2,262대가 생산되어 65개국에서 운영하고 있다. 터보프롭기관을 동력원으로 하며 수송기뿐만 아니라 공중급유 · 구난기 등 여러 가지 용도로 사용된다. 일부 개조작업을 걸쳐 대게릴라전용 무장헬리콥터로 사용되는 것도 있다. 이륙에 1,700m, 착륙에 1,140m의 활주로가 필요하여 어느 정도 단거리 이착륙성을 구비하고 있다. 록히드사가 개량형으로 개발한 기종이 C-130J이며 엔진을 GMA2100으로 교체하고 6개의 프로펠러가 달려 있다.

전 장	97.75ft	기 폭	132.58ft
기 고	38.25ft	최대화물탑재량	43,300Ibs
자 중	75,830lbs	항속거리	2,160NM
최대순항속도	300knots	최대상승률	1,900ft

〈그림 6-16. C-130 수송기〉

34) http://bemil.chosun.com/, KODEF 군용기 연감

6. 공중조기경보통제기(AWACS[35]))

가. 개 요

공중조기경보(AEW[36]))는 지상의 레이더 경계관제 유효권의 확대를 목적으로 항공기에 레이더를 적재하고 지평선 끝에서부터 저공으로 진입하는 적기를 조기에 탐지 · 경계를 담당하는 E2형기를 사용하였다. 여기에 방공 지휘관제 및 전자대공방위 기능을 부여한 E3형기를 개발하여 이를 AWACS라고 하였다. E3형기는 적재하는 전자기기에 의해서 공중의 항공기 동정뿐만 아니라 지상 및 수상을 이동하는 탱크 · 차량 · 함정 등의 동향을 수백 km에 걸쳐 탐지할 수 있다. 기상(機上)에 부여된 지휘통제기능에 의하여 그 방면의 전술장면 작전지휘도 가능하게 되어 있다. 미국은 1980년 여름 이란-이라크전쟁, 포클랜드전쟁 등 사태에 대해 E3A AWACS 3~4기를 현지에 파견하였다. 이와 같이 에이왁스는 현재 국지적으로 군사정세 악화의 우려가 있을 경우에 미국이 가장 먼저 파견하는 병력으로서 주목되고 있다.

나. E-3(Sentry)

E-2C(Hawkeye)는 단순한 조기경보기로서 조기경보기능이 미흡하였고 전투 및 분쟁지역에 대한 감시능력과 항공기통제 기능이 더욱 필요하게 되었다. 이러한 작전요구성능을 충족하기 위하여 제공전투기 통제 및 지휘기능이 가능한 조기경보통제기가 개발되었다. E-3는 시스템의 상징인 대형 레이돔을 탑재하기 위하여 기존의 보잉707-320B를 개조하여 E-3A기를 제작하였다.

35) AWACS : Airborne Warning And Control System
36) AEW : Airborne Early Warning

항공기 크기(m)	전폭 44.42 / 전장 46.61 / 전고 12.73
최대 속도	853km/h
항속거리	3,218km
엔진	PW TF33-PW-100A(21,000파운드×4)
승무원	조종인원 4명+관제사 18명

〈그림 6-17. E-3 공중조기경보기[37]〉

다. A-50(Mainstay)

A-50 Mainstay는 러시아가 운용하고 있는 조기경보통제기로 2차원 레이더인 Liana 레이더를 탑재한 Tu-126을 대체하기 위하여 1970년대에 IL-76수송기를 모체로 개발을 시작하였다. 1978년 시제기가 최초 비행에 성공하였고 1983년 생산을 시작하여 1984년 방공부대에 배치하였다. A-50 조기경보통제기는 공중표적 탐지 및 식별 후, 좌표 및 비행경로를 지상통제소에 전송하며 표적을 공격하기 위해 항공기를 유도하는 관제임무를 수행한다. 임무지역에서 두 궤도 중심간의 거리가 54NM인 8자형(∞) 코스로 임무를 수행하며 Mig-29·31, Su-27등의 전투기 및 지상 전술체계와 데이터 링크를 통한 합동작전 수행이 가능하다.

---

37) http://bemil.chosun.com/, KODEF 군용기 연감

기 체	IL-76 수송기	최대속도(Mach)	0.69
기장/기고/기폭(ft)	152/49/166	레이돔 지름(ft)	30
임무고도(ft)	16,400~32,800	최대 임무시간(H)	4
임무반경(NM)	540	최대 탐지거리(NM)	216
최대이륙중량(lbs)	418,880	동시 표적추적(대)	200~300
엔 진	4×D-30KP 터보팬 엔진	승무원(명)	15 (비행 5, 임무 10)

〈그림 6-18. A-50 공중조기경보기[38]〉

기수 전방에 기상레이더와 공중급유 Probe, 기수 상부에 위성통신 안테나, 기수 하부에 항법 및 지상도식 레이더가 장착되어 있다. 조종석과 임무요원실 창문에는 자체 항공기에 장착된 레이더에서 방사되는 전자파로부터 승무원을 보호하기 위해 도금되어 있다. 러시아는 1984년부터 A-50 조기경보통제기를 작전배치하여 현재까지 운용하고 있는 것으로 추정되며 중국은 1997년 우즈베키스탄으로부터 IL-76 기체를 도입하여 중국제 장비를 탑재한 조기경보 통제기를 운영하고 있는 것으로 추정된다.

38) http://bemil.chosun.com/, KODEF 군용기 연감

제3절 회전익 항공기(Helicopter)

1. 개 요

옛날 중국에는 대나무 잠자리라는 장남감이 있었으며 15세기의 레오나르도 다빈치는 헬리콥터 모양의 스케치를 남겼다. 조종사가 탑승하여 실제로 이륙한 것은 20세기에 초기이다. 1907년 프랑스의 폴 코르뉴는 약 2m 높이에서 20초간 공중정지 하였다. 비행이 가능한 헬리콥터가 최초로 이륙한 것은 1937년 하인리히 포케가 개발하였다. 1939년 러시아에서 미국으로 망명한 이골 시콜스키는 단식 로터에 꼬리회전익을 갖춘 오늘날의 반토크 테일로터 형식의 기초가 된 VS-300을 개발하였다. 군사적 용도로는 1940년대 후반에 말레이지아의 대게릴라전 및 6·25전쟁에서 일부 사용되었으나 베트남전에 본격적으로 사용되었다.

회전익 항공기는 고정익 항공기와는 다른 차원의 영역을 확보하고 점차 활동영역이 증가되고 있다. 이는 회전익만 갖고 있는 독특한 특성으로 제자리 비행(Hovering), 측면 및 후진비행, 좁은 장소에서의 수직이륙·착륙 능력, 비행중 엔진고장에 대비한 자동활공(Authorization) 특성을 구비하고 있어 다양한 목적으로 이용할 수 있기 때문이다.

회전익의 대부분을 차지하는 헬리콥터의 임무는 정찰, 지휘통제, 병력수송, 탐색구조, 대기갑, 대잠수함, 대함, 공중기뢰살포 및 제거, 대전자전 작전 등을 지상·해상에서 수행할 수 있다.

2. AH-1G(Huey Cobra)

역사상 최초의 공격헬기인 AH-1G 헬리콥터는 1967년 등장하여 베트남전에서 그 진가를 인정받았다. 베트남전 이후에 휴이 코브라 공격헬기는 미 육군과 해병대의 주력 공격헬기로 자리 잡았으며 각 군의 특성에 맞게 다양하게 발전되었다. 미 해병대의 코브라 공격헬기는 상륙전을 담당하는 해병대의 특성에 맞게 해상에서의 안전성을 고려해 쌍발 엔진을 장착했다. 또한 헬기 동체에 해수에 견딜 수 있는 피막처리를 했다. 이러한 특징 때문에 미 해병대의 코브라는 미 육군의 코브라와는 다른 독자적인 모델로 분류된다. 미 육군의 코브라 공격헬기는 모두 퇴역하였고 아파치 공격헬기로 대체되었다. 미 해병대는 운용중인 AH-1W 슈퍼 코브라 공격헬기를 한층 업그레이드시켜 미 육군의 아파치와 대등한 성능을 가진 AH-1Z 바이퍼 공격헬기를 운용할 예정이다.

크기	길 이	13.4m	엔 진	1,800마력
	높 이	4.1m	최 대 속 도	352km/h
	가 로	13.4m	항 속 거 리	574km
중 량		2,754kg	상 승 고 도	3,475m

〈그림 6-19. AH-1G Cobra[39]〉

3. AH-64(Apache)

미국의 AH-64 아파치 헬리콥터는 저공-고속비행과 적의 지상군 및 탱크 공격에 능한 미군 주력 헬기이다. AH-64 아파치는 유럽의 전장 환경에 맞는 재래식 무기로 특별하게 설계된 공격 헬기이다. 조종석과 동체 하부의 보조익에 무장 장착대가 마련되어 있으며, 최첨단의 고성능 항공전자 장비를 탑재하고 있다. 1200발짜리 30㎜ 포와 2.75인치 로켓탄 76기, 레이저 유도 헬파이어 미사일 16기를 갖춘 주야간 전천후 헬기다. 지상에 근접해 나무 언덕 건물 등을 은폐물로 이용한 기습 공격에 강해 적진 깊숙이 침투가 가능하고, 적의 반격을 피해 귀환하는 데 유용하다. 1986년 미군에 도입되었으며 1991년 걸프전에서 이라크 탱크 278대를 파괴시켜 신뢰를 얻었으며 2003년 3월 미국

39) 자료제공 : http://bemil.chosun.com/, http://www.army.mil.kr/

의 이라크 공습에서도 주요 공격 무기로 사용되었다.

크기	길이	17.7m	엔진	1,800마력
	높이	4.64m	최대속도	378km/h
	로터직경	14.63m	작전반경	450km
중량		9,570kg	상승고도	6,100m

〈그림 6-20. AH-64 Apache[40]〉

4. Tiger

타이거는 프랑스와 독일이 1984년 공동으로 출자하여 유로콥터사를 설립하여 개발한 공격 헬리콥터로 처음부터 공대공 전투를 염두에 두고 개발하였다. 무게를 최소화하기 위하여 프레임과 빔은 케블러와 카본 라미네이트 재질로 제작하는 등 기체의 80%를 복합재를 사용하였다. 레이더파에 대한 최소 반사를 설계에 반영하였으며 적의 적외선 장비에 의한 탐지를 막을 수 있는 도료를 도장하였다. 기체내 밀봉 연료탱크에는 연료증기와 공기와의 혼합에 의한 폭발 위험성을 피하기 위하여 불활성가스 시스템이 부착되었다. 엔진은 적의 직사 공격에 의해 엔진이 소실되는 것을 피하기 위하여 장갑판에 의해 분리 장착하였다. NBC 방호능력을 가지고 있으며 전자기 펄스파에 의한 전자장비 교란도 막을 수 있다.

기수에 장착된 30mm대공포는 지상 · 해상 · 공중의 경장갑 표적을 공격하는데 효과

40) http://bemil.chosun.com/, http://www.army.mil.kr/

적이다. 포탑에 설치된 포와 사격통제는 고도의 명중률을 달성하도록 설계하였으며 1,000m에 있는 표적에 대하여 10발의 탄환으로 50%의 살상율을 나타낸다. 분당 700 발을 발사할 수 있으며 450발씩 4개의 콘테이너가 장착되어 있다.

크 기	길 이	15.82m	엔 진	1,284마력
	높 이	4.32m	최대속도	260km/h
무 게		5,800kg	체공시간	2+50
무 장		트라이갓 ATM 8기, 70mm 로켓탄 포드 2기, 30mm 기관포 1기, 미스트랄 AAM 2기		

〈그림 6-21. Tiger[41]〉

타이거는 4개의 미스트랄미사일 또는 4개의 스팅거 공대공미사일을 장착할 수 있다. 목표물 획득은 조준기를 수동적으로 조작하도록 하는 조이스틱을 사용하거나 자동추적 기능을 사용한다. 단거리교전을 위한 기관포와 중·장거리 공격을 위해서는 로켓포를 사용한다. 루프 장착 조준기, 적외선 카메라, CCD TV, 레이저 거리측정기, 직접 광학 조준기 등을 갖추고 있다. 프랑스 육군에서 사용하는 전투지원 타이거 헬리콥터는 Giat 사의 30mm M-30781 자동포를 갖추고 있다.

타이거 헬리콥터는 크게 두 가지 유형이 있다. 독일 육군형은 대전차 공격 헬리콥터 PAH-2, 프랑스 육군형은 스카우트·지원형 HAP와 대전차 공격 헬리콥터 HAC가 있다. Tiger HCP는 현재와 미래의 작전요구성능을 집약하여 만든 개량형으로 기체 전면에 기총과 장사정 대전차 미사일이 장착된 지원헬기이다.

41) http://bemil.chosun.com/, http://ko.wikipedia.org/wiki/

5. CH-47(Chinook)

CH-47 헬리콥터는 1950년대 중반에 미 육군이 다양한 전장이동 임무를 수행하기 위하여 개발하였다. 대량의 무장병력 침투 및 수송, 부상병 후송, 주요 장비 및 군수품 이동·투하 능력을 구비한 헬기의 필요성에 의하여 개발을 시작하게 되었다. 두개의 엔진을 가졌으며 독특한 텐덤형식으로 배치된 3엽의 반전식 로터에 의해 추진되며 주·야간 시계 및 계기에 의한 조종으로 물자 수송·병력 수송할 수 있다. 운행시에는 조종사, 부조종사, 비행 엔지니어, 비행장 등 최소한 4명이 탑승하며 공중강습 등의 복합임무를 수행할 때에는 증가될 수 있다.

CH-47A 헬리콥터는 1962년 베트남전에 최초로 투입된 기종으로 두개의 텐덤식으로 배열된 메인 로터를 가진 중형 수송 헬리콥터이다. 기본임무는 포병장비, 탄약, 병력의 수송 및 전장지역으로의 공수이지만 구조, 부상병 수송, 공정대의 낙하산 투하, 항공기 구난, 특수작전 임무 등에도 활용하였다. 베트남에 배치된 CH-47A기들은 2,650마력의 출력을 내는 라이코밍社의 T55-L7 엔진을 장착하였다. 베트남의 열대성기후는 CH-47A 헬리콥터가 성능을 발휘하는데 지장을 초래하였고 적재중량·성능 향상이 요구되었다.

CH-47B 기종은 보잉사가 제작하여 1967년부터 납품하였으며 라이코밍社의 T55-L7C 엔진을 장착하고 기체를 강화하였다. 비행안정성을 향상시키기 위하여 비대칭 로터 블레이드와 뭉뚝한 후방 파일론을 적용하였다.

CH-47C 기종은 최대이륙중량이 46,000lbs까지 증대된 것으로 내부 연료탱크의 용적 및 운송 능력이 증가된 모델이다. 엔진은 라이코밍社의 T55-L11 엔진을 사용했는데 종전의 T55-L7 계열보다 대폭 강화되어 3,750마력의 출력을 낼 수 있었다. 내충돌식의 연료탱크와 파이버글래스를 사용한 로터 블레이드 등의 개량작업을 지속적으로 실시하였다. CH-47C은 CH-47D가 개발되기 까지 상당기간동안 씨누크 비행대의 주력기종으로 운용되었다.

크 기	길 이	15.9m	엔 진	4,075마력×2
	높 이	5.68m	최 대 속 도	287km/h
무 게		24,493kg	항 속 거 리	1,208km
무 장		기관총 3개,	로 터 직 경	18.29m

〈그림 6-22. CH-47 Chinook[42]〉

CH-47D 기종은 1976년 씨누크 개량계약에 의해 탄생하였다. 미육군은 기존의 씨누크기 내구연한이 다해 가고 있다는 것을 인식하고 보잉사와 CH-47 기종의 개량작업을 실시하기로 계약을 체결하였다. 개량작업으로 더욱 강력한 엔진, 로터 기어, 신형 집적화된 주유장치, 기어 냉각장치 등이 교체되었다. 조종사의 업무량을 감소시켜 주기 위한 조종석 재설계, 개선된 전자 시스템의 이중화 설계, 모듈러식의 유압 시스템 적용, 최신형의 비행관제 시스템, 개선된 비행장비의 적용등도 포함되었다. 33~44명의 완전무장 병력을 수송하거나 24개의 이동용 간이침대와 2개의 의료요원좌석을 설치하여 부상병을 수송할 수도 있다.

MH-47E SOA[43]는 CH-47을 변형하여 연료통을 확대시켰다. 캐빈내에 800갤론 용량의 연료탱크가 추가되었으며 보잉사가 설계한 Sponson 연료탱크를 추가하였다. MH-47E 기종은 공중급유가 가능하며 1회 급유시 대략 최대 2,000NM(약 3,700km)의 항속능력을 가졌다. MH-47E 기종은 미국의 파나마 침공 당시 미 특수부대의 공중강습에 사용되었으며 사막의 폭풍작전 당시에는 강습작전 및 적지에 격추된 아군 항공기의 조종사에 대한 전투 구난작전에 사용하였다.

42) http://bemil.chosun.com/, http://www.army.mil.kr/
43) SOA : Special Operations Aircraft, 특수작전기

6. UH-60(Black Hawk)

미 육군은 1968년 UH-1헬기를 대체하여 다목적 전술공수작전을 수행할 새로운 헬리콥터(UTTAS[44]) 연구를 착수하였다. 두 개의 엔진을 장착하고 3명의 승무원을 포함하고도 11명의 완전무장 병력을 공수할 수 있으며 공중강습, 부상병 후송 등의 임무를 가장 절박한 전투상황에서도 수행할 수 있도록 제작되어야 한다는 요구조건으로 시콜스키사가 개발을 시작하였다. 시제기는 1974년 10월 최초비행에 성공하였고 곧이어 2대의 시험기가 제작 완료되어 그 중 1대가 1976년 미 육군에 인도되었다.

UH-60A Black Hawk는 900회의 비행과 1,700회의 이 · 착륙 등 650시간의 시험비행을 거쳐 1976년 12월 UTTAS 기종으로 확정되었다. 운용목적에 따라 여러 가지로 개조되어 미 공군에서 구조 및 귀환임무를 수행하는 HH-60, 미 육군의 특수부대를 위한 MH-60K, 미 해군의 SH-3H를 대체하기 위한 SH-60, 그리고 다목적 군사용, 수출용 및 민간용으로 제작한 S-70 등 종류가 다양하다. UH-60 계열 헬리콥터는 2,000 여대가 생산되어 미 육 · 해 · 공군 및 해병대와 오스트레일리아, 한국, 일본, 중국, 대만, 유럽 등 20여개 국가에서 운용되고 있으며 걸프전에서 크고 작은 작전에서 병력수송 임무를 수행하였다.

크기	길이	15.26m	엔진	1890마력×2
	높이	3.76m	최대속도	361km/h
무게		10,421kg	항속거리	600km
로터직경		16.63m	무장	헬파이어, 20mm기관총, 70mm로켓

〈그림 6-23. UH-60 Black Hawk[45]〉

44) UTTAS : Utility Tactical Transport Aircraft System

7. Lynx

Lynx는 1950년대 말기에 영국군의 구형 헬기 대체를 위한 새로운 다용도 헬기를 개발 필요성에 의하여 영국의 3개 항공기 제작사가 합동으로 개발하였다. 해군용 Lynx는 1970년대 초에 육군용과 병행하여 개발되었으며 1972년 시제기가 비행에 성공한 후 1976년부터 양산이 시작되어 1978년 영국 해군에 실전 배치되었다. 해군용 Lynx는 착륙장치를 삼륜식 착륙바퀴로 교체하고 대잠 및 대함 작전에 적합한 무장과 항공전자 장비를 갖추었다. Sea-Scua 대함 미사일, 어뢰, 기뢰, 수중음파 탐지기, 구조용 윈치, 자동비행조종장치를 탑재하고 있다. 해군용 Lynx3는 함상의 적재공간이 최소화 되도록 주익 및 미익 로터를 접이식으로 하고 기수에 360도 전방향 탐지용 레이더를 장착하였다.

<table>
<tr><td rowspan="2">크기</td><td>길이</td><td>13.33m</td><td>엔진</td><td>1620마력 2개</td></tr>
<tr><td>높이</td><td>3.25m</td><td>최대속도</td><td>255km/h</td></tr>
<tr><td colspan="2">무게</td><td>5,330kg</td><td>항속거리</td><td>565km</td></tr>
<tr><td colspan="2">로터직경</td><td>12.80m</td><td>무장</td><td>7.62mm 기관총,
Mk44/46 2발
TOW 8발,
Sea Skua 4발</td></tr>
</table>

〈그림 6-24. Lynx 헬리콥터[46]〉

45) http://bemil.chosun.com/, http://www.jcs.mil.kr/main.html
46) http://bemil.chosun.com/

8. 수리온

수리온은 2005년부터 본격적으로 추진한 한국형 헬기사업(KHP[47])에 따라 국내기술로 만든 첫 국산 헬기이다. 한국형 헬기사업은 지식경제부와 방위사업청이 공동 주관하고, 한국항공우주산업 · 국방과학연구소 · 한국항공우주연구원이 주관기관으로, 유로콥터가 협력사로 참여하여 내용연수가 초과된 UH-1H 및 500MD를 대체할 수 있는 헬기를 개발하고 핵심 부품의 국산화를 추진하는 것이다.

2009년 8월 시제 1호기가 출고되었으며 1조 3,000억 원의 개발비가 투입되었다. 제식 명칭은 KUH(Korean Utility Helicopter ; 한국형 기동헬기)이고 수리온은 애칭이다. 수리온은 '독수리'의 '수리'와 우리말로 '일백(100)'을 뜻하는 '온'을 조합한 것으로 독수리의 용맹함과 기동성, 국산화 100%와 완벽성을 추구한다는 의미이다.

산악지형이 많은 한반도에서 원활한 작전을 수행하고 150m/min 이상의 속도로 수직상승하여 백두산 높이(2744m)에서도 제자리 비행을 할 수 있도록 설계되었다. 2010년 3월 초도비행에 성공하였으며 이로써 한국은 세계에서 11번째 헬기 개발 국가가 되었다.

크기	길 이	15.09m	엔 진	1855마력 2개
	높 이	4.38m	최 대 속 도	259km/h
무 게		4,817kg	항 속 거 리	450km
로 터 직 경		15.6m	무 장	XK12 차세대기관총

〈그림 6-25. 수리온 헬리콥터[48]〉

47) KHP ; Korean Helicopter Program

제4절 무인항공기(Unmaned Aerial Vehicle)

1. 개 요

무인항공기(UAV)는 조종사 탑승없이 무선원격조종으로 비행하여 작전을 수행할 수 있으며 사전 입력된 프로그램에 따라 자동비행이 가능하고, 정찰 또는 특수 목적성 장비가 탑재된 비행체를 의미한다.[49] 활용용도에 따라 광학, 적외선, 레이더 센서 등 다양한 장비를 탑재하여 감시, 정찰, 정밀공격무기의 유도, 통신·정보중계 등의 임무를 수행하며 폭약을 장전시켜 정밀무기 자체로도 개발되어 실용화되고 있어 미래의 주요 군사력 수단으로 주목을 받고 있다.

무인항공기의 분류는 분류기준, 구체적인 중량기준이 국가별로 적용기준이 상이하다. 보편적인 분류는 군사적 용도에 따른 분류(전술·전략·특수임무 무인항공기), 비행반경에 따른 분류(근거리·단거리·중거리 무인항공기, 장거리 체공형), 비행고도에 따른 분류(저고도·중고도 체공형·고고도 체공형 무인항공기), 크기에 따른 분류(마이크로형·미니형·소형·중형·대형 등), 비행 및 임무수행 방식별 분류(공격기·정찰기·폭격기·전투기·표적기·초소형 비행체 등), 이·착륙방식별 분류(이륙 : 지상 활주, 발사대, 공중 투하 방식, 수직 이륙 방식 / 착륙 : 지상 활주, 낙하산 전개, 그물망 등)로 구분할 수 있다.

♣ 무인항공기 관련 용어
① RPV : Remotely Piloted Vehicle 원격으로 조종되는 항공기 ② Drone : 사전 입력된 자료에 의해 비행하는 무인 비행체 ③ PTA : Pilotless Target Aircraft 주로 공대공 또는 지대공 목표 사격훈련에 사용되는 표적용 비행체 ④ Reconnaissance UAV 정찰용 UAV ⑤ UCAV : Unmanned Combat Aerial Vehicle 무인전투기 ⑥ UAS : Unmanned Aircraft System 무인항공기, 최근 美 교리

48) http://bemil.chosun.com/, 서울신문사, 두산백과
49) 육군 야전교범 21-9

2. 무인항공기의 발전

군사용 활용 목적으로 시작된 무인기 연구는 이제 민간 산업화 분야로 확대되어 발전하고 있다. 현재의 무인기 형태의 모습은 제2차 세계대전 후 오래된 항공기를 공중 표적용 무인기로 재활용하면서 시작되었다고 볼 수 있다. 이러한 무인항공기는 냉전시대에는 정찰을 통한 정보수집 목적으로 활용되었고, 이후 무인항공기 기술이 발전하면서 원격탐지장치, 위성제어장치, 전파교란 등 최첨단 장비를 탑재하고 병력의 접근이 어렵거나 적 점령 위험지역에서의 활동영역이 확대되고 있다.

무인항공기 최초의 형태는 1849년 오스트리아에서 Bombing by Balloon 형태로 발명되었다. 열기구에 폭탄을 매달아서 지상으로 떨어뜨려 공격하는 형태로 베니스와의 전투에서 사용하였다. 미국에서도 유사한 형태의 무인항공기를 운영하였는데 1863년 남북전쟁 시 찰스 펄 리가 개발하여 특허를 등록한 Perley's Aerial Bomber 무인폭격기이다. 이후 1883년 영국인 더글라스 아치볼드가 연에 카메라를 부착하여 지상촬영을 시작하였는데 이것이 현대적 의미로 세계 최초의 정찰용 무인항공기 체계라고 할 수 있는 연에 카메라를 부착한 Eddy's Surveillance Kite을 개발하여 항공사진 촬영이 가능하게 하였다.

제1차 세계대전 당시 미국에서 최초의 무인항공기 개발에 성공하였는데 1918년 피터쿠퍼와 엘머 스페리가 공중에서 수평으로 비행할 수 있는 기술 적용과 300파운드의 폭탄을 탑재하고 비행할 수 있는 Sperry Aerial Torpedo라는 무인항공기를 개발하였다.

제1차 세계대전이 종료되고 무인항공기가 중요한 전투자원으로 부상하였는데 영국 해군이 최초로 왕복 재사용이 가능한 여왕벌이란 뜻의 “Queen Bee”라는 무인기(공중로봇)를 개발하였다. 이는 적 항공기와 대공무기의 공격을 유도하기 위한 무인표적기이다.

제2차 세계대전 중 독일이 전투용 무인항공기 V-1을 전투에 투입하여 성공적으로 운영하였는데, 미국은 V-1을 파괴하기 위한 PB4Y-1과 BQ-7 무인항공기를 개발하였다. V-1은 부저음신호를 발생시키는 추력의 펄스 제트를 탑재했고 2000파운드의 탄두 운반 능력과 폭탄을 투하하기 전에 150마일을 비행할 수 있도록 설계되었다. V-1은 1944년 영국에 처음 투입되어 민간인 900여명의 사망과 35,000여명의 부상을 입혔다.

베트남전을 거치면서 무인항공기 활용은 기존의 전투용에서 감시목적으로 활용되었다. 미국은 1950~1960년대 “Firebee”라는 제트추진 무인기를 개발하여 베트남전에서 적 지역에서 감시목적으로 운영하였다. 1970년대 베트남전에서 “Firebee”를 효과적으로 운영하자 세계 각국에서 무인항공기 개발을 시작하였다. 이스라엘은 미국에서 “Firebee” 12대를 구입하여 새로운 형태의 무인항공기인 기만정찰기 “Decoy”를 세계 최초로 개발하였다.

1970~1980년대에는 무인항공기에 대한 연구가 활발히 이루어져 중요한 기술들이 개발되었다. 1978년 이스라엘항공사에서 무인항공기 Scout를 개발하였는데 피스톤엔진을 탑재하였고, 유리섬유로 만들어진 13피트의 날개와 작은 레이다 신호를 발산하고 작은 크기로 격추가 불가능한 무인항공기로 1982년 실전에 투입하여 성공하였다.

1990년대에는 세계 각국에서 첨단군용무기로의 발전에 중요한 역할을 하고 있는데 특히, 전쟁·정전 지역과 지구환경까지 감시하는 기능까지 무인항공기의 역할이 진화하고 있다. 이스라엘은 정찰용 무인항공기 “Firebird 2001”을 개발하였는데 지리정보시스템매핑, 글로벌포지셔닝시스템기술을 탑재하고 전방감시 카메라를 이용하여 산불의 크기와 속도, 주변 움직임을 실시간으로 정확하게 전송할 수 있는 기능을 갖추고 있다. 미국은 1990년대 활발한 무인항공기 개발로 5대의(Pathfinder, DarkStar, RQ-1 Predator, RQ-4 Global Hawk, Helios) 새로운 모델을 개발하였는데 특히, “Pathfinder”는 환경조사를 위해 개발된 태양전지식 초경량연구항공기로 작은 센서를 이용하여 바람이나 날씨데이터를 수집하고 고해상도의 이미지를 전송할 수 있는 능력을 갖추고 있다. 또한 RQ-4 Global Hawk는 세계적인 무인항공기회사인 텔레다인 라이언사에서 제작하였는데 116피트의 날개, 최대 65,000피트 상공에서 모니터링과 데이터전송이 가능한 능력을 갖추고 있고 원하는 지역을 언제든지 감시가 가능한 무인항공기이다.

2000년대 무인항공기는 군사용으로 크게 발전하였고, 군사 목적 외 방송촬영, 배송, 통신, 환경 등 여러 분야에서 활용가능한 다목적용 무인항공기로 발전하고 있다. 미군이 2000년대부터 운영하고 있는 “Global Hawk”는 현존하는 최고의 성능을 보유한 무인정찰기로 평가받고 있다. “Global Hawk” 제원은 최대 20km 상공까지 비행할 수 있고, 지상 30cm의 물체를 식별할 수 있고, 35시간 동안 운용이 가능하며, 3000km의 작전반경, 첨단 합성 영상레이다(SAR)와 전자광학·적외선 감시장비(EO/IR) 등으로 날씨에 관계없이 밤낮으로 정보를 수집할 수 있는 기능을 갖춘 전략무기이다.

현재 미래의 전투수행개념을 고려한 제대별로 실시간 보고 타격할 수 있는 정보, 지휘통제, 화력, 기동, 방호, 작전지속지원 등 체계 구축과 대형 및 소형의 크기와 정찰 및 공격용 무인기활용을 위한 대대급 및 여·사단급 무인기 개발 전력화가 진행되고 있는데 제대별 임무수행능력 향상을 위해서 최단시간내 중대급, 소대급, 분대급까지도 무인기 개발 전력화가 필요하다.

3. 국가별 무인항공기 종류

가. 대한민국

육군은 군단급에서 무인항공기를 정찰용으로 운용하고 있다. 육군이 보유하고 있는 군단급 무인기는 2종류가 있다. 하나는 1999년에 이스라엘 IAI사로부터 도입하여 일부 군단에 배치된 "서처(Searcher)"무인기이며, 다른 기종은 1991년부터 국방과학연구소의 기술지원 하에 KAI(한국항공우주산업)"에서 개발을 시작하여 2002년부터 군단에 전력화한 송골매 무인기다.

송골매 무인기의 수출용 명칭은 "야간침투기"라는 의미의 "The Night Intruder 300"이다.

〈그림 6-26. 국내 운용 무인항공기[50]〉

50) http://bemil.chosun.com/, 서울신문사, 두산백과

해 · 공군은 외국에서 제작한 무인기를 도입하여 사용하고 있다. 해군은 함정에서 운용이 가능한 정찰용무인기 "섀도(Shadow)400"을 2002년도에 미국 AAI사로부터 도입하여 일부 함정에서 운용 중에 있다. 공군은 적의 레이더를 공격하기 위한 무인기 "하피(Harpy)"를 1999년부터 이스라엘의 IAI사에서 도입하였다.

나. 미 국

9 · 11테러사건 이후 이라크의 대량살상무기(WMD)를 제거하여 세계평화에 이바지하기 위하여 개시된 이라크의 자유(Freedom of Iraq) 작전에서 미국은 다양한 종류의 무인기를 사용하였다. 미공군은 글로벌호크, 프레데터를 사용하였고 미육군은 섀도200, 헌터, 포인터를 미해군은 실버폭스, 파인더를 미해병대는 파이오니어, 드래곤아이를 각각 투입하였다.

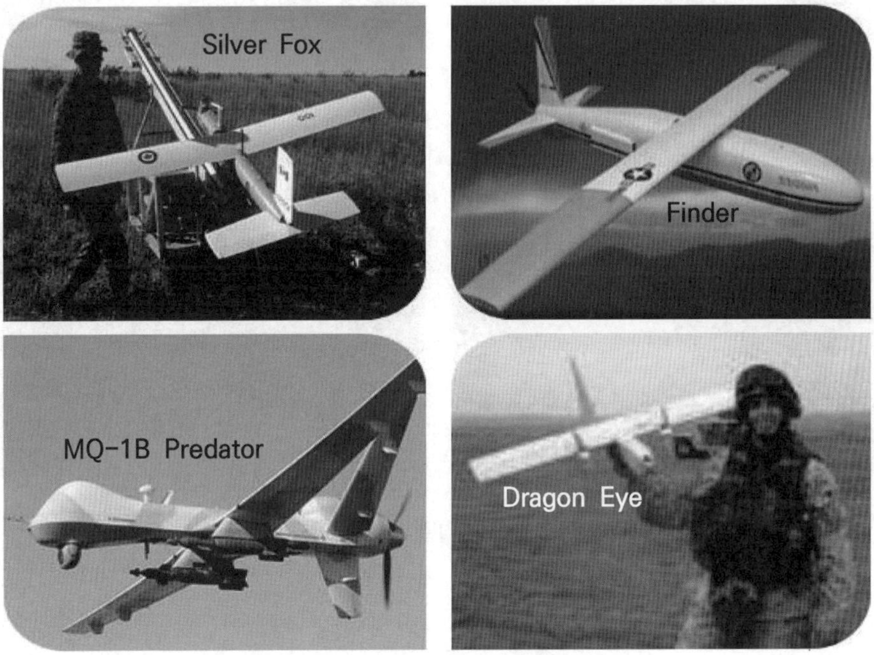

〈그림 6-27. 미국의 무인항공기[51]〉

51) http://bemil.chosun.com/

다. 이스라엘

1982년 6월 이스라엘은 레바논전쟁 당시 베카계곡 전투에서 기만 및 정찰용 무인기를 활용하여 시리아군의 대공 시설을 파괴하는 데 크게 기여하였다. 이때 사용된 무인기는 TV카메라를 장착하여 실시간 영상을 지상통제소에 송신함으로써 수신된 데이터를 실시간에 분석 및 처리하는 현재의 무인정찰기 시스템을 최초로 활용하였다. 무인정찰기들의 역할은 시리아군의 지역을 비행하며 시리아군의 대공 레이더 작동과 대공 미사일의 발사를 유도하는 것이었다. 이들이 이런 역할을 하는 동안 이스라엘 항공기와 포병, 전자전기가 적의 레이더 와 대공 미사일을 제압하였다.

〈그림 6-28. 이스라엘의 무인항공기[52]〉

52) http://bemil.chosun.com/

4. 발전추세

일찍이 네덜란드의 알버트 프레스만은 항공기의 혜택으로 인류는 하나의 공동체로 뭉쳐지며 창공을 통하여 여러 나라의 국민이 하나로 통일하게 될 것이다 라고 예언하였다. 그의 예언은 이제 서서히 현실로 다가오고 있다. 인류 최초의 동력비행이 라이트형제에 의해 실현된 후, 불과 수십 년 안에 항공기술은 다이나믹한 발전을 거듭해 지구는 눈에 보이지 않는 거미줄 같은 항공망으로 뒤덮이게 되었으며, 축적된 첨단 항공우주 과학기술은 인간을 달 표면에 안착시키게 되었다.

이러한 항공분야의 눈부신 발전은 비행기원 100주년을 내다보는 2000년대를 맞이하면서 더욱 성숙되어 항공기는 더 이상 발전할 여지가 없을 정도로 고도로 정밀화 되었다. 최근의 걸프전에서 대활약을 했던 보이지 않는 항공기 F-117스텔스(Stealth)기를 비롯하여 수년간의 연구개발 끝에 채택된 미국의 F-22 차세대 제공전투기 및 B-2폭격기 등을 보고 있으면 불과 100여 년 전만 하더라도 인류의 꿈에 불과했던 하늘로의 비상이 너무도 빨리 현실로 이루어져 인간의 무한한 능력에 새삼 경탄하지 않을 수 없게 된다.

현대의 항공기는 성능상의 발전뿐만 아니라 그 용도도 다양화 되어 항공기 종류에 있어서 현재 세계적으로 운용되고 있는 군용기만으로도 수백 종에 이르고 있다. 이제 인류는 지구공간의 범위를 넘어서 우주공간의 정복으로 그 방향을 선회하였는바, 속도 3~6MPH의 도보시대에서 속도 30~45MPH의 기마시대, 그리고 아음속 항공기 시대를 거쳐 초음속의 항공기 시대로 오기까지의 과정을 비추어 보면 우주의 정복도 멀지 않은 장래에 확실히 이루어질 것이다.

제7장

화력무기 체계

제1절 체계 개요

1. 개 요

가. 화력의 정의 및 범주

화력(Fire Power)은 무기체계(살상 및 비살상 무기체계)에 의하여 적에게 투사되는 사격량이나 타격능력을 말하며, 화력의 범주에는 소화기, 대전차화기, 화포, 화력지원장비, 탄약, 유도무기, 특수무기 등이다.

나. 화력의 기능

화력의 기능에는 작전(전투)부대 근접지원을 통하여 기동여건을 조성하며, 적의 기동을 방해 및 저지하고, 화력전투를 수행하여 적 중심 파괴 및 화력우세를 달성하는 것이다. 화력은 독립적인 기능을 수행하기도 하지만 기동과 상호 보완적인 역할을 수행함으로써 전투효과를 증대시킨다.

다. 화력의 역할

화력은 소총, 화포, 로켓 및 유도무기, 공격헬기, 해군 및 공군 화력 등을 단독 또는 통합적으로 운용하여 적에게 전투력 손실을 강요하고 전투의지를 저하시킴으로써 작전목적을 달성하는 중요한 역할을 수행한다. 따라서 작전(전투)부대 지휘관은 타격할 표적과 가용한 화력자산을 고려하여 타격우선순위 등을 결정하고, 표적성질에 부합된 최적의 화력자산이 적시에 운용되도록 노력하여야 한다. 또한 작전(전투)부대 편제화기와 지원되는 각종 화력자산의 능력을 고려하여 이들을 적절히 통합운용함으로써 다양한 표적을 효과적으로 타격하여야 한다.

2. 화력무기의 발전

가. 우리나라

한반도에 정착한 조상들이 최초로 사용한 무기는 인간근력이 동력으로서 화약을 사용하지 않는 냉병기(冷兵器)였으며 중국이나 유럽에 정착한 고대인도 마찬가지 이었다. 고대무기는 근력 이용 방식과 사정거리에 따라 원거리무기와 근거리무기로 구분한다. 원거리무기로는 활이 대표적이다. 활은 신석기시대 초기에 출현하였는데 고대인들은 활의 원리를 응용하여 발사장치를 가진 쇠뇌나 투석기 등 강력한 원거리 무기를 개발하였다. 근거리 무기는 길이에 따라 창처럼 긴 장(長) 병기와 칼처럼 짧은 단(短) 병기로 나뉜다. 칼은 살상방식에 따라 다양한 형태로 만들어졌다. 창은 돌진하면서 찌르는 모(矛)와 끌어당겨서 베는 과(戈), 칼은 찌르는 양날 검(劍)과 내리쳐서 베는 외날도(刀)가 각각 대표적이다. 근거리 무기 가운데 몽둥이나 도끼처럼 직접 타격을 가하는 무기는 타병기(打兵器)도 있다.

청동기시대에는 창, 칼 등 석제무기가 대부분이었으며 살상력이 높지 않았다. 그리하여 창, 칼보다는 활을 이용한 원거리 전투가 성행하였고 근거리전투에서도 끝이 뾰족한 별도끼와 같은 타격무기가 주로 사용되었다. 이에 비해 철기시대에는 살상력이 아주 뛰어난 장검(長劍), 대도(大刀), 날이 예리한 창 등이 만들어져 근거리 전투의 주요 무기가 되었다. 철제갑옷 등 방어장비가 화살의 관통력을 능가할 정도로 발달함에 따라 전투양상도 원거리전투에서 근거리전투로 바뀌었다. 따라서 활은 지원무기로 밀려나고 창·칼이 기본무기가 되었으며 이중에서 장병기로서 살상력이 높은 창이 주력무기로 사용되었고 칼은 최후의 육박전에 대비한 보조무기로 쓰였다.

철기문화가 발달하면서 군대규모도 커짐에 따라 군사훈련이나 전술운용을 위해 병사들의 무기는 더욱 단순해졌다. 궁수부대나 쇠뇌부대를 제외한 대부분의 병사들은 손에는 창을 들고 허리에는 칼을 차는 형태로 무장하게 된다. 고구려의 무기로는 원거리 무기인 활과 근거리 무기인 대도, 환두대도, 단도, 손칼, 쇠창, 갈고리, 쇠낫, 쇠도끼 등이 있다. 백제에는 원거리 무기인 활과 근거리 무기인 대도, 환두대도, 단도, 도자, 철모, 착형무기, 철구, 철겸, 철부 등이 있었다.

신라의 무기에는 공격용 무기로 쏘는 무기인 활이 있고, 베는 무기인 검과 도, 찌르는 무기인 철모, 철창, 착형무기가 있으며 걸어 당기는 무기인 유자무기, 철겸이 있고, 내려 치는 무기인 철부 등이 있었다.

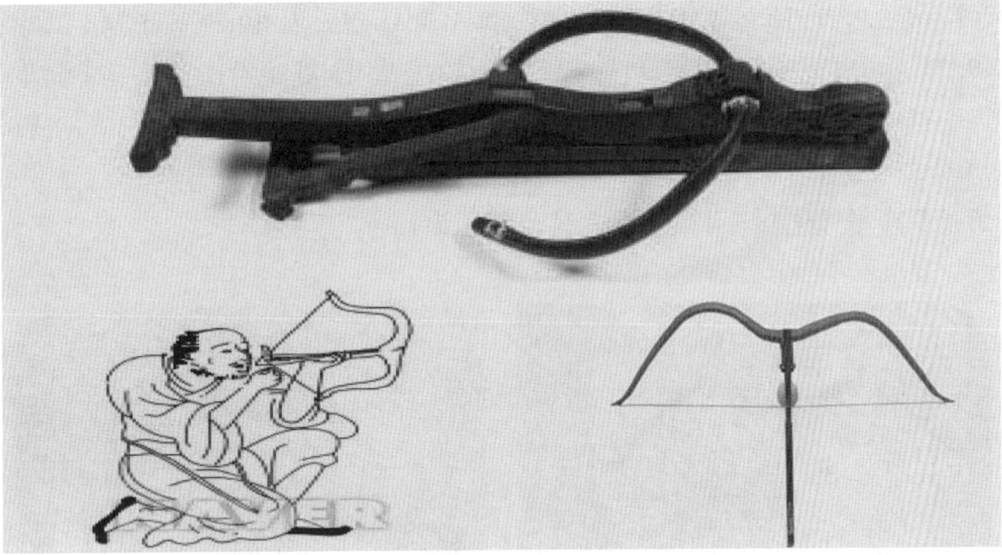

〈그림 7-1. 쇠뇌[1]〉

고려시대에는 장병기로는 모, 단병기로는 장도, 투사병기로는 활과 쇠뇌[2]가 사용되었다. 고려시대에서 가장 주목할 만한 것은 화약의 개발이다. 몽고와의 전쟁에서 화약의 존재와 화약병기의 효용성을 인식하고는 있었을 것이지만 몽고의 지배하에서 이를 개발할 수는 없었다. 그러다가 1377년 마침내 최무선에 의해 흑색화약이 제조됨으로써 일약 화약무기 보유국으로 발돋움하게 되었고 다양한 화약무기를 개발하게 된다. 최무선에 의하여 제작된 각종 화약무기는 크게 발사기[3], 발사물[4], 폭탄[5], 로켓형 화기[6] 등으

1) 전쟁기념관 & 네이버 자료실
2) 쇠뇌 : 활의 일종이지만 활보다 더 멀리 쏠 수 있고, 더 살상력이 더 강한 무기이다.
3) 발사기 : 대장군포, 이장군포, 삼장군포, 육화석포, 화포, 신포, 화통, 총통 등이 있었다.
4) 발사물 : 철령전, 피령전, 철탄자 등이 있다. 철령전은 철로 만든 날개를 단 화살이고, 피령전은 가죽으로 날개를 만들어 부착한 화살이다. 철탄자는 철로 만든 환의 일종으로 추측된다.
5) 폭탄 : 질려포, 나무로 만든 반구형의 통에 쑥잎, 화약, 끝이 날카로운 철조각 등을 넣어 적에게 던져서 폭발시키는 폭탄의 일종이다.
6) 로켓형 화기 : 주화, 오룡전, 화전, 독천화, 유화, 천산 등이 있었다. 주화는 스스로 날아가는 로켓형화기이고, 오룡전은 긴 막대의 상부에 통을 만들고 이 속에 주화와 같은 로켓형 화살을 다섯 개 넣고 발사하는 무기로 추정된다. 화전은 화약을 붙여 만든 화살로 불을 붙여 발사하면 목표물에 도착하여 화약이 폭발되고 이로 인하여 방화시키는 무기이다.

로 구분할 수 있다.

조선전기의 화약무기는 북방의 여진과 남방의 왜구에 대해 신무기이자 위력이 컸던 대표적인 병기였다. 화약무기의 장점은 관통력과 사거리가 길어서 전투에 있어서 살상력이 높았으며 병사들이 단기간의 훈련에 의해서 어느 정도 사격이 가능하였다. 그러나 화약 및 화기의 제조에는 많은 비용이 소요되었으며 발사시간의 지연 및 우천시에 발사가 곤란하다는 문제점이 있었다. 이리하여 이를 보완시켜 줄 재래의 일반무기도 전투에 병행하여 사용될 수밖에 없었다.

일반무기 중에서 대표적인 것이 바로 궁시류였다.

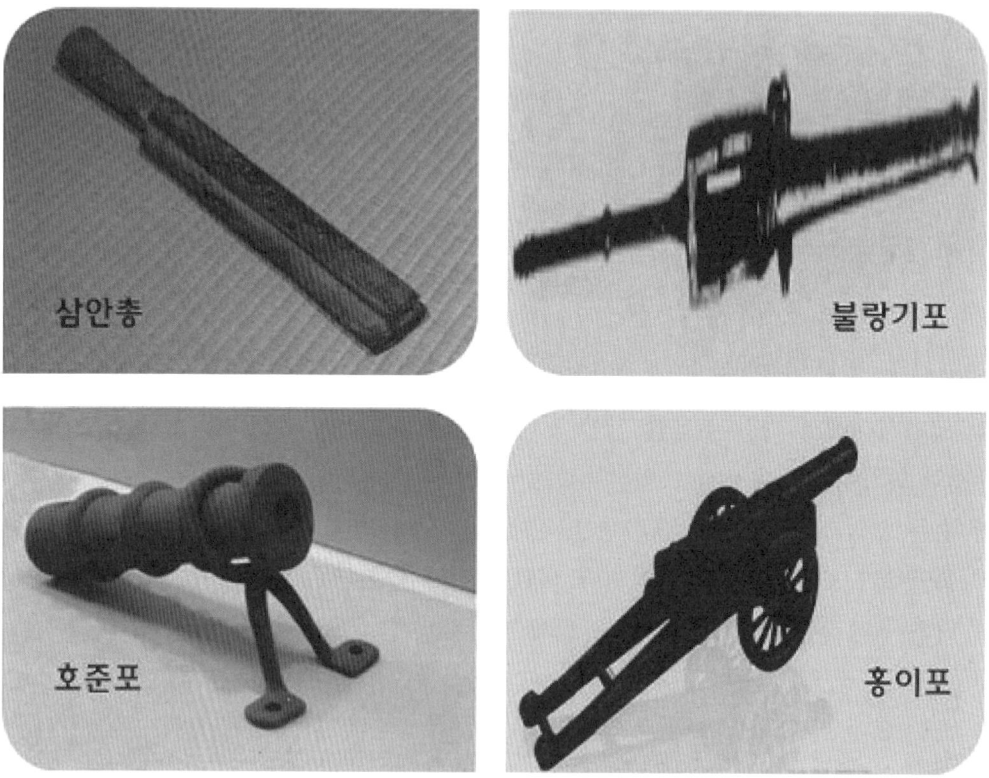

〈그림 7-2. 근대시기의 화약무기〉[7]

조선시대 일반무기류 중에서 창검류의 전술상의 지위는 전반적으로 저하되었지만 근접전투에 있어서 그 기능과 역할은 무시될 수 없었다. 창검류 중에서 창류는 무과시험

7) 문화콘텐츠닷컴

에 있어서 궁시류 다음으로 중요한 과목이었기에 전술상의 지위는 그대로 유지되었다. 그러나 도검류는 병사들의 중요한 휴대무기이었으나 무과시험의 과목대상이 아니라는 이유로 도검의 제조술과 검술의 발전을 기대하기 어려웠고 도검류의 전술적 기능과 위치가 약화될 수밖에 없었다.

근대시기에 무기분야는 크게 발달하지 못한 분야였다. 16세기 말과 17세기 초에 일본(임진왜란)과 청의 침입(병자호란)을 받은 뒤 조선왕조는 군비강화와 신무기제조에 국가적 차원에서 노력하였다. 전란을 통하여 중국과 일본의 화기가 유입되었을 뿐 아니라 그것을 모방한 무기의 제작도 이루어졌다.

조총을 비롯하여 불랑기포[8], 호준포[9], 삼안총[10], 홍이포 등과 같은 화약무기를 제조하였다.

18세기 때까지 무기·화약의 제조 및 기술개발에 상당한 노력이 경주되었으나 획기적으로 발달하지는 못하였다. 같은 시기에 서양국가들이 획기적으로 무기발달을 이룬 것과는 비교되었으며 근대에 들어서 무기 발달이 정체되는 이유가 되었다. 특히 조선후기에 청국의 한역서나 물품을 통한 서양과학의 유입이 여러 방면에서 이루어지고 있었지만 무기분야는 예외에 속하였다.

1863년대 고종황제가 즉위하면서 무기발달은 새로운 국면을 맞이하였다. 이 시기에 신미양요·병인양요를 통하여 조선이 프랑스와 미국이라는 열강의 직접적인 침략을 받았던 사실과 관련이 깊다. 당시의 권력자인 흥선대원군은 신무기 개발에 깊은 관심을 가졌고 서양무기를 모방하는 등 부분적인 성공도 거두었다. 1876년 개항이 이루어지면서 조선왕조의 관심은 신무기 개발보다 발전된 형태인 서양무기의 제조에 있었다. 이러한 시도는 기대한 성과를 거두지 못하였고 무기 제조보다도 무기 구입의 방법으로 군비강화를 도모하였다.

무기구입은 외형적으로 군비강화에 도움을 주었으나 함께 수반되어야 할 탄약구입, 정비, 교육훈련의 문제가 야기되어 결국 실패로 돌아가고 말았다.

---

8) 불랑기포 : 불랑기포는 포르투갈의 기술자가 전래해서 만든 대포로 대포알속에 장전된 화약이 폭발하여 목표물을 파괴하던 포이다. 홍이포라고도 불렀다.
9) 호준포 : 조선후기에 사용되었던 불씨를 손으로 점화하여 발사하는 방식의 화기(火器)이다.
10) 삼안총 : 1593년 제작된 유통식 휴대용 화기, 보물 제884호. 일명 '삼혈총(三穴銃)'이라고도 칭한다.

〈그림 7-3. 신미양요 때 점령당한 강화도의 요새와 불랑기포[11]〉

나. 서 양

나일강 · 유프라테스강 유역에서는 약 6,000~10,000년 전, 인더스강 · 황하 유역에서는 약 4,000~5,000년 전, 페루 · 멕시코 등지에서는 약 3,000~4,000년 전에 고대문명이 일어나서 고대 전쟁시대에 들어섰다. 서양에서 무기가 전술과 결합되어 진정으로 위력을 발휘하기 시작한 것은 서양 문명의 기초가 형성된 그리스 및 로마 시대였다. 바로 이 시기에 서양을 특징짓는 제반요인들이 형성되었고, 이와 병행하여 무기 및 전술도 발전하게 되었다. 이들은 창(약 2.4m), 방패(직경 1m, 무게 23㎏), 단검, 흉갑, 정강이 받침 등으로 무장하였다.

초기에 등장한 개인화기는 길이 10인치, 구경 25~45㎜에 불과하였다. 이는 극히 소형이었기에 작동 및 조준이 힘들었고 무엇보다도 총신이 너무 빨리 뜨거워져서 손으로 잡고 있기가 힘들었다. 14세기 중엽에 이르면 총신에 손잡이를 꽂은 일명 핸드 건이 등장하였으나 사격의 정확도는 여전히 형편없었다.

11) 전쟁기념관 자료실

15세기에 접어들어 일명 소금에 절인 화약(corned powder, 탄소에 소금을 혼합)의 제조법이 발견되면서 화약무기가 크게 발전하게 되었다. 분말화약이 사용되면서 총신 내의 압력문제를 해결할 수 있었고 보다 즉각적이고 균일한 형태의 폭발력도 얻을 수 있었다. 격발장치에 이 불심지를 사용한 화승총(matchlock musket)이 등장하게 되었으며 개인화기를 발전시키려는 노력은 주로 격발장치의 개선에 집중되었다. 초기에 등장한 화승총은 사거리가 100~200야드에 달하였지만 몇 가지 문제를 안고 있었다. 따라서 16세기 전장에서도 화승총은 보조무기에 머물렀고 여전히 창과 활이 가장 치명적인 주 무기로 활용되었다. 17세기에 들어 전술적 운용 방식이 정교해진 덕분에 나름대로 전장에서 기여하긴 했지만 개인화기가 제대로 위력을 발휘하기 시작한 것은 화약의 폭발력, 탄도학, 그리고 금속학 등의 발전이 어우러진 19세기 중엽 이후부터였다.

화포가 전장에서 위력을 발휘하기 시작한 것은 백년전쟁이 마무리될 즈음이었다. 대표적으로 1453년에 벌어진 카스티용 전투에서 화포를 앞세운 프랑스군이 영국의 장궁부대에 대승을 거두었다. 화포 제작에 대한 기본지식은 13세기 말경에 중국에서 전해졌지만, 이후 발전을 거듭하여 유럽 전역으로 확산되었다. 초기에는 흑색화약을 사용하는 청동 화포가 제작되기 시작하였다.

19세기 중반에 이르러 프랑스군 장교였던 미니에(Claude Etienne Minie)가 발명한 일명 ‘미니에 탄환’이라고 불린 신형 탄환의 등장으로 개인화기 분야에서 중요한 변화가 일어났다. 기존의 전장식 소총에 사용할 목적으로 개발된 이 탄환은 직경 크기가 총열의 구경보다 약간 작아서 총구를 통해 수월하게 장전할 수 있었다. 비어 있는 탄환의 후미는 격발 시 화약의 압력을 받으면 확장되어 총열의 내부 표면에 정확하게 들어맞도록 만들어졌다. 이 신형 탄환은 때마침 일어난 크리미아 전쟁(1853~1856)에서 그 진가가 입증되었다. 미니에 탄환의 우수한 성능을 실제로 경험한 유럽 각국은 서둘러 이를 자국 군대의 표준용 탄환으로 채택하였다. 영국군이 미니에로부터 이 탄환의 특허권을 구입하여 크리미아 원정대를 라이플 소총으로 무장시킨 것을 필두로 미국(1855), 프로이센(1856), 그리고 프랑스(1857)가 이를 표준으로 삼았다.

1914년 8월 초에 제1차 세계대전이 발발하자 독일은 속전속결의 작전계획인 슐리펜 계획(Schlieffen Plan)에 따라 중립국 벨기에를 통과하여 파죽지세로 프랑스 영토로 밀고 들어갔다.

하지만 독일군의 진격은 9월 초에 센강의 지류인 마르느강에서 벌어진 프랑스군의 완강한 저항에 부딪쳐서 중지되고 말았다. 이때부터 서부전선에서 전쟁은 종반전에 접어드는 1917년 말에 이르기까지 참호전과 이를 돌파하기 위한 돌격전으로 전개되었다. 결국에는 수많은 전사자들이 속출하는 살육전과 엄청난 분량의 물자를 소비하는 소모전만 반복될 뿐이었다.

〈그림 7-4. 맥심기관총을 시험하는 발명자 하이람 맥심[12]〉

따라서 제1차 세계대전 때에는 이러한 교착상태를 고수하고 타파하려는 방향으로 발전되었다. 전쟁의 양상이 참호전으로 전개된 데에는 과학기술의 진보에 따른 방어용 무기의 개발이 큰 역할을 하였다. 양측은 일단 참호를 구축하고 전방에 철조망을 설치하여 적군의 침입을 막았다. 철조망을 통과하려는 적군의 시도는 참호 속에 대기하고 있던 기관총 사수의 연발사격에 의해 여지없이 좌절되었다. 이러한 참호전에서 최고의 위력을 발휘한 무기는 바로 맥심기관총이었다.

기관총의 출현은 이미 구축된 진지에서 상대방에 대응하는 방어 진영에 결정적으로 유리하게 작용하였다. 기관총으로 인해 제1차 세계대전이 참호전으로 전개되었다고 말해도 과언이 아닐 정도로 이는 방어하는 측에 압도적인 우세를 가져다주었다. 연속으로

12) 네이버 캐스트, 유용원의 군사세계. 제 1차 세계대전에서 양측 모두에서 사용되었으며 수많은 인명피해가 발생했다.

발사되는 소화기를 개발하려는 노력은 멀리 15세기 이후부터 있어 왔지만 19세기에 이르기까지 별다른 진전을 이루지 못하였다. 왜냐하면 자동소총이 등장하기 위해서는 무엇보다도 금속탄피의 발명이 선행되어야 했기 때문이다. 19세기 중반에 이르러 뇌관, 화약, 그리고 탄환을 모두 한꺼번에 담을 수 있는 금속제 탄피가 발명되면서 기관총 탄생에 청신호가 켜졌다. 처음으로 전장에 모습을 드러낸 것은 개틀링(Gatling) 기관총이었다. 이는 미국 남북전쟁에서 북군에 의해 사용되었는데 여러 개의 총열을 함께 뭉쳐 놓은 형태로 반(半)자동식이었다. 1880년대 중반에 현대적 개념의 전(全)자동식 기관총이 개발되었다. 1885년에 맥심(Hiram Maxim)은 총의 반동에너지를 이용하여 자동적으로 발사되는 맥심 기관총을 발명하였다. 분당 650발까지 사격이 가능하였던 기관총은 돌진하는 보병들에게 치명적인 무기가 되었다.

3. 화력무기체계 분류

화력무기체계에는 소화기, 대전차무기, 화포, 화력지원장비, 탄약, 유도무기, 특수무기와 같은 다수의 무기체계가 포함된다. 소화기는 전투원들이 휴대하고 기동하면서 적을 제압하거나 무력화하는데 사용하며 대전차무기는 적 전차를 제압하는데 사용된다. 화포는 화약의 힘으로 탄환을 발사하여 적을 제압하는 무기로써 박격포, 야포, 다련장, 함포 등이 포함되며 화력지원 장비는 화력장비가 제 성능을 제대로 발휘할 수 있도록 보조하는 역할을 담당한다. 그 밖에 탄약은 적 인원·장비·시설을 직접 파괴할 수 있으며 유도무기는 전자장치로 지령되거나 스스로의 기능에 의하여 발사된 후 침로나 속도를 수정하여 어떤 지점 또는 목표에 도달하거나 명중하는 무기를 말한다. 특수무기는 핵무기와 레이저무기, 음향무기 등과 같이 비대칭무기로 사용되고 있다.

화력무기체계 중에서 총과 포를 구분하는 기준은 학자에 따라 다를 수 있으나 일반적으로 아래에서와 같이 세 가지 기준으로 분류하고 있다.

- ⦿ 첫째, 구경이 20mm 이하이면 "총"이고 그 이상이면 "포"로 분류한다.
- ⦿ 둘째, 탄자 속에 있는 작약에 의해서 탄자가 표적에서 폭발하도록 되어 있으면 "포"로 탄자가 표적에 충돌할 때 폭발하지 않는 화기를 "총"으로 분류한다. 그러나 K-11복합형소총과 같이 탄자가 표적에서 폭발하는 경우와 전차포탄 중에서 운동

에너지탄과 같이 탄자가 폭발하지 않는 경우 등과 같이 예외적인 경우도 존재한다.

◉ 셋째, 표적에 대한 관측자의 인원수에 따라서 분류한다. 관측자와 사수가 1명이면 "총"으로 분류하고 2명 이상이면 "포"로 분류한다.

위의 세 가지 조건을 모두 만족하는 경우에는 "총"과 "포"를 명확하게 분류할 수 있으나 그렇지 않은 경우도 있다. 90mm 무반동총과 106mm 무반동총이 그 예가 될 수 있다. 무반동총은 구경이나 자탄의 파열여부 측면에서는 "포"에 해당하지만 사수가 직접 조준사격하는 무기이기 때문에 "총"으로 분류한다. 구경 20mm 또는 30mm 대공포나 항공기 탑재용 기관포는 탄자가 표적에서 폭발한다. 그러나 이 무기는 사수가 직접 사격할 수 있을 뿐만 아니라 원격 조작도 가능하며 기계장치에 의해 연속적으로 발사할 수 있기 때문에 "포"로 구분한다. 총과 포를 분류하는 기준은 위의 세 가지 조건 중 가까운 분류기준의 선택에 따라 확정된다.

〈표 7-1. 총과 포의 분류 기준〉

구 분	총	포	예 외
구 경	구경 〈 20mm	구경 =20mm	대공포, 무반동총, 기관포
탄자 폭발	충 돌	폭 발	차세대 소총 전차포(운동에너지탄)
사수 · 관측 인원	직접사격 (1명)	간접사격 (2명 이상)	-
예 시	권총, 소총, 기관단총, 기관총	대구경 화포	-

제2절 소화기(Small Arms)

1. 개 요

소화기는 소구경의 총기로서 전투원들이 휴대하고 기동하면서 적을 제압하거나 무력화하는데 사용하는 화력무기로 통상 구경이 0.6˝이하인 화기를 말한다. 소화기는 적의 인원 및 경장갑 차량, 근접용 공격기 등을 손상시키거나 제압하고 최종 돌격사격 지원과 저격수 임무수행 등에 운용되는 무기체계이며, 전투원 자신을 보호하고 소부대 전술임무를 수행하는데 필요한 무기체계이다.

소화기는 개인화기와 공용화기로 대별되며, 권총과 같은 개인방어 화기, 소총으로 대표되는 개인전투 화기, 기관총 및 유탄발사기 등의 공용화기로 분류한다.

2. 작동원리

소화기는 소구경의 총기로서 전투원들이 휴대하고 기동하면서 적을 제압하거나 무력화하는데 사용하는 화력무기로 통상 구경이 0.6˝이하인 화기를 말한다. 권총과 같은 개인방어 화기, 소총으로 대표되는 개인전투 화기, 기관총 및 유탄발사기 등의 공용화기로 분류된다. 소화기의 기능작동 원리는 다음과 같다.

① **송탄작용** : 탄알집을 삽입구에 삽입하고 노리쇠 조립체를 후퇴시키면 탄알집 내에 있는 탄알집 용수철의 팽창력에 의하여 탄약 1발이 노리쇠 전진로상에 놓이게 된 상태를 말한다.

② **장전작용** : 약실 내부로 탄약을 밀어넣어 주는 것을 말한다. 압축되어 있던 용수철의 팽창력으로 노리쇠 조립체가 전진하면서 노리쇠 전면에 올려진 탄약을 약실로 밀고 들어가는 기능을 말한다.

③ **잠금작용** : 약실로 밀려 들어간 탄약을 완전히 밀착시켜 주는 작용을 말한다. 노리쇠(돌림못)는 잠금위치에서 시계반대방향으로 1/16회전 하면서 잠긴다.

④ **격발작용** : 공이가 탄약의 뇌관을 때리면 장약이 폭발하면서 발생하는 가스힘으로 탄자를 총구 전방으로 추진시켜 주는 것을 말한다. M16A1소총은 조정간을 자동 또는 반자동의 위치에 놓았는지에 따라 격발작용이 상이하다. 자동위치에 놓고 방아쇠를 당기고 있으면 계속 사격이 되며 탄알집의 모든 탄약을 발사해 버린다. K-2소총은 조정간의 위치에 따라 방아쇠, 공이치기 하단턱, 단발자, 연발자, 치차, 공이치기 중간턱이 작용이 상이하게 작용하여 단발사격, 3발 점사사격, 연발사격을 할 수 있다.

⑤ **풀림작용** : 노리쇠가 약실홈으로부터 이탈하는 것을 말하는데 발사작용 시 발생한 가스의 대부분은 탄자를 총구 전방으로 추진시키고 일부의 가스는 노리쇠 조립체를 후퇴시키게 되는 데 이때 약실홈에 결합되어 있던 노리쇠 잠금턱(돌림못)이 시계 방향으로 1/16회전하면서 약실에서 풀린다.

⑥ **추출작용** : 발사된 탄피를 약실내에서 끌어내는 상태를 말하는데, 노리쇠 풀림작용에 의해서 노리쇠 조립체 선단에 있는 칼퀴가 탄피홈을 물고 노리쇠조립체와 함께 후퇴함으로서 탄피를 약실내에서 끌어낸다.

⑦ **출축작용** : 탄피가 방출구를 통하여 총몸 밖으로 방출되는 것을 말한다. 노리쇠 조립체가 후퇴되어 방출구에 도달하면 차개 용수철이 팽창하여 차개가 탄피 후단 좌측을 밀어 탄피는 밖으로 튀어 나온다.

⑧ **격발준비작용** : 노리쇠 조립체가 후퇴되면서 공이치기 용수철을 압축하여 공이치기가 뒤로 넘어가 방아쇠(연결쇠)에 걸리게 된다. 단발시 공이치기의 중간 턱이 차단장치(단발자 상단턱)에 의해 걸린다. 방아쇠를 놓으면 공이치기차단장치(중간턱)에서 분리되어 공이치기하단 턱이 방아쇠 앞 끝에 걸리게 된다.

⑧ **재장전** : 후퇴한 노리쇠가 다시 전진하여 탄약을 밀고 약실로 들어가는 것으로 사격에 의해 후퇴한 노리쇠집 조립체는 완충기에 부딪쳐서 충격이 완화되고 복좌용 수철에 의해 전진함으로써 재장전 작동이 이루어진다.

3. 개인화기(Individual weapon)

개인화기는 개인이 휴대하며 운용할 수 있는 상대적으로 가벼운 화기류를 뜻한다. 주로 소총, 권총 등의 총기류가 여기에 해당된다. 한편, 군사적 관점에서는 보통 장병 각 개인별에게 1정씩 지급하여 운용 및 관리하도록 한 화기를 말하는데 여러 명에게 운용 및 관리하도록 한 공용화기의 반대 개념이다. 전투는 사격과 기동으로 적에게 접근하여 적군을 격멸, 포획하고 지형을 탈취 · 확보 · 유지하는 것이다. 따라서 전투기, 미사일, 전차, 장갑차가 발달하여도 최종적으로는 개인화기를 지급받은 전투병에 의하여 목표탈취가 완성된다고 할 수 있다. 이러한 의미에서 개인화기의 중요성은 첨단무기가 발달한 오늘날에도 축소되지 않고 있다. 화기는 기본적으로 병사 자신을 보호하고 부여된 임무를 완수할 수 있는 최후의 무기로서 용도는 아래와 같다.

♣ 개인화기 용도

- ◉ 적 인원, 적 장갑차 및 테러행위 제압
- ◉ 최종 돌격사격 지원
- ◉ 치열한 방어사격 및 방어 시 최후의 보루
- ◉ 저격수 임무수행
- ◉ 전투원의 사기진작(the boost of morale)

가. K-2 소총

K-2 소총은 미국에서 도입한 M16A1 소총을 대체하기 위하여 한국이 자체 개발한 자동소총이다. 1985년부터 전방 전투부대 위주로 보급이 시작되어 1990년대 이후 한국군의 기본 개인화기로 사용되고 있다. 명중률이 높고 휴대하기 쉬울 뿐 아니라 빠르게 조준할 수 있는 등 여러 가지 장점을 가졌으나 합성수지로 만든 접철식 개머리판이

충격에 약하다는 평가를 받는다.

K-2 소총은 한국적 여건에 적합한 소총개발의 소요가 제기되어 1977년부터 국방과학연구소에서 연구 · 개발하였다. 접철식 개머리판을 사용하여 휴대를 용이하게 하였으며 한국군 병사의 신체조건을 고려하여 소총의 전장을 97cm, 개머리판을 접었을 때에는 73cm로 짧게 설계하였다. M16A1 소총이 단발 및 연발로만 사격할 수 있는데 비하여 3발 점사 기능을 추가하여 연발사격시의 탄약낭비 문제를 보완하였다. 연발사격시 총구의 들림을 억제하기 위하여 '총구 앙등억제 소염기'를 개발하여 연발사격 시에도 양호한 명중률을 갖도록 하였다. 조준시스템도 M16A1보다 효율적인 원형의 가늠쇠울을 부착하였으며, 야광 가늠쇠를 이용한 제한적인 야간사격도 가능하다.

K-2 소총은 새로 개발된 5.56×45㎜ K100탄을 사용하여 M16A1의 M193탄보다 유효사거리가 길고 관통력도 세졌다. M193탄이나 미군이 사용하는 M885탄도 발사할 수 있다. 30발 탄창을 사용하며 사격방식은 단발과 3점사, 연발 모두 가능하다. K201 유탄발사기를 장착하여 40㎜ 유탄의 발사도 가능하다.

♣ K-2 소총 및 M16A1 소총의 특성

- ◉ 공랭식 : 사격하는 동안 가열된 총열을 공기로 냉각한다.
- ◉ 가스이용식 : 격발시 발생하는 가스압력을 가스관을 통하여 노리쇠를 후퇴시킨다.
- ◉ 자동식 : 방아쇠를 당기고 있는 동안에는 장전과 격발이 연속적으로 이루어진다.
- ◉ 탄알집 장전식 : 탄알집을 이용하여 송탄과 장전이 이루어진다.
- ◉ 견착사격식 : 사수의 어깨에 밀착하여 사격한다.
- ◉ 유탄발사기 부착식 : M203 · M201유탄발사기를 총열에 부착하여 사용할 수 있다.

가장 큰 특징은 가늠자와 가늠쇠가 모두 원형으로 되어 있다는 것이다. 두 개의 원을 일치시켜 목표를 조준함으로써 조준시간을 줄이고 정확성은 높였다는 평가이다. 가늠쇠울에 자발광야광유리관을 삽입하여 야간사격의 명중률을 높였으며 발사화염을 줄이고 연발사격할 때 총구의 들림을 막기 위해 총구앙등억제 소염기를 장착하였다.

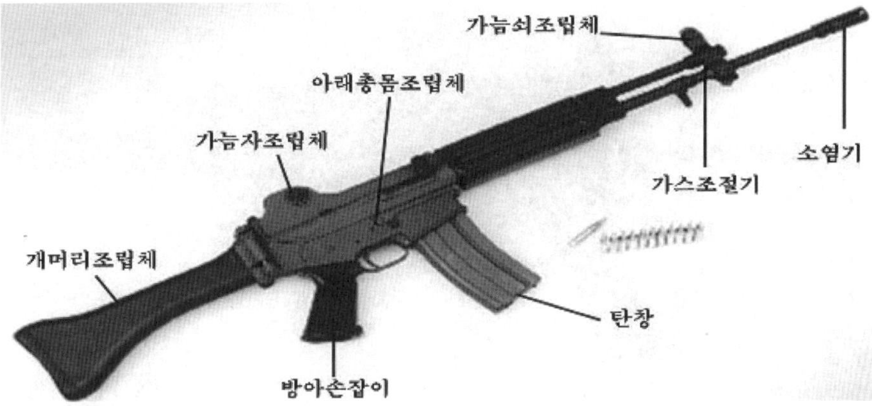

• 무게 : 3.26kg	• 초구속도 : 960m/s
• 길이 : 97cm/73cm	• 최대발사속도 : 700~900발/분
• 구경/강선 : 5.56mm/6조 우선	• 최대사거리 : 2653m
• 강선회전률 : 185mm(7.3in)	• 유효사거리 : 460m

〈그림 7-5. K-2 소총 형상 및 제원〉

나. K1A 기관단총

K1A 기관단총은 1975년 특전사령부에서 M3 그리스건을 대체할 한국적 여건에 맞는 기관단총의 소요를 제기하여 국방과학연구소에서 개발에 착수하였다. 3차례에 걸친 부대시험을 통과하여 1981년 양산설비 및 생산을 시작하였고 1980~1982년까지 K1 기관단총의 문제점을 보완하여 부대배치 및 활용중인 화기로서 국내에서 독자 개발한 최초의 개인용화기이다.

일반적으로 기관단총(submachine gun)은 기관총처럼 기계장치에 의해 연발발사가 가능하지만 'Sub-'라는 단어가 붙어있는 만큼 매우 작고 간편하게 사용할 수 있는 총을 말한다. 기관단총은 보통 권총탄환을 사용하며 3~4kg의 가벼운 무게로 근접한 거리에서 교전하는 용도로 제작된다.

• 중량 : 3.53kg	• 어깨받침쇠축소시길이 : 64.5cm
• 최대사거리 : 2,453m	• 유효사거리 : 250m
• 발사속도 : 최대 700~900발/분, 최적 12~15발/분	
• 어깨받침쇠확장시길이 : 1단 75.7cm, 2단 확장 83.8cm	

〈그림 7-8. K1A 기관총 형상 및 제원〉

K1A 기관단총의 구경은 5.56mm로서 탄알집에 의해 탄알이 장전되고 어깨 받침쇠를 늘이거나 줄여 휴대 및 사격을 할 수 있다. 총구앙등억제와 소음 및 소염효과를 높인 소염기가 부착되어 있으며 연발 명중률과 탄약소비 절감을 위한 3발점사, 단발, 연발식으로 사격할 수 있다. 발사시 약실에 발생하는 가스작용에 의해 기능이 순환되며 사격시 발생되는 열은 공기에 의해 냉각되는 특성을 가져 한국적 여건에서 보다 효과적으로 사용할 수 있도록 제작된 화기이다.

다. M16A1 소총

M16A1 소총은 미국에서 1963년 7.62mm M14 소총 후속으로 유효사거리, 중량감소 및 자동화 등 군사적요구도에 맞추어 M16소총으로 제작되었다. 1967년 노리쇠부를 개선하여 미육군표준소총으로 채택 되었다. 베트남 전쟁을 계기로 M14 소총을 밀어내고 주력 소총으로 자리 잡았다. 가스작용식으로 동작하는 돌격소총 중의 하나이다. 한국군은 베트남 전쟁 당시 미국으로부터 M16을 지급받아 사용하였으며 1967년 한국군 장비현대화 일환으로 도입하였다.

1971년 한국과 미 COLT사간 생산기술협정을 체결하고 1974년 3월 2일부터 1985

년까지 대우정밀에서 M16A1(콜트 모델 603K)을 면허 생산하여 M1 및 칼빈소총을 대체 보급하였다. 1984년 이후 K2소총 보급으로 예비군용으로 전환하고 있다.

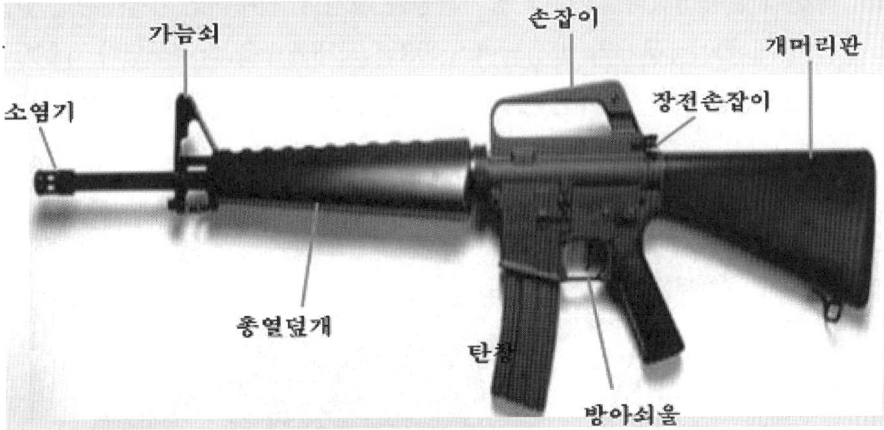

• 중량 : 2.9kg	• 소총길이: 99cm
• 구경 : 5.56mm	• 강선회전율 : 308(12)mm(in)
• 강선 : 6조 우선	• 최대사거리 : 2,653m
• 유효사거리 : 460m	• 발사속도 : 최대 700~900발/분, 최적 12~15발/분

〈그림 7-9. M16A1 소총 형상 및 제원〉

M16A1 소총은 구경이 5.56mm로서 20~30발들이 탄알집을 장전할 수 있고 직접 가스작용으로 사격의 기능순환이 이루어지며 가열된 총열은 대기 중의 공기에 의해 냉각시킬 수 있도록 되어 있다. 개머리판을 어깨에 밀착시키고 사격할 수 있는 견착사격식으로 조정간의 위치에 따라 자동 및 반자동 사격이 가능하다. 소염기는 야간사격시 섬광을 감소시켜 주며 총류탄 발사기를 부착하지 않고서도 총류탄을 발사할 수 있다. 가늠쇠 멈치를 이용하여 탄착점을 상·하로 조정할 수 있고 가늠자 조립체는 2개의 가늠구멍과 가늠자 돌림쇠로 되어 있다. 덮개는 두개이며 사격간 총열에 발생하는 열을 냉각시켜줄 수 있도록 방열구가 있다. 운반손잡이는 단거리 운반시 사용되며 소총용 조준경을 장치할 수 있다. 노리쇠 전진기는 완충기 용수철의 기능약화 또는 오물로 인한 잠금작용이 불능일 때 노리쇠 전진기를 눌러주어 잠금작용을 정상적으로 도울 수 있는 응급처치용이다.

라. K7 소음기관단총

K7 소음기관단총은 1980년대 중반부터 독일제 소음기관단총을 구입하여 대 테러 등 특수목적 작전에 활용하였다. 그러나 장비가동률 보장에 필수적인 수리부속 단가가 급등하고 조달이 제한되는 문제가 발생되어 1998년 국내개발을 착수하였다. 1999년부터 2년간 야전운용시험을 걸쳐 2001년 개발이 완료되어 특수부대에 보급되어 사용되고 있다.

• 구경 : 9mm	• 총구속도 : 295±20m/sec
• 무게 : 3.03Kg	• 최대발사속도 : 1,150±100발/분
• 전장 : 797mm	• 유효사거리 : 135m
• 강선 : 6조 우선	• 사격기능 : 단발, 3발점사, 연발

〈그림 7-10. K7 소음기관단총 형상 및 제원〉

K7 소음기관총은 소음기를 장착하여 화기의 반동과 소리를 분산시켜 명중률을 향상시키고 사격시 평균 최대음압(충격소음)이 120dB 미만으로 사수의 사격위치 노출을 최소화할 수 있다.

공냉식, 단순복좌식, 탄알집 송탄식, 견착 및 요착 사격식 등의 기계적 특성을 가지고 있으며 군 표준탄 9×19mm의 보통탄 사격이 가능하다. 아랫총몸 조립체에는 조정간, 공이치기 및 치차조립체, 방아손잡이, 손질구통조립체 등으로 구성되어 있으며 조정간은 사격 시 단발, 연발, 점사, 안전 4가지로 선택하여 사격 및 사격통제를 한다. 공이치기는 방아쇠와 작동하여 공이치기 용수철의 장력에 의하여 공이를 때리는 역할을 한다.

치차는 2개의 깊은 홈과 4개의 낮은 홈에 의하여 점사발자와 작용하여 점사 사격시 사용한다.

마. K5 권총

K5 권총은 1984년 한국군 여건에 맞는 권총개발 소요를 제기하여 대우정밀공업(주)에서 1985년부터 4년간 연구개발 및 야전 시험을 실시하여 1989년부터 생산되어 야전에 지휘관용 및 기계화부대 전차 승무원용으로 보급되었다. 세계 최초의 패스트 액션 권총으로, 패스트 액션은 가벼운 방아쇠와 정확성을 가진 싱글 액션과 연발 사격과 안정성을 가진 더블 액션을 혼합한 방식이라고 볼 수 있다. K5 권총은 현재 대한민국 국군 장교(장성급 장교는 38구경 지급)와 전차병과 특수부대, 소수의 경찰관에게 주로 보급되어 있으며 미국과 유럽에서는 DP-51이라는 이름으로 판매되고 있다. K5 권총은 경량이며, 단동식, 복동식 및 속사식으로 작용하는 반자동 권총으로서 총열후좌 반동이용식, 탄알집 장전식이며 허리에 차거나 어깨에 메고 다닐 수 있는 권총집이 있다.

• 무게 : 0.8kg	• 발사속도 : 최대 35-42발/분, 유효 21-28발/분
• 길이 : 19cm	• 구경 : 9mm
• 최대사거리 : 1,500m	• 강선 : 6조 우선
• 유효사거리 : 50m	• 강선회전율 : 254mm/1회전

〈그림 7-11. K5 권총 형상 및 제원〉

바. K201 유탄발사기

K201 유탄발사기는 K2 소총이 개발되면서 K2 소총에 장착되는 유탄발사기 개량형 소요제기에 따라 1982년 개발에 착수하였다. 1984년부터 2년간 야전부대 운용시험을 걸쳐 1987년부터 생산하였다. K2 소총 생산과 동시 K2 소총에 부착하여 분대급 총기로 사용하고 있다. 40밀리 유탄발사기 K201은 경량, 총미장전식, 펌프작동식, 단발 사격식이며 5.56밀리 K2 소총에 부착되어 손으로 조작되며 주간, 급사 및 야간사격이 가능하다.

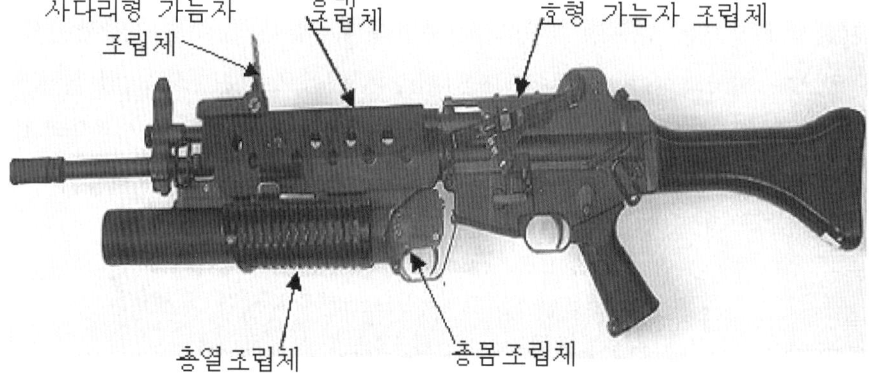

• 구경 : 40mm	• 강선 : 6조 우선
• 무게 : 1.88Kg(장전시)	• 총구속도 : 75.3±2.1m/sec
• 전장 : 38.5cm	• 최대발사속도 : 350발/분
• 총열길시 : 30.5cm	• 최대사거리 : 400m

〈그림 7-12. K201 유탄발사기 형상 및 제원〉

사. 구경45 권총

미국의 존브라운이 1911년 설계한 콜트45 M119권총의 개량형으로 1926년 개발한 화기이다.

최초의 구경 45권총은 리볼버로서 남북전쟁 직후 미육군이 서부를 중심으로 인디언 작전에서 최초로 사용하였다. 제 2차 세계대전 중에 구경45 권총이 생산된 이래 지금까지 오랜 기간 동안 사용되고 있는 이유는 단순하고 튼튼하며 권총으로서 강력한 파괴력을 가지고 있기 때문이다.

구경45 권총은 가스 반동력을 이용한 총열후좌 반동이용식, 반자동식, 탄알집장전식, 파지사격식, 공냉식이며 공이격발 방식은 관성식이다.

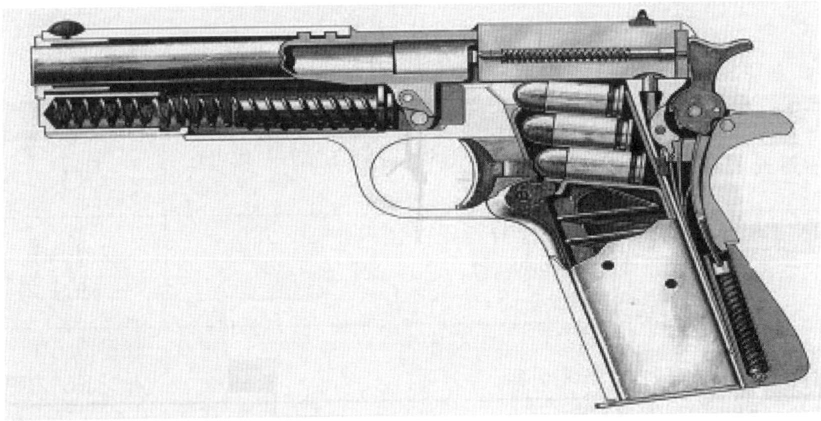

• 무게 : 1.1kg	• 발사속도 : 최대 35-42, 유효 21-28발/분
• 길이 : 전체 21.9cm, 총열 12.7cm	• 구경 : 0.45(11.43mm)
• 최대사거리 : 1,500m	• 강선 : 6조 좌선
• 유효사거리 : 50m	• 강선회전율 : 406/1회전(16″)

〈그림 7-13. 구경45 권총 형상 및 제원〉

4. 기관총(Machine Gun)

최초의 기관총은 1862년 미국의 남북전쟁에서 사용한 GATLING 기관총으로 10개의 총열을 묶은 것이었다. 이후에 실전 효율이 높은 경기관총이 1883년 유럽거주 미국인인 Maxim에 의해 개발되었다. 제 1차 세계대전에서 사용된 기관총은 수냉식 냉각방식으로 매우 무거웠다. 제 2차 세계대전에서는 독일의 MG42 모델과 같은 가벼운 공냉식 모델이 등장하여 전술적으로 사용되었다.

1930년대 미국은 장갑차량 등의 철판을 관통시킬 수 있는 구경 50의 브라우닝 중기관총을 개발 보급하였다. 제 2차 세계대전이 끝날 무렵에는 독일의 다목적 기관총인 MG42 기관총의 영향을 받아 새로운 기관총을 개발하기 시작하였고 1950년대 후반에 이를 완료하여 베트남전에 M60 기관총을 선보였다. 우리나라는 1960년대 후반에 M60 기관총을 도입하여 보병무기체계로서 활용하고 있으며 K3 기관총을 국내 개발하여 사용하고 있다. 기관총은 크게 경(經), 중(中), 중(重)기관총으로 구분되며 해당화기는 아래 표에서 보는 바와 같다.

〈표 7-2. 기관총의 분류기준〉

구 분	분 류 기 준	대상화기
경(經) 기관총	• 소총과 동일한 구경의 탄약사용(7.62밀리 미만) • 양각대 이용	K3 기관총
중(中) 기관총	• 소총보다 약간 큰 구경의 탄약사용 (7.62~12.7밀리 미만) • 삼각대 이용	구경 30 기관총 M60 기관총
중(重) 기관총	• 12.7밀리 이상의 탄약사용 • 삼각대(거치대)이용	구경 50 기관총 K6 기관총

(a) Gatling 기관총 (b) Maxim 기관총

〈그림 7-14. 초기의 기관총[13]〉

가. M60 기관총

제 2차 세계대전에서 사용하였던 미국의 M1소총과 분대지원화기인 BAR 기관총은 한국전쟁에서 인해전술로 몰려드는 중공군에게 역부족이었다. 반자동과 부족한 장탄량을 가진 자동소총만으로 떼거리로 달려드는 중공군을 신속히 제압하기는 매우 곤혹스러

13) http://www.segye.com/Articles/News/Article, http://fun.jjang0u.com/chalkadak/view

웠다. 이러한 한국전쟁의 경험을 바탕으로 미국은 1957년 M60 기관총을 개발하였다. M16 소총과 함께 1968년에 한국에 도입하였고 현재 대우정밀에서 생산하여 분대지원 공용화기 · 전차 · 헬기에서 사용되고 있다. M60 기관총은 구경이 7.62밀리로 총열은 공냉식이며, 송탄은 탄대에 의해 장전되고, 작동방식은 가스활대에 의한 가스작용식, 총열 신속교환 및 두격 고정식이며, 사격방법은 양각대를 이용한 견착사격과 삼각대에 거치하여 지속사격을 가능케 하였으며 사격은 연발사격이 가능한 자동식이다.

〈표 7-3. M60 기관총의 종류〉

구 분	대 상 장 비
M60 기관총	보병부대 공용화기, 수륙양용 APC M113 우측장착
M60D 기관총	OH계열의 헬기용 M60C와 비슷하나 뒷잡이를 부착 M48A5K전차 탄약수용
M60E2-1 기관총	M48A3K · M48A5K 전차용

M60은 7.62×51mm 나토탄을 사용하는데 급탄은 100발이 장착된 탄띠에 의해 이루어진다.

특별한 경우가 아니면 접이 식 양각대를 부착하여 사용하는 것이 일반적이며 사격 정확도도 높다. 종종 진지 같은 고정 거점에서는 삼각대에 거치하여 마치 중기관총처럼 운용할 수도 있고 차량, 기갑장비, 헬리콥터 등에 장착되어 사용되기도 한다. 하지만 원래 탄생 목적처럼 최일선의 소부대에서 화력지원 용도로 가장 많이 사용한다.

대개 사수, 부사수, 탄약 운반수 등 3인 1조로 운용되지만 종종 탄띠를 장착한 사수가 마치 돌격소총처럼 사격할 수도 있다. 영화 '람보'와 같은 액션물에서처럼 체격이 좋은 미군 병사들이 교전 중에 M60을 마치 소총처럼 사용하는 경우도 많았다. 이처럼 휴대가 편리하여 미군은 1960년대 들어 이를 분대지원화기로 대량 공급하였고 베트남전쟁에서 성능을 발휘하였다.

M60 기관총은 구경이 7.62밀리로 총열은 공냉식이며 송탄은 탄대에 의해 장전된다. 작동방식은 가스활대에 의한 가스작용식, 총열신속교환 및 두격 고정식이다. 사격방법은 양각대를 이용한 견착사격과 삼각대에 거치하여 지속사격을 가능케 하였으며 사격은 연발사격이 가능한 자동식이다.

- 양각대 총의 무게 : 10.432kg • 구경 : 7.62mm
- M122 삼각대의 무게 : 8.84kg(전륜기 조립체 포함)
- 강선회전율 : 12"/1회전
- 전륜기 조립체 : 2.495kg • 강선 : 4조 우선
- 총의 길이 : 110.49cm • 총구 속도 : 853 m/s
- 최대발사속도 : 550발/분 • 사거리 : 최대 3,725m, 유효 1,100m

〈그림 7-15. M60 기관총 형상 및 제원〉

나. K3 기관총

K3 기관총은 1인 운용이 가능하고 개인화기와 동일 구경 탄약과 호환성을 겸비하여 각종 전술상황 하에서 단일 및 지역표적을 효과적으로 제압할 수 있는 기관총이다. 다량의 사격이 가능하고 개인화기가 미치지 못하는 원거리 표적에 대한 사격으로부터 근접전투에 이르기까지 소총분대 및 소총소대에서 효과적으로 운용 가능한 장비이다.

K3 기관총은 구경이 5.56밀리로 K100탄을 주로 사용하며 KM193탄도 호환 사용 가능하다. 1개의 예비총열이 지급되며 석면장갑을 사용하지 않고서도 신속하게 총열을 교환할 수 있다. 총열은 공냉식이며 송탄은 탄대 및 탄알집에 의해 장전되고 작동방식은 가스피스톤에 의한 가스작용식이며 사격은 자동식이다.

• 무게 : 6.85kg(탄통, 멜빵 제외)	
• 발사속도 : 최대 700~1,000발/분, 유효 150~200발/분	
• 길이 : 103.0cm	• 구경 : 5.56mm
• 최대사거리 : 3,600m	• 강선 : 6조 우선
• 유효사거리 : 800m	• 강선회전율 : 7.3inch/1회전

〈그림 7-16. K3 기관총 형상 및 제원〉

다. K15 기관총

현재 우리 군이 사용 중인 K3를 대체할 차기 분대지원화기인 K15 신형 경기관총이 2025년까지 생산돼 군에 배치될 예정이다.

K15 기관총 사업은 국방개혁 부대 개편과 병력 감축에 따른 취약점 보강, 노후화된 K3 기관총 대체를 위해 진행됐다. 30년 넘게 우리 군이 사용했던 K3는 1분에 700~1000발을 쏠 수 있는 화력을 지녔지만, 80~300발마다 약실에서 탄피가 걸리는 고장이 발생하곤 했다.

K15는 K3와 달리 주·야간 조준장치와 통합돼 원거리 적 밀집부대 등 지역표적을 제압할 수 있다. 연사로 망가진 총열을 빠르게 교체할 수 있고, '피카티니 레일(나토 표준 총기 액세서리 플랫폼)'이 장착돼 다양한 부수 기재를 활용할 수 있다. 장병의 체격에 따라 개머리판과 양각대를 조절할 수 있다.

K15 조준장치는 주·야간 모두 조준이 가능한 열상조준경 방식으로 야간·안개 등 악천후 상황에서도 관측할 수 있고, 도트사이트를 장착해 사용자가 두 눈으로 신속하게 사격할 수 있다.

• 무게 : 7.10kg(조준경 PAS-18K 포함 8.4kg)	• 구경 : 5.56mm
• 길이 : 전체(990~1070mm), 총열(465mm)	• 발사속도 : 700~1000발/분
• 작동방식 : 개방 노리쇠 방식(Open Bolt)	• 유효사거리 : 800m
• 특징 : 가스작동식, 6조 우선, 연발-안전 모드	• 최대사거리 : 3,600m

〈그림 7-17. K15 기관총 형상 및 제원〉

라. K16 기관총

노후화된 M60 기관총을 대체하기 위해 개발된 7.62mm K16 / K16E / K16D 기관총은 모두 총열을 쉽게 교환이 가능하도록 교환용 손잡이를 부착했고, 개방형 소염기를 적용해 사격 불꽃이 저감되도록 만들어졌다.

(E(Expand)는 확장된 모델, D(Detachable)는 분리 장착 가능한 모델을 의미한다)

K16 기관총은 근접 전투 시 소대 지원 및 보병분대 배속으로 적 밀집 부대 등 지역 표적 제압용으로 운용된다. K16E 기관총은 전차에 주포와 공축으로 탑재해 기계화부대 근접전투 지원용으로 운용되며, K16D 기관총은 전차, 장갑차, 헬기, 함정 등에 탑재해 기계화부대 근접전투 지원을 비롯해 항로상 또는 착륙지대에 위협이 되는 표적 제압용으로 운용된다. 오는 2024년까지 육 · 해 · 공군 및 해병대의 보병, 전차, 장갑차, 함정, 헬기용 기관총을 전력화할 계획이다.

- 작동방식 : 오픈 볼트(방아쇠를 당기면 노리쇠가 전진해 약실에 탄을 밀어 넣고 폐쇄된 뒤 격발해서 발사하는 체계)
- 분당 발사속도 : 650발~950발
- 탄약 : 7.62mm 소총탄
- 강선 : 4조 우선
- 유효사거리 : 점표적(800m), 지역표적(1,200m)
- 종류 및 용도

종 류	무 게	용 도	비 고
K16 기관총	10.4Kg	• 근접 전투 시 소대 지원 및 보병분대에 배속되어 적 밀집 부대 등 지역 표적 제압용으로 운용	
K16E 기관총	11Kg	• 전차에 주포와 공축으로 탑재해 기계화부대가 적 보병과 근접전투를 치를 때 지원용으로 운용	공축형
K16D 기관총	12Kg	• 전차, 장갑차, 헬기, 함정 등에 탑재해 기계화부대 근접전투 지원을 비롯해 항로상 또는 착륙지대에 위협이 되는 표적 제압용으로 사용	

※ **공축(共軸)이란** : 장갑차나 전차의 주포가 움직이는 방향대로 이 기관총도 같이 움직이기 때문에 붙은 이름이다.

※ **K16 기관총** : **전차나 장갑차**의 주포와 축선을 공유하는 기관총

〈그림 7-18. K16 기관총 형상 및 제원〉

마. K-6 기관총

구경 50기관총은 제1차 세계대전시 미국에서 개발하여 1962년 우리 군에서 인수 사용되어 오다가 1986년 신속한 총열교환이 가능한 기관총 소요가 제기되고 이듬해부터 개발에 착수하였다. 기존 M2가 채용한 나사회전식 교환방식에서 잠금턱 방식을 채용하여 불과 1년 반 만에 개발에 성공한 것이 K-6 기관총이며 1989년부터 전군에 보급되었다.

K-6 구경50 기관총은 구경이 0.5인치 즉 12.7밀리로 총열은 공냉식이다. 송탄은 분리식 철제탄띠에 의해 장전되고 작동방식은 총열 후좌 반동 이용식이다. 사격 시 자동 및 반자동이 가능하고 삼각대에 의한 지상거치 및 차량거치대, 전차 및 장갑차에 장착되어 사용되고 있다.

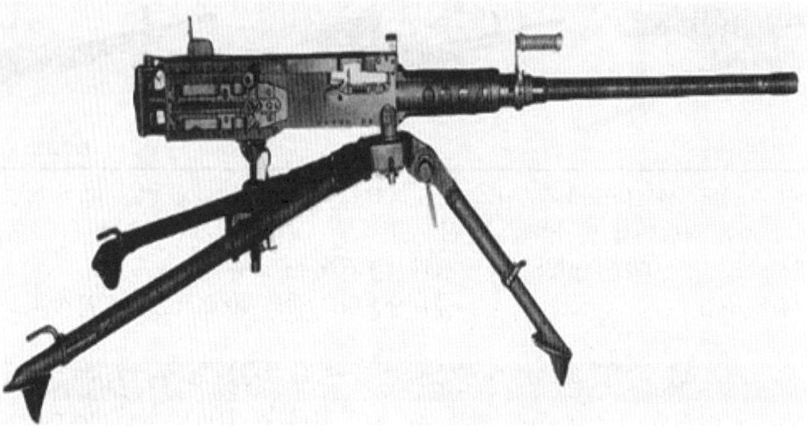

• 무게 : 총 37kg, 장치대 19.9kg	• 발사속도 : 450~600발/분
• 길이 : 165.1cm	• 구경 : 0.5inch(12.7mm)
• 최대사거리 : 6,800m	• 강선 : 8조 우선
• 유효사거리 : 1,828m	• 강선회전율 : 38.1cm/1 회전

〈그림 7-19. K6 기관총 형상 및 제원〉

바. K-4 유탄기관총

K4 유탄발사기는 대한민국 국군이 채택한 유탄발사기다. K4 유탄 기관총은 개인화기와 K3 · M60기관총의 사거리로부터 60밀리 박격포 사거리 이내의 적 밀집부대나 장갑차를 제압하기 위한 용도로 개발되었다. 중대급 지원화기의 소요를 제기 받아 1985년~1993년까지 개발 · 운용시험을 실시하였다. 미비점을 보완하여 1993년 생산 및 보급하고 있다.

K4유탄 기관총은 구경이 40밀리로 총열은 공냉식이, 송탄은 탄대에 의해 장전된다. 작동방식은 반동이용식이며 사격은 자동식이며 초과작용 억제 및 노리쇠조립체의 경량화를 위해 조기점화 충격식 원리를 채택하였다.

• 무게 : 총 34.4kg, 삼각대 19.9kg	• 발사속도 : 지속 40발/분, 급속 60발/분
• 길이 : 107.28cm	• 구경 : 40mm
• 최대사거리 : 2,212m	• 강선 : 18조 우선
• 유효사거리 : 1,500m	• 강선회전율 : 1219.3mm/1회전

〈그림 7-20. K4 유탄발사기 형상 및 제원〉

제3절 대전차화기(Anti-tank Weapons)

1. 개 요

대전차화기는 적 전차 및 기타 장갑차량을 파괴하거나 무력화시키기 위한 화기로써 대전차 유도탄, 대전차 로켓포 등이 있으며, 제1차 세계대전 시 교착된 전선을 타개하기 위해 등장한 M1전차는 전장에서의 패턴을 바꾸어 놓았다.

전차의 위력에 놀라 전차에 대응하기 위하여 대전차소총, 총류탄, 고폭탄 등이 사용되었으며, 이후 전차에 대응하기 위해 대전차총과 대전차포가 개발되었다

스페인 내란은 전차와 대전차포의 대결장이었으며, 대전차포가 경전차를 무력화시켰다. 제2차 세계대전 시 독일과 소련은 전차 공방전을 벌였으며, 이를 계기로 대전차포가 대형화하는 계기가 되었다.

전차의 기동력, 화력, 충격력에 대응하기 위하여 보병, 기갑, 항공 등 여러 병종에서 다양한 형태의 대전차무기를 발전시켜왔다. 특히 한국은 6.25전쟁 당시 북한군은 구소련제 T-34전차 242대를 앞세우고 기습남침을 하였는데, 당시 한국군은 단 1대의 전차도, 대전차 화기도 보유하지 못한 상태에서 남한 전역이 점령당하고 낙동강선까지 후퇴하는 쓰라린 경험을 가지고 있다.

유엔(UN) 결의에 의해 투입된 미군은 T-34전차를 파괴하기 위하여 대전전투에서 처음으로 대전차포인 3.5인치 로켓포를 투입하였다. 이후 한국군은 6.25전쟁의 경험을 바탕으로 보병의 대전차무기를 비롯하여 전차의 대전차공격 및 방어능력, 포병, 공병, 육군항공, 전술공군까지 다양한 대전차 전력을 보유하고 있다.

대전차무기는 운용중량에 따라 경(經)대전차무기, 중(中)대전차무기, 중(重)대전차 무기로 분류하며, 사거리에 따라 단거리 대전차무기, 중거리 대전차무기, 장거리 대전차무기로 분류된다. 또 화기의 종류에 따라 무반동총, 대전차 로켓, 대전차 미사일로 분류하며, 운반수단에 따라 휴대용, 차량탑재형, 헬기탑재형으로 분류한다.

2. 대전차화기의 종류

가. 90미리 무반동총

제2차 세계대전 이후에 미국이 개발하여 월남전 및 중동전에 사용하였다. 한국은 군원장비를 인수하여 사용하다가 1970년대 후반에 국방과학연구소가 국내개발하였다. 90밀리 무반동총은 전투병이 휴대하고 작전할 수 있는 대전차무기로서 거치 및 견착식으로 운용할 수 있으며, 고도의 명중률과 파괴력이 양호하다. 또한, 곡사화기로 제압할 수 없는 동굴 진지·축성진지를 효과적으로 파괴할 수 있다.

무반동총은 탄피 내부에 들어있는 장약이 점화되어 탄두를 전방으로 추진시키는 힘과 후미의 폐쇄기 분사구를 통해 방출되는 가스의 힘이 동일하여 사격시 반동이 일어나지 않는다. 사격 시 발생하는 후폭풍으로 인한 위험지역은 후방으로 28m까지이며, 준 위험지역은 15m 더 연장하여야 안전하다.

• 중량/길이 : 17kg/135cm	• 사거리 : 최대 2,100m, 유효 400m
• 발사속도(발/분) : 최대 6초 1발, 유효 1발	• 강선수 : 64조 우선

〈그림 7-21 90미리 무반동총 형상 및 제원〉

90밀리 무반동총에 사용되는 축사기는 탄약이 제한되어 있는 경우에 사용한다. 비싼 탄약을 사용하지 않고서도 사수와 부사수가 훈련할 수 있다. 축사기는 총열 약실에 6개의 구멍이 뚫어져 있으며 이 구멍을 통하여 가스의 일부가 방출됨으로써 탄두에 가하는 압력을 작게 하고 반동이 없도록 한다. 탄약은 M60기관총 탄약 7.62밀리가 사용되며 이 탄두는 속도가 감속되어 무반동총 탄두와 거의 일치하게 날아간다.

나. 106미리 무반동총

제2차 세계대전 이후에 미국에서 개발한 장비로, 한국군은 미군원장비로 인수하여 사용하다가 1980년 초에 국내에서 개량 생산하여 전력화하였다. 사격방식은 총가에 의해 직접 또는 간접으로 사격하고 폐쇄기는 막음 나사식이며, 주로 차량에 탑재하여 운용한다. 106밀리 무반동총의 무반동 원리는 90밀리 무반동총과 같으며, 최대 2400m까지 사격할 수 있는 사격통제장치가 있다. 무반동총의 후폭풍 위험 지역은 총미로부터 후방으로 24m이며 화염과 폭풍으로 심한 사상자가 생기는 지역이다. 준 위험지역은 후방으로 15m 더 연장하여 각개 병사가 총미를 바라보고 있지 않다면 비교적 안전한 지역이다.

플라스틱 고폭예광탄은 예광물질을 포함하고 있고 근본적으로 철갑용으로 사용한다. 폭발장약이 폭발하면 전차 내부면을 분쇄하거나 깎아내게 하는 충격파가 발생하며 탄두는 수직철갑보다 경사 철갑에 최대효과를 발생한다. 탄두 속의 플라스틱 장약은 충격하면 표면에 퍼지는 경향이 있으며 방카, 바리케이드, 병력에 대단히 효과적이다. 대인탄은 대인 살상만을 목적으로 한다. 탄두는 9,000개의 강철제 날개 달린 파편으로 구성되어 있고 신관은 총구에서 작용하거나 200~3,300미터의 사거리에서 작용하도록 조정이 가능하다.

• 중량/길이 : 196.85kg/340.36cm	• 강선수 : 36조 우선
• 사거리 : 최대 7,700m, 유효 1,100m	• 발사속도(발/분) : 최대 1발, 유효 1발

〈그림 7-22. 106미리 무반동총 형상 및 제원〉

다. TOW(Tube-launched, Optically-tracked, Wire-guided)

미국 휴즈사에서 1960년대에 개발하여 1970년대에 전력화 된 이후 계속적인 성능개량을 통하여 현재는 TOW-2 개량형을 운용하고 있다. 한국군은 1970년대 FMS에 의해 획득하였다. 토우는 발사관에 의해 발사되고 광학조준경에 의해 추적되며 유도선에 의해 유도되는 무기체계이며 전차, 장갑차, 야전요새와 같은 견고한 기지를 공격하여 무력화하는 重대전차 무기이다.

유선 유도방식으로 광학 조준기에 의해 표적이 주어지면 유도탄의 방향을 유선으로 유도한다.

추진연료는 고체2단 추진 연료로서 전천후 사격이 가능하고 차량에 탑재 하여 운용함으로써 기동성이 우수하다.

토우는 발사관, 방향이동장치, 미사일유도세트, 광학조준구 등으로 구성된다. 발사관은 케이스 속에 들어있는 미사일의 탄두 앞부분을 고정하고 미사일의 최초비행을 위한 기계적 유도 역할을 한다. 방향이동 장치는 사수로 하여금 360°의 방위각 전 범위에 걸쳐 표적 추적을 가능케 하고 +30°부터 -20°까지의 고저각에 걸쳐 추적을 가능하게 한다. 미사일 유도세트는 미사일 조종 및 발사기 자체 시험을 위해 필요한 전자회로를 포함하며 운용자는 전술운용 또는 체계자체시험 상태를 선택할 수 있다. 광학조준구는 운용자가 표적을 추적하게 하고 원거리 표적 확대를 위해 고출력 전원이 제공되며 정밀조준을 위한 십자선이 있다. 암흑, 안개, 연막 속에서 운용자가 표적을 포착할 수 있도록 야간조준경이 있으며 적외선 탐지기의 냉각에 사용되는 냉각통이 있다.

토우는 표적이 선정되면 표적을 십자선에 정열시키고 장전수가 장전손잡이를 장전위치로 올린다. 장전손잡이가 올라가면 전기 전원이 미사일 유도세트로부터 광학조준구로 보내지며 광학조준구는 미사일의 비행을 교정하기 위해서 사용된다. 방아쇠를 누른 후 1.5초가 지나면 미사일이 발사관으로부터 발사된다. 사수는 광학조준구를 통하여 표적의 중앙에 십자선을 정확히 위치시키기 위하여 방위각 또는 고저각 수동조종 손잡이를 움직여 오차를 수정한다. 이 때 미사일 유도장치는 미사일의 비행 방향을 수정하기 위해 유도선을 통해서 미사일에 지휘 신호를 보낸다. 현재는 유선 유도방식이므로 미사일이 표적에 적중할 때까지 사수가 계속 노출되므로 사수의 생존성보장이 곤란한 측면이 있다. 발사후 망각형(Fire &Forget)이 일부국가에서는 개발되었다.

• 중량/길이 : 18kg(탄두 3.9kg)	• 발사속도 : 200m/s
• 사거리 : 65~3,750m	• 장갑관통력 : 기본 550m, 개량 850m

〈그림 7-23. TOW 형상 및 제원〉

라. 메티스-엠(Metis-M)

메티스-엠은 러시아에서 도입한 휴대용 중(中)대전차 유도무기이다. 메티스는 혼혈아란 뜻으로 꼰꾸러기(Konkurs)에서 발사기를, 말류뜨까(Malutka)에서 유도탄을 모방하여 이들 장비를 합성하였다. 장비구성은 목표를 탐지하여 유도탄을 발사 및 유도하는 발사기, 야간에 목표를 탐지 및 식별하는 열상장치, 목표물을 파괴하는 유도탄 등으로 구성되어 있다.

• 중량/길이/구경 : 12kg/120cm/110mm	• 사거리 고정표적 : 500m, 이동표적 300m
• 관통력/후폭풍 위험거리 : 70cm/10m	• 탄 비행고 : 2.4m

〈그림 7-24. 메티스-엠 형상 및 제원〉

기본적인 동작원리로는 유도탄에서 발생된 적외선을 전기신호로 변환하여 사수의 조준선과 유도탄의 오차를 비교분석하여 수정된 유도신호를 유선을 통해 유도탄으로 공급, 유도탄이 목표방향으로 유도되어 목표물을 파괴하는 유선 유도방식이다.

마. 현궁(賢弓, Raybolt(Ray+bolt))

현궁은 90mm 및 106mm 무반동총 및 토우(TOW) 대전차미사일 등 노후화한 대전차 무기를 대체하기 위해 개발한 보병대대급 운용용 중거리 대전차유도무기(Medinm Range Infantry Missile)이다. 대전차 유도무기로는 국내 최초로 개발된 무기체계이다.

현궁은 2007년 국방과학연구소(ADD) 주관으로 연구개발을 진행하여 2015년 개발을 완료하였으며, 2017년부터 육군 전방부대와 서북도서 해병대에 실전배치가 이뤄졌다.

현궁은 개인 휴대 또는 소형전술차량에 탑재하여 운용이 가능하며, 기존 노후된 대전차화기 대비 주·야간 사격이 가능하고 유효사거리, 관통력 등 성능이 뛰어나며, 적 전차의 취약한 상부 혹은 정면 공격이 가능하다. 특히 발사 후 망각형(Fire&Forget) 자율유도방식을 채택해 사수의 생존성과 명중률이 향상되었으며, 이중성형작약탄두를 적용해 반응장갑을 파괴하고 주장갑을 관통할 수 있다.

자료 : 세계일보(2022.05.15.)

현궁은 지금까지 개발된 해외 유사무기체계인 이스라엘의 스파이크(Spike-MR), 미국의 재블린(Javelin)과 대비해 볼 때 소형·경량화되어 있어 운용이 쉽다.

현 궁(AT-1K Raybolt)	명 칭	재블린(FGM-18)
1.5m	전장	1.2m(발사기), 1.1m(미사일)
13kg	중량	22.3kg(전체)
120mm	구경	142mm
탠덤형 대전차고폭탄(HEAT)	탄두	탠덤형 대전차고폭탄(HEAT), 다목적탄(MPWH)
발사 후 망각(FF)방식	유도방식	적외선유도식 자율추적식
2500m~3000m	최대사거리	4,750m
900mm	관통력	600mm~800mm
발사기(1억원), 미사일(1억원)	가격	발사기(3억 2천만원), 미사일(1억원)

* 빛과 같은 화살(晛弓), 스마트한 유도무기(賢弓), Raybolt(Ray+bolt)

3. 대전차무기 발전추세

최근에 개발된 대전차무기의 장갑 파괴력이 기존의 대전차무기와는 비교가 안 될 정도로 크게 향상되고 있다. 공격방식도 전차의 주장갑을 목표로 하는 것이 아니라 상부장갑을 목표로 발전하고 있다. 이제 전차는 새로운 생존방식으로서 자신을 향하여 발사된 대전차미사일이 자신을 향하여 날아오는 동안 탄도상에서 무능화시키는 데 관심을 돌리고 있다. 이와 같은 대응 방식은 이미 전술기나 함정에도 적용되고 있는바 장차 전차에서도 적용될 것이다. 미국은 미래전투체계(FCS)에 대전차 미사일을 추적해서 파괴하는 능력을 갖출 것으로 예상된다. 여기에는 전차를 향하여 날아오는 미사일과 전차의 상부장갑을 겨냥하는 야전포병의 대전차 지능자탄에 대한 대응책까지 포함될 것이다. 전차에 대한 공격을 탐지하고 대응하는 데 최대 1.5초 정도가 소요될 것으로 보인다. 아직까지 이와 같은 능동방호 능력을 갖춘 전차에 대응할 수 있는 대전차무기는 알려져 있지 않지만 미래의 대전차무기는 이러한 능동방호 능력을 갖춘 전차에 대응하는 방향으로 발전될 것으로 전망된다.

제4절 화포(Artillery)

1. 개 요

화포는 화약의 힘으로 탄환을 발사하여 적을 제압하는 무기로써 박격포, 야포, 다련장, 함포 등이 있으며, 제병협동작전에 통합되어 적을 제압, 무력화 또는 파괴하는 화력지원 주체로 운용된다.

화포란 화약의 힘으로 탄환을 발사하여 적을 제압하는 대구경 무기로써 그 임무는 적 종심공격, 대 포병사격, 전투차량 제압, 보병부대 직접지원 등이다. 화포는 탄두를 발사하는 포신과 지지 및 운반을 위한 포가로 구성되어 있고, 탄두의 비행 특성과 운반수단, 용도에 따라 야포, 박격포, 다련장 등으로 분류하며, 제병협동작전에 통합되어 적을 제압, 무력화 또는 파괴하는 화력지원 주체로 운용된다. 화포는 자주화, 경량화, 전자화 추세로 발전되고 있다.

2. 화포의 등장 및 발달

화포의 등장은 전쟁사와 무기체계 발전사에 한 획을 긋는 대사건으로 100년 전쟁이 한창 진행 중이던 1346년에 최초로 등장하였다. 그러나 진정한 의미의 화포는 1490년 말이 견인하는 청동제 프랑스 화포의 출현이다.

제1 · 2차 세계대전을 통하여 보병이 가장 두려워하는 무기체계는 화포이라는 것이 확인되었다. 서방국가에서는 105미리, 155미리 등의 야포가 표준형이며, 러시아 등 공산국가는 122미리, 152미리 등이 표준 구경이다.

가. 투석기

투석기(catapult)라는 단어는 '아래로'라는 뜻의 카타(kata)와 작은 원형 방패를 의미하는 풀토스(pultos)라는 두 개의 그리스어에서 유래했다. 카타풀토스(Katapultos)는

'방패를 뚫는 것'을 의미했다. 아르키메데스에 의하면 이 무기는 기원전 299년에 시라쿠사의 시칠리아 시에서 발명되었고, 석궁과 유사한 복합궁에서 파생되었다.

〈그림 7-25. 투석기 형상 및 돌[14]〉

초기의 투석기는 중앙에 지레가 있고 한 쪽에는 투석 바구니, 맞은편 끝에는 평형추가 달려 있었다. 탄성을 이용하는 투석기는 기원전 330년경에 그리스와 마케도니아에서 일상적으로 사용되었다. 알렉산드로스 대왕은 이를 사용하여 전장을 엄호하거나 포위 공격을 했다. 중국, 그리스, 로마에서는 다양한 형태의 투석기를 사용했다. 마케도니아 필리포스 왕을 위해 만들어진 발리스타는 거대한 석궁과 유사했으며, 꼬아 놓은 밧줄 타래의 장력을 이용하여 무거운 볼트와 다트, 혹은 창을 던질 수 있었다. 로마인들이 만들었다고 생각되는 망고넬은 거대한 지렛대 끝에 달린 그릇 모양의 용기로부터 무거운 물건들을 던졌다. 포위 공격을 하는 데 사용된 투석기는 운반하는 것이 제한되어서 보통 현장에서 제작하였다. 경우에 따라서는 죽은 동물의 사체를 성벽 너머로 던져 성안에 있는 사람들을 감염시키기도 했다. 이 무기가 유럽에 도달한 것은 중세 시대로 프랑스인들은 서기 1216년에 도버 성을 함락할 때 사용하였다. 14세기에는 대포가 투석기를 대신하여 유럽의 대표적인 포위 공격 무기가 되었다. 1150년 이전은 가죽이나 밧줄 등의 탄성을 이용하던 투석기로 커다란 둥근 돌의 탄환을 적의 성이나 요새에 날려 보내는 형태로 전투에 사용하였다.

14) 두산백과사전 & 마르코 폴로 『동방견문록』

나. 활강포[15] 등장

중국의 후한시대에 발명한 초석과 유황 가루로 만든 화약이 터키인과 아라비안인에 의해 13세기에 유럽으로 전파되었으며 활강포가 처음 전투에 사용된 것은 100년 전쟁 3년째인 1346년 구레시전쟁[16]이었다. 이 전쟁에서 영국이 승리를 하였지만 화포는 큰 활약을 펼치지 못하였다. 14세기의 화포는 구형(毬形)탄을 포구에 장전하는 전장포(前裝砲)였으며 구리로 제작되어서 산화되기가 매우 쉬운 단점을 가지고 있었다.

당시의 포는 크기가 크면 클수록 좋다고 생각하여 1453년 정복자 모하메드 II세가 동로마제국의 콘스탄티노플 공격시 70문의 중포(重砲)를 사용하였는데 포의 중량은 19톤, 직경이 62.5㎝이었으며 800㎏의 돌로 만든 탄두를 16㎞이상이나 날릴 수 있었다고 한다. 그러나 사격하면 포의 위치나 방향이 바뀌어 하루에 7발 정도 사격할 수밖에 없었다.

13세기에 들어서자 유럽인들은 철을 녹여서 주조하는 기술을 터득하였고 1400년대에는 철을 주조하여 포를 제작하는 기술이 전 유럽에 확대되어 동포(銅砲)보다는 형태는 작으나 큰 파괴력 및 탄두의 속도가 빠른 철포(鐵砲)를 만들 수 있었다. 15세기 말기부터는 활강포의 개발이 활발히 이루어져 불란서의 샤루 8세는 포를 차륜 위에 설치하여 우마차에 연결하여 사용함으로써 화포의 사용가치를 두 배로 증가시켰으며 이후에 말이 견인하도록 하였다. 화포 후부에 목봉을 집어넣어 포신의 고저각을 조정함으로써 사거리 조정이 가능하였다. 또한 이때는 야포로서 갈베링 포가 사용되었는데 구경이 7.5~10㎝로 경포지만 포신의 길이는 구경의 15~44배로서 장거리까지 탄두를 비행시킬 수 있었다.

특이한 사항은 15세기 말 독일인에 의하여 절구통과 같이 생긴 박격포가 발명되어 구형(毬形)의 금속탄을 발사하였다. 탄두는 높은 곡선을 그리며 단거리밖에 날아갈 수 없었으나 성벽 위 두상에 낙하하여 탄두 또는 작열탄[17]을 사용하여 살상 효력을 크게 하였다. 16세기에는 많은 Cannon포가 등장하였는데 이것은 포신을 길게 하여 직사에 의해 원거리까지 발사할 수 있었다. 이 당시 불란서의 야포는 보병의 마스케트 총보다

---

15) 활강포 : 강선이 없는 포. 사정거리를 늘리기 위해 강선을 없앤 포로써 주로 전차포로 사용된다. 강선이 없기 때문에 포탄을 회전시키지 않아 바람의 영향을 많이 받는다.

16) 프랑스 왕위계승권 문제로 촉발된 영국과 프랑스의 전쟁으로 1337년부터 1453년까지의 약 116년간 지속되었다. 프랑스는 이 전쟁을 통해서 중앙집권으로 가는 틀을 마련하였다.

17) 작열탄 : 내부에 폭약을 넣은 공처럼 생긴 것이다

발사속도가 2배가 빨라 보병 출신의 나폴레옹은 9세기 초 구경이 6″와 12″인 포로 보병화력의 열세를 극복하였다.

(a) 조선시대 활강포

(b) 서양의 활강포

〈그림 7-26, 동서양의 활강포 형상18)〉

〈표 7-5 시대별 화포 발전내용〉

구 분	발 전 내 용
1850년대	• 크리미아 전쟁 후 포병역할 증대, 기병대 해체
1860년대	• 강선포, 철제 포신등장, 포미 밀폐기구 개발 - 프랑스 • 금속제 포가 사용, 고각 증가로 사거리 연장
1880년대	• 프랑스 Vielle의 무연화약 발명으로 발사속도 증대 * 사격후 화약가스에 의한 시계장애문제 해결
1890년대	• 주퇴복좌기 개발 • Iconrad Haussner(독일)의 장주퇴 브레이크 특허 등록 • 1895년 "French 75" 생산 * 주퇴복좌장치가 달린 급속사격포로 1·2차 세계대전 사용
1910년대	• 1차대전시 프랑스 4문, 독일 6문으로 1개 포대 형성 * 문수가 많아서 기동성 결여
1930~1960	• 전투지역 10마일의 곡사포 개발 : 미국 * 105㎜ 곡사포(M101A1) : 11㎞ * 155㎜ 곡사포(M114A1) : 14.7㎞
1970~1980	• 155㎜ 견인포(M198) : 미국 • 한국 * M101A1 105㎜ 곡사포 개발·생산 : KH178(14.7㎞) * M114A1 155㎜ 곡사포 개발·생산 : KH179(30㎞)

18) http://bemil.chosun.com/

구 분	발 전 내 용	
21C	• 첨단 자주화	* 전투지역 : 40㎞, Shoot and Shoot * 발사속도 : 6~8발/분, 자동사격통제

다. 강선포의 등장

포미장전식 포의 출현은 15세기에 탄두를 포미에 장전하는 포가 출현하여 전장포와 혼용하였으며 포미의 개구부를 큰 마개로 막아 가스가 외부로 새지 않도록 하였다. 포미의 후부를 약간의 틈도 없이 결합한다는 것은 쉽지 않아 가스가 새기 때문에 발사압력이 저하되어 원거리까지 비행하지 못할 뿐만 아니라 자주 근탄이 생겨 폭발사고가 발생하여 도태상태에 있다가 후미가 잘 폐쇄되어 가스압력을 새지 않게 할 수 있는 장치가 개발되어 다시 사용되게 되었다.

강선포[19)]의 출현은 이탈리아에서 처음 출현하였으며 1850년 이후 과도기를 걸쳐 발달하였다. 탄두에 회전력을 부여하여 장거리까지 비행시킬 수 있었으며 파괴력도 증가되었다. 강선포의 등장과 더불어 주퇴복좌장치의 발명은 포병에게 있어 혁신적이었다. 발사한 이후에 포의 위치가 변하지 않게 되어 관측장교가 보고한 좌표에 조준하여 제 2발의 탄착점을 수정하여 수 발째에는 목표를 명중시킬 수 있게 되었고 사격속도도 현저히 증가하였다. 따라서 화약이 발명된 지 800여 년 만에 처음으로 오늘날과 같은 야포의 기능을 발휘할 수 있게 되었다. 후장(後裝)포의 약점이었던 포미 폐쇄 문제는 19세기 말 2개의 방식으로 해결되었다. 포미의 간격을 없애는 회전나사식 폐쇄기와 관을 옆으로 밀어서 개구부를 닫는 수평회전식 폐쇄기가 그것이었다.

3. 박격포

가. 개 요

박격포는 재래식 화포에 비해 구조가 단순하고 사용이 간편하며, 포구장전 방식을 사용함으로써 발사속도가 빠르고, 고사각으로 고지 후방이나 참호에 대한 효과적인 공격

19) 강선포는 탄체의 강외 탄도 안정을 위하여 탄체를 회전시키면서 가속시키고 이를 위해 강내 표면에는 강선이 있어 탄체를 가속시킴과 동시에 회전시킨다.

이 가능한 보병부대에서 근접화력지원을 위하여 유용한 무기체계이다. 또한, 박격포는 야포에 비하여 상대적으로 우수한 기동성과 접근성, 비교적 강력한 대인 살상능력을 보유하고 있으며, 제작비용이 저렴하고 유지보수가 용이하다. 그 외에도 박격포는 사격탄도의 특성이 45도 이상의 고사각으로 사격할 수 있어 고지후방이나 참호공격, 시가전에서 효과적이다.

박격포는 일반적으로 구경에 따라서 60mm 미만은 경(經)박격포, 60~100mm의 경우는 중(中)박격포, 100mm 이상은 중(重)박격포로 분류한다. 이외에도 이동수단에 따라 도수형, 차량 견인형, 자주형으로 분류되고, 장전방식에 따라 포구장전식 및 포미장전식으로 구분되며, 포강내의 강선유무에 따라 강선형과 활강형으로 분류된다.

나. 60미리 박격포

1950년대 미군의 군원장비를 인수하여 사용하다가 1970년대 방위산업 육성의 일환으로 기아기공에서 모방 생산하였다. 1984년에는 국방 과학연구소에서 신형 장비를 개발하여 대체 보급하였다. 방아틀뭉치, 포판 및 교환이 가능한 고정 공이식으로 구성되어 있으며, 외부 형태는 상부 민자, 하부는 나사형에 활강식 단포열이고 포구 장전식이다.

박격포는 포신, 포다리, 포판의 3부분으로 구성된다. 포신상단에는 두 개의 포다리 연결턱이 있는데 포다리를 윗턱에 연결하면 800~1,150밀, 아래턱에 연결하면 1,000~1,511밀의 사각을 유지할 수 있다, 따라서 원거리 사격시는 윗턱에 연결하고 근거리 사격시는 아래턱에 연결하여 운용한다, 포판은 1개의 운반 손잡이가 있으며 3개의 발톱이 있어 지면에 지지토록 되어 있고 중앙에는 포신을 6400밀 회전이 가능하게 하는 굴대집이 있는데 6개의 구멍이 있어 사격간 포판에 오는 충격을 완화시켜 주는 역할을 한다.

사용 포탄으로는 고폭탄, 백린 연막탄, 조명탄 등이 있다. 여기에 사용되는 신관은 다중선택식 신관으로 포로부터 최소한 100m의 안전거리를 유지하면서 다양한 작동형태를 갖추고 있다.

근접작동은 폭발고도가 0.9~3.9m이고 초근접작동은 폭발고도가 0~0.9m이며 착발작동은 지상목표물과 충돌에 의해 작동하고 지연작동은 목표물 충돌 후 0.05초 후 폭발하는 작동 형태이다.

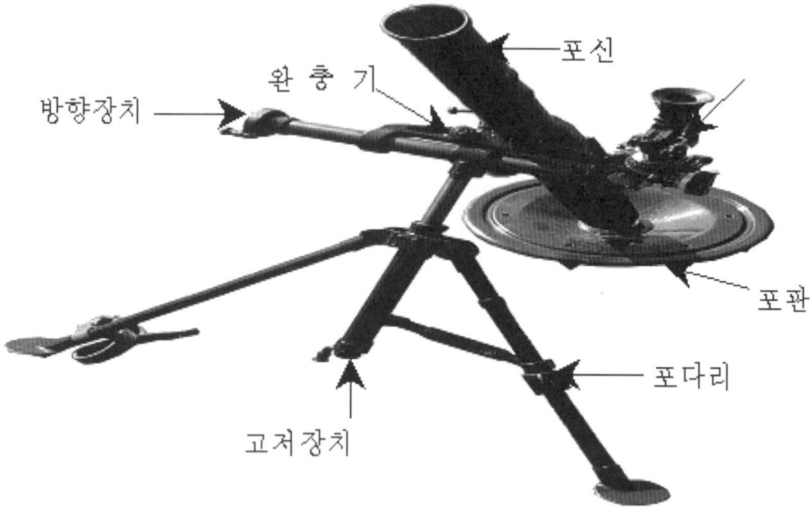

<table>
<tr><td colspan="3">무게(전체 · 포신 · 포다리 · 포판)</td><td>18.0 · 5.5 · 6.0 · 6.5kg</td></tr>
<tr><td colspan="3">포신길이(굴대 포함)</td><td>98.7cm</td></tr>
<tr><td rowspan="3">세로 활대</td><td colspan="2">사격(사각) 범위</td><td>800~1511밀</td></tr>
<tr><td colspan="2">1회전량</td><td>윗턱 10밀[20] 아래턱 13밀</td></tr>
<tr><td colspan="2">총 회전수/사격범위</td><td>약 36회전/390밀</td></tr>
<tr><td rowspan="2">가로 활대</td><td colspan="2">1회전량</td><td>윗턱 10밀 아래턱 15밀</td></tr>
<tr><td colspan="2">총 회전수</td><td>약 26회전</td></tr>
<tr><td rowspan="4">발사 속도</td><td rowspan="2">최대</td><td>신 형 탄</td><td>30발/분(4분간 사격가능)</td></tr>
<tr><td>구 형 탄</td><td>30발/분(1분간 사격가능)</td></tr>
<tr><td rowspan="2">지속</td><td>신 형 탄</td><td>20발/분(10분간 사격가능)</td></tr>
<tr><td>구 형 탄</td><td>8발/분(10분간 사격가능)</td></tr>
<tr><td colspan="3">사 거 리</td><td>최대 3.590m, 최소 67m</td></tr>
<tr><td colspan="3">조 준 구(KF 812)</td><td>중량 1.5kg, 배율 3배, 자체발광</td></tr>
<tr><td colspan="3">살상범위</td><td>고폭탄 27m(K207 고폭탄)</td></tr>
</table>

〈그림 7-27. 60미리 박격포 형상 및 제원〉

박격포에서 발사된 포탄이 표적에 명중할 수 있도록 박격포 조정 및 포탄 준비에 필요한 자료를 사격제원이라고 한다. 이러한 사격제원은 사격방향, 표적까지의 거리, 수직간격등을 기초로 산출하며 사격시 필요한 장약, 편각, 사각 등이 포함된다. 방향은 일정한 기준방향으로부터 측정한 수평각으로 표시된다. 통상 도북을 사용하여 도북에서 시

20) 1밀 = 360°/6400

계방향으로 각을 측정한다. 사거리는 박격포로부터 표적에 이르는 수평거리이며, 수직 간격은 표적 또는 파열점의 표고에서 포진지나 관측소의 표고를 수학적으로 가감한 차이다.

축사탄 사격은 박격포 포술의 모든 단계에서 경제적 방법으로 포반 전원에게 훈련시킬 수 있다. 축사기와 22밀리 축사탄의 2개 부품으로 구성되어 있으며 조작이 간단하다. 축사기 사격시 박격포로부터 추출되는 축사기는 전방 15미터 이내에 낙하하며 축사탄은 탄착지점에 떨어질 때 연막표식과 명확하게 들을 수 있는 소리를 내므로 시각 및 청각적인 표시를 제공한다.

다. 81미리 박격포

81미리 박격포는 제 1차 세계대전 이후에 미국에서 개발하여 2차 세계대전 및 한국전에서 사용된 장비이다. 1950년대 미군이 철수할 때 장비를 인수하여 사용되기 시작하였다. 1980년대 기아기공에서 한국형 개량 박격포를 개발하여 양산 보급하여 야전군에서 운용하고 있다. 포열 형태는 활강식 단 포열에 포구 장전식, 고각 사격식이며 교체 가능한 고정공이식을 채택하고 있다.

포신, 포다리, 포판의 3부분으로 구성되어 있으며 포신은 포열과 굴대로 구성되고 포열 외부 하단부는 사격간 발생하는 열을 공기에 의해 냉각시키기 위해 나선형의 냉각홈이 있다. 포신 최하단부의 굴대는 내부에 공이를 포함하고 있으며 포다리는 사격시 포신을 고정하고 수평 및 사격방향을 설정하고 포판은 포신을 지지해 주고 사격시 충격을 지면에 전달하여 흡수하게 한다. 사격원리는 포구로부터 장전된 포탄이 포신의 경사에 의해 밑으로 미끄러져 내려가며 포열받침 하단의 밀폐된 공기로 하여금 포탄의 뇌관을 치게 된다. 뇌관의 충격에 의해 점화약통이 폭박하여 추진 장약을 연소시키고 추진장약의 연소시 발생되는 가스압력에 의해 포탄을 추진시킨다.

사격기재로는 가늠자, 겨냥대, 조준감사기, 사격제원 계산기, 관측제원 입·출력기 등이 있다. 가늠자는 사격기재 중 가장 중요한 부품으로 겨냥대 또는 어떤 기준점을 조준하는데 사용한다. 겨냥대는 8개의 작은 겨냥대와 1개의 타격겨냥대가 지급되며 박격포를 사격방향으로 방열시 가늠자의 조준점으로 설치하는데 사용한다. 조준감사기는 가늠자의 사각과 편각을 정교하게 고정시켜 주는 부수기재이다. 사격제원 계산기는 유·무선 통신에 의해 전방관측자가 휴대하는 관측제원 입·출력기로부터 관측제원을 수신하여 신속·정확하게 사격제원을 산출할 수 있고 관측제원 입·출력기로부터 전문을 수신할 수 있는 장비이다.

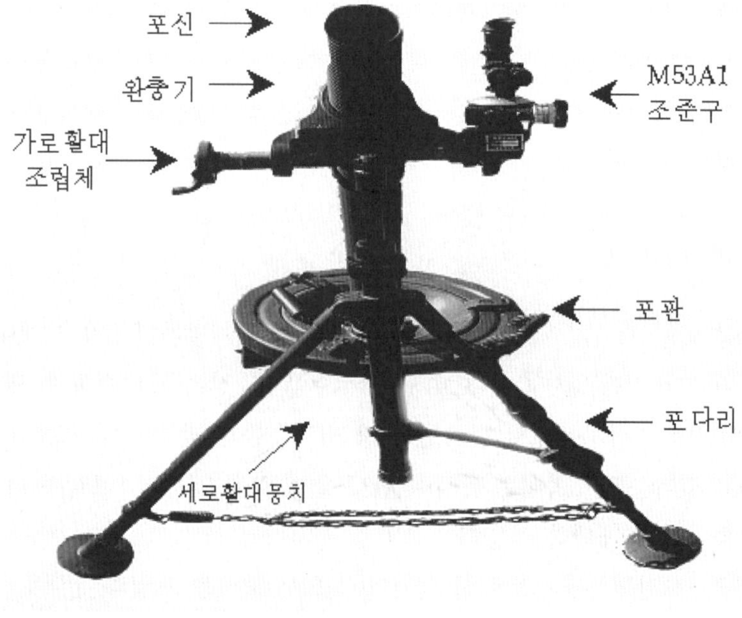

무게(전체 · 포신 · 포다리 · 포판)		42.5 · 12.7 · 18.2 · 11.6kg
포신길이(굴대 포함)		130cm
세로 활대	사격(사각) 범위	800~1511밀
	1회전량	10밀
	총 회전수	약 54회전
가로 활대	편각 범위	좌 · 우 95밀
	총 회전수	약 19회전
발사 속도	최 대	30발/분
	지 속	8발/분
사 거 리		최대 4,737m, 최소 72m
조 준 구		배율 4배, M53 등명구
살상범위		고폭탄 34m

〈그림 7-28. 81미리 박격포 형상 및 제원〉

사용 포탄은 개활지 및 방커내의 인마살상, 경차량 및 경방카 파괴를 위한 고폭탄, 연막차장과 목표지시를 위한 백린 연막탄, 야간조명을 위한 조명탄, 사격 연습/훈련을 위한 연습탄 및 훈련탄이 있다.

라. 4.2"박격포

제 2차 세계대전이 진행되는 가운데 미국에서 개발하여 한국전쟁에서 사용된 장비이다. 포열형태는 활강포가 아닌 강선형 포선으로 최초엔 주로 화학탄 사격을 위해 사용하다가 성능개량을 실시하여 최근에는 사거리를 6,850m까지 연장시킨 보병 공용화기이다. 1978년 미국으로 부터 FMS에 의해 주로 도입 되었고 1980년에 기아기공에서 방위산업 육성의 일환으로 모방 생산하여 야전부대에 보급되었다.

〈그림 7-29. K532다목적 전술차량 & 4.2" 박격포〉

사격방식은 강선식 단 포열에 포구장전식 장비이다. 4.2인치 박격포의 주요 특성 중의 하나는 포열에 강선이 있는 원통형으로 제작되었다는 것이다. 강선은 24개의 요철로 되어 있으며 포열저부로부터 23cm까지는 직선이고 그 강선의 처음 회전하는 지점부터 포구까지는 213cm이다. 4.2인치 박격포가 전투차량에 탑재되어 운용될 경우에는 특별히 고안된 포가를 설치하여 장착된다. 이 전투차량은 수륙양용 궤도차량으로 기동력과 화력을 겸비하고 있으며 차량에서 4.2인치 박격포를 사격할 수 있도록 차량 뒤상부에 박격포 햇치가 있고 뒤에는 램프가 있다.

차량은 사격시 적의 소화기 사격으로부터 보호받기 위해서 박격포 햇치만 열어 놓고 사격할 수 있으나 훈련시는 안전을 위해 램프를 열어 놓고 사격한다.

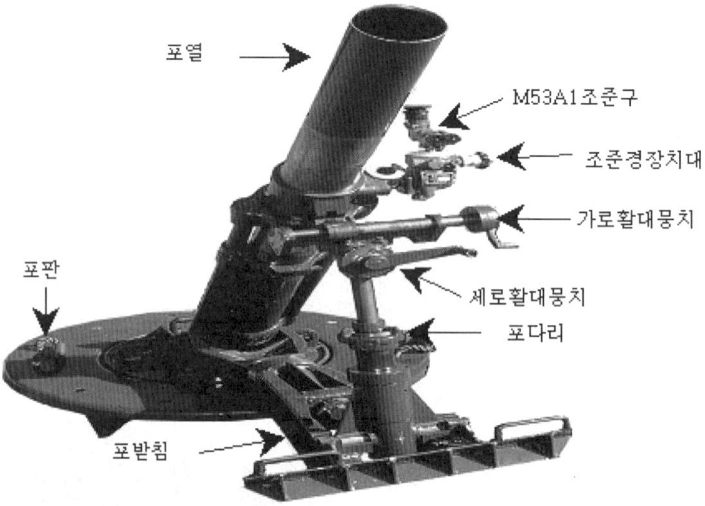

무게(전체 · 포신 · 포다리 · 포판)		278.08 · 70.9 · 103.6 · 113.58kg
포신길이(굴대 포함)		130cm
세로 활대	사격(사각) 범위	800~1045밀
	1회전량	10밀
	총 회전수	약 54회전
가로 활대	편각 범위	좌 · 우 125밀
	총 회전수	약 19회전
발사 속도	최 대	18발/분
	지 속	3발/분
사 거 리		최대 5,650m, 최소 72m
조 준 구		배율 4배, M53 등명구
살상범위		고폭탄 34m

〈그림 7-30. 4.2" 박격포 형상 및 제원〉

4. 야 포

가. 개 요

포병의 주요 임무는 적 종심공격, 대화력전, 적 전투차량 제압, 아군 보병부대 직접지원 등이 있다.

한국은 1970년대에 견인곡사포를 처음으로 모방생산 하였으며, 1980년대 초에는 한국형 독자모델인 견인곡사포(KH179)를 개발하였다. 1983년에는 미국으로부터 155mm 자주포(K-55)를 기술도입 생산하여 현재 야전에서 주력화포로 운용하고 있다. 또한 K-9(신형 155mm 자주포)은 1999년에 국내 자체기술로 개발된 장비로서 세계 각국으로부터 우수한 성능을 인정받고 있어 터키 등 여러 국가에 수출되고 있다. 야포는 기동형태에 따라 견인포와 자주포로 구분되며, 포신형태에 따라 평사포, 곡사포, 다련장 및 로켓으로 구분된다.

나. 105/155mm 견인곡사포

105mm 곡사포는 제2차 세계대전, 6 · 25전쟁, 베트남전쟁에서 사용되었다. 105mm 곡사포는 경량으로 운용이 용이하고, 정확도와 발사속도가 우수하며, 공중투하가 가능하여 기동부대를 효과적으로 근접지원할 수 있는 화포이다.

한국군은 6 · 25전쟁기간 중에 미국으로부터 105mm 곡사포를 인수받아 운용하였으며, 현재도 한국군 사단에 편제 · 운용되고 있다. 1978년부터 105mm 곡사포의 포신부분을 개량하여 사거리를 연장하고 발사속도를 증가시킨 한국형 105mm 곡사포(KH-178)를 독자 개발하여 1984년 실전배치하였지만 한국군에는 1개 대대 정도만 전력화된 것으로 알려졌다. 이 포는 오히려 해외 수출이 더 많이 된 것으로 유명하다.

155㎜급 화포는 서방측에서 가장 널리 사용되는 표준 구경 화포이다. 155㎜ 견인포(M114)는 2차 세계대전이 한창이던 1942년에 개발된 화포로서 사거리는 14.6Km이다. 우리나라는 6 · 25전쟁이 한창이던 1951년 5월 미국으로부터 155㎜ 견인곡사포(M114)를 지원받아 처음으로 155㎜급 화포를 운용하였다. 미군은 'M114' 견인포를 대체하기 위해 'M198' 견인포를 새로 개발해 1978년부터 일선에 배치했다. 우리나라는 'M114' 견인포를 대체하기 위해 1979년부터 자체개발에 착수하여 1983년부터 KH-179

(신형 155mm 곡사포)를 양생산하여 실전배치하였다.

KH-179는 각 부의 경량화가 이루어져 CH-47 치누크 헬기와 C-130 수송기로 운송 가능하다. 또한 기존의 'M114A2' 곡사포에 비해 사거리, 신뢰성, 유지비에서 성능 향상이 이루어졌다. KH-179에 사용되는 155mm 신형 탄약은 NATO 155mm 표준 탄약과 호환되지만 사거리와 파괴력이 크게 향상되었다.

KH-179 견인포는 우리나라가 독자개발한 첫 155㎜급 화포임에도 불구하고 우수한 성능을 지녀 80년대 북한과의 포병전력 격차를 줄이는데 일조했다. 하지만 KH-179는 견인포라는 근본적인 한계도 동시에 드러냈다. 견인포는 스스로 움직일 수 있는 자주포와 달리 견인차량을 통해 진지로 이동한 뒤 포병들에 의해 방열된다. 방열은 사격을 위해 자세를 갖추는 것을 말한다. 군은 이 문제를 해결하기 위해 'K-55'나 'K-9'같은 자주포를 도입해 'KH-179' 견인포를 대체하고 있다.

105mm 견인곡사포(M101 계열)

155mm 견인곡사포(KH-179)

구 분	105mm 견인곡사포(M101)	155㎜ 견인곡사포(KH179)
구경장(포신길이/구경)	22	39
최대사거리(HE탄/RAP탄)		24㎞/30㎞
발사 속도(최대/지속)	분당 10발/분당 3발	4발(최초 3분간)/2발(3분 경과 후)
총 중량	2,258kg	6,855㎏

〈그림 7-31. 105/155mm 곡사포 형상 및 제원〉

다. K55 / K9 자주포

우리나라의 K55 자주포는 1994년 미국의 M109A2 자주포를 면허 생산하였다. 이후 K9 자주포 기술을 활용하여 생산한 K55A1 자주포는 한국군 자주포 전력의 주력을 차지하고 있다. K55A1 자주포는 현대전에 적합한 기동성과 생존성, 자동 사격지휘 능력을 갖춘 우수한 화포로 평가받고 있다. K55A1 자주포의 차체는 특수 알루미늄으로 제작되었으며, 완전 궤도식으로 산악 및 늪지에서의 기동성이 우수하여 한국적 작전 환경에 적합한 자주 곡사포이다.

또한, 자동화 사격지휘체계와 정밀사격 통제장치를 장착하고 있어 신속하고 정확한 사격제원 산출이 가능하여 명중률이 우수하다. 현대전에서 신속한 사격과 양호한 방호력, 궤도에 의한 야지의 기동성은 포병의 생존력에도 직결된다. 장갑으로 보호되고 뛰어난 기동력은 연속적인 사격지원을 해야 하는 대포병 사격 등을 지속적으로 가능케 해준다. K55는 장갑의 보호로 적의 사격과 기상 악조건으로 부터도 승무원과 탄약을 보호해줌으로써 신뢰성을 높여주고 있다.

1980년대 후반, 육군은 장사거리 사격지원 능력과 숫적 열세를 압도할 수 있을 정도의 성능과 효과적인 사격지원능력을 갖춘 21세기 전장 상황에 부합되는 신형 155mm 자주포 개발의 필요성을 제기하였다. 국방과학연구소는 1989년부터 신형 자주포 개발에 착수하여 1994년 시제차를 완성하고 1999년 말에 개발 완료하였다. K9자주포는 최신의 자동화 사격지휘체계와 정밀사격통제장치를 갖추고 있으며, DP-ICM 등 특수탄약을 사용함으로써 적에게 심대한 타격을 줄 수 있고, 고성능 장갑궤도 차량으로 기동성이 탁월하여 산악 및 각종 장애물 극복 능력이 뛰어나 한국적 작전 환경에 적합한 자주 곡사포이다.

특히 K9자주포는 내장된 자동사격통제장치(AFCS[21])를 사용하여 그림과 같이 하나의 표적에 동시에 3발을 사격할 수 있어 단독 TOT[22])가 가능하여, 3발의 포탄을 동시에 한 표적에 집중시킬 수 있다.

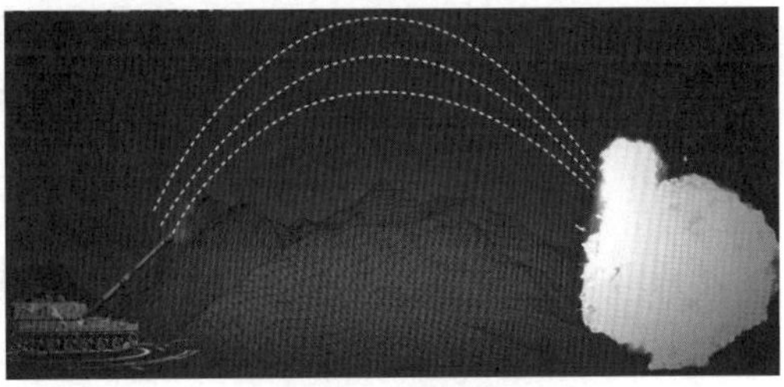

K9 TOT (출처: 국방과학연구소)

K9자주포는 자동화된 방열 및 장전 시스템에 의해 K55자주포에 비해 3배의 높은 사격효율을 가지고 있어 K9자주포 1문은 K55자주포 3문의 사격효과를 달성할 수 있다.

21) AFCS : Automatic Fire Control System, 자동사격통제장치
22) TOT : Time On Target : 동일표적에 여러 문의 포가 사격을 하여 동일시간에 집중시키는 사격방법, K9자주포의 경우는 1문의 포가 각각 다른 3개의 사각으로 사격을 실시하여 3발의 포탄이 같은 시간에 표적에 명중시키는 사격방법이다. 이는 포탄이 날아가는 비과시간의 차이를 적용한 것이다.

K55A1 자주포

K9 자주포

구 분	K55A1 자주포	K9 자주포
전투중량	27톤	47톤
최대사거리	HE : 18km, RAP : 30km	RAP : 30km, HEERFBBB[23] : 40km
발사 속도	최대 : 4발/분, 지속 : 2발/분	급속 : 3발/분, 최대 : 6발/분
주행속도, 항속거리	54km/h, 360km	60km/h, 360km
승무원	5명	5명
특 징	자동 위치확인 등	자동 사격통제, 자동 장전 등

〈그림 7-32. K55A1자주포(좌), K9자주포(우) 형상 및 제원〉

5. 다련장 및 로켓

가. 개 요

다련장 로켓은 냉전시대에 막강한 화력을 보유하고 있던 구소련의 포병화력에 대응하기 위하여 미국에서 GSRS(General Support Rocket System)이라는 이름으로 개발에 착수하여 미국 · 영국 · 프랑스 · 독일 · 이탈리아 등에 의해 공동개발된 무기체계이다.

다련장 로켓의 개발초기 운용개념은 정확도가 미흡한 단점을 빠른 발사속도와 대량화력 집중으로 적 집결지, 경장갑 및 물자, 인원표적 등을 제압함으로써 화포를 보완하는 일반 화력지원 무기로 설정되었다.

1990년대 이후 300km급의 전술유도탄(ATACMS: Army Tactical Missile System)이 개발됨에 따라 다련장 로켓은 단순한 대량 화력무기체계가 아닌 정밀 화력무기체계의 역할을 담당하게 되어 지상화력의 주력무기체계로 발전되고 있다. 최근의 다련장 로

23) HEERFBBB : high-explosive extended-range full-bore base-bleed

켓포는 고기동·장사정·고위력화 추세로 화력집중에 의한 대량파괴와 더불어 치명타를 가할 수 있는 정밀파괴능력을 보유하고 있다.

나. 다련장로켓의 운용개념[24)]

다련장로켓의 운용개념은 [그림 7-33]과 같이 정찰기 및 무인항공기(UAV), 대포병탐지레이더(AN/TPQ-37 등) 및 전방정찰대로 부터 실시간으로 획득한 상급부대의 표적정보를 C4I체계 또는 대포병탐지레이더와 사격지휘체계가 직접연동되어 운용된다. 생존성확보(Shoot & Scoot), 작전반응시간 및 장전시간 단축 등을 위하여 탄약운반차를 운용하며, 로켓 탑재차량 혹은 탄약운반차에 크레인을 장착하여 자동으로 탄약을 공급할 수 있다. 저공 기상측정장비를 탑재하여 기상변화에 따른 사격제원의 자동보정이 가능하며, 통합 항법장치를 장착하여 신속한 자기위치 식별과 발사대의 자동위치제어(방위각, 고각)를 통해 신속하고 정확한 타격이 가능하도록 운용되고 있다.

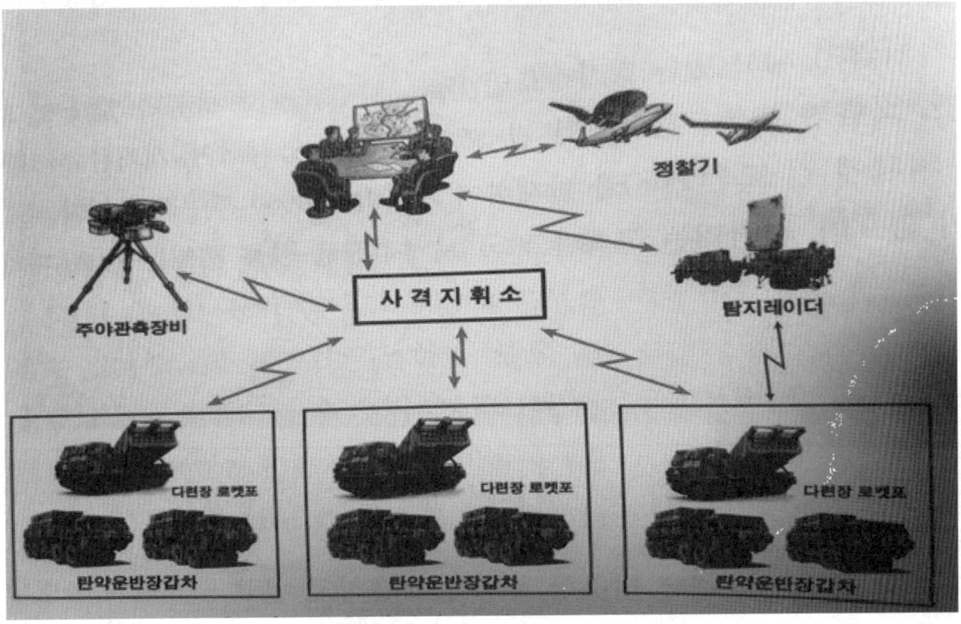

〈그림 7-33. 다련장로켓포 운용개념〉

24) 한국군사문제연구원, 『전장기능별 무기체계』(2015)

다. MLRS(Multiple Launch Rocket System)

MLRS는 미 육군이 냉전시 서방측보다 숫적으로 우세한 구 바르샤바 조약군과의 전력격차를 줄이기 위하여 포병용 광역제압무기로 개발하였다. 이후에 나토국가들도 개발에 참여하여 많은 나라들이 보유하고 있으며 1990년대부터 130mm 다련장 로켓을 자체적으로 개발하여 운용하던 일본과 한국도 도입을 시작하였다.

MLRS는 높은 기동성을 가진 자동화시스템으로 M270 무장 플렛폼을 기본으로 하고 있다.

MLRS는 지대지 로켓과 ATACMS[25]를 발사할 수 있다. 발사장비는 12발의 지대지 로켓이 장전된 M270 발사대, 2개의 6열 로켓 발사관으로 구성되며 정확한 사격통제 시스템을 채용하여 목표에 대한 정확도가 매우 높은 고성능 사격통제 장치다.이동식 발사대를 하나로 결합시키는 사격통제 시스템이다.

전투 중량	26톤	전 고	2.62m
승 무 원	3명	엔진 출력	500마력
전 장	6.27m	톤당 출력	19.85마력
전 폭	2.97m	최대 속도	64km/h
사정거리	45km	NBC 방호	가능
무 장	227mm 로켓 12발	한국군 도입	1999

〈그림 7-34. MLRS 형상 및 제원[26]〉

25) ATACMS : Army Tactical Missile System

차량에 탑승하여 작전임무를 수행하는 조종수, 사수, 분대장은 차량 밖으로 나오지 않고 60초 이내에 12발의 로켓을 발사할 수 있다. 한 번에 발사하는 로켓 화력은 155 · 203mm 곡사포 16문이 동시에 발사하는 것과 동등한 위력을 발휘한다. 사정거리는 45Km로 야포보다 사정거리가 길어 안전한 거리에서 사격이 가능하고 넓은 범위를 동시에 공격하므로 대 포병사격에 효과적이다. 컨테이너 앞부분에 부착된 크레인을 사용하여 자체적으로 3분 안에 재장전이 가능하다.

MLRS는 트럭 탑재형이 아니라 장괘도식을 채용하여 야지에서도 기동성이 우수하다. 60%의 경사를 등반할 수 있고 높이 91Cm의 벽면을 돌파하며 2.29m 장애물을 통과할 수 있다. 따라서 MLRS는 12기의 로켓으로 보병화력을 지원하며 밀집된 적에 대하여 단시간에 강력한 집중 공격을 가해 확실하게 격파하는 목적으로 운용된다. 전장에서 적의 포병화력, 로켓부대, 장갑차량, 지원부대들을 공격하는데 효과적이다.

로켓탄두는 M77자탄 644개가 수납되어 있고 발사 전 세팅된 지연신관을 이용 목표 상공에서 M26 탄두부가 분리되어 살포된다. M77탄두 1개는 무게 315g, 길이 81mm, 탄두직경 38mm의 성형작약 탄두를 사용한다. 이 탄두는 주로 인마살상용이나 76~102mm의 장갑 관통력이 있어 장갑이 얇은 전차의 상면 장갑을 관통할 수 있다. M26 한발은 100×200m(약 6,000평)의 면적을 파괴할 수 있다. 이 밖에도 AT2 자탄을 활용하여 대전차 지뢰를 살포할 수 있다.

라. K-136 다연장로켓 구룡(九龍)

한국이 개발한 최초의 다연장로켓인 K-136 다연장로켓 구룡(九龍)은 북한이 대량으로 보유한 방사포에 대응하기 위하여 국방과학연구소에서 독자적으로 개발한 130mm 다련장 로켓이다. "구룡(九龍)"이라고 불리는 이 무기체계는 군단 및 사단의 야전포병을 위한 것으로서 한국에서 설계 · 시험평가 · 제작하였다. 주체계 생산은 대우중공업이 담당하였으며 로켓은 한화에서 개발하였다. 전체적인 성능은 북한이 보유하고 있는 122mm 방사포와 유사하다.

구룡은 간접사격으로 지역표적을 제압할 수 있는 무기체계로서 단시간에 대량의 화력을 집중시켜 기동력을 갖춘 적의 중요 표적이나 밀집된 표적들을 무력화시킬 수 있다.

26) http://bemil.chosun.com/

5톤 트럭에 탑재하여 운용하는데 동급의 다른 트럭 또는 궤도차량에도 탑재할 수 있다. 발사대의 방위각·고각 구동과 안정판 작동에는 유압모터를 사용하는데 필요시에는 수동으로도 할 수 있다. 다른 5톤 트럭은 72발의 재장전용 탄약을 운반하는 동시에 탄장전대 역할을 한다. 로켓탄에는 기본형과 개량형의 두 종류가 있다. 기본형은 길이 2.4m, 무게 54kg이고, 개량형은 길이 2.54m, 무게 64kg이다. 이들의 탄두는 무게 21kg인데, 재래식 고폭탄두와 16,000개의 성형파편으로 구성된 개량형 고폭탄두의 두 종류가 있다. 기본형 로켓의 최대사거리는 22km이며 개량형은 30km 이상이다.

사격은 운전석 또는 발사대 차량 밖에서 발사통제기를 사용하여 단발, 부분 일제사, 완전 일제사로 할 수 있다. 일제사의 발사간격은 0.5초이다. 사격제원의 계산은 사표 또는 사격제원계산기를 사용하며, 사격의 정확도를 위한 저공풍측정기는 1¼톤 트럭에 탑재하여 운용하는데 10.25m 높이에서 저공풍을 측정하여 사격제원계산기에 평균값과 순간 측정값을 제공한다.

로켓탄직경	130mm	적재차량	5톤
로켓중량	64kg	속력 최대	80km/h
로켓장전수	36발	방열소요시간	2~3분
탄두중량	21kg	정확도(CEP)	9~16m
연속발사시간	18초	살상면적	250×250m
최대사거리	기본형 23km 개량형 36km	보급차량 탄약적재	72발

〈그림 7-35. 130미리 다련장 형상 및 제원[27]〉.

27) http://bemil.chosun.com/

마. K-239 다연장로켓 천무(天舞)

천무(天舞) 다연장 로켓 체계는 북한의 방사포와 장사정포의 위협에 따른 대응 전력으로 개발되었으며, 기존 227㎜ MLRS와 130㎜ 구룡(K-136)을 대체할 포병의 차기 주력 무기체계로서 탄의 파괴효과 증대로 대화력전 수행 능력이 크게 향상되고, 사거리 증대 및 정확도가 높아짐에 따라 적 장사정포의 원점 타격이 가능한 무기체계이다. 天舞(천무)는 하늘 천(天), 우거질 무(舞)로 '다연장로켓으로 하늘을 뒤덮는다'라는 뜻으로 2011년 국민공모를 통해 붙여진 명칭이다

천무는 표적의 성질, 형태 및 사거리에 따라 다양한 탄종을 사격 가능하며, 신속한 기동과 단시간에 다량의 화력을 집중하여 넓은 지역을 초토화할 수 있는 효과적인 무기체계로서 북한의 장사정포를 무력화하기 위한 장사거리, 고정밀 유도능력을 보유한 무기이다.

천무는 유도로켓과 무유도로켓 등 다양한 로켓탄을 사격할 수 있는 발사대와 신속하고 지속적인 탄약지원이 가능한 탄약운반차량, 원거리 목표물을 타격하는 로켓탄 등으로 구성된다.

천무는 무인항공기 및 대포병 레이더로부터 획득된 적의 표적정보를 전술지휘통제체제(C4I)와 연동하여 포병대대 사격지휘체계(BTCS)로 표적정보 및 사격임무 데이터를 송신하면 포대 또는 사격대는 수신된 표적정보와 사격명령을 바탕으로 천무체계의 위치결정·항법장치 및 사격통제장치 등을 이용해 적의 종심을 타격한다. 천무 다연장로켓 체계는 하나의 플랫폼에서 서로 다른 탄종(유도 로켓과 무유도 로켓)을 운용할 수 있는 장점이 있다.[28]

2022년 12월 다연장로켓 '천무(K-239)' 발사대에 기존 사거리(80km)의 3배가 넘는 신형 전술지대지유도무기(단거리탄도미사일,KTSSM[29])를 탑재해 시험발사에 성공했다.[30] 이미 개발이 완료된 사거리 180km의 기존 전술지대지유도무기(KTSSM)는 그동안 고정형 발사대로만 발사가 가능했으나, 이번 시험발사 성공으로 천무미사일은 사거리가 향상됐을 뿐만 아니라 기동성이 높은 천무 발사차량에 탑재가 가능한 방식으로 개발되고 있다.

28) 국방일보(2014.7.23)
29) 주간동아(2022.10.23) KTSSM(Korean Tactical Surface to Surface Missile) 전술지대지유도무기
30) 동아일보(2019.12.22)

구 경	239mm	전 장	394Cm
최대사거리	80Km	탄 종	로켓탄 4종(130 · 227 · 230 · 239㎜), KTSSM-II

〈그림 7-36. 130미리 다련장 형상 및 제원〉

제5절 화력지원장비

1. 개 요

화력지원장비는 화력장비가 제 성능을 제대로 발휘할 수 있도록 보조하는 역할을 담당한다. 작전부대 지휘관은 아군의 기동에 유리한 여건을 조성하기 위하여 적의 중심 파괴 및 증원부대 차단, 대화력전 등 적시/적절하게 화력을 운용하여 한다.

화력지원을 위한 주요지원장비로는 표적을 획득하는 무인정찰기(UAV), 적 박격포 및 포병사격을 조기에 탐지하는 대포병레이더(TPQ-36, TPQ-37), 사격지휘를 위한 사격지휘차량 및 사격지휘소용 장갑차, 정확한 사격제원 산출을 위한 사격통제장비인 BTCS, 신속 정확한 위치결정을 위한 측지장비로 광파거리측정기 및 자동측지장비(PADS), 자주포 등의 주장비에 탄약을 신속하고 안정적으로 공급하는 탄약운반장갑차 등이 있다.

〈표 7-6 화력지원장비 용도 및 주요장비〉

화력지원장비	용 도	주요장비
표적획득장비	• 표적을 획득 • 적 박격포 및 포병사격 탐지	무인정찰기(UAV), 대포병레이더(TPQ-36, 37)
사격지휘 및 통제장비	• 사격지휘 및 통제	사격지휘차량 및 사격지휘소용 장갑차, BTCS,
측지장비	• 신속 정확한 위치결정	광파거리측정기, 자동측지장비
탄약운반차	• 자주포 등의 주장비에 탄약을 신속하고 안정적으로 공급	탄약운반장갑차

2. 주요 장비

가. AN/TPQ-36 · 37 레이다

대포병 탐지레이더(AN/TPQ-36 · 37)는 적 곡사화기(박격포, 야포, 로켓 등)의 포탄을 탐지하는 장비로써, 미국으로부터 1990년과 1996년에 각각 도입하였다.

AN/TPQ-36은 소형, 경량의 대 박격포 레이더로 탐지거리는 24Km이다.

AN/TPQ-37은 탐지거리는 최대 50Km이며, 동시에 탐지할 수 있는 표적은 10개이다.

대포병 탐지레이더는 기계식이 아닌 전자식 레이더로, 90도 각도의 영역을 스캔하여 다가오는 박격포, 야포, 또는 로켓 사격을 탐지한다. 발사된 포탄이나 로켓은 최고점에 도달하기 전인 최초의 발사 궤도를 레이더로 추적하여 추적한 데이터를 분석하고 그 발사장소를 역추적하여 계산한다. 즉 대포병 탐지레이더는 포탄과 로켓탄의 상승 시 포탄으로부터의 반사파를 수신하여 포탄의 이동 방향과 속도를 계산하여 발사지점과 탄착지점을 산출한다. 이 결과를 사격지휘소에 전파한다.

구 분	AN/TPQ-36	AN/TPQ-37
탐지대상	박격포/야포/로켓트탄	
탐지율	박격포 90%, 야포 70% 로켓트 80%	박격포 · 야포 · 로켓 85%
탐지거리	최소: 750m~최대: 24km	최소 3km~50km
탐지범위	최소 230~최대 1600밀	최소 300~최대 1600밀
동시탐지	5~10개	
정확도	CEP(원형공산오차 적용) 탐지거리 1% 이내	
제원저장	109개(임시 10개/영구 99개)	

〈그림 7-37. AN/TPQ-36 · 37 형상 및 제원[31]〉

31) 자료제공 : http://bemil.chosun.com/

나. 아서-K(ARTHUR-K) 대포병레이더

아서-K(ARTHUR-K)는 스웨덴에서 개발한 대포병탐지레이더로서 2003년 이라크전 당시 영국군이 최초로 운용하였다. 우리나라는 종심지역에 대한 대화력전 수행능력 향상을 위하여 2007년 스웨덴에서 직도입하여 운용하다가 2010년 사브(스웨덴)의 기술 지원을 받아 국내 업체에서 생산하였고, 발전기와 쉘터를 국산화하였다. 아서-K는 K711A1 5톤 트럭에 탑재하여 운용된다.

탐지거리	곡사포탄 30Km, 박격포탄 55km, 로켓탄 60km
표적 추적능력	100개/분 이상
표적 획득능력	동시 8개

다. 대포병탐지레이더-Ⅱ[32]

〈그림 7-38. 대포병탐지레이더-Ⅱ〉

대포병탐지레이더-Ⅱ는 적 장사정포의 성능을 고려해 탐지범위와 작전지속능력이 향상된 장비가 필요하다는 군의 요구에 따라 개발된 장비로서 아서-K에 비해 탐지범위와 작전지속시간, 동시 표적처리능력 등이 크게 향상되어 수도권을 위협하는 적 진 깊숙이 위치한 장사정포까지 상시 탐지 · 추적하여 무력화시키는 대화력전 수행체계의 핵심장비이다.

대포병탐지레이더-Ⅱ는 적 도발 예상 시 레이더를 전개하고 적 방향으로 탐색 빔을 운용, 적의 화력 도발로 포탄이 날아오면 포착 후 수 초 이내에 탄도를 역추적해, 적 화포의 위치와 예상 탄착지점을 자동으로 포병부대에 전파하면, 포병부대는 대포병탐지레이더-Ⅱ로부터 받은 정보를 바탕으로 적 도발과 거의 실시간으로 즉각 대응사격을 거의 실시간으로 즉각 대응사격을 함으로써 적의 원점을 격멸할 수 있다.

우리 군의 기존 대포병 탐지레이더인 스웨덴산 '아서-K'는 탐지거리가 약 40㎞이지만, 대포병 탐지레이더-Ⅱ는 탐지범위가 60㎞ 이상으로 아서-K보다 약 30% 이상 확대

---

32) 국방일보(2017.4.25.)

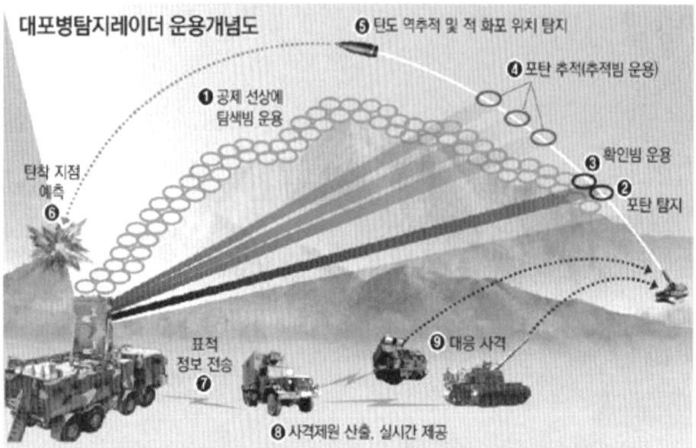

〈그림 7-39. 대포병탐지레이더 운용개념도〉

돼 적진 깊숙이 위치한 장사정포까지 탐지 · 추적할 수 있다. 연속운용시간도 약 8시간으로 2시간가량 늘어났다. 또한 최장 18시간까지 연속 운용할 수 있어 2대를 교차 운용할 경우 주야간과 기상조건에 관계없이 365일 작전이 가능하다.

대포병 탐지레이더-II는 안테나도 능동 위상배열 방식으로, 수동위상배열 방식인 아서-K보다 동시 표적 처리 능력이 월등히 뛰어나다. 또한 국내 기술로 개발에 성공함으로써 해외도입 장비와 비교시 정비 및 후속군수지원이 용이할 뿐만 아니라 운영 · 유지 비용도 크게 절감할 수 있다.

최대 탐지거리	60km 이상
연속 운용시간	약 8시간(최대 18시간)
안테나방식	능동위상배열 레이더

라. BTCS(Battalion Tactical Command System)

포병대대 사격지휘체계(BTCS : Battalion Tactical Command System)는 포병대대 사격지휘 주 수단으로 전술정보지휘체계(ATCIS[33]), 대포병 탐지레이더 등 표적획득체계와 연동되어 실시간으로 표적을 처리하고 신속 정확하게 사격제원을 산출하여 실시간 사격을 보장하는 장비로 국내기술로 연구 · 개발되었다. BTCS는 화력계획을 작성하고 사격제원을 산출하며 사격을 지시하는 기능을 수행한다. 표적할당 및 분배 등 전술적인 사격지휘에 디지털지도를 활용함으로써 적의 핵심을 정확하게 타격할 수 있는 능력이 크게 향상되었다. 특히 성능개량 BTCS는 탐지자산으로부터 실시간에 표적을 획득하고 전장을 가시화함으로써 지휘통제 능력을 대폭 향상시켰다는 평가를 받고 있다.

BTCS는 대대전술계산기(BTC[34]), 포대통제기세트(BCC[35]), 포반제원표시기세트(GDU[36]),

33) ATCIS : Army Tactical Command Information System
34) BTC : Battalion Tactical Computer

관측제원입 · 출력기(FO-DMD[37]) 등의 장비로 구성되어 있다.

대대전술계산기(BTC)는 포병대대의 전투작전 수행을 위한 기술적 · 전술적 사격지휘 절차를 디지털화하여 실시할 수 있다.

포대통제기세트(BCC)는 포대가 대대의 일부로서 또는 포대가 단독으로 사격계획을 작성하고 표적탐지장비와 연동하여 사격임무를 수행하는 장비이다.

포반제원표시기세트(GDU)는 전포대간 사격임무 수신, 사격간 통제명령 및 사격 결과 보고를 유 · 무선을 이용하여 FDC와 전포대장 및 포반간 음성 통신을 할 수 있는 장비이다.

관측제원 입 · 출력기(FO-DMD)는 사격임무 수행에 필요한 각종 제원을 편집하는 역할을 담당한다.

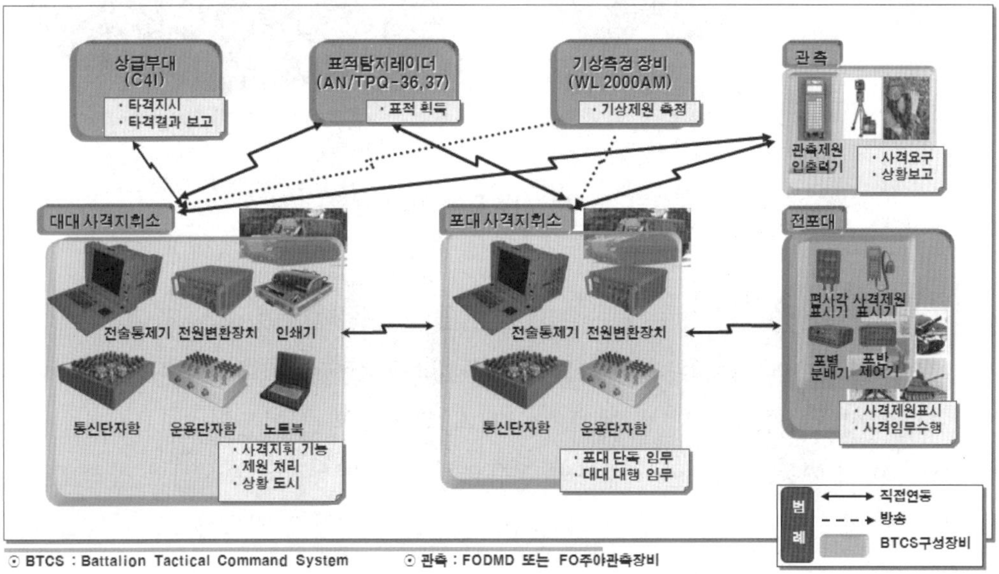

〈그림 7-40. BTCS A1 사격지휘체계〉

마. 사격지휘 차량

사격지휘 차량은 사격지휘소로 운용하는 차량 및 장갑차를 말한다. 사격지휘소는 화

35) BCC : Battery Control Computer
36) GDU : Gun Display Unit
37) FO-DMD : Forward Observer - Digital Message Device

력을 통합하고 분배하며, 사격을 효과적으로 지휘 및 통제하기 위하여 사격지휘 요원, 통신요원 및 장비로 구성되는 지휘소로서 표적정보 및 사격요청을 접수하고 사격제원을 산출하여 전포반에 지시한다.

자주포병대대에는 자주포와 동등한 수준의 기동력을 갖춘 K77 사격지휘 장갑차(사진)가 편제되어 사격지휘소 인원 및 장비를 보호하는 가운데 임무수행이 가능하다.

(사격지휘 차량)

(K77 사격지휘 장갑차)

(자료: 국방일보)

〈그림 7-41. 사격지휘 차량 현황〉

바. 탄약운반 장갑차

탄약운반 장갑차는 야지 기동이 가능한 자주포에 신속하게 탄약을 공급하기 위해 개발된 장갑차이다. K10 탄약운반 장갑차는 세계 최초로 완전 자동화제어시스템을 적용하였으며, 야지 기동이 가능한 자주포와 동등한 수준의 기동력을 보유하고 장갑으로 보호됨으로써 대포병전을 수행하는 급박한 상황에서도 안전하고 지속적으로 탄약을 보급할 수 있어 탄약 공급시간을 단축시켰다.

(자료: 국방일보)

〈그림 7-42. K9자주포와 K10탄약운반 장갑차〉

사. 측지장비

간접사격화기인 박격포, 야포 등은 원거리에 있는 표적을 타격하기 위해서는 포의 위치와 표적의 위치를 측정하여 사격제원을 산출하며, 산출된 사격제원을 포에 장입하여 사격을 실시한다. 이와 같이 포와 표적의 정확한 위치를 산출하는 역할을 수행하는 것이 측지장비이다.

측지장비에는 광파거리측정기, 자동측지장비(PADS : Positioning and Azimuth Determining System) 등이 있다.

제6절 탄약(Ammunition)

1. 개 요

화약은 중국·인도에서 일찍부터 사용하기 시작하였으며 제조법이 동서양으로 전파되었다. 문헌상으로는 275년 J.아프리카누스의 질산칼륨과 황의 혼합물에 관한 사항이 기록되어 있다. 칼리니코스는 667년 황·로진·생석회·석유의 혼합합물인 그리스의 불을 발명하였으며, 이것을 발전시켜서 1313년에 슈바르츠가 흑색화약을 발명하였다. 노벨은 1878년에 니트로글리세린을 니트로셀룰로오스로 젤라틴화 하는 데 성공하였으며 이것은 현재의 다이너마이트의 기초가 되었다. 이후 일련의 무연화약이 제조되어 총포를 사용하여 발사하여 발사탄의 효시가 되었다.

탄약이란 인원·장비·물자·구조물·기타 군사 표적에 손상을 입힐 목적으로 제작된 폭발물 및 폭발장치, 점화용 화합물, 화학·생물학·방사선 작용제 등을 총칭하며, 전투에 사용되는 탄환류·폭탄류·지뢰·기뢰·폭뢰 및 발사화약·기폭약·점화화약·신관, 화생방물질을 충전한 장치 등을 포함한다. 탄약은 적의 병력, 장비, 군사시설에 피해를 줄 목적으로 특별히 고안된 용기 내에 폭발물, 화학작용제, 세균, 방사능(Radio-activity) 등을 충전하여 발사하거나 매설·투척·투하·유도한다. 적을 격멸하는 화력은 탄약의 힘이며, 탄약 없는 화기는 쇳덩어리에 불과하다.

탄약은 전투력의 근본이며 핵심요소이다. 전쟁비용의 ⅔는 탄약이 차지한다. 전략가인 올리버 크롬웰[38]은 『탄약은 군수분야의 일부가 아니라 전부』라고 하였으며 이는 탄약의 중요성을 잘 표현하고 있다. 탄약은 각종 화기 및 투발수단을 통해 폭발시켜 목표물에 피해를 줌으로써 적 전투력을 저하시키기 위한 핵심물자이다. 비록 작은 소화기 탄약이라 하더라도 적에게 명중시켰을 때 적을 살상할 수 있다. 수류탄 역시 소형이지만 적 병력 및 장비에 심대한 피해를 줄 수 있는 위력을 갖고 있다.

38) 올리버 크롬웰 : 영국에서 신식군대를 탄생시키고 기병부대를 지휘한 전략가

2. 탄약의 분류[39)]

탄약은 분류기준에 따라 여러 가지 방법으로 분류할 수 있는데 ① 폭발위력를 기준으로 하는 탄약의 성능에 의한 분류 ② 생산된 탄약의 활용 용도에 의한 분류 ③ 격발장치가 장착된 각종 무기에 의하여 발사되는지 여부에 따르는 발사방법에 의한 분류 ④ 추진장약의 결합상태에 의한 분류 ⑤ 충전물의 종류에 따라 분류하는 방법이 가장 일반적이라고 할 수 있다.

〈표 7-7. 탄약의 분류〉

구 분	분 류
무기체계에 의한 분류	재래식 탄약, 유도·중로켓 탄약
성능에 의한 분류	재래식 탄약, 유도·중로켓 탄약
용도에 의한 분류	전투용 탄약, 운영용 탄약
발사방법에 의한 분류	발사탄약, 비발사탄약
결합 형태에 의한 분류	고정식 탄약, 반고정식 탄약 분리식 탄약, 분리장전식 탄약
충전물 종류에 의한 분류	고폭탄약, 조명탄약, 연막탄약, 소이탄약 예광탄약, 철갑탄약, 가스탄약, 기타 탄약

가. 무기체계에 의한 분류

〈표 7-8. 무기체계에 의한 탄약 분류〉

대분류	중분류	소 분 류
기동무기체계	대기동장비	한국형 살포지뢰, 원격 운용통제탄약
화력무기체계	탄 약	지상탄약, 함정탄약, 항공탄약, 특수탄약, 유도탄 능동유인체
	유도무기	지상발사 유도무기, 해상발사 유도무기, 공중 발사 유도무기, 수중 유도무기
방공무기체계	방 공	대공 유도무기(천마, 신궁, 미스트랄, 이글라)

39) 육군종합군수학교 탄약학 교재

나. 성능에 의한 분류

〈표 7-9. 성능에 의한 탄약 분류〉

구 분		내 용
재래식 탄약		• 소화기 탄약 • 전차 또는 화포 탄약 • 로켓탄약, 지뢰, 수류탄약 • 일부의 화학탄약 품목(연막, 소이, 최루작용제 충전) • ICM(DP-ICM), FASCAM, K형 살포식지뢰
유도 및 중로켓 탄약	지대공 유도탄약	• 중·고공 요격용 : THAAD, PATRIOT, S-400 • 저공방어용 : MISTRAL, 신궁, 천마, JAVELIN, STINGER
	지대지 유도탄	• 대전차용 : TOW, METIS-M, Dragon, Hellfire • 지상 전술용 : ATACMS, SCUD-B/C, • 지상 전략용 : Tomahawk, 타이탄 I · II, 퍼싱
지대지 중로켓탄약		• 에너스트 죤(H · J), MLRS

다. 발사방법에 의한 분류

(1) 발사탄약 : 격발장치가 장착된 각종 무기에 의하여 발사되어 목표물에 명중되어 폭발하도록 제작된 탄약을 의미한다.

(2) 비발사탄약 : 비발사 탄약은 총, 포에 장전하지 않는 탄약으로 수류탄, 지뢰, 투하탄약 등을 말한다.

라. 용도에 따른 분류

(1) 전투용탄약

(2) 연습탄약 : 표적연습(TP) 탄약은 사격 연습용으로 사용하며 비활성 품목은 방출장치용으로 쓰이는데 연습탄약으로 분류한다.

(3) 공포탄약 : 공포탄약은 모의사격을 위해 사용한다. 어떤 포병화기에서는 한정된 사격연습 즉, 훈련과 예포용으로 사용한다. 공포탄약은 흑색화약을 포함하고 있으며 탄두는 없다.

(4) 훈련탄약 : 외관은 보통 실탄약과 꼭 같으나 방출장치에 사용하도록 고안된 것은

아니다. 내부가 비어 있으므로 훈련탄약은 기능 구성품을 결합, 취급, 비사격 연습 등이나 전시용으로 사용하기에 적합하다.

3. 탄약의 폭발 효과

가. 폭풍효과(Pressure Effect of Explosive Charges)

고폭탄약이 폭발시 파편효과 보다도 폭풍효과에 의하여 시설물에 더 큰 피해를 입힐 수 있다. 벽을 무너뜨리고 지붕을 붕괴시키며 기계를 못 쓰게 만드는 등 탄약의 폭풍효과는 격렬한 지진과 같은 위력을 발휘한다. 탄약이 폭발 시 총에너지의 절반정도를 공기를 압축하는데 사용하여 폭풍효과를 발생시킨다. 탄약의 폭풍효과를 논의할 때는 근거리 효과와 원거리 효과로 구분할 필요가 있다. 근거리 효과는 충격파와 가스흐름의 복합작용이고, 원거리 효과는 폭발에 의한 충격파 때문에 발생되고 공기나 물을 매개로 전달된다.

〈표 7-10. 폭풍압에 의한 피해 예상 피해〉

폭풍압(㎏/㎠)	예 상 피 해
0.06	창문유리 일부 파괴
0.08~0.1	창문유리 거의 전부가 파괴
0.05~0.2	창틀과 덧문의 일부가 파괴
0.25~0.3	창틀과 덧문이 파괴
0.4~0.5	기왓장이 떨어짐
0.6~0.7	지붕의 서까래 살장과 기둥이 부러짐
1.5	15평 가옥이 파괴(완전파괴)

나. 파편효과(Effect of fragmentation)

고폭탄약의 탄두가 비행하여 목표물에 충돌하면 폭발계열은 약 100㎲ 이내에(순발신관장착) 폭발하여 평방인치당 700ton 정도의 압력과 섭씨 3,000~4,500°의 기체를 생성한다. 이때 금속으로 된 탄체(단조강, 주조강)는 파열하기 직전에 본래 직경의 약 1.5배 만큼으로 대단히 빠르게 팽창한다. 탄약의 폭발로 발생된 총에너지의 약 반은 탄체를 파열될 때까지 확장시키고 파열된 파편을 비산시키는 사용된다. 파편의 가속과정은 폭발전면의 약 6㎲로 제한되며 가속단계가 끝날 때의 파편 비산도중 공기저항에 의해서 현저한 감속이 일어나며 수m 이내에서 그 유효성을 잃어버린다. 파편이 표적을 관통하는 능력 즉, 물체를 손상시키는 능력을 "유효파편[40]"(Effective fragments)의 개념으로 나타낼 수 있는데 "유효파편"이란 1.5 ㎜ 두께의 강철판재를 관통할 수 있는 에너지를 가진 파편을 말한다. 파편의 형성에 미치는 영향요소는 ① 충전된 폭약의 폭속 및 충전 밀도 ② 탄체에 적용된 재료의 성질 ③ 탄체의 탄체벽 두께 등이다

다. 성형작약 효과(Shaped charge, Munroe effect)

오늘날 성형작약(shaped charge)효과, 중공(Hollow charge)효과, 공동(Cavity) 효과, Munroe효과[41] 등으로 알려져 있는 이 효과의 발전은 1880년대에 미국에서 그 기원을 갖는다. 그러나 이 효과의 특징은 약 1800년경에 독일과 노르웨이에서 발견되었으나, 그다지 사용되지 않고 잠시 잊혀졌었다. 미국에서의 성형작약 원리에 관한 지식은 Charles Munroe박사에 의해서 연구되었다. Munroe박사는 1880년대 Rhode Island 주 Newport시의 해군 어뢰 창에서 근무하는 동안 문자가 부각되어진 면화약(N/C) 덩어리 표면을 동판에다 대고 폭발시켰을 때 문자가 동판 표면에 부각되어지는 것을 발견하였다. 이 현상은 여러 방향에서 나오는 기폭파가 서로 만나서 보강하여 증진효과를 내기 때문이라고 생각할 수 있다. Munroe박사는 폭약내에 구멍을 깊게 하고 폭약을 다른 물질로 덮어 쌓았을 때 관통효과를 증대시킬 수 있다는 것을 발견하였다. 후에 다른 사람들이 연구를 하였음에도 불구하고 제2차 세계대전 때에 이르러서야 이 원리를 군사 목적에 이용하게 되었다. 제2차 세계대전말엽에는 모든 참전국이 이것을 사용하게 되었다.

성형작약 탄약은 기본적으로 원추형 라이너(콘)와 폭약으로 구성되었는데 콘(cone)의 凸면이 폭약 쪽을 향하고 있다. 탄두가 비행하여 목표물을 타격하면 관성에 의해서 작용하는 탄저신관은 작약을 탄두의 후부로부터 폭발시킨다. 폭발파는 전방으로 이동하며 원추형 라이너(콘)는 그 정점으로부터 붕괴하기 시작한다. 콘이 붕괴할 때 콘의 표면으로 방출되는 폭발압력은 벡터적인 합성에 의해 길고 좁은 분사를 이루며, 동시에 콘의 붕괴된 입자가 3000~11,900m/s로서 분사된다. 제트(Jet), 슬러그(slug)가 장갑판을 타

40) 병력살상 능력 파편 : 적 병력이 임무 수행을 못할 정도의 살상(심리적 스트레스+상처의 심각 정도)
41) 먼로효과(Munroe Effect) 미국에서는 먼로 효과라고 하며, 독일에서는 노이만효과라고 한다.

격할 때 약 250,000psi의 압력이 접촉점에 발생한다. 이 압력은 강판의 항복 강도보다 훨씬 큰 힘으로써 강판을 파괴하고 동시에 폭약이 폭발 시 발생한 3,000~4,500℃의 열에 의해 목표물질은 액체 상태로 되어 분사통로 밖으로 흘러나온다. 최근 설계로 생산되어지는 성형작약 탄두는 콘 직경의 6배 이상의 장갑판을 관통한다. 고도로 정교한 실험용 작약으로는 콘 직경의 10배까지 관통한다.

라. 미즈니-샬딘 효과[42](PLATE effect)

성형작약의 효과를 대전차 지뢰에 응용한 것으로 호형(弧形)작약효과라고도 한다. 구조는 지뢰의 몸통 속에 작약(COMP계열)을 충전하는데 작약의 상부는 요면(凹面)의 호형(반구형)을 유지하도록 하며, 라이너는 강철제 요면 철판을 사용한다. 탄저신관이 작용하면 지뢰내의 주기폭약인 작약의 저면으로부터 기폭 되어 상부로 전파되는데 요면철판의 정점이 하단부가 제일 먼저 폭발전면에 접촉함으로써 변형이 시작된다. 변형된 철판은 탄환처럼 볼록하게 되면서 매우 빠른 속도로 이동한다. 요면철판의 상부(입구쪽 저면)로 폭발전면이 이동하면 수평 분력증가되고 수직분력이 감소됨으로써 라이너의 정점과 저면사이에 속도 구배가 생기고 폭풍압력이 중심으로의 집중 때문에 라이너는 신장되어 탄환처럼 된다. 이와 같이 탄환처럼 변형된 라이너가 매우 빠른 속도(1,300~1,700m/s)로 비행하여 적 전차 및 장갑차의 저면 장갑을 관통한다. 현재 이 원리를 응용한 탄약은 M21 대전차 지뢰와 살포식 지뢰(RAAM)에 내장된 M70, M73지뢰가 있으며, 관통능력은 21″의 거리에서 3″의 장갑판을 뚫을 수 있다. 최신의 지능형탄약(SMART)은 자탄에 이 효과를 적용하여 적 전차의 상부 공격용 탄약으로 이용한다.

42) 미즈니-샬딘효과(Misznay 헝가리과학자, Schardin 독일과학자) : 1943년 두과학자가 체계적으로 해명하였다. 콘(성형작약)의 각도를 75° 이상으로 즉 접시모양으로 넓히니까 콘이 녹는 것이 아니라 EFP(Explosively Formed Penetrator) 형상으로 된 것을 보고 발견하였다.

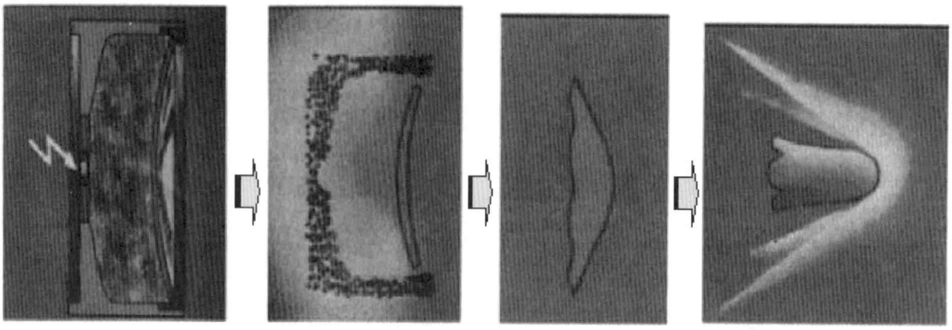

〈그림 7-43. 미즈니-샬딘 효과〉

마. 열 효 과

열효과는 고폭탄약이 폭발시 폭풍효과와 동시에 일어나는 효과와 소이탄약의 작용 시 일어나는 효과로 구분할 수 있다. 고폭탄약이 폭발 시 일어나는 효과는 매우 높은 온도의 열이 발생할지라도 순간적인 작용이므로 단순효과로 제한된다. 그러나 소이탄약은 화염과 고온(3,000~4,500℃)의 열이 보다 오래 작용함으로써 장비를 파괴하고 목표물을 소각시킨다. 소이제의 주성분은 Mg, AL, Mg-Al 합금이 주로 사용되고 있는 소이탄약의 효과를 말한다.

바. 거품효과

탄약이 수중 폭발시 발생되는 가스에 의해 다량의 거품이 발생되며, 거품이 발생한 곳은 수압보다 압력이 작기 때문에 물보다 가스의 밀도가 낮기 때문에 거품부분의 선체가 굴곡되어 응력이 집중됨으로써 적함선을 절단 또는 침몰 시킬 수 있다.

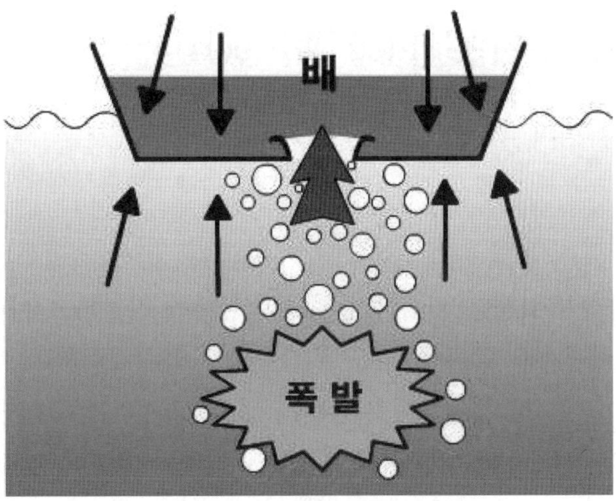

〈그림 7-44. 거품효과〉

사. 진동효과(Spalling, Hopkins[43] effect)

만약 폭약을 장갑판에 직접 접촉시키고 폭발시키면 충격은 판재를 통과하여 반대쪽 자유면에서 투사된다. 이때 판에 응력의 중첩이 일어나서 후면이 안쪽으로 좌굴(Buckling)된다. 이러한 아주 급격한 좌굴이나 Spalling은 장갑판 뒷면을 파괴한다. 따라서 이 탄약의 효과 특성상 후면 파쇄효과라고도 한다. 목표물에 충돌 시 신관은 약 500㎲정도 지연되고 그 시간동안 탄체는 운동관성에 의해 충분히 압축되어 원주방향으로 팽창된다. 탄저신관이 기폭되면 총에너지의 60% 정도는 원주방향 및 탄저방향으로 분산되지만 나머지 40%의 에너지는 장갑판에 직접 작용하여 장갑의 파괴 및 승무원을 살상시킨다.

43) Hopkinson 효과 : 영국인 Hopkinson부자에 의해 강에 동적하중이 작용하는 경우 큰 인장강도가 나타나는 것을 거론하면서 연구된 효과이다

제7절 유도무기(Guided Weapon)

1. 개 요

유도무기는 군사적 목표물을 파괴하기 위하여 탄두를 장착하고 비행궤도를 자율적으로 제어하는 무인비행체를 말한다. 유도무기는 화포에서 발사되는 포탄처럼 목표물을 겨냥해서 쏘는 것이 아니라 체계안에 사람의 두뇌 · 신경 · 감각에 해당되는 장비를 갖추고 있어 발사된 후에 속도 및 방향을 측정하고 수정하여 목표에 명중시키는 기능을 가지고 있다.

유도무기는 2차 세계대전 말 독일군이 개발하여 영국 본토를 공격할 때 사용한 V1, V2로켓이 효시이다. 제 2차 세계대전 말부터 본격적으로 개발되기 시작한 유도무기체계는 그 동안 기술적 발전을 거듭하여 대표적인 첨단 정밀 무기체계로 발전하여 왔다. 최초로 사용한 것은 영국 런던에 투하한 V2로켓이며, 최근에는 러시아가 우크라이나를 침공하면서 도심지역에 미사일 공격을 하여 많은 인명과 시설물을 파괴하였다.

유도무기는 공격방법에 따라 지대지, 공대지, 지대함, 함대함, 공대함, 지대공, 공대공, 함대공, 휴대용무기 등으로 분류한다. 지상무기 범주에서는 지대지 유도무기, 지대공 유도무기, 휴대용 유도무기(대전차 유도무기)로 대별한다.

지대지 유도무기는 발사대 및 유도방식에 의거 지상에서 발사되어 지상의 전략 목표물을 타격하는 비행물체의 공격형 무기로서 대부분 핵탄두를 결합할 수 있는 전략무기이다.

지대공 유도무기는 개인이나 차량에 탑재되어 지역 및 국지 방공무기로 운용된다.

대전차 유도무기는 사거리에 따라 LAW, MAW, HAW급으로 분류되는데 300m~3km 범위의 사거리를 갖고 있으며, 개인이 휴대하거나 차량, 헬기, 항공기에 탑재하여 운용된다.

유도무기의 발전추세로 지대지 미사일은 대량파괴, 정확도 향상, 생존성 증대 등으로 전망되며, 지대공 유도무기는 정밀탐지/추적, 대전자전 능력향상 등으로 발전하고 있으며, 대전차 미사일은 반응장갑의 기술과 대응책의 발전에 따라 정면공격보다 상부공격용으로 전환되고 있다.

2. 한미 미사일 지침

가. 개 요

한미 미사일 지침은 1979년부터 우리 군(軍)의 미사일 사거리와 탄두 중량 등을 제한했던 규정으로, 이러한 한미 미사일 지침은 1960년대부터 1970년대까지 북한의 도발로부터 비롯됐다.

북한은 1·21 사태, 푸에블로호사건, 울진·삼척 무장 공비 침투 사건, KAL기 납북 사건, 현충문 폭파 사건, 8·15 대통령 저격 사건 등 우리 측을 상대로 도발을 감행하였으며, 또한, 북한은 외국으로부터 입수한 미사일을 휴전선 부근에 배치하였다. 이후 북한은 1993년 핵확산금지조약(NPT) 탈퇴를 선언하고 핵무기 개발을 공식화하였다.

이런 상황에서 1969년 아시아에 주둔하는 미군을 철수하겠다는 '닉슨 독트린'을 발표하고, 주한미군 철수 계획이 가시화되자 우리나라(박정희 정부)는 1974년 일명 '율곡계획'으로 불린 전력증강 8개년 계획을 수립하여 추진하는 등 자체 무기 개발에 주력했다. 이를 위해 국방과학연구소(ADD)를 설립하였으며, 1978년 사정거리 180㎞ 탄도미사일 ‘백곰’을 개발했다.

나. 한미 미사일 변천사

한미 미사일 지침 변천사는 한국이 ADD를 설립하고, 1978년 사정거리 180㎞ 탄도미사일 ‘백곰’을 개발하자 미국은 한국 정부가 핵무기를 개발하려 한다고 의심하여, 주한미군 사령관을 통해 1979년 9월 탄도미사일 개발을 중단하라는 권고 서한을 우리 정부에 보냈고, 당시 노재현 국방장관은 이에 동의하는 답신(서한)을 보냈다.

일 자	내 용	사거리	탄두 중량
1979년 10월	한미 미사일 지침 합의	180Km	500Kg
2001년 1월	1차 개정(김대중 정부)	300Km	500Kg
2012년 10월	2차 개정(이명박 정부)	800Km	500Kg
2017년 11월	3차 개정(문재인 정부)	800Km	무제한
2020년 7월	4차 개정(문재인 정부)	• 지침 폐지로 모든 제한 사라짐 • 우주발사체에 대한 고체연료 사용 제한 해제	

(자료: 국방일보 및 주요 일간지)

이후 이 서한은 국제법상 효력은 없지만 한미 간 미사일 지침으로 간주됐다. 한미 미사일 지침 변천사(도표)는 1979년 미사일 사거리 180㎞, 탄두중량 500㎏을 골자로 하는 미사일지침에 동의하고, 2001년 1차 개정으로 사거리를 300㎞로 늘렸으며, 2012년 2차 개정을 거치면서 사거리가 800㎞로 늘어났다.

2017년 9월 이뤄진 3차 개정은 탄도미사일의 사거리를 800㎞로 하되 탄두 중량 제한을 완전 해제하였으며, 2020년 7월 4차 개정 즉, 지침 폐지로 모든 제한이 사라졌다.

한국의 주요 미사일 사거리는 아래 그림과 같으며, 우주발사체에 대한 고체연료 사용제한 해제 등 한미 미사일 지침폐지로 우리나라의 민간용 우주발사체 개발 역량을 증진하는 전기를 마련하였으며, 독자적 정보, 감시, 정찰능력과 GPS 위성의 조기 확충에 기여할 것이다.

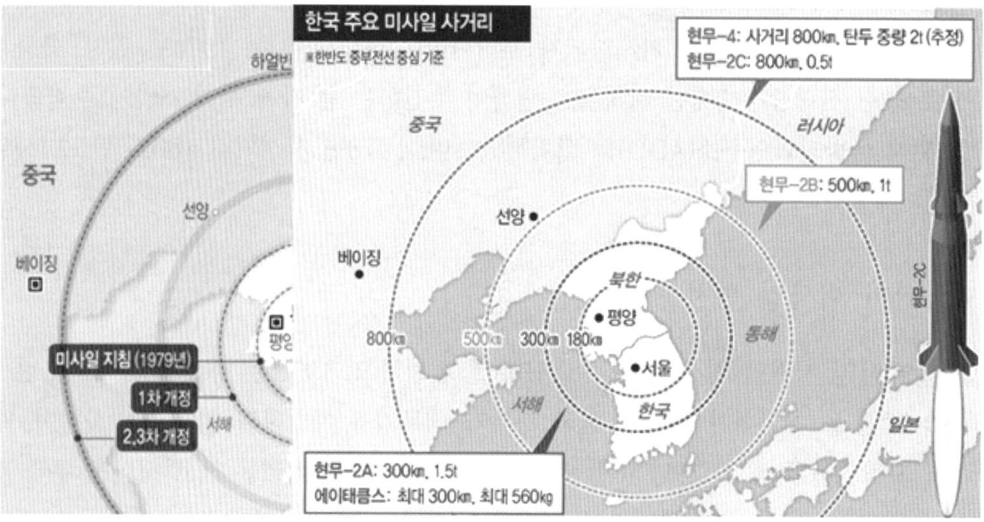

(자료: 국방일보 및 주요 일간지)

한미 미사일 지침과 한국 주요 미사일 사거리

3. 현무 유도탄

현무는 1977년 6월에 개발 성공 및 전력화 된 단거리 지대지유도탄이며, 박정희 전(前) 대통령의 지시에 따라 북한대비 열세에 놓인 군사력, 특히 육군의 화력을 만회하도록 국가전략무기로 개발된 전술지대지 유도탄이다.

현무(玄武)의 명칭은 한국의 고대 5방위의 수호신으로 등장하는 청룡(동), 백호(서), 주작(남), 현무(북) 중에서 북방의 수호신을 의미하는 현무의 이름을 따서 붙인 것이다.

현무는 2단 로켓 방식으로 사거리는 180km이며, 탄두는 고폭 분산탄이고, 명중률은 1mil 이내이다.

2001년 및 2012년 한·미 미사일협정의 개정으로 사거리를 연장할 수 있게 됨에 따라 사거리 300km인 현무-2A를 개발하였으며, 사거리 900km인 현무 2B와 800km인 현무 2C를 개발하여 시험발사에 성공하였다. 이로서 북한 전역이 사정권에 들어오게 되었으며 특히 현무2 계열은 정확도가 뛰어나다.

구분		항목	제원	항목	제원
발사대		전 장	18m	전 폭	3m
		전 고	3m	중 량	27,600Kg
유도탄 (MGM-1K)		전 장	11.92m	사거리	180km
	중량	총중량	5,450Kg	유도방식	관성유도 방식
		1단동체	2,730Kg	정확도	1mil 이내
		2단동체	2,720Kg	최대속도	마하 4.1

〈그림 7-45. 현무 형상 및 제원〉

4. 전술지대지 미사일 ATACMS

ATACMS(Army Tactical Missile System)는 구소련 전차부대를 제압하기 위해 만들어진 기존의 랜스(LANCE) 단거리 미사일을 대체하기 위해 1985년 미국이 개발한 탄도미사일이다. 1991년도에 미국 대통령(부시)이 발표한 전술핵 전면 폐기 조치에 따라 핵탄두 대신 이중목적자탄을 채용하여 대형 표적 및 종심 표적을 타격하는 재래식 중(단)거리 무기로 양산되고 있는 비핵탄두 미사일이다.

사거리가 짧은 블록 Ⅰ형과 사거리를 2배로 확장한 블록Ⅱ형이 있다.

블록Ⅰ 형의 사거리가 35~140km이며, 블록Ⅱ-A형은 사거리가 100~300km로 대전차유도탄인 BAT를 장착한다. 자탄 탑재형인 블록Ⅰ형은 텅스텐 합금으로 만들어진 M47자탄 APAM을 내장하고 있으며, 950개의 자탄이 550평방미터의 범위를 초토화 시킬 수 있다. 1991년 걸프전에 최초로 배치 운용되었는데 당시 이라크군의 SA-2/3 지대공 미사일 발사기지 30곳 이상을 초토화 시켰으며, 약 200대의 장갑차량을 파괴시켰다.

M270 발사기	전투 중량	25.9톤	전고(발사시)	5.9m
	속 도	64km/h	주행 사거리	480km
	전 장	7.0m	동시 로켓트 발사기	2기
미사일 발사 컨테이너	전 장	4.2m	폭	1.1m
	높 이	0.7m	중 량	2.3톤

〈그림 7-46. ATACMS 형상 및 제원[44]〉

44) http://bemil.chosun.com/, http://www.jcs.mil.kr/main.html

5. 함대함 미사일 하푼(Harpoon)

하푼(Harpoon)은 1975년 미국이 개발한 대함유도무기로 수상함, 항공기, 잠수함 등에 탑재하여 함대함·공대함·잠대함으로 운용할 수 있다.

하푼(Harpoon)은 능동호밍과 관성유도를 병행하여 110km~150km 사이의 수상목표물을 타격할 수 있으며, 하푼 Block Ⅱ형은 연안에 숨어있는 함정들을 육상과 구별하여 타격할 수 있는 최신형 미사일이다.

6. 함대함 미사일 해성

함대함 미사일 해성(SSM-700K)은 한국이 개발한 아음속 함대함 유도탄으로 사정거리는 150km이며, 순항속도는 마하 0.85이다. 변침점 유도방식으로 초저고도 해면 밀착 비행함에 따라 적이 요격하기가 어렵다.

해성은 회피기동, 해면 밀착기동, 팝업(Pop up) 기동, 재공격 등 현대전에서 대함미사일이 갖추어야 할 능력을 모두 가지고 있다.

7. 함대공 미사일 시 스패로 및 스탠더드, 해궁

함대공 미사일 시 스패로(Sea Sparrow, RIM 7P)는 NATO의 주요 동맹국들의 전투함에 탑재하는 표준 함대공 미사일로, 함정이 10m 내외의 저고도 비행표적에 대응할 수 있는 능력을 갖추고자 개발되었다. Block Ⅰ과 Block Ⅱ 버전이 있으며, Block Ⅰ은 저고도로 비행하는 표적을 요격할 수 있도록 설계 되었으며, Block Ⅱ는 향상된 후미 수신기와 컴퓨터를 탑재하였다.

함대공 미사일 스탠더드(Standard, SM-2) MR은 시 스패로보다 사거리가 길어 최대 사정거리는 70km이며, 3차원의 대공 감시 레이더(MW-08)와 장거리 대공감시를 위한 2차원 대공레이더(AN/SPS-49(V)5)를 함께 운용하고 있다.

해궁은 해군 함정을 위협하는 대함유도탄과 항공기를 요격할 수 있을 뿐만 아니라 필요할 경우 적 함정에 대응할 수 있으며, 미국으로부터 도입해서 운용중인 기존의 RAM

미사일을 대체하기 국내에서 개발한 함대공 미사일이다.

수직발사 방식을 채택해 전방위 발사가 가능하며, 열추적 방식이 아닌 초고주파 탐색기와 적외선 영상 탐색기를 이용하기 때문에 전천후 운용이 가능하며, 여러개의 위협 표적을 감시 탐지하는 레이더를 갖추어 대응할 수 있는 대공 미사일이다. 길이는 3.08m이며, 사거리는 RAM 미사일(9Km) 보다 장거리인 20Km로 향상되었다.

앞으로 해궁 미사일은 한국형 구축함, 이지스함, 수송함인 독도함, 마라도함 등에 장착할 예정이다.

해궁은 미국에서 수입하던 RAM 미사일 보다 유지 및 보수 비용이 현격하게 절감되는 효과도 가져 왔으며, 국내 개발돼 방위산업 기업의 기술력 향상에 기여하고, 가격 및 기술 경쟁력을 갖춰 수출 가능성도 기대되고 있다.[45]

8. 공대공미사일

공대공미사일은 적 항공기를 격추시키기 위하여 사용되는 미사일로서 빠른 속도를 위하여 고속에서 저항을 줄일 수 있는 길고 가는 형상을 하고 있다. 한국군이 운용하는 공대공 유도무기에는 AIM-7(Sparrow), AIM-9(Sidewinder), AIM-210(AMRAAM) 등이 있다.

- AIM-7E/F/M(Sparrow)은 AIM-120(AMRAAM)의 도입 이전의 한국 공군의 유일한 중거리 공대공미사일이었으며, F4 팬텀의 주 무장으로 사용하고 있다.
- AIM-9P/L/M/X(Side winder) 공대공미사일은 미국 우방국의 공통 단거리 대공미사일이며, F-15K에서 운용한다.
- AIM-120(AMRAAM) 공대공미사일은 1991년부터 미국 공군에 실전 배치된 중거리 공대공미사일이며, 한국공군은 KF-16전투기 배치와 함께 도입하였다.

9. 공대지 · 공대함 미사일

공대지 유도무기는 공중에 있는 항공기에서 지상이나 해상의 표적을 공격하는 미사일

45) 국방일보(2018.12.25.)

로서 사거리가 길고 자체 추진력과 유도장치를 갖추고 있어 일반 폭탄에 비해 사거리가 길고 명중률이 높다. 유도방식은 INS/GPS, 지형대조, 영상기반항법 등을 사용한다.

한국의 공대지 · 공대함 유도무기에는 AGM-65(Maverick), AGM-84G/L(Harpoon), AGM-84H(SLAM-ER), AGM-130, AGM-142(Popeye), TAURUS 등이 있다.

- AGM-65A/B/D/G(Maverick)은 주로 대전차 및 대함용으로 사용되는 전술유도미사일이다.
- AGM-84(Harpoon)은 함정을 표적으로 사용되는 전천후 공대함미사일이다.
- AGM-84H(SLAM-ER)는 AGM-84(Harpoon)을 개량한 것으로 사정거리가 278km나 되어 적 대공화기 사정거리 밖에서 타격할 수 있는 전략무기이다.
- AGM-142(Popeye)는 이스라엘이 개발한 중거리 타격무기로 F-4, F-16, B-52H 장거리 폭격기까지 폭넓게 사용되는 미사일이다.

10. 경어뢰 청상어

청상어는 1995년에 개발을 시작하여 2004년에 개발을 완료하였다. 경어뢰 청상어는 초계함급 이상의 수상함과 대잠헬기, 해상초계기(PC-3) 등에서 발사 가능하다.

청상어는 천해작전 능력과 35노트급의 원자력잠수함에 대응할 수 있도록 최대 운용심도 600m, 최고 45노트(시속 83km)의 속도로 능동소나에 의해 목표물을 탐지하여 타격한다. 길이 2.7m, 직경 32cm, 무게 280kg, 1.5m의 철판을 관통할 수 있다.

11. 중어뢰 백상어

백상어는 미국의 Mk-37어뢰를 개량하는 방향으로 개발되었으며, 중어뢰로는 특이하게 무선유도방식이다. 백상어는 최고속도가 35노트로 빠르지 않지만 정숙하며 무선유도의 장점을 살려 잠수함이 어뢰공격 후 즉시 회피기동을 할 수 있고, 동시에 여러 개의 목표를 조준하는데 유리하다. 제원은 최고속도 35노트(시속 63km), 사정거리 30Km, 길이 67m, 직경 48cm, 무게 1.100kg이다.

12. 북한의 미사일

북한은 1970년대 후반부터 소련의 미사일 기술을 배워 이집트에서 수입해온 스커드 미사일을 분해과정을 통하여 자체 미사일 개발에 착수하여 스커트B와 스커트C를 개발 생산하였다. 1990년대에는 노동1호와 대포동1호를 개발했다. 북한 탄도미사일은 정확도면에서는 선진국에 비해 크게 떨어진다. 스커트B의 오차는 450~1천m, 스커트C는 2~4㎞나 돼 군사시설 같은 점표적보다는 인구가 밀집된 대도시에 대한 무차별적 공격에 더 적합하다. 북한은 1999년 9월 미 클린턴 행정부가 대북 경제제재 완화조치를 발표하자 북·미대화가 지속될 때까지 미사일 발사조치를 유예한다고 선언했으며 이후 시험발사를 중지해왔다. 그러나 2006년 7월 북한은 대포동 2호를 비롯해 노동, 스커트 등 중·단거리 미사일 7기를 동시다발적으로 시험 발사하여 세계를 놀라게 했다. 이후 북한은 미사일을 국제정치의 목적달성을 위한 도구로 활용하고 있다.

가. 스커트B, 스커트C 미사일

북한은 1976년부터 이집트에서 소련제 스커트B 미사일 2기를 도입하여 중국의 도움을 받으며 미사일 개발에 착수하였다. 북한의 미사일 개발은 1981년 이집트와 미사일 개발 협정을 맺으면서 본격화됐다. 북한은 1984년 이집트에서 도입한 소련제 스커드 미사일을 토대로 사정거리가 340㎞인 '스커트B'를 1985년 개발했다. 북한은 스커트B의 개발비를 지원해준 이란에 1988년 100기를 제공하였고 이란은 이라크의 도시전쟁에 사용하였다. 북한은 스커트B의 사정거리를 5백㎞로 연장한 '스커트C'를 1991년부터 본격 생산했다. 북한은 '스커트C'를 이란과 시리아에 60기를 판매하였다. 북한군은 스커트 B와 C로 구성된 스커트여단을 인민무력부 직속으로 운영하고 있다.

나. 노동1호 미사일

1993년에 '노동1호'를 함북 화대군 대포동에서 동해로 시험발사했다. 노동 1호는 스커드 미사일의 설계를 책임진 러시아 미사일 디자이너를 채용하여 개발한 것이다. 약 770kg의 탄두에 약 1,300km의 사거리를 목표로 하고 다단계 다발식로켓을 사용하는 방식의 준중거리 미사일이다. 북한은 노동1호 9기를 실전 배치했다. 리비아와 파키스탄은 북한의 노동1호에 관한 기술지원을 받기 위해 북한과 협상을 시도하였다.

다. 대포동 미사일

1990년 초 북한은 지금까지 스커트를 변형시키면서 축적한 기술과 경험을 토대로 새로운 모형의 중거리 탄도미사일인 '대포동 1호와 2호' 개발에 들어갔다. 북한은 1998년 8월 31일 대포동1호에 '광명성1호'로 명명된 소형 인공위성을 탑재하여 발사하였다. 대포동 1호는 노동1호와는 달리 액체연료와 고체연료를 쓰는 3단계 로켓을 사용해 북한 미사일기술의 획기적 진보를 전세계에 과시하였다. 사정거리는 대포동 1호는 2,000km, 대포동 2호는 4,000~6,000km로 추정된다. 그리고 대포동 시스템은 중거리 탄도미사일이나 장기적으로는 인공위성 발사체를 개발하는데 기반을 제공할 수 있을 것으로 예상된다.

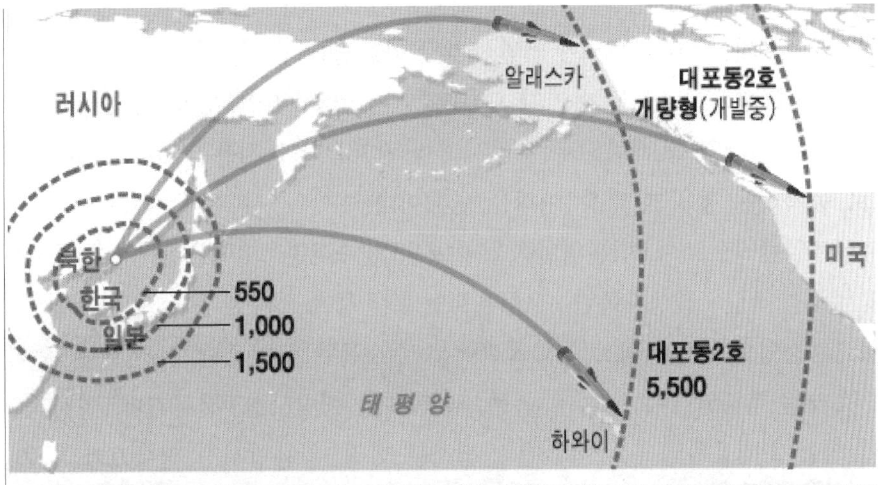

구 분	스커드B	스커드C	노동 1호	대포동 1호	대포동 2호
사거리(km)	340	500	1,300	1,700~2,200	4,300~6,000
로켓수(단)	1	1	1	2	2~3
길이(m)	11.25	12.55	15.5	23.5	30.3
최초비행실험	1985	1990	1990	1998	1994(엔진실험)

〈그림 7-47. 북한 미사일 종류 및 사정거리[46]〉

46) http://blog.naver.com/dotory0607

제8절 특수무기(Special weapon)

1. 핵무기[47]

가. 핵무기 개발 및 종류

현대물리학의 발전에 따라 1930년대에 핵분열의 원리가 발견되었다. 제2차 세계대전이 발발하자 주요 교전국들은 핵에너지의 이용에 관한 연구에 박차를 가하였다. 미국도 아인슈타인 박사 등의 건의를 받아들여 맨해튼계획이라는 암호명 아래 20억 달러를 투입해서 원자폭탄의 개발에 착수하였다. 우라늄235와 플루토늄239은 원자폭탄의 핵분열물질로 사용된다. 우라늄235는 천연산의 우라늄광석을 정제해서 얻어낸 금속우라늄 속에 0.7%가 포함되어 있다. 나머지 99.3%는 비분열물질인 우라늄238이므로 우라늄238로부터 우라늄235를 대량으로 분리시켜서 원자폭탄에 사용할 수 있도록 순도 90% 이상으로 농축하는 절차가 가장 어려운 난제이다.

핵무기는 일반적으로 ① 핵분열반응을 이용한 원자폭탄 ② 핵융합반응을 이용한 융합폭탄 및 순융합폭탄 · 중성자폭탄 · 초플루토늄폭탄 등으로 구분된다. 원자폭탄은 표준형과 대형 및 소형으로 구분되고 융합폭탄에는 수소폭탄, 3F 폭탄, X선 폭탄 등이 있다. 핵무기 효과는 핵폭발 1분 이내에 폭풍, 열복사선, 핵방사선, 전자기파, 일시적인 방사선 등에 의한 초기효과와 1분 이후에 발생하는 낙진, 감응방사선 잔류효과로 구분된다.

표준형 원자폭탄은 우라늄235 및 플루토늄239을 분열물질로 사용하고 TNT 2만t의 폭발에너지를 방출한다. 소형 원자폭탄은 반응량이 1kg 이하이며 폭발 에너지가 TNT 1t 수준의 폭탄도 있다. 대형 원자폭탄은 반응량 1kg 이상을 가리키며 TNT 500kt 수준까지 제작되었다. 융합폭탄은 열핵무기라고도 하며 수소폭탄과 3F폭탄이 이에 속한다. X선폭탄은 수소의 융합부분이 많고 반응온도가 높으며 많은 X선을 방출하며 주로 대기권 밖에서 미사일 요격에 사용된다. 융합폭탄은 기폭용으로 분열폭탄(원자폭탄)을 사용하는데 분열폭탄을 사용하지 않고 융합반응을 일으키게 하는 폭탄이 순융합폭탄이다. 중성자폭탄은 폭풍에 의한 파괴효과를 수반하지 않고 중성자를 주로 한 방사선으로

47) 군사학개론(황진환, 양서각), 두산백과

인원을 살상하는 폭탄이다. 초플루토늄 폭탄은 플루토늄보다 무거운 인공원소를 사용하는데 제조기술상의 문제는 해결하였으나 생산비가 비싸므로 실용화되지 못하고 있다.

핵무기는 사용목적에 따라 도시나 국가산업시설, 전략핵무기 등을 공격하기 위한 전략핵무기, 주로 군사목표를 공격하기 위한 전술핵무기, 제1선 부대를 주목표로 하는 전장 핵무기, 적의 항공기 · 미사일을 공격하기 위한 대공핵무기, 적의 잠수함을 공격하기 위한 대잠핵무기 등으로 분류된다.

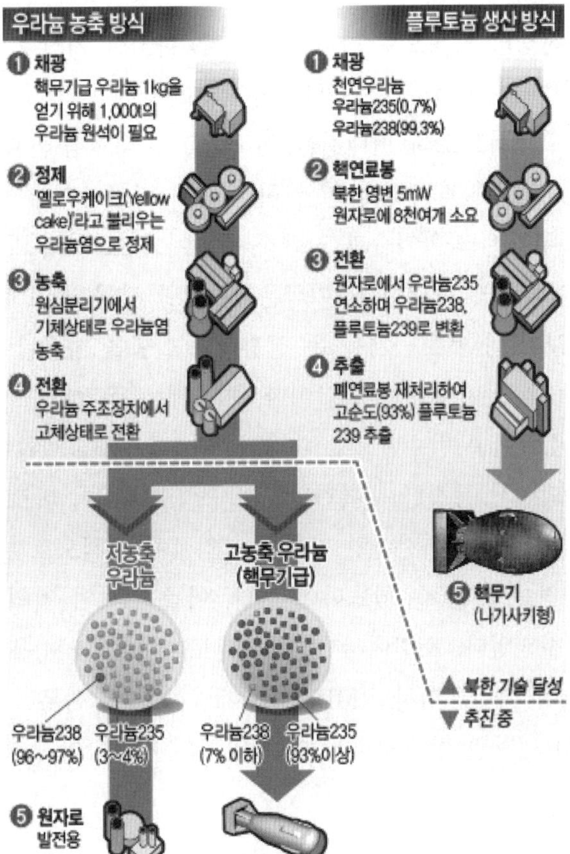

〈그림 7-48. 핵무기 제작 과정[48]〉

48) 자료제공 : 연합뉴스 그래픽

나. 핵무기와 전쟁

핵무기 등장은 인류가 현실적으로 감당하기 어려운 핵전쟁과 기존의 재래식 전쟁으로 이분화 되었다. 핵무기의 엄청난 파괴력과 이를 사용할 경우 발생되는 방사능 잔류효과는 전쟁을 통해 달성하려는 정치적인 목적 자체를 무의미하게 만든다. 따라서 생존권의 확보수단이었던 전쟁의 실천적 타당성이 핵전쟁에 의한 인류공멸로 이어질 수 있어 인류생존을 위하여 통용되었던 전쟁의 본질과 타당성이 부정되고 있다. 핵전쟁보다는 군사외적인 당위성을 위하여 재래식 전쟁을 선택하거나 핵전쟁을 수단으로 선택할 수 없는 제한전쟁이 현대전쟁의 특징으로 나타나고 있다. 하지만 여전히 상존하고 있는 핵전쟁의 가능성을 고려할 때 핵전쟁의 특성을 이해하고 핵전쟁 억제가 왜 중요하며 어떤 전략이 사용되는지 살펴봄으로써 현대전을 이해하고 미래전쟁에 대비하여야 한다.

핵무기는 1945년 8월 6일과 9일에 일본 히로시마·나가사키에 투하되면서 처음으로 출현하였다. 이후 핵무기는 과학기술과 전략적 측면에서 크게 세 가지 방향에서 발전을 거듭하였다. 첫째, 파괴력의 증대이다. 미국은 1952년 11월에 소련은 1953년 여름에 각각 원자핵의 분열보다 융합에 근거를 둔 결정적인 실험을 성공함에 따라 메가톤급 무기를 보유하였다. 둘째, 운반수단의 발달이다. 처음에는 폭격기(B-29)가 사용되었으나 점차 탄도미사일이 주요한 운반수단으로 대체되었다. 우주개발계획에 힘입어 탄도 미사일의 사거리가 증대되면서 등장한 대륙간탄도미사일(SLBM)이 바로 그것이다. 셋째, 핵미사일 요격체계의 발달이다. 핵전략의 기본은 적의 1차 타격으로부터 최대한의 핵전력을 보존하여 2차 타격을 가할 수 있느냐에 있다. 이를 위하여 적의 핵미사일을 중간에 요격하는 체계가 개발되었다. 소련에서 먼저 대탄도미사일(ABM)을 개발하였고 미국이 이를 회피하기 위하여 다탄두미사일(MIRV)을 개발하였다. 핵무기 경쟁과 군축조약이 체결되었으나 미국의 미사일 방어체계에 대한 연구는 지속되어 조지 w. 부시 대통령의 MID[49]로 이어졌다.

다. 핵전쟁의 예방

핵전쟁에 대한 예방은 기본적으로 군비통제와 억제전략에 의해 달성되어 왔다. 먼저 군비통제 측면에서 NPT[50]체제와 IAEA[51]를 들 수 있다. 핵무기 없는 평화적인 세계에

49) MID : Missile Defense

대한 지향은 핵무기 완전폐기 시도에도 불구하고 달성되지 못하였지만 1970년 비핵국의 핵보유를 저지하고(수평적 핵확산금지) 핵보유국이 더 이상 핵 증강을 막는(수직적 핵확산금지) 핵확산금지체제로 어느 정도 목적을 달성하였다. NPT는 1970년 3월 발효된 핵확산 금지조약으로 핵전쟁의 위험을 예방하고 비핵국가에 핵무기 보유금지와 핵사찰 수용의무를 규정하며 핵보유국에게 핵실험중지와 성실한 핵군축노력 의무를 부과하는 조약이다. IAEA는 1953년 12월 미국 아이젠하워 대통령의 제창으로 시작되어 1957년 7월 유엔 산하기관으로 창설되었다. IAEA의 존재 의의는 NPT체제의 확고한 보장에 있다. 이를 위한 임무는 첫째, 원자력 기술을 평화적으로 이용하도록 지원·협력하는 것이다. 둘째, 원자력의 안전기준을 제정하고 원자력의 군사적 전용금지를 위한 안전조치제도 수립 및 운영으로 이를 위해 사찰관을 파견하는 것이다.

다음은 억제전략이다. 억제(deterrence)란 상대방으로 하여금 어떤 행위를 취하지 못하도록 하는 것을 의미한다. 억제는 예전부터 존재해온 개념이지만 핵무기의 출현으로 더욱 유효한 개념이 되었다. 핵무기를 이용하여 선제공격을 실시하는 경우에 공자에게 승리의 가능성보다는 감당하기 어려운 커다란 피해를 줄 수 있다. 이를 바탕으로 억제의 논리는 합리적 자기 이익에 기초하여 행동하는 행위자들이 핵 보복이 가져올 엄청난 폐해에 대한 두려움 때문에 핵무기를 이용하는데 있어 자연히 억제를 당하게 될 만큼 자명하게 두려움을 주어 사용하지 못하도록 하는 것이다. 따라서 억제는 위협을 통하여 어떤 행동을 실행에 옮기지 못하도록 강제하는 것이다.

핵 억제전략의 변천은 ① 핵무기의 등장 ② 미국의 절대적 핵우위 ③ 미국의 상대적 핵우위 ④ 핵 평형 ⑤ 탈핵의 과정으로 살펴볼 수 있다. 핵무기는 1945년 8월 미국에 의해 최초로 사용되었고 1949년 소련이 원자력 폭발을 시행하였다. 이런 핵무기의 등장으로 1950년 1월 31일에 미국은 수소폭탄 개발 승인으로 총체적인 핵전략의 규정을 시작하여 NSC로 완성하였지만 핵전략다운 전략은 없었다. 구소련 역시 핵 열세를 만회하는 것 자체가 전략이었다. 절대적 핵 우위를 바탕으로 하는 미국의 전략은 대량보복 전략이다. 아이젠하워 행정부의 신정책 추진으로 경제적인 기술 위주 핵 군사력을 강조

---

50) NPT : Nuclear Non-Proliferation Treaty 핵 확산 금지 조약, 핵을 보유하지 않은 나라가 새로 핵무기를 갖는 것과 보유국이 비 보유국에 핵무기를 제공하는 것을 금지하는 조약

51) IAEA : International Atomic Energy Agency 국제 원자력 기구, 원자력을 군사적인 목적으로 이용하는 것을 막고 평화적인 목적의 이용을 장려하기 위해 1957년 7월 29일에 설립된 준독립기구이다. 본부는 오스트리아 빈에 있다.

하면서 소련의 재래식 전력 우위를 핵 우위로 상쇄하고자 하였다. 즉 사회주의 국가의 도발에 자신이 선택한 방법과 장소에서 즉각적이고 대량으로 보복하겠다는 대량보복 전략이다. 흐루시초프는 소련 핵 열세를 감안하여 기습공격의 절대성과 민방위 등을 강조하였다.

2. 전자기파 무기(EMP)

1960년대 냉전시대 핵무기 개발을 위한 다양한 핵실험을 수행하는 과정에서 호놀룰루로부터 남서쪽으로 약 1,300㎞ 떨어진 존스턴 섬 상공에서 발생한 핵폭발이 하와이 오아후 섬의 가로등 들을 꺼트린 사건을 계기로 핵 EMP효과를 발견하였다. 핵 EMP효과는 핵폭발시 발생하는 감마선에 의해 강력한 전자파가 방사되어 폭발고도에 따라 물리적으로 핵폭발의 피해가 미치지 않는 지역의 전자장비까지 마비되는 현상을 말한다. 핵 EMP효과에 대한 연구를 통하여 1980년대 후반부터 미국에서는 핵폭발 대신 자장압축변환기를 이용한 전자파 발생기술을 발전시켰으며 이라크전 개전초기 이라크의 국영방송 및 위성TV 공격에 GW급 시제 EMP탄을 사용하여 약 24시간 동안 기능을 마비시킨 것으로 알려졌다.

핵무기를 사용하지 않고서도 핵무기의 효과를 달성할 수 있는 무기가 전자기파 무기이다. 전자기파는 대기권 밖에서 핵무기가 폭발하였을 때 발생하는 현상이며, 전자기파 폭탄의 효과를 일반폭탄에 의해 발생시키는 개념이다. 이는 핵확산금지조약 및 기타 어떠한 국제 조약상으로도 핵무기에 해당되지 않아 사용상 제약이 없다. 대기권 밖에서 핵폭발시 전자기파가 발생하는 구조는 1차적으로 핵폭발에서 생긴 고에너지의 감마선(광자)이 성층권의 대기분자와 충돌한다. 이 때 튀어 나오는 전자가 지구 자장에 포착되어 방향을 변경하여 펄스상(狀)의 전파를 방출한다. 전자기파는 적의 지휘통신체계, 감시체계, 사격통제체계, 컴퓨터, 미사일 등의 전투장비 및 군사시설을 마비시킬 뿐만 아니라 통신, 금융, 방송, 전기시설 등 적국의 국가기반시설을 단시간 내에 무력화가 가능하다. 직접적인 인명 피해는 적지만 재앙에 가까운 경제적 대혼란을 야기하는 새로운 개념의 무기체계로 미 하원 군사위 산하 "EMP소위원회"는 민간 및 군사 분야의 주요 인프라가 '불량국가'나 테러리스트들의 EMP 위협에 취약한 것으로 지적하였다.

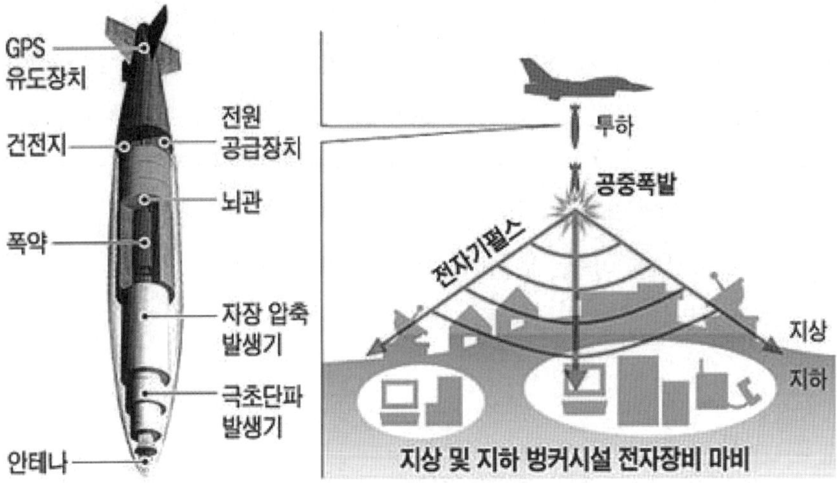

〈그림 7-49. EMP 운용개념도[52]〉

지표면 40~400km 상공에서 핵탄두가 폭발하여 고고도 전자기파가 발생할 경우 즉각적으로 미국 내 주요 전기·전자 인프라가 방해받거나 파괴될 수 있어 미국 사회를 재앙에 빠뜨릴 수 있는 몇 안 되는 위협 중 하나이다.핵무기는 전략폭격기나 대륙간탄도미사일 등을 이용해 정확하게 목표물을 타격해야 목표를 달성할 수 있지만 EMP는 목표물을 정확하게 타격할 필요가 없고 상대적으로 저급한 수준의 핵무기를 이용해 광범위한 지역에 영향을 미칠 수 있다.

미국은 Tomahawk 순항미사일 탄두에 적용하는 체계, JDAM 유도키트를 적용한 항공기 투하용 유도 EMP 폭탄, UAV에 탑재한 EMP 폭탄 등의 무기체계를 연구하고 있으며, 러시아에서는 EMP 탄·탄두 연구와는 별도로 중·대구경 로켓트용 EMP 탄약도 연구하고 있다. 북한은 1970년대부터 핵무기를 개발하였으며 7~8개의 핵폭탄을 보유하고 있으며 장거리미사일 등 투발수단도 확보하고 있다. 또한 핵무기의 변종이라고도 할 수 있는 EMP탄도 이미 개발하였을 것으로 판단된다. 국방부 핵심요원은 국회 답변에서 북한의 EMP탄 공격에 대비한 방호대책을 준비하고 있다고 답변하였는데 이는 북한도 초급수준일망정 EMP탄을 개발하고 있다는 증거로 해석된다.[53]

적의 EMP탄 공격으로부터 아군을 방호하기 위한 대비책을 강구 하는 것도 미래전을

52) 조선일보(2022.10.10)
53) 연합뉴스 기사(2008.10.8)

준비하는 핵심과제이다. 일반 상품으로 판매되는 전자제품 및 자동차 등은 EMP탄으로부터 방호를 고려한 규격을 제정하고 생산하지는 않고 있다. 즉 적이 EMP탄으로 공격을 하면 국민들은 큰 혼란에 빠질 수밖에 없다는 것이다. 군인들과 전투장비만은 방호하는 수단을 강구하는 것보다는 국민들의 생명과 재산까지도 보호할 수 있는 대책을 강구하여야 한다. 예로부터 전쟁은 민관군이 혼연일치가 되어 수행할 때 승리할 수 있다. 국민의 안전을 최우선으로 고려하면서 전쟁을 준비하고 수행하는 것이 국민의 군대임을 자부하는 국군의 올바른 자세이다.

3. 고출력마이크로파 무기(HPM[54])

권총, 기관총, 단검 등을 제외한 현대의 모든 무기체계는 고출력마이크로파에 취약한 전자부품들이 많이 내장되어 있다. 고출력마이크로파는 정밀 유도무기, 대형・소형 항공기 보호용 장비, 무인 전투기에 탑재되는 초강력 전자공격 무기(Super Jammer) 등이 있다. 고출력마이크로파 무기체계는 초고주파 영역에서 강력한 전자기펄스에너지를 이용하여 전자장비 및 전자파를 사용하는 장비를 물리적으로 파괴하거나 일시적으로 기능장애를 일으켜 적의 군사작전을 무력화시킨다.

(a) HPM 무기체계 운용개념도

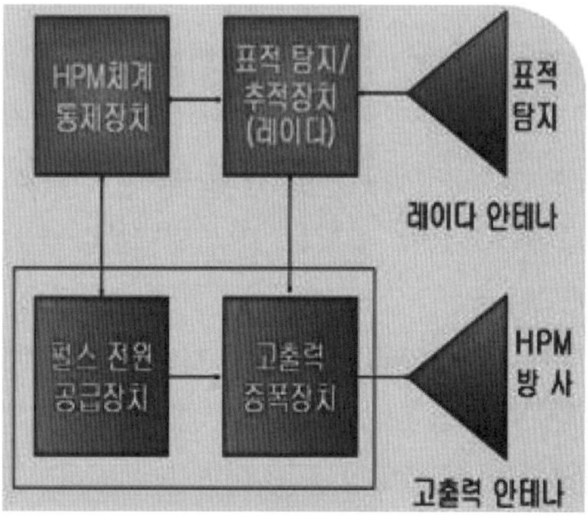

(b) HPM 무기체계 개략 구성도

〈그림 7-50. 고출력마이크로파 무기 구조 및 운용개념〉

54) HPM : High Power Microwave

기존의 전자전장비(EW)가 비교적 낮은 출력의 마이크로파 증폭장치를 활용하여 레이더, 미사일. 통신장비를 교란시키는데 목적을 두었다면 고출력 마이크로파 무기체계는 고출력전자파 발생장치를 이용하여 적 무기체계의 전자장치 및 시스템에 물리적 손상 또는 기능적 장애를 유발시키는데 있다. 전자 및 컴퓨터 기술이 발전되면서 정밀 초고속 타격무기, 즉 미사일 공격의 위협은 치명적인 수준으로 발전하고 있으나 방어는 어려워지고 있다. 고출력마이크로파 무기체계를 단독 운용 또는 전자공격 장비와의 연동을 통하여 효과적인 방어체계를 구축할 수 있다.

고출력마이크로파를 활용하면 발칸, 신궁, 비호, 천마 등을 대체할 수 있는 대공무기의 개발이 가능하다. 또한 토우, 펜저-3, 메티스 엠 등 대전차무기 대체용 전투장비로 개발할 수 있는데 고출력마이크로파를 활용한 무기체계의 특징은 탄약이 불필요하여 운용유지단계 및 전쟁비용을 대폭 절약할 수 있다는 장점이 있다. 전력공급이 지속되는 한 대전차, 대항공기 작전을 중단 없이 효과적으로 수행할 수 있다.

4. 탄소섬유탄

미래 무기체계를 운용하기 위해서는 전력공급이 필수적이나 전력공급장치는 누전, 방전 등에 매우 취약하다. 탄소섬유탄은 전도성 및 흡착성이 우수한 Wire형 탄소섬유 및 Fiber형 탄소섬유를 살포하여 전력 공급시설과 공급장비에 단락, 누전, 방전현상을 일으켜 마비시키거나 파괴한다. 탄소섬유탄은 탄소섬유가 충전된 수백 개의 자탄, 분산탄두, 신관으로 구성된다. 탄소섬유탄은 전기시설 파괴용과 전자장비 파괴용으로 분류할 수 있다. 전기시설 파괴용은 가늘고 긴 탄소섬유줄(carbon wire)을 다량 살포하여 전력공급체계를 마비·파괴시키며, 전자장비 파괴용은 미세한 탄소섬유 분말(carbon fiber)을 다량 분무(噴霧)하여 전기, 전자장비의 작동을 마비시키거나 파괴한다.

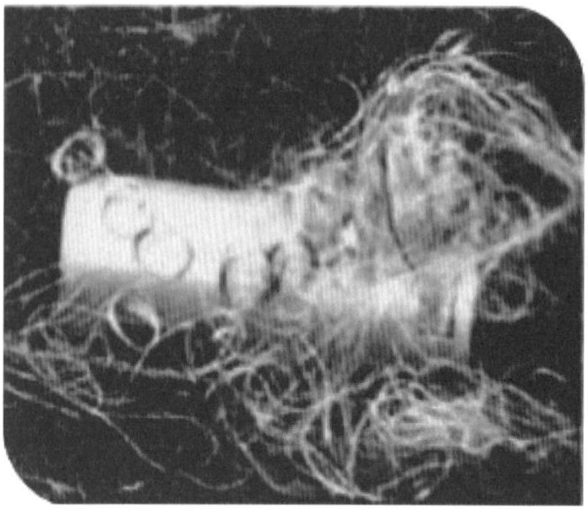

(a) 탄소섬유 결합체의 분해형상

(b) 송전설비에 살포되어
거미줄처럼 부착된 탄소섬유

〈그림 7-51. 탄소섬유 분해 및 살포 형상〉

탄소섬유탄은 1985년 미군이 지대공 유도무기 레이더를 무력화하기 위하여 투하한 채프탄이 인근 발전소로 날아가 주변 6만여 가구의 전기공급을 중단시킨 사건을 계기로 연구되었다. 미군은 1991년 걸프전에서 이라크 변전소를 탄소섬유탄두를 장착한 토마호크 미사일로 공격하여 바그다드시의 전기공급을 마비시키고 통신설비를 무력화한 것으로 알려졌다. 1999년 5월 유고전(Kosovo/Serbia 분쟁)에서 F-117A 스텔스 폭격기로 CBU-94/B를 투하하여 유고 전체 영토의 70% 지역에서 전기공급을 차단시켰으며 주요시설의 복구에 7시간, 일반시설의 복구까지 20시간 이상이 소요되었다.

5. 고섬광 발광탄

고섬광발광탄은 폭탄에 고섬광 발생장치를 장착함으로써 광학장비의 센서, 적군의 시력을 파괴시키는 비살상 탄두로서 미래 전장에서 폭넓게 사용될 것으로 예상된다. 정보·전자전 및 복합타격장비로 대표되는 미래 첨단장비에 부착된 각종 광학장비들은 고섬광에 의해 파괴되거나 마비되어 성능을 발휘할 수 없게 된다. 고섬광 발생장치는 고폭화약 및 네온, 아르곤, 크립톤, 크세논 등의 불활성 기체로 구성되어 있으며, 고폭화약이 폭발할 때 발생한 충격파에 의하여 불활성 기체가 압축되어 고온-고밀도의 플라즈마가 생성되면서 수천만 촉광 이상의 고섬광을 발생한다.

고섬광발광탄은 1950년대 중반 이후 플라스마에 의한 발광현상에 관한 광범위한 연구를 수행하면서 시작되었다. 폭발과 같이 순간적으로 진행되는 현상들을 연구하기 위한 고속카메라의 광원(光源)으로 응용하였으며 1980년대 이후에 무기체계에 적용을 위한 연구가 진행되어 실험실 규모의 고섬광 발생장치들은 공개되었다.

고섬광 발생탄은 전술적 운용을 위하여 다양한 형태의 무기체계에 적용할 수 있다. 화포탄약기능으로는 60미리, 81미리, 120미리 박격포탄 및 중·대구경 화포 탄약에 장착하여 근거리에 위치한 적 집단군, 시설을 공격함으로써 적군의 시력 및 광학장비 센서를 파괴하거나 마비시킴으로써 적을 무력화할 수 있다. 또한 MLRS[55]에 장착하여 적 집단군 및 시설에 투하하여 적을 제압할 수 있다.

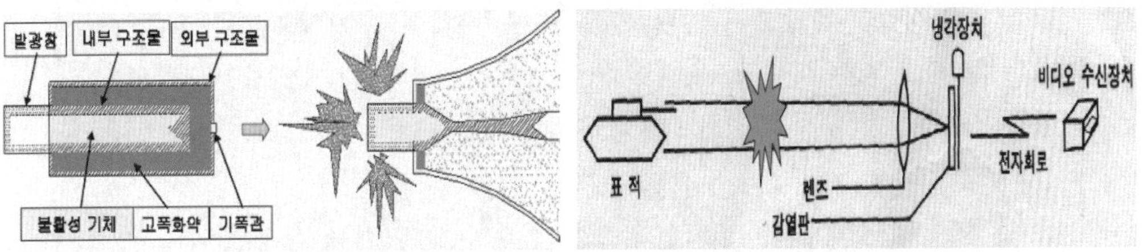

〈그림 7-52. 고섬광 발광탄 원리 및 광학센서 파괴 개념〉

6. 고에너지레이저 무기(HEL[56])

방공망은 정보·감시·정찰체계, 지휘통제체계, 통신체계, 대공포, 유도탄 등으로 구성된 종합체계이다. 방공무기의 핵심인 유도탄은 일반적으로 명중률이 90% 이하이며 유도탄을 완벽하게 조종할 수 있더라도 예측 불가한 전장상황 때문에 계획을 전면적으로 수정할 필요성이 자주 발생한다. 일반적인 전장환경에 의한 긴장감과 함께 적의 대항, 회피수단이 추가되면 방공 유도탄의 명중률은 50% 이하로 줄어든다. 세계 각국은 유도탄의 공격능력을 강화시키는 추세에 있으며 많은 군사전문가들은 현재의 방공체계를 대폭적으로 강화시키는데 가장 적합한 무기가 HEL이라고 제안하고 있다. 미국은

55) MLRS : Multiple Launch Rocket System 다련장 로켓트
56) HEL : High Energy Laser

1990년대부터 HEL 무기 개발을 본격적으로 추진하여 무장헬기, 항공무기, 유도탄 등을 요격시킬 수 있는 연구들이 진행되고 있다.

레이저 무기체계는 발생되는 레이저의 출력 및 표적에서의 에너지 밀도에 따라 저에너지 레이저(LEL[57]), 중에너지 레이저(MEL[58]), 고에너지 레이저(HEL)로 구분된다. 고에너지 레이저는 가시권 밖에 있는 금속 구조물을 파괴할 수 있는 100kw 이상의 출력과 표적에서 1kJ/㎠ 이상의 밀도를 보유한다.

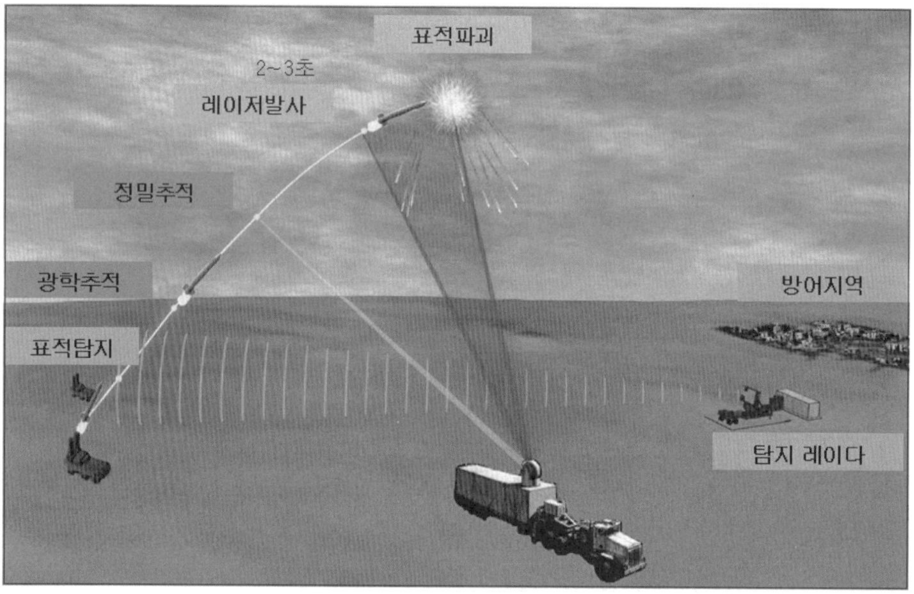

〈그림 7-53. 고에너지레이저 무기 운용 개념도[59]〉

7. 열 압력탄(Thermobaric)

열과 압력이 동반된 폭발현상은 생활현장에서도 가끔씩 발생한다. 대구 지하철 공사장 가스폭발사고, 가정용 가스폭발사고, 화학공장 폭발사고 등은 액체연료가 공기 중에 분산된 후 2차 점화장치에 의하여 폭발함으로써 열(온도)과 폭풍(압력)을 발생하여 인명

57) LEL : Low Energy Laser
58) MEL : Medium Energy Laser
59) 고에너지 레이저 무기체계 소개, 2007

과 재산피해를 발생시킨다. 이 원리를 적용한 것이 연료기화탄[60]이며 한 단계 발전한 형태가 열 압력탄이다. 열료기화기탄의 문제점을 극복하여 고폭탄(HE)과 연료기화기탄의 특성을 동시에 보유한 것이다.

열압력탄은 로켓탄, ATGM, MLRS, 포병탄두, 항공탄, 미사일 등 다양한 무기체계에 적용이 가능하다. 구조물, 벙커, 차량, 방공호와 같은 넓은 표면을 갖는 표적들에 대하여 파괴력이 재래식 고폭탄보다 약 12~16배의 파괴력을 보유하고 있다. 열 압력탄은 아프카니스탄 전쟁, 이라크 전쟁 등에서 미군이 사용한 사례가 있으며. 러시아는 2차 체첸전쟁시에 열 압력탄 사용으로 체첸 수도 그로즈니 전체를 초토화 시켰고, 우크라이나 침공 시에도 사용하였다. 국내에서도 적 갱도화 포병 및 동굴진지에 대한 정밀타격 및 대화력전 보완수단으로 활용이 가능하다.

〈그림 7-54. 열과 압력이 동반된 폭발 현장〉

8. 음향무기체계(Acoustic Weapon System)[61]

현재까지 각국에서 공개한 음향무기체계는 비살상수준이며 살상수준의 음향무기체계는 공개된 자료가 전혀 없다. 음향무기체계는 고출력의 에너지를 활용하는 방식, 와륜형 방식, 초저주파 방식으로 구분할 수 있다. 고출력음향에너지를 이용한 방식은 고출력의 소리를 적에게 발사하여 적 인원으로 하여금 두통, 질식, 충격, 감각기관 기능 저하 등

60) FAE : Fuel-Air Explosives 연료기화탄
61) 이렇게 준비하면 한반도에 전쟁은 없다(김도수 2009, 한국학술정보)

의 육체적 또는 심리적 영향을 주어 활동을 무력화시키는 무기체계이다. 와류형 방식은 도넛형태로 고압축된 소리를 발사하여 적을 제압하는 방식이며 초저주파방식은 20Hz 이하의 초저주파를 발사하여 적군의 신경착란 및 광증을 유발하여 무력화시킨다. 음향 무기체계는 "접근탐지 → 경고 → 제압" 절차에 의거 인명피해를 최소화할 수 있어 인명 중시의 미래작전 개념에 부합된 전투장비로 활용할 수 있다.

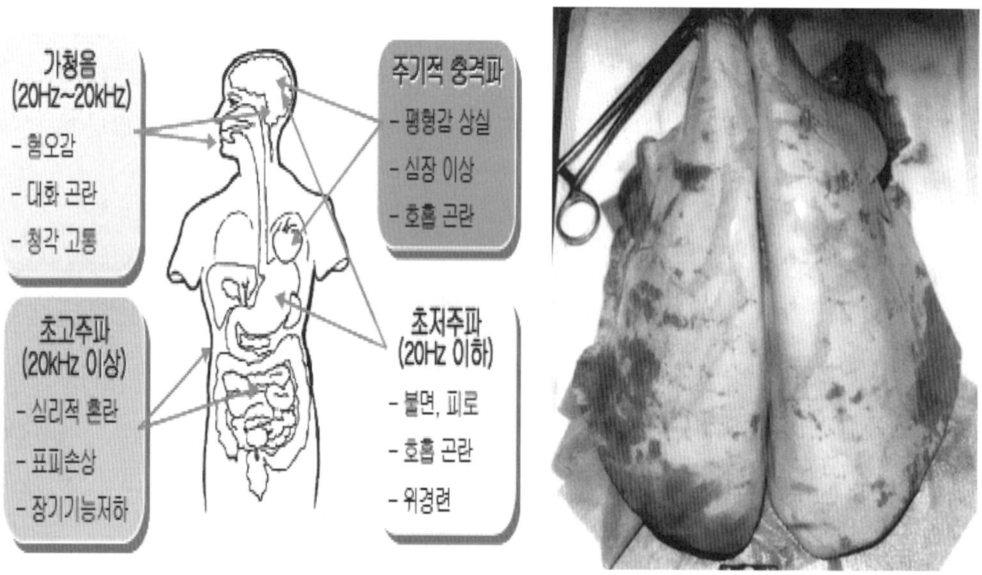

〈그림 7-55. 소리종류별 인체영향 및 굉음으로 파괴된 폐(肺) 모습〉

제8장

방호무기체계

제1절 체계 개요

방호는 적군의 지상관측, 직사화력, 기습공격 등의 위협으로부터 대책을 강구함으로써 아군의 전투력을 효과적으로 보존하고 행동의 자유를 보장하는 것이다. 즉 방호는 아군의 인원 · 장비 · 시설 · 정보 등의 전투력에 대하여 적으로부터의 위협 방지 · 경감 · 제거하거나 취약점을 최소화하는 방법을 통하여 적의 위협을 사전에 방지하고, 위협발생시 이를 경감하거나 제거함으로써 전투력을 보존할 수 있다. 지휘관은 전투력을 유지하고 통합하기 위하여 적극적인 방호대책을 강구해야 하지만 과도한 방호대책은 임무수행에 지장을 초래함으로 최소한의 위험만을 감수하여야 한다. 방호는 임무수행에 우선을 두고 수용 가능한 수준의 위험은 감수하고, 아군의 핵심전력에 대한 적극적 방호를 제공함으로써 전투력을 보존한다.

방호는 제 작전요소를 통합하여 수행하는 것이 효과적이다. 이를 위하여 적의 위협에 대한 조기경보체계 확립과 작전보안 활동을 강화하여야 한다. 또한 부대 전투력을 보호하기 위해 부대활동 간 일어날 수 있는 제반 위험요인들을 예지하여 안전지침과 절차를 적용하여 위험을 감소시키거나 제거하고, 예방활동으로 부대가 불필요한 위험에 노출되지 않도록 하여야 한다.

현대전은 과학기술의 발전으로 무기체계의 치명도와 정확성이 증가함에 따라 다양한 형태의 적 위협에 대하여 조기에 감시하고 적극적인 방호대책을 강구하여야 한다. 특히 비대칭무기인 적의 핵 · 화학탄 · 미사일 등의 대량살상무기에 대한 감시 · 통제 · 방호대책을 강구하여야 한다. 사이버전에 대비한 컴퓨터네트워크 방어 등의 작전보안활동과 테러에 대하여 근원적 차단을 위하여 공세적 대테러작전을 실시하여야 한다.

방호무기체계는 인원, 장비, 정보체계 및 주요시설에 대한 피해를 최소화하고 가용 전투력을 보존하여 작전능력을 계속 유지하도록 하는 임무 및 기능을 담당하는 무기체계를 말하며, 방공무기와 화생방무기 및 EMP 방호로 구성된다. 방공무기는 적 항공기나 미사일 등의 공격으로부터 아군의 부대 및 시설을 방호하기 위한 무기체계이며, 화생방무기에는 적의 화학무기 · 생물학무기 · 방사능 공격을 탐지하고 오염된 장비 · 시설 · 인원을 제독하는 무기체계를, EMP 방호는 EMP 방호 시설 등을 말한다.

제2절 방공무기(Air Defence Weapons)

1. 개 요

방공이란 적 항공기나 미사일 등 각종 공중 위협으로부터 아군의 부대 및 시설을 방호하여 전투력을 보존하고 행동의 자유를 보장하기 위한 제반 활동이라고 할 수 있다.

방공작전 형태는 적극적 방공과 소극적 방공작전으로 구분할 수 있다.

적극적 방공작전은 우군의 병력과 시설을 위협하는 적의 탄도미사일, 순항미사일, 항공기 등 공중공격 수단을 파괴하거나 무력화하기 위한 직접적인 방어활동으로 적의 공중 공격 위협을 탐지 및 식별, 추적, 격파하는 것을 말한다.

적극적 방공작전은 작전수행 형태에 따라 지역방공과 국지방공으로 분류할 수 있다. 지역방공은 국가의 전 공역 또는 광범위한 대부분 작전지역에 대공방어를 위하여 수행되는 방공의 형태를 말하며, 국지방공이란 특정지역이나 주요 부대 및 시설을 적의 공중공격으로부터 보호하기 위한 대공방어이다.

소극적 방공작전은 적의 공중공격 효과를 최소화하기 위하여 아군이 취하는 비전투적인 수단으로 위장, 은폐, 방호물 사용, 유개화, 모의장비 운용 등 적극적 방공을 제외한 모든 활동을 말한다.

방공무기는 대기권 내의 적 유도탄 및 항공기를 파괴 또는 무력화하거나 공격효과를 감소시키기 위하여 사용되는 제반 무기체계를 말하며 일반적으로 항공기, 지대공 유도무기(SAM[1]), 대공포, 복합대공화기, 그리고 이들 무기의 탄약체계와 같은 단위 무기체계들로 구성된다. 이 중에서 지대공 유도무기는 유효사거리에 따라 장거리, 중거리 및 단거리 지대공 유도무기와 휴대용 대공 유도무기(PSAM[2])로 구분되며, 중·장거리 유도무기는 공군에서, 단거리 지대공 유도무기와 휴대용 대공 유도무기는 육군에서 운용하고 있다. 육군에서 운용되는 방공무기체계는 대공포, 단거리 지대공 유도무기, 휴대용 대공 유도무기, 복합대공화기로 구분된다.

1) SAM : Surface to Air Missle
2) PSAM : Portable Surface to Air Missle

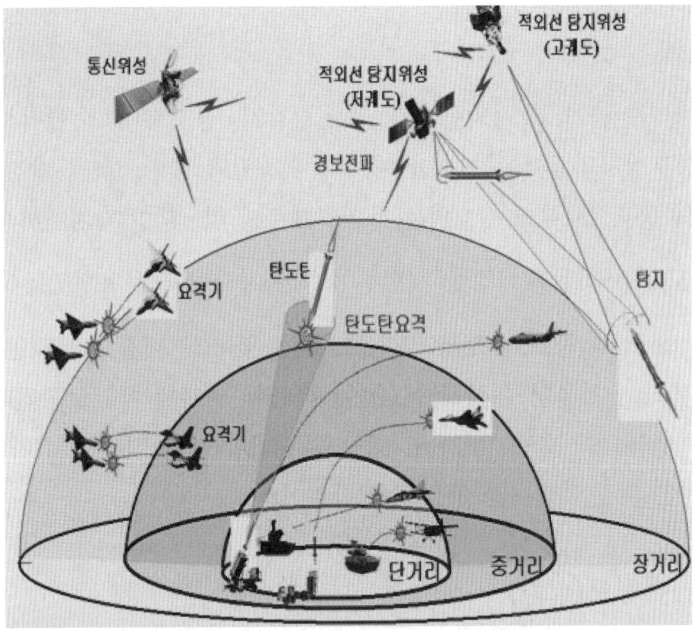

단거리(3차 대응)	중거리(2차 대응)	장거리(1차 대응)
최후 교전	지속적 교전	침투항적 격멸
단거리 및 휴대용 대공유도무기, 대공포	전투기, 중·장거리 미사일(NIKE, HAWK)	고성능 전투기

〈그림 8-1. 방공작전 개념도[3]〉

〈표 8-1. 방공 무기체계의 분류〉

<table>
<tr><th colspan="3">구 분</th><th>주 요 무 기 체 계</th></tr>
<tr><td rowspan="4">지대공
유도무기
(SAM)</td><td colspan="2">중·고고도 및 장거리 SAM</td><td>• 나이키(NIKE), SAM-X</td></tr>
<tr><td colspan="2">중·저고도 및 중거리 SAM</td><td>• 호크(HAWK), M-SAM</td></tr>
<tr><td rowspan="4">단거리
방공무기</td><td>단거리 SAM</td><td>• 천마</td></tr>
<tr><td>휴대용 SAM</td><td>• 재브린, 신궁, 현궁</td></tr>
<tr><td rowspan="2">대공포</td><td>중구경 대공포</td><td>• 비호(30mm), 비호복합(30mm),
오리콘(35mm), 대공포(40mm) 등</td></tr>
<tr><td>소구경 대공포</td><td>• 발칸(20mm), 천호</td></tr>
</table>

3) 육군종합군수학교 특수무기학 교재

2. 대공포

대공포는 회전익항공기, 고정익항공기, 무인정찰기, 공수부대, 순항미사일 등을 목표물로 한다. 전 · 후방지역 군사시설뿐만 아니라 후방지역 공항, 항만, 발전소 등 민군 주요자산을 적 공중공격으로부터 방호하는 무기체계로서 전 · 후방 각지에서 운용하고 있다.

대공포에는 MG50 기관총 4정을 결합한 $2\frac{1}{2}$톤 차량탑재 운용형인 M45D와 견인형 M55 대공포, 40mm 대공포, 20mm 대공포 발칸, 35mm 대공포 오리콘, 30mm 자주대공포 비호, 30mm 차륜형 대공포(천호) 등 다양한 무기체계가 포함된다. 이 중 흔히 경포라고 하는 M45D와 M55, 40mm 대공포는 레이더 · 사격통제 전자시스템을 적용하지 않고 육안조준에 의해 사격하는 구형장비이다.

가. 20mm 대공포(발칸)

발칸포는 로마신화에 나오는 불의 신 '발칸'의 이름을 딴 명칭이다. 20mm 대공포 발칸은 저고도로 접근하는 적 항공기에 대응하는 대공용 화기로 미국에서 개발되었다. 한국은 1973년 미 군원 및 FMS로 견인발칸을 인수 · 구매하여 운용하다가 국방과학연구소(ADD)를 통해 국산화 사업을 추진하여, 1977년 K300차량에 탑재하는 발칸을 개발하였다. 이후 기계화부대의 기동간 대공방어의 필요성이 제기되어, 국내에서 개발한 K200의 기본차체에 K300차량용 발칸을 떼어 탑재한 자주발칸 K263이 개발되었다.

발칸은 분당 3000발의 발사속도를 가진 대공포로서 중 · 저고도로 침투 · 공격하는 적의 항공기로부터 전방 전투 부대와 중요 시설에 대한 대공 방어를 실시하고, 지상 및 해상 표적에 대해서 효과적으로 사격할 수 있는 단거리 방공 무기이다. 자체 레이더에 의해 탐지한 표적에 대한 사격제원을 산출하고, 선도계산조준기에 의한 표적 정밀추적으로 명중률이 높다.[4]

발칸포는 포신, 포탑, 레이더, 조준장치, 전력공급장치, 탑재장비 등으로 구성되어 있으며, 견인 발칸포 및 자주 발칸포로 구분된다.

4) 김철환 외, 전장기능별 무기체계, 한국군사문제연구원, 2015

(견인 발칸포)

(자주 발칸포)

포 열	구경 20mm, 강선 9조 우선, 수량 6개	
발사속도	1,000~3,000발/분	
최대사거리	고폭소이탄	지상 4,500m
유효사거리	다목적예광자폭탄	대공 1,800m, 지상 3,100m
	고폭소이예광자폭탄	대공 1,200m, 지상 2,000m
레이다	탐지거리 250~5,000m, 채널수 11개 자동변환, 주파수 9.7~10GHz	

〈그림 8-2. 발칸포 형상 및 제원[5]〉

나. 30mm 차륜형 대공포 천호(天虎[6])

30㎜ 차륜형 대공포는 우리 군이 장기간 운용해온 대공포 20㎜ 발칸을 대체하기 위해 개발된 30㎜ 쌍열 대공포로서 2021년 말부터 육·공군, 해병대순으로 순차적으로 전력화하고 있다. 천호(天虎)의 특징은 발칸에 비해 대공포 구경이 늘어나면서 파괴력이 강력해졌고, 30㎜ 대공포는 1문이 각각 분당 600발(2문 1,200발)의 발사 속도를 가지며, 기존 발칸 대비 사거리가 1.6배 늘어 3㎞까지 사격이 가능하다. 두 번째는 조준·추적장치로서 육안으로 조준해야 하는 발칸과 달리 천호는 전자광학추적기로 목표물을 자동으로, 주·야간 구분 없이 추적할 수 있으며, 방공지휘통제경보체계를 비롯한 사격통제체계와 연동해 실시간 작전을 펼치고, 이를 통한 정밀사격도 가능하다.

세 번째는 차륜형 장갑차(K808·백호) 차체를 활용한 천호는 빠른 기동력으로 기동부대의 방공작전을 지원한다. 또한 발칸에 비해 운용인력이 절반 이하로 줄어든 것도 장점이다. 30㎜ 차륜형 대공포가 전력화됨으로서 드론 등 저고도로 침투하는 새로운 유형의 공중 공격이나 저고도 항공기에 대응하는 효과적인 전력이 될 것이다.

5) 육군종합군수학교 특수무기학 교재
6) 국방일보(2021. 12.13)

(30㎜ 차륜형 대공포 형상)

다. 30mm 자주대공포 비호(飛虎)

1970년대에 적 항공기의 저공 기습에 대비해 우리 군은 20mm 발칸이나 35mm 오리콘 등의 대공포를 작전배치 및 운용하였으나 유효사거리, 야간전투능력 등의 면에서 부족한 점이 많았다. 이 때문에 북한의 공중위협에 대비하고 재래식 대공포의 제한된 능력을 보완하여 야간 및 악기상 조건하에서도 운용 가능한 자동화 사격체계를 구비한 대공화기가 필요하게 되었다. 특히 기계화부대와 함께 기동하면서 방공 임무를 수행할 수 있는 자주화된 무기체계의 필요성이 제기되었다.

30mm 쌍열 자주대공포 비호(飛虎)는 국방과학연구소가 국내 최초로 자체 기술로 체계를 설계하고, 종합군수지원 요소까지 개발한 대공무기이다.

궤도형 장갑차량에 30mm 기관포를 쌍열로 탑재하고 있는 비호는 기계화부대와 같이 고속 기동할 수 있고, 주·야간 표적 획득과 추적이 가능한 레이더와 광학추적장치에 의한 전천후 사격 능력과 최신 사격통제장치를 장착하여 정밀사격에 의한 명중률을 향상시켰다. 비호는 표적에 대하여 2문이 교차사격을 실시, 표적을 격파함으로서 탐지 레이더의 상호간섭 문제를 해결하였다.

구 경	30mm 쌍열	발사속도	1,200발/분
탐지거리	0.3~21Km	추적거리	7Km
최대 사거리	8.8Km	유효 사거리	3Km

〈그림 8-3. 비호 형상 및 제원〉

라. 비호복합 30㎜ 복합대공화기[7)]

비호복합 30㎜ 복합대공화기는 자주대공포 '비호'와 휴대용 지대공미사일인 '신궁'을 하나로 결합한 무기체계로, 기존 비호 자주대공포의 성능을 최신화하고 원거리 교전 능력과 함께 저고도로 공격하는 적의 다양한 공중 위협에 효율적으로 대응할 수 있게 되었다.

비호복합은 레이더, 방공자동화체계(C2A), 전자광학장비(EOTS 추적기[8)])와 같은 탐지·추적 장치를 연동시켜 유도탄 발사 절차를 자동화하고 신속 정확한 교전 능력을 부여했으며, 방공C2A 연동을 통해 네트워크 기반의 통합 방공작전 수행이 가능해졌다. 또한 적기가 나타나면 먼저 사거리 3㎞ 이상, 5㎞ 미만의 영역에서는 신궁 단거리 지대공 미사일로 대응하고, 이를 회피해 들어오는 적기는 30㎜ 대공포로 사격하는 등 연속 교전이 가능해 저고도 영역에서의 다양한 공중위협에 효과적으로 대응할 수 있게 되었다.

7) 국방일보(20205.12.3)의 자료를 인용하였다.
8) 전자광학추적장치(EOTS; Electro Optical Tracking System)

탐지/ 추적거리	21km/7km
최고속도	60km/h
주요무장	30mm 기관포 2문/신궁(4기)
유효사거리	30mm 기관포: 3km/신궁: 6km
발사속도	30mm 기관포: 2X600발/분, 신궁: 45초/발

(출처 : 국방일보(2020.12.3)

〈그림 8-4. 비호복합 형상 및 제원〉

3. 대공유도무기(Guided Air Defence Weapon)

대공유도무기란 아군을 보호하기 위하여 적의 항공기나 비행체를 파괴, 무력화, 공격효과 감소에 사용되는 무기를 말한다. 아군의 대공방어 체계는 1964년 호크, 1965년 나이키 대공유도무기를 미군원으로 도입하면서 시작하였다. 이후 1976년 발칸, 오리콘 대공포를 배치하여 방공체계를 증강하였다. 1990년대 초반의 호크(중고도[9] 방어), 나이키(고고도)와 일부 발칸포가 공군으로 이관되었고 육군의 자체 방공무기는 중고도 이하 단거리 공역 방어에 치중하고 있다.

대공유도무기는 대공포와 중·고고도 대공유도무기간의 공역 공백을 보완하기 위한 것으로 휴대용과 궤도 차량에 탑재된 자주형으로 구분한다. 휴대용유도무기는 1980년대 후반 도입된 재브린으로부터 1990년대 초반 도입된 미스트랄, 1998년 러시아 경협차관의 일부로 도입된 이글라, 국내 자체기술로 개발한 신궁(新弓) 등 4가지 장비를 운용하고 있다. 자주형으로는 1999년 후반 국내 자체기술로 개발한 천마(天馬)를 보유하고 있다.

9) 고도(高度)의 구분은 기준해면으로부터 어떤 점(물체)까지의 수직거리로서 방공무기 체계의 엄호고도는 150m 이하의 초저고도, 600m 이하의 저고도, 7,500m이하의 중고도, 15,000m 이하의 고고도, 1,5000m 이상의 초고도로 구분한다.

〈표 8-2. 유도방식에 의한 대공유도무기의 구분〉

유 도 방 식		관 련 무 기
호밍유도[10]	능동호밍유도	호크(반능동)
	수동호밍유도	신궁/미스트랄/이글라
지휘유도[11]	시선 지휘유도(무선)	천마/재브린(영)/나이키
미사일 경유 추적(Track Via Missile)[12]		패트리오트

가. 신 궁[13](新弓, KP-SA)

신궁은 국방과학연구소가 방산업체와 함께 국내 기술로 1998년부터 연구·개발하여 2005년에 전력화한 휴대용 적외선호밍 대공 유도무기로써 미스트랄과 같은 삼각대에 거치하여 운용하며 견착사격도 가능하다. 신궁은 저고도로 침투하는 적 항공기나 헬기를 격추할 수 있는 무기체계로 우리나라는 미국·러시아·프랑스·일본에 이어 적외선 방식 휴대용 대공유도탄을 개발한 세계 5번째 국가가 되었다.

신궁은 2색 적외선 탐색기를 적용하여 전투기가 열추적 미사일을 따돌리기 위해 사용하는 기만용 섬광(플레어)과 목표물을 구분하는 능력을 보유하고 있으며, 피아식별기와 야간조준기까지 장착해 원거리에서 아군과 적군의 항공기를 구분할 수 있는 것은 물론, 야간작전 투입시에도 아군의 생존성을 확보하였다. 목표 항공기가 반경 1.5m 이내에 근접할 경우 탄두가 폭발하여 수백 개의 파편에 의해 목표 항공기가 격추되도록 설계하였다.

신궁은 유도탄 및 유도탄발사관, 주간조준기, 야간조준기, 피아식별기, 배터리 및 냉각장치, 발사대 등으로 구성된다.

---

10) "표적을 찾아간다" 의미이다. 유도탄에 내장된 탐색기에 의해서 표적을 탐색하고 포착하여 유도탄을 표적으로 유도하는 것을 호밍유도라고 한다. 호밍유도방식은 능동, 반능동, 수동 호밍유도로 분류한다.
11) 유도탄이 표적에 명중할 때까지 사수(또는 발사기)가 표적을 지시해주는 방식이다
12) 탐색기로 측정된 표적정보를 발사지점에서 송신, 신호처리, 제원을 산출하여 유도탄에 송신하는 방식
13) 신궁이란 의미는 새로운 대공유도무기, 세계의 중심이 되는 휴대용 유도무기라는 의미이다.

중 량(유도탄)	15.8kg	명중률	70% 이상
유효 사거리 / 고도	5km/3km	유도방식	적외선 호밍
신 관	충격, 접근	파 편	720여 개

〈그림 8-5. 신궁 형상[14] 및 제원〉

나. 천마(天馬)[15](K-SAM 저고도 지대공 미사일)

국내기술로 독자개발한 단거리 지대공 미사일로 정식 명칭은 'K-SAM 저고도 지대공 미사일'이다. 천마는 휴대용 대공무기의 사거리 한계 극복 및 야전군 기동부대와 수도권 주요 군사기지 국지 방어를 위해 1999년 국내 개발에 성공하여 실전배치하였다. 천마는 유도탄, 탐지 및 추적, 피아식별, 사격통제시스템이 단일 장갑차량에 탑재되어 운용이 간편하고, 시속 60Km의 기동력을 보유하고 있어 야전 기동부대와 동시에 기동할 수 있다.

천마는 소형 전투기 등 표적을 20㎞ 밖에서부터 탐지, 추적하여 10km 이내에서 격추가 가능하고, 주·야 전천후 운용이 가능할 뿐만 아니라 현대전에서 가장 중요시되는 전자전 대응 능력도 갖추고 있다.

천마는 피지원 부대 지휘관이 선정한 방공 우선순위에 따라 주요 군사 및 국가시설과 기동부대에 대한 중·저고도 대공방어 임무를 수행한다.

천마 유도탄은 시선지령 유도방식을 적용한 유도시스템으로 정밀유도가 가능하고 근

14) LIG넥스원
15) 천마((Pegasus)는 그리스 신화에 나오는 말(馬)이며 최상의 영공수호 유도무기라는 의미이다.

접신관과 집중 파편식 탄두로 설계되어 표적 8m 이내에서만 폭발하여도 표적을 파괴시킬 수 있는 높은 파괴력을 자랑한다. 천마 차체는 소구경 포탄 및 파편으로부터 탑승자를 안전하게 보호할 수 있는 장갑구조로 제작되어 있으며 520마력의 강력한 힘을 가진 디젤엔진과 자동 변속장치로 최고시속 60km와 10초 이내에 30km까지 가속시킬 수 있는 기동력을 보유하고 있다. 따라서 천마는 세계 유사 단거리 유도무기와 비교 시 전혀 손색이 없는 무기체계이다.

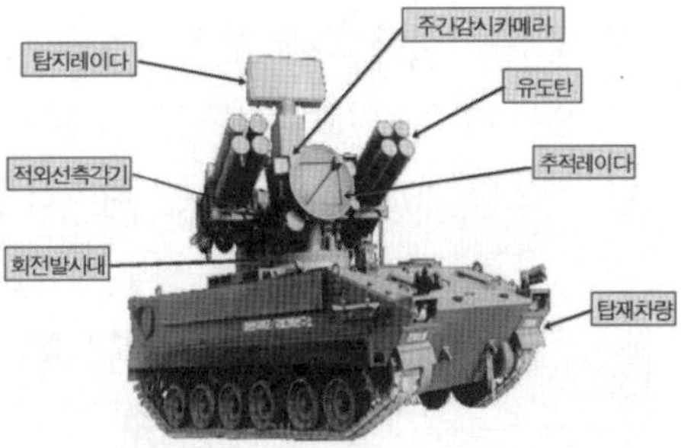

탐지/추적 거리	20Km	유효 사거리 / 고도	10km/5km
유도탄(기본휴대)	8기	유도방식	시선지령유도방식
전투중량(차량)	26.5톤(17톤)	차량 주행속도	시속 60Km

〈그림 8-6. 천마 형상[16] 및 제원〉

다. 천 궁(天弓[17])

호크 체계의 후속 대체 전력으로 국방과학연구소(ADD)가 개발한 중거리 지대공 미사일(유도무기)이다. 천궁은 항공기나 유도탄 등 이륙한 적의 비행체를 파괴·무력화하거나 공격효과를 감소시키기 위해 운용되는 대공무기이다.

천궁 체계는 상위 제대의 지휘통제 체계들과 연동되는 교전통제소, 표적 탐지 및 추적, 적과 아군의 식별, 유도탄과의 통신 등 여러 기능을 수행하는 3차원 위상배열 레이더인 다기능 레이더, 유도탄을 수직사출방식으로 발사하는 발사대, 능동형 초고주파 탐색기를 사용하는 유도탄 등으로 구성돼있다. 또 유도 방식으로 중기유도 단계까지는 관

16) 국방일보(2022.4.25)의 자료를 인용하였다.
17) 천궁(天弓)은 '하늘을 향한 활'

성항법 유도 방식과 지령 유도 방식을 적용하고, 그 이후에는 초고주파 탐색기 정보를 이용하는 호밍 유도[18] 방식을 적용하고 있다.

천궁 유도탄의 주요 특징은 측추력기를 이용한 초기회전방식을 채택하였고 표적지향성 탄두를 적용하였다. 일반적인 지대공 유도탄의 탄두는 파편이 360도 방향으로 균일하게 분산되지만, 천궁의 탄두는 파편들을 표적 방향으로 집중시켜 폭발의 효과를 배가시킬 수 있도록 개발되었다. 다기능 레이더는 표적 탐지 및 추적, 피아 식별, 유도탄과의 통신 등 여러 기능을 수행하는 3차원 위상배열 레이더이다. 천궁은 하나의 다기능 레이더를 사용하게 됨으로써 포대 장비의 구성이 단순해지고 작전배치나 운용 면에서 기동성 및 편의성이 크게 향상되었다[19].

천궁-II는 항공기 요격용으로 개발한 천궁 지대공미사일을 탄도미사일 요격용으로 개조한 것으로 2020년 말 실전 배치하였다.

(천궁 발사대)

(천궁 발사장면)

최대 사거리	40㎞	최대/유효 요격고도	15~20/15㎞
발사대 1기당 8발의 미사일이 탑재			

〈그림 8-7. 천궁 형상 및 제원〉

4. 방공레이더(Air Defence Radar)

방공레이더는 마이크로파 수준의 전자기파를 적 항공기에 발사시켜 반사되는 전자기

18) "표적을 찾아간다" 의미이다. 유도탄에 내장된 탐색기에 의해서 표적을 탐색하고 포착하여 유도탄을 표적으로 유도하는 것을 호밍유도라고 한다. 호밍유도방식은 능동, 반능동, 수동 호밍유도로 분류한다.
19) 국방일보(2015.7.21)의 자료를 인용하였다.

파를 수신하여 물체와의 거리, 방향, 고도 등을 알아내는 무선감시장치이다. RADAR라는 이름은 초기연구가들이 무선파를 이용하여 물체의 존재 여부를 탐지하고 거리를 측정하기 위한 기기에 특별히 붙인 것으로 RAdio Detection And Ranging의 약어이다. 레이더는 주변을 관망하는 인간의 감각, 특히 시각의 능력을 확장하기 위해 사용되며 인간의 눈을 대신 하는 것이라기보다는 인간의 눈이 할 수 없는 것을 감당해 내는데 있다. 레이더는 눈이 행하는 것만큼 상세하게 분석할 수 없을 뿐 아니라 눈이 해낼 수 있는 요란한 물체의 색깔도 인지할 수는 없다. 그러나 레이더는 인간의 정상적인 시각으로 분간할 수 없는 상황 즉, 어둠, 안개, 비 및 눈 속에서 물체를 식별할 수 있도록 제작될 수 있다. 또한 레이더는 물체의 거리를 측정할 수 있는 이점을 지니고 있다.

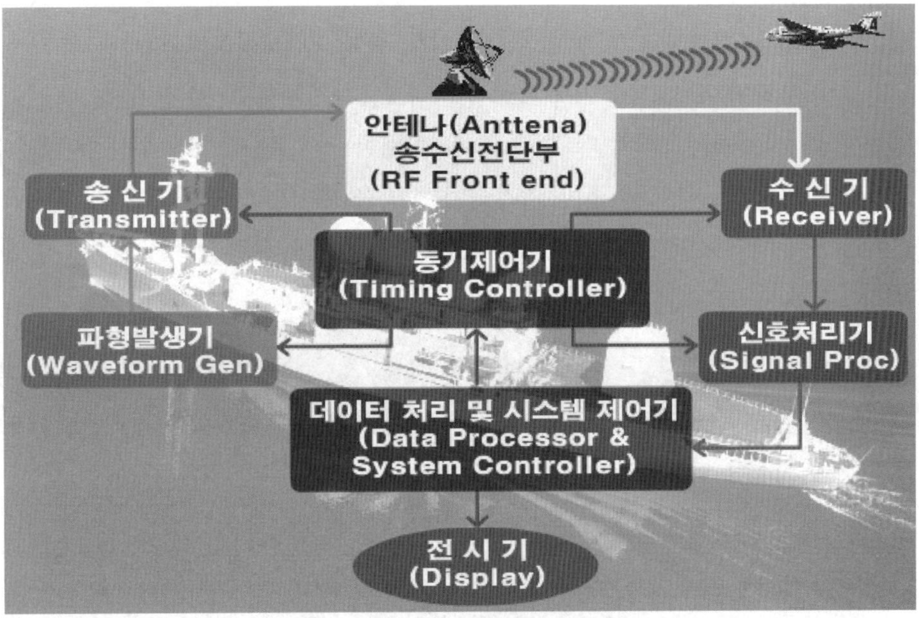

〈그림 8-8. 레이다 장비 구성도[20]〉

1938년 영국에는 파장이 6~13m이고 최고출력이 100kw, 유효거리 100~200km의 방공 레이더망의 중추가 완성되어 실용화되었다. 1939년 독일에서는 지상 항공기 경보 시스템인 프라이야(Freya)를 생산하였다. 계속하여 영국에서는 비행기에 장착이 가능한 소형 항공기요격용 레이더를 개발하고 미국은 대포의 조준에 이용할 수 있는 레이더 장

20) 국방과학기술조사서

비를 개발하였다.

레이더는 제2차 세계대전을 계기로 발전 하였으며 민간용으로는 선박용 항해 보조기구로 레이더가 널리 사용되었다. 1946년부터 무기로 발달된 레이더 기술의 평화적 이용이 시작되었고, 현재는 거의 모든 선박에 다양한 형식으로 설치되어 사용되고 있다.

가. 저고도 탐지 레이더(TPS-830K)

저고도 탐지 레이더(Low Altitude Acquisition Radar)는 저고도로 접근하는 표적을 탐지하여 표적의 방위각, 속도, 접근, 후퇴각 상태 및 개략적인 거리제원을 제공하며, 이 제원은 자동제원처리소에서 처리되고 포대 · 소대 작전통제소에 전시되는 조기경보용 레이다이다.

장비운용 방법은 저고도로 비행하는 항공기를 탐지 및 식별하여 획득한 표적정보를 유 · 무선을 이용하여 실시간에 자동으로 전파하고, 사격통제제원수신기 및 통신기, 표적제원수신기를 운용하는 피지원부대는 표적에 대한 정보를 조기에 수신하여 전파 및 무기체계와 연동함으로써 전투준비 여건을 보장받을 수 있다. 또한 표적에 대한 위협 우선순위를 판단하여 신속히 적기와 교전하는 체계로 운용된다.

탐지거리	40Km	동시추적표적	16개
탐지고도	3Km	사용주파수	9.0~9.5GHz(X밴드)
최대출력	8Kw	빔 폭	1.5°
안테나 회전	30RPM	빔 고 각	COSEC² to 40°

〈그림 8-9. 저고도탐지레이다 형상 및 제원〉

나. 레포터(REPORTER[21])

네덜란드의 시그날사에서 생산한 탐지레이더로 1988년 수도권 대공방어 강화를 위하여 상업구매하였다.

레포터는 고속으로 저공침투하는 항공기를 조기에 탐지하여 경보하는 것을 목표로 하는 2차원 레이더이다. 발칸 · 오리콘과 연동하여 대공방호 임무를 수행한다. 피아식별기를 보유하고 있으며 대전자방해장치(ECCM) 능력을 갖추고 있다. 레포터는 자체 기동능력을 보유하지 않아 2 1/2톤 표준차량으로 견인하면서 임무를 수행한다.

탐지거리	40km	동시추적표적	12개
탐지고도	3km	사용주파수	8.9~9.2GHz(X밴드)
최대출력	220kw	주파수 가변	6개 수동
예열시간	5~30분	중량	1,900kg

〈그림 8-10. 레포터 형상 및 제원〉

21) REPORTER : Radar Equipment Providing Omnidirectional Reporting of Targets at Extend Ranges

다. 국지방공레이더 TPS-880K[22)]

국지방공레이더 TPS-880K는 기존 육군이 운용하던 저고도 탐지레이더(TPS-830K)와 REPORTER(저고도레이더)의 노후화와 무인기 탐지 제한 등 제한 요소들을 해결하기 위하여 개발된 장비로 현재 야전 부대에 전력화 중이다.

국지방공레이더는 3차원 능동위상배열 레이더[23)]를 장착해 장비의 구성이 단순해지고 작전 배치나 운용 면에서 편의성이 높아지는 등 작전지속 능력이 획기적으로 향상됐었다.

국지방공레이더는 기존 저고도탐지레이더보다 탐지거리가 길어진 것은 물론 방위, 거리 및 고도 등을 모두 탐지할 수 있으며, 특히 최근 위협이 되고 있는 소형 무인기까지 탐지가 가능하도록 개발되었다. 뿐만 아니라 레이더 탑재 차량에 별도의 전원 공급 장치를 연결할 필요 없이 일체형으로 탑재해 신속한 전개와 철수가 가능하다. 전방에 전개한 국지방공레이더는 적의 항공기, 미사일, 무인기 등의 공중공격 또는 침투항적을 탐지하면 즉시 C2A[24)]를 통하여 표적 위치를 아군 타격자산에 실시간 전파하여 격멸하는 방식으로 운용하며 화생방 및 대전자전(ECCM) 방호능력 역시 갖추었다.

현재까지의 방공레이더가 단순히 표적을 탐지하고 그 탐지된 정보만을 제공하는 센서 역할이었다면 TPS-880K 국지방공레이더는 탐지 뿐 아니라 위협 표적을 식별하고 네트워크로 연결된 타격자산을 통한 격추까지 시행하는 다기능 레이더체계이다.

(국지방공레이더 TPS-880K 운용개념 및 형상)

22) 국방일보(2021.10.25)의 자료를 인용하였다.
23) 표적 탐지 · 추적, 피아식별 등 여러 레이더가 수행하던 기능을 홀로 수행할 수 있는 레이더
24) C2A(Command Control and Alert) 방공지휘통제경보체계

라. 대포병 탐지레이더

대포병 탐지레이더는 전자파(탐지 빔)를 발사하여 공중으로 날아오는 적 포탄을 탐지하고, 탐지된 포탄에 연속적으로 전자파(추적 빔)을 발사하여 포탄의 탄도를 계산하고, 추적된 포탄의 탄도를 계산해 적 포탄의 발사지점 및 예상 탄착지점을 산출하며, 산출된 위치정보를 아군 사격부대에 전달하여 타격을 지원하는 레이더이다. 자세한 내용은 제7장 제5절 화력지원장비에 설명되어 있다.

제3절 화생방(NBC)

1. 개 요

화생방전은 독가스 등의 화학무기, 세균 등의 생물학무기, 방사선·방사능 등의 핵무기를 사용하는 전쟁을 말한다. 화학(chemical)·생물학(biological)·방사능(radioactive)의 머리글자를 따서 CBR전쟁 또는 CBR무기 등으로 약칭하기도 한다. 화학전은 적을 살상하기 위하여 독성이 강한 신경작용제 등 화학가스를 운용하는 전쟁형태를 말하며, 생물학전은 인원, 동물, 식물을 살상하거나 무능화하기 위하여 세균이나 바이러스 등 미생물과 독소를 사용하는 전쟁형태를 말하며, 방사능전은 적을 살상하거나 지역사용을 제한하기 위하여 핵무기 또는 방사성 물질을 운용하는 전쟁형태를 말한다.

모두가 대량·무차별살상무기이기 때문에 통상의 무기와 구별된다. CBR무기를 적지로 운반·살포함으로써 시설이나 건물을 파괴함이 없이 인원이나 동물을 발병·상해·착란·치사하게 한다. 식물도 고사(枯死)·낙엽·변성(變性)시켜 죽음의 세계로 일변시킬 수도 있는 화생방전은 비인도적인 무차별 학살을 뜻한다. 유사한 용어로 ABC 무기가 있는데 이때의 A는 atomic을 뜻하는 것으로 방사선의 살상효과만이 아닌 원자무기의 살상·파괴효과의 모든 것을 기하려는 무기를 뜻한다.

우리와 대적하고 북한은 1961년 12월 김일성의 "화학화 선언"이후 독자적인 정책을 수립하고 화학무기 연구 및 생산시설을 설치하는 등 화학무기 개발을 시작하였다. 1980년부터 화학무기를 생산하기 시작하여 약 2,500~5,000톤의 각종 화학무기를 전국적으로 분산된 시설에 저장하고 있는 것으로 추정된다. 또한 북한은 탄저균·천연두·페스트·야토균 및 출혈균 등과 같은 다양한 종류의 생물무기를 자체적으로 배양하고 생산할 수 있는 능력을 보유하고 있는 것으로 추정하고 있다[25].

25) 국방부 국방백서 2014

2. 화생방 보호 장비

화생방 보호 장비는 적의 화생방 공격으로부터 아군을 보호하기 위한 방독면, 보호의, 화생방집단보호시설, 가스입자여과기, 정화통 등을 말한다. 제1차 세계대전에서 독일군이 위험한 화학물질인 염소가스를 살포하면서 독가스를 사용한 전쟁이 시작되었다. 그 외에도 포스젠 등의 화학물질을 제1차 세계대전에 사용하였는데 이에 대한 방어로 연합군은 방독면을 개발하게 되었다. 그 후 화학작용제 뿐만 아니라 탄저균과 같은 생물학작용제와 방사능작용제가 전쟁에 사용되면서 방독면은 생물학작용제와 방사능작용제에 대한 방어에도 사용되고 있다. 화생방 공격으로부터 생존하고 화생방 오염 하에서 전투력 손실을 최대한 줄이면서 작전을 수행하기 위하여 개인의 보호장비인 방독면, 보호의, 개인제독킷, 치료제 등을 갖추고 그에 대한 지식을 습득하는 노력이 필요하다.

가. 방 독 면(Gas Mask)

방독면은 연막이나 중독성이 있는 화학작용제, 생물학작용제, 방사능작용제 등이 흡입되거나 부착되지 않도록 얼굴을 보호하는 장비이다. 방독면은 전쟁 이외에도 탄광이나 공장에서도 쓰이고 있다. 탄광이나 공장은 유독가스나 증기, 유독성 미립자 등이 배출되기 때문에 이런 오염된 환경에 대한 방어로 방독면이 이용된다. 또 소화작업, 폭동진압용으로 소방관이나 경찰관이 사용하는 경우도 많다. 우리나라는 2003년에 대구에서 일어난 지하철 화재사고를 계기로 지하철 역사와 차량 안에도 방독면을 비치하고 있다.

방독면은 고무와 플라스틱으로 만들어진 안면부와, 안면부에 연결된 정화통, 그리고 휴대주머니로 이루어져 있다. 정화통은 유독가스를 깨끗한 공기로 정화하는 곳이다. 정화통 안에는 유독가스를 화학적으로 흡착하거나 분해하는 흡수제가 들어 있다. 또 미립자물질을 물리적으로 걸러내는 필터나 여과지도 들어 있다. 어느 작용제를 막느냐에 따라 그 작용제를 효과적으로 정화할 수 있는 흡수제를 사용하지만 군용 방독면에서는 어떤 작용제가 사용될지 예측할 수 없으므로 광범위하게 대처할 수 있도록 특수처리된 활성탄을 흡수제로 사용한다. 방독면은 용도에 따라 일반장병용, 항공기 조종사·승무원용, 전차·장갑차 승무원용으로 개발하여 사용하고 있다.

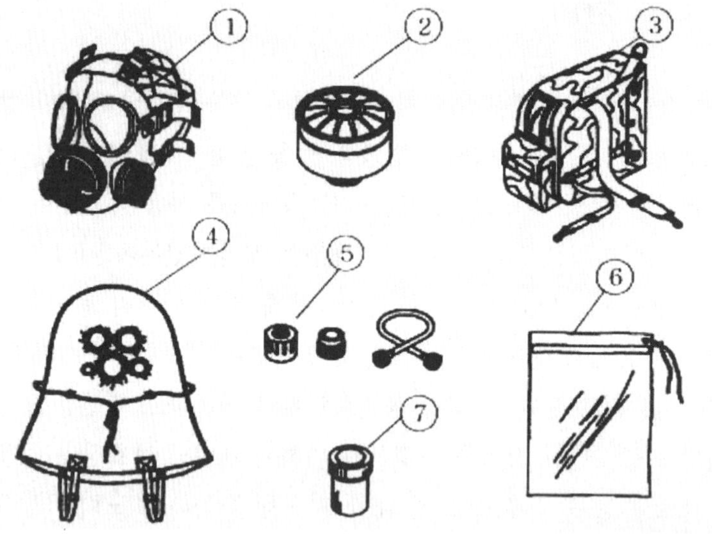

① 방독면 안면부	② 정화통
③ 휴대주머니	④ 보호두건
⑤ 수통마개	⑥ 방수주머니
⑦ 흐림방지포	

〈그림 8-11. 방독면 형상 및 명칭〉

〈표 8-3. 방독면 종류 및 특성〉

종 류	사 용 자	특 성
K-1 방독면	일반장병	• 음성진동판 부착으로 지휘/대화 가능 • 음료취수장치 부착으로 오염지역 취수 가능
KM24 항공방독면	조종사 승무원	• 연결호스에 정화통 연결 • 송화기/케이블(KM133/U)
KM25 전차방독면	전차 · 장갑차 승무원	• 연결호스에 정화통 연결 • 송화기/케이블(KM116/G)

3. 화생방 정찰 · 제독장비

가. 화생방 정찰차

화생방 정찰차는 K-200계열 장갑차 및 K-311계열 차량에 화생방 정찰 · 보호 · 경보 전파 장비가 탑재된 장비로서 주요 탑재장비는 화학자동분석기, 시료채취장치, 오염표시기 투척장치, 자동경보전송장치, 기상측정장비, 양압장치, 냉 · 난방장치 등으로 구성되어 있다.

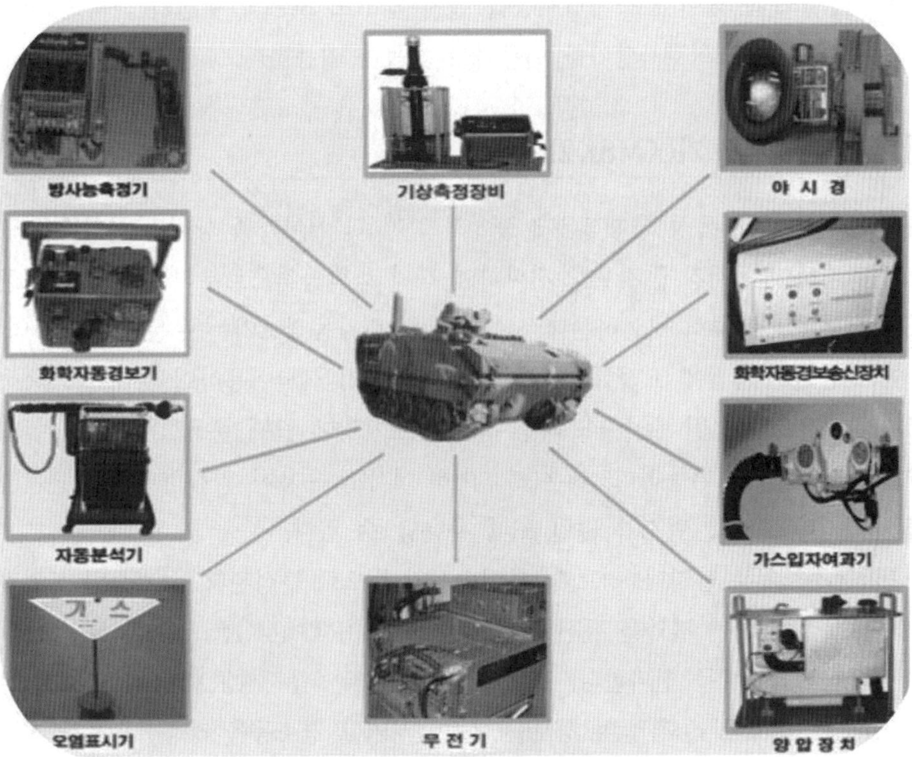

〈그림 8-12. 화생방정찰차 탑재 장비〉

화학자동분석기는 화생방전하에서 공기 및 지표면의 화학작용제 탐지 및 식별을 위한 질량 분석장비이다. 탐지능력은 자동탐지모드를 선택하면 공기탐지 모드는 30초 이내에 22종의 화학작용제를 탐지한다. 표면탐지모드는 15초 이내 12종의 화학작용제와 60여 종류의 독성화학물질 및 농약 등을 탐지할 수 있다.

시료채취장치는 생물학작용제 및 미지작용제 표본 수집활동에 사용되며 오염표시기 투척장치는 기동 정찰간 확인된 오염지역에 오뚜기형 오염표시기 투척에 사용된다. 자동경보 전송장치는 화학작용제가 탐지되었을 때 자동으로 차량에 탑재된 무전기로 국지경보 전파 업무를 담당한다. 기상측정 장비는 풍향, 풍속, 기온, 상대습도, 대기압 등의 국지기상 측정에 활용하며 양압장치는 오염지역 정찰작전시 차량 내부에 정화된 공기 공급을 통한 쾌적한 근무환경 조성에 운용된다.

화생방정찰차는 축전지 전압인 DC24V를 사용하여 차량시동 · 탑재장비 작동을 실시하는 원리를 적용한다. 차량내부에 설치되어 있는 약 10여 가지의 탑재장비는 동시에 작동이 가능하도록 되어있고 차량시동을 걸지 않고도 조수석 무전기 좌측면 하단부에 부착되어 있는 보조 회로차단기를 이용하여 작동이 가능하다.

나. 화학자동경보기(KM8K2)

화학자동경보기는 독성 화학작용제 중에서 증기 및 에어라졸 상태의 신경작용제를 자동으로 탐지하여 실시간에 경보를 전파하여 적의 화학공격으로부터 전투원의 생존성을 보장하고 부대의 전투력 보존하는데 사용된다. 화학자동경보기는 주둔지에서 적의 화학공격이 예상되는 지점에 고정하여 설치하거나 등받침대를 이용하여 부대가 기동하면서도 유 · 무선으로 운용할 수 있다. 차량 혹은 궤도차량에 탑재 운용할 수 있으며 도하시 차량 외부에 설치도 가능하다. 저온(-7℃이하)에서도 운용이 가능하며 비 · 진눈깨비 · 눈이 내리거나 모래나 먼지가 날릴 도때 운용할 수 있다.

화학자동경보기는 탐지기, 경보기, 무선송신기 등으로 구성된다. 공기중의 신경작용제를 자동으로 탐지하면 결과를 유선 또는 무선송신기(RT-44K)를 통하여 무선으로 경보기(KM42A1)에 경보를 전파한다. 경보기(KM42A1)는 탐지기(KM43A1)로부터 유선 · 무선으로 경보신호를 전파 받아 경보음을 발생시키고 경보등을 작동함으로서 전투원에게 경보를 전파한다.

〈그림 8-13. 화학자동경보기 운용형태 및 구성품〉

다. 화학작용제 탐지장비(K-CAM2)

화학작용제 탐지장비는 중대급에서 운용중인 KM256 화학작용제 탐지키트의 문제점인 적시적 탐지능력 결여, 야간·동절기 사용 제한, 시한성을 해소할 수 있고, 극미량의 신경, 수포, 혈액, 질식작용제를 실시간대에 자동 탐지할 수 있는 장비이다. 인원·장비·건물·지면 오염방지와 집단 보호시설의 출입인원을 통제하며 제독후 잔류작용제의 존재유무를 검사할 수 있다. 화학작용재 탐지장비는 매우 민감하고 실시간(20초 이내)으로 탐지하며 정화가 빠르며 전원·모드전환 스위치로 조작되므로 조작 및 운용이 간편하다.

화학작용제 탐지장비는 ① 탐지장비 ② 휴대주머니 ③ 휴대끈 ④ 시험시료기 ⑤ 먼지필터팩 ⑥ 리튬전지(재충전 불가식(BA-6802K)) ⑦ 충전전지(재충전식(BB-7801K)) ⑧ 정화팩 ⑨ 솔·수입포 ⑩ 보조 휴대 등으로 구성된다. 탐지장비는 시료흡입부, 이온화부, 이동도관부, 이온검출부, 신호처리·표시부로 구성되어 있으며 노즐을 통하여

620±210㎖/min의 시료가 장비 내부로 흡입되고 멤브레인을 통하여 이온화부로 이동된다.

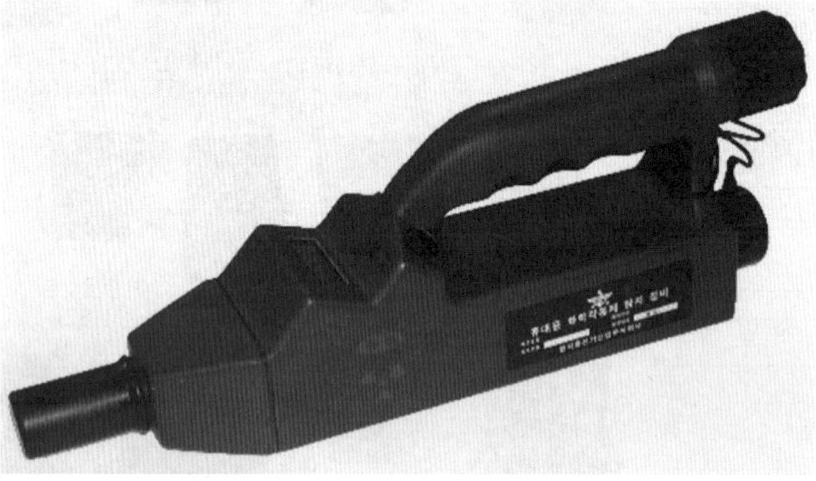

중 량	2.0kg
탐 지 작 용 제	신경, 수포, 혈액, 질식
탐 지 방 법	이온이동도관 방식 (β방사선원 Ni-63, 10mCi 내장)
탐 지 농 도	신경/수포 0.1mg/m^3이상 혈액/질식 10mg/m^3이상
운 용 온 도	-25~+50℃
사 용 전 원	6VDC

〈그림 8-14. 화학작용제 탐지장비 형상 및 제원〉

라. K-9 제독차

2 1/2차량에 제독기를 장착하여 야전에서 화학, 생물학, 방사능 작용제에 오염된 인원, 장비 및 지역에 대한 정밀 제독을 실시하는 다목적 제독 장비이다. 1979년 국내에서 생산 보급되었으며 물 가열기가 탑재되어 야전에서의 간이 샤워뿐만 아니라 일반 소방 지원도 가능한 장비이다. 향후 인원, 장비 및 지역제독의 분리 운용 및 모듈화에 의한 제독임무를 동시에 수행할 수 있는 장비로의 발전이 요구되고 있다.

제독차의 차체는 2½톤 트럭으로 6기통, 4행정, 수냉식, 디젤엔진에 탑재된 제독장비는 펌프부분, 물탱크(통)부분, 물가열기 및 부수장비로 구성되어 있다. 펌프 부분은 물탱크 내에 분당 100가론의 물을 급수하여 살포총을 이용, 액체제독 혼합물 50가론을 살포할 수 있으며, 물탱크(통부분)의 용량은 500가론으로 물 적재시는 400가론, 액체 제독혼합물 적재시는 317가론을 적재하며, 20명이 동시 인체 샤워할 수 있는 인체샤워대가 설치되어 있다. 물가열기는 시간당 600가론의 물을 흐르게 할 때에 출구 물의 온도를 5분 이내 37.8℃까지 높일 수 있는 장비로 최대 가열온도는 86~100℃이며, 물과 제독제 혼합이 용이하게 하고 동계 인체샤워시 온수공급 등에 사용된다. 제독차는 화학부대에 보급되어 대량오염 인원, 장비, 지역에 대한 제독에 운용된다.

탱크용량	1,890리터	조작인원	5명
물가열능력	시간당 600G/A (37.8℃)	급수능력	378.5ℓ/min (100GPM)
주요구성품	펌프, 물 탱크, 물 가열기	분사량	180ℓ/min

〈그림 8-15. K-9 제독차 형상 및 제원〉

마. K-10 제독차

K-10 제독차는 화생방작용제에 오염된 인원·장비·물자·지역 및 시설 제독을 위하여 화학부대의 제독분대에 편제되어 있다. 제독분대는 화생방작용제에 오염된 인체 및 장비 정밀제독, 액체작용제에 오염된 지역제독, 대화생방 테러작전 등 전쟁 이외의 군사

활동 지원, 급수·야전인체샤워 등 기타업무 지원업무를 수행한다.

K-10 제독차는 5톤 차량에 제독작전에 필요한 제독장비 및 지원장비가 탑재되어 있으며 부수장비는 별도의 차량에 탑재되어 지원된다. 화생방 작용제에 오염된 인원, 장비, 물자, 지역 및 시설 등에 대하여 각각 또는 2개의 제독임무(인체+장비, 인체+지역, 장비+지역)를 동시에 수행할 수 있도록 전처리·주처리·후처리 장비가 탑재되어 있다.

탱크용량	2,500리터	조작인원	5명
물가열능력	100,000kcal/h	급수능력	1500㎥/1회
주요구성품	펌프, 물 탱크, 물 가열기	분사량	300ℓ/min

〈그림 8-16. K-10 제독차 형상 및 제원〉

제독독장비와 양수기는 제독차에서 분리하여 각각 자체 동력으로 영하 32℃~43℃의 기온조건에서 운용이 가능하다. 장비 및 지역 제독을 실시하는 경우에 물과 제독제Ⅰ·Ⅱ, 유화제 등이 소요된다. 차량에 설치된 조명기구를 활용하여 제한적인 야간작전 수행이 가능하고 동계 작전시 보일러 및 인체 샤워용 천막을 이용하여 동시에 인체 샤워를 실시할 수 있다.

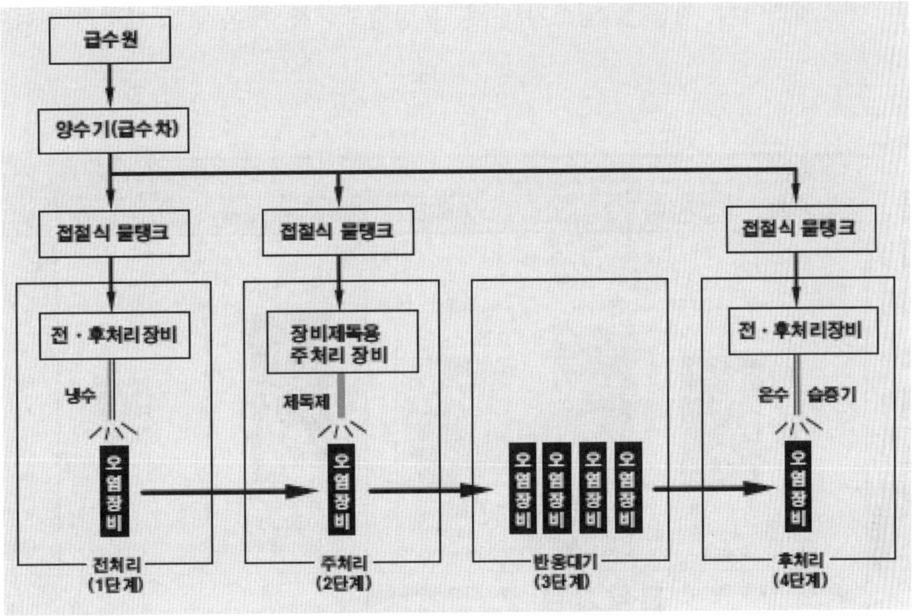

〈그림 8-17. 장비제독운용도〉

4. 연막장비

연막장비는 육상 개활지에서의 아군의 부대 · 장비이동 또는 도하작전시 적의 시각적 관측을 무력화시키고 적외선 센서가 부착된 적의 유도무기가 아군의 전투장비를 타격하는 것을 보호하기 위한 연막을 생성 · 살포하는 장비이다. 전쟁에서 승리하기 위해서는 적의 활동사항을 지속적으로 관측하여 적의 의도를 분석하여 사전에 대책을 강구하는 것이 필요하며 반대로 아군의 움직임은 적이 탐지하지 못하도록 방호하는 것이 필수적이다. 인간이 눈으로 관측할 수 있는 가시광선 부분으로 0.38~0.75㎛이다. 빛에 적응된 눈은 가시광선의 녹색부분(0.495~0.57㎛)에서 최대 감도를 나타낸다. 적외선이란 가시광선에 이어지는 파장범위가 0.75㎛에서 1㎜ 정도인 전자기파[26]를 말한다. 빛의 스펙트럼에서 적색 부분의 바깥쪽에 해당하며 파장이 수 ㎛이하이면 근적외선, 파장 25㎛ 이상을 원적외선, 그 사이를 중간적외선으로 분류한다. 일상생활 속에서도 적외선은 TV

26) 1800년 영국의 천문학자 윌리엄 허셜(William Herrochel)이 태양 스펙트럼의 적색 부분보다 긴 파장을 갖는 쪽에 열 효과가 큰 부분이 있음을 최초로 발견

리모콘, 에스컬레이터, 자동문, 청소기, 차량 후방경보장치, 체온계, 도난방지기 등에 활용된다.

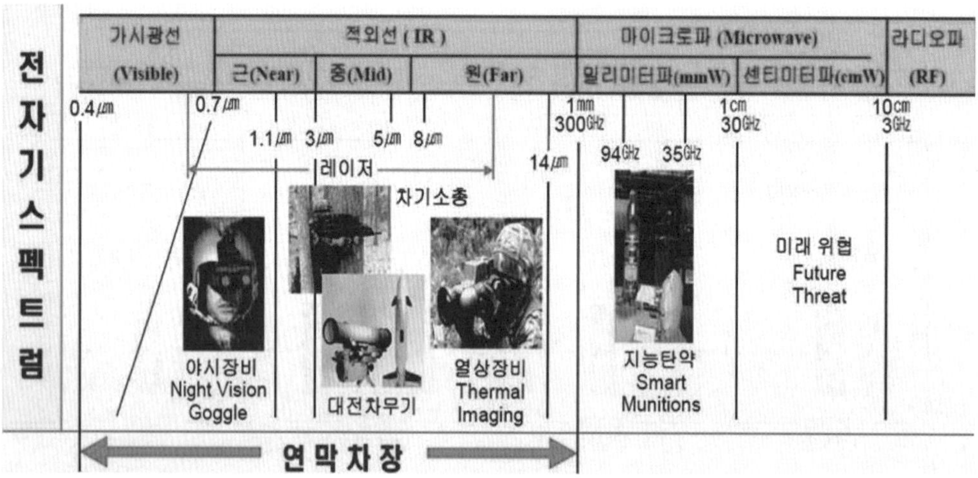

자외선	가시광선보다 짧은 파장으로 눈에 보이지 않는 빛이다
가시광선	사람의 눈에 보이는 전자기파 영역 개인별로 차이 있지만 보통 인간의 눈은 400~700nm까지의 범위를 감지한다.
적외선	가시광선보다 파장이 긴 전자기파 가시광선이나 자외선에 비해 강한 열작용을 가짐(열선)

<그림 8-18. 전자기스펙트럼 및 연막차장 범위>

가. 적외선 차폐발연기

적외선 차폐발연기는 적으로부터 아군의 활동사항 탐지를 방해하기 위한 발연장치를 전투차량에 탑재하여 운용한다. 차량에는 발연장치 운용에 필요한 각종 보관함, 장비설치대, 무전기도 설치되어 있으며 필요시에는 교량가설 단정 또는 차량접근이 불가능한 야지에서 차량에서 분리 운용할 수 있다.

적외선 차폐발연기의 능력 및 특성을 살펴보면 첫 번째, 가스터빈엔진의 배기가스 고온(557℃)에 의한 연막제 불완전 연소(기화)로 0.4~0.75㎛전자기파 영역의 가시광선을 차단한다. 두 번째, 가스터빈엔진에서 발생하는 추기에 의한 차폐제 분사로 0.75~14㎛ 전자기파 영역의 적외선을 차폐한다. 세 번째, 연막제탱크는 300ℓ(5ℓ/분)의 연막제를 저장하고 60분 동안 연막제 공급이 가능하다. 차폐제탱크는 135kg(4.5kg/분)을 저장하고 30분 동안 차폐제 공급이 가능하다. 네 번째, 가스터빈엔진은 풍속 32km/h 이하의 역풍에서 발연한다. 마지막으로 가스터빈엔진은 종경사 40%(21.8°) 및 횡경사 25%(14°) 이하에서 정상작동이 가능하다.

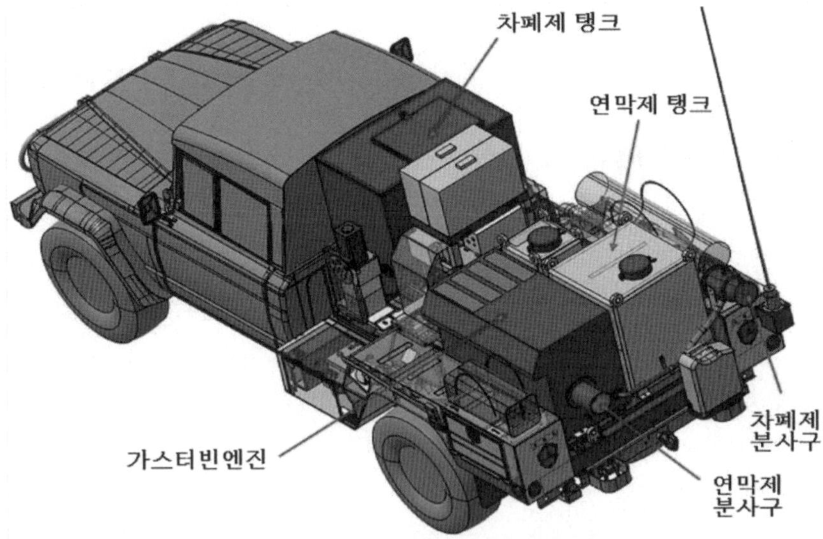

탑재차량	1¼톤 K-311A1	이송속도	2.2~4.5kg/분
총중량	4.8톤	차폐능력	30분 가능
발연능력	60분 동안 발연	탑승인원	2명

〈그림 8-19. 적외선 차폐발연기 모형 및 제원27)〉

27) 육군화생방학교 CBT자료

제9장

그 밖의 무기체계

제1절 체계 개요

1. 그 밖의 무기체계[1)]

그 밖의 무기체계 분류는 아래 표와 같다.

<table>
<tr><th>중 분 류</th><th colspan="2">소 분 류</th><th>대 상 장 비</th></tr>
<tr><td rowspan="4">국방 M&S</td><td rowspan="3">워게임 모델</td><td>연습훈련용</td><td>태극 JOS모의모델, 대화력전 모의모델, 창조21모델, 창공모델, 천자봉모델, 청해모델, 해군특수전(UDT/SEAL) 모의 훈련체계 등</td></tr>
<tr><td>분석용</td><td>합동작전 분석모델, 차세대합동작전 분석모델, S4ISR시뮬레이션모델, 항공무장효과산출모델, 해병대 상륙작전분석모델 등</td></tr>
<tr><td>획득용</td><td>JMASS모델 등</td></tr>
<tr><td colspan="2">전술훈련모의장비</td><td>K계열전차 소부대 전술모의훈련장비, P-3 및 LYNX모의훈련장비, 전투기 · 수송기 · 훈련기 모의훈련장비 등</td></tr>
</table>

M&S란 모델링 및 시뮬레이션(Modeling & Simulation)의 결합어로 워게임모델, 시뮬레이터, 마일즈장비와 같이 현실 또는 가상세계를 모델화하여, 복잡한 상황이나 문제를 분석하여 해결수단을 제공하는 것이라고 정의한다. 모델링이란 수학적, 물리적 절차나 과정을 묘사하여 모의에 필요한 도구를 제작하는 과정을 말한다. 워게임, 시뮬레이터, 마일즈장비는 모델링의 산출물이다. 모델링을 하기 위해서는 현실세계, 또는 가상세계에 대한 자세하고 정밀한 분석작업이 필요하다. 수행절차와 데이터의 누락, 왜곡, 삭제, 추가가 포함된 모델은 신뢰성이 미흡하기 때문에 적용할 수 없다. 따라서 모델링 작업은 실제상황의 모든 요소를 포함하는 것이 바람직하다.

1) 국방전력발전업무훈령(국방부훈령 제2568호, 2021.6.30, 개정)

현실/가상세계	모델링	모델
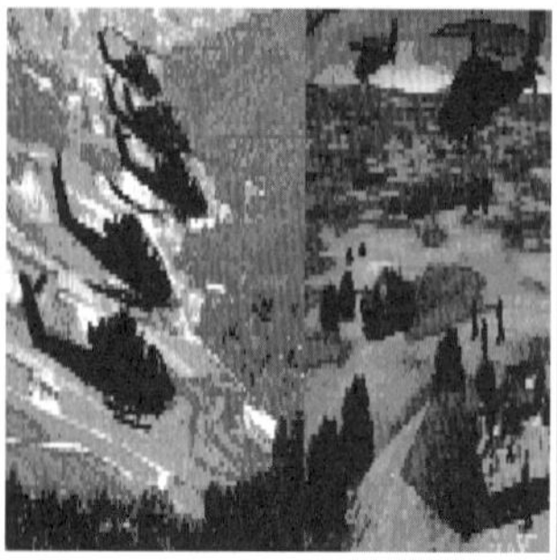		워게임 시뮬레이터 마일즈
전투체계, 전장환경	수학 · 물리적 표현,	프로그램/모형화

〈그림 9-1. 모델 제작 절차〉

시뮬레이션이란 모델링의 산물인 워게임, 시뮬레이터, 마일즈장비 등 도구를 활용하여 훈련, 분석, 획득분야에 적용하는 것이다. 어느 시스템이나 공정의 기능을 모델이라는 수단을 활용하여 모의 구현함을 의미한다. 즉 실제 또는 가상의 동적 시스템모형을 사용하여 연구하는 것으로 모의실험 또는 모사(模寫)라고도 한다. 물리적 모형을 사용하는 실험으로서는 풍동(風洞)을 써서 항공기의 비행중 상태를 조사하거나 물탱크 안에서 선박의 항해 상태를 분석하는 경우가 있다.

워게임

시뮬레이터

마일즈

〈그림 9-2. 시뮬레이션의 종류〉

제2절 국방 M&S의 분류

1. 인간의 참여정도에 따른 분류[2)]

가. 실기동(Live) 시뮬레이션

전쟁을 제외한 모든 것을 실전 시뮬레이션이라고 할 수 있다. 지상, 해상, 공중에서 실병력, 전투장비를 가지고 운용하는 것으로 시험장의 하드웨어까지도 포함한다. 다양한 형태의 전투장비의 상호작용과 상호운용성을 평가할 수 있다. 많은 병력과 장비를 투입한 실전시뮬레이션을 수행하기 위해서는 시간, 인력, 예산이 과다하게 소요된다. 실기동시뮬레이션을 수행하기 이전에 가상시뮬레이션, 또는 구성시뮬레이션을 사용할 수 있다. 이 때 미흡사항은 꼭 해결한 다음에 실기동시뮬레이션을 실시하여야 한다.

나. 가상(Virtual) 시뮬레이션

가상 시뮬레이션은 컴퓨터에 의하여 시뮬레이션 되는 체계를 의미한다. 전사들은 시뮬레이션에 있는 인공물과 상호작용하면서 종합모의환경에서 싸우고 훈련한다. 전투기, 헬리콥터, 전차 시뮬레이터나 가상시제(Virtual prototype)가 좋은 사례이다. 가상 시뮬레이션은 종합모의 환경 속에서 주체계, 부체계, 사용자가 구성되며 사용자 숫자에 따라서 일대일(One to one) 시뮬레이터, 다대일(Multi to one) 시뮬레이터, 다대다(Multi to multi) 시뮬레이터로 구분된다. 일대일 시뮬레이터는 가장 보편적인 형태로 사용자 한 명이 한 대의 시뮬레이터를 이용하여 훈련을 실시한다. 시스템은 공간적으로 독립되어 다른 시뮬레이터와 정보교환은 가능하지만 각자 독립적으로 작동한다.

다대일 시뮬레이터는 놀이공원 등에서 볼 수 있는 형태로 여러 사용자가 한 대의 시뮬레이터에 탑승하는 경우이다. 운전자를 제외한 사용자는 수동적인 상태에 놓여 있는 경우가 대부분이나 보조 운전자 개념으로 각각 임무를 부여하는 방식도 있다. 다대다 시뮬레이터는 네트워크 기술을 활용한 최근의 시뮬레이터 경향이다. 시뮬레이터 개발단

2) 1992년 미국 국방과학위원회에서 결정한 분류 방법

계부터 표준 연동 데이터를 사용하여 동시훈련을 실시한다. 여러 명의 훈련자가 각자 시뮬레이터를 조작하면 네트워크에 연결되어 있는 다른 시뮬레이터에 영향을 주게 된다. 대부분의 전술훈련용 시뮬레이터들은 DIS[3] 또는 HLA[4]기술을 이용하여 다대다 시뮬레이터 기능을 실현하고 있다.

다. 구성(Constructive) 시뮬레이션

국방M&S의 대부분은 구성시뮬레이션으로 워게임이 포함된다. 운용자는 시뮬레이션의 반응을 관찰하고 평가하기 위하여 입력을 할 수는 있지만 출력내용을 결정할 수 없다. 구성시뮬레이션은 공학적 설계, 비용분석, 기술사양 등의 한정된 용도로 사용되는 경우도 있지만 연합군, 합동군 등의 전투력을 포함하는 전역 시뮬레이션 수준으로 활용된다. 인간과 상호작용이 없는 경우에는 시뮬레이션 결과의 신뢰성향상을 위하여 수차례 반복적으로 진행될 수 있으며, 상호작용이 있는 경우에는 워게임 시뮬레이션으로 전투지휘자 전술숙달이나 전술개발에 사용된다. 무기체계 획득과정에서 설계 및 공학적 절(trade-off), 비용, 전력화지원, 운용/기술적 요구 정의, 운용효과도 평가에도 활용된다.

2. 상세 수준에 따른 분류

가. 공학(Engineering) 모델

공기역학, 유체유동, 유체동역학, 열전달, 음향학, 탄성학과 같은 기본 현상학, 설계, 성능, 비용, 제작 및 군수지원을 위한 수리부속, 부체계 등을 포함한다. 비용모델은 개발, 생산, 운용 및 군수지원 비용을 산출하고 군수지원 모델은 신뢰성(reliability), 가용성(availability), 정비도(maintainability), 정비수준과 보급지원(provisioning) 해석을 포함한다. 공학 M&S의 결과는 성능척도(MOP)로 레이더탐지거리, 주행거리, 유효적재량, 속도 등이 포함된다.

---

3) DIS : Distributed Interactive Simulation 분산연동 시뮬레이터
4) HLA : High Level Architecture 고수준의 표준 아키텍처

나. 교전(Engagement) 모델

교전모델은 일대일, 일대다, 다대다의 제한적인 시나리오를 구현하는 체계이다. 공학모델에서 산출된 체계 성능, 운동학, 센서 성능 등을 활용하여 특정한 표적, 적 위협에 대한 각각의 전투장비나 무기체계의 효과도를 평가한다. 추진기, 전투체계, 센서, 유도제어 등 상세한 성능이 포함되어 있어야 시뮬레이션을 할 수 있으며 생존성, 취약성, 치명성 등을 산출한다. 교전모델의 결과는 교전 시나리오에 의한 체계, 부체계의 살상, 상실, 임무중단 확률이 해당된다.

〈표 9-1. 모델별 차이점 분석[5]〉

구 분	공 학 모 델	교 전 모 델	임무/전투모델	전역/전쟁모델
전투력	단일 무기체계	단일/소수의 피아 무기체계	다종 무기체계 전투부대	합동/연합군
묘사수준	부품, 체계 부체계	체계, 부체계	무기체계	무기체계의 집합체
시간범위	월간 ~초	분, 초	시간, 분	주간
산출물	탐지거리 사거리, 명중률	살상확률 생존율	조우확률 손실률	제공권 전력손실
용도	무기체계 설계	대안분석, 전술 개발	전술개발, 통합운용방안	전투력 배치 지휘관 훈련

다. 임무 · 전투(Mission · Battle) 모델

임무 · 전투모델에는 공격작전, 방어작전, 제공권, 지연전 등 수 시간에 걸친 특정한 임무수행에 필요한 다수 무기체계가 포함된다. 전투기, 함정, 지상군 부대 등 합동작전에 소요되는 모든 전투력이 묘사되어야 한다. 운용자가 참여하면 임무 · 전투수준 M&S는 손실률, 교전확률, 특정임무 달성 확률을 출력하여 워게임, 전술, 교리 개발 등에 사용할 수 있다.

라. 전역 · 전쟁(Theater · Campaign) 모델

전역 · 전쟁모델은 연합군 운용을 나타내고 주요 전역이나 전쟁 결과를 결정하는데 사

5) 국방 M&S 개념 연구(국방과학연구소, 2001년)

용하며 전투능력 및 부대배치의 약점을 식별할 수 있다. 이 모델은 장기간의 전투를 묘사하기 때문에 지속성을 표현할 수 있는 수단이 포함되어야 한다. 운용자와의 상호작용을 통한 시뮬레이션이 가능하여 전투지휘관 훈련이나 전술개발을 위한 워게임으로 사용한다. 전역 · 전쟁모델은 전력 손실, 전멸, 제공권, 전투력 이동 등을 출력한다.

제3절 M&S의 군사분야 적용

1. 교육훈련분야

세계 최고수준의 인구밀도를 자랑하는 대한민국에서 제대로 된 군사훈련장을 확보한다는 것은 매우 어렵다. 주한 美공군이 사용하던 매향리 사격장이 환경단체의 강력한 요구로 2005. 7월 폐쇄되고 군산 앞바다의 직도사격장이 2006. 9월 승인되었으나 인근지역 주민들과의 마찰은 끊이지 않고 있다. 무건리 훈련장 확장, 수기사 원평훈련장, 양평종합 훈련장, 기계화교 전차포사격장, 신불산 사격장, 승진훈련장, 현가리 공용화기 훈련장, 신론리 훈련장, 매봉산 훈련장 등등 전국 곳곳에서 훈련장 확보문제로 지역주민과의 갈등이 빚어지고 있다.

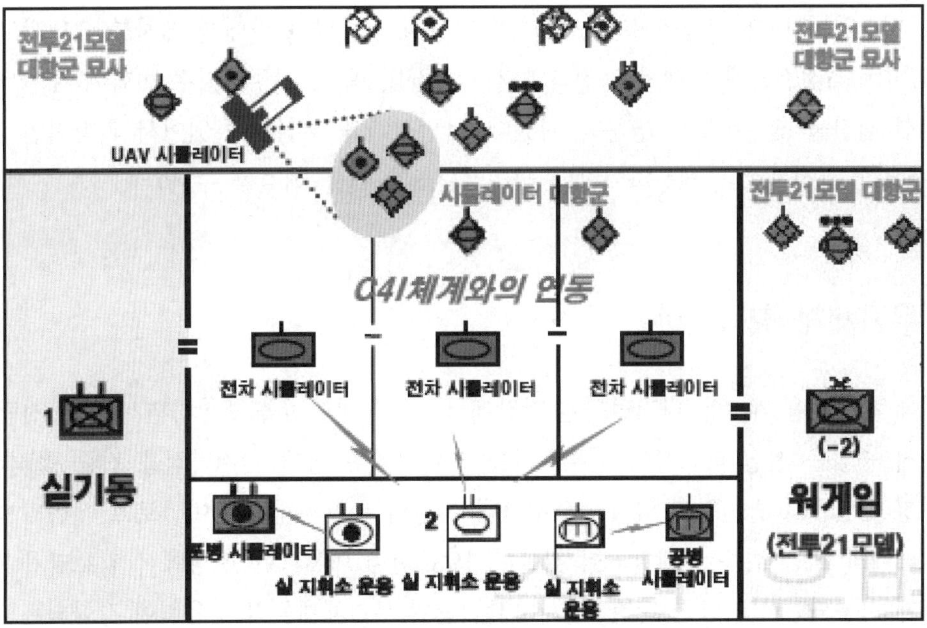

〈그림 9-3. LVC체계 구현 방안[6]〉

---

6) 육군 M&S 종합발전계획(2008)

도시화가 진행될수록 훈련장 확보문제는 사회적 이슈로 발전하고 있다. 전투부대가 훈련을 하지 못한다면 전투력 향상은 기대하기 어렵다. 도시화로 인한 훈련장 제한문제를 해결할 수 있는 유일한 수단은 M&S이다. 실제 전쟁터와 유사한 환경에서 자유롭게 훈련하여 전투력을 향상시킬 수 있다. 각종 시뮬레이션에 첨단 정보통신 기술을 활용하고 3차원 전장환경을 조성하여 실전적인 훈련을 실시함으로써 전장체험 등 훈련효과를 극대화할 수 있다.

2. 전력 분석분야

탈냉전으로 국가안보에 대한 국민들의 관심도가 저하되고 국가재정 소요가 증가되는 상태에서 국방비의 적절성 문제가 제기되고 있다. 국가재정부서는 자본주의체계의 근간을 이루는 경제성의 원리에 의하여 "제한된 국방비를 사용하여 최대의 전투력을 확보할 수 있는 방안" 제출을 요구하고 있다. 국회로부터는 국방개혁2020 계획에서 제시된 군구조 개편안에 대한 시뮬레이션을 통하여 타당성 검증과 보완대책 제시를 요청받고 있다. 방위력개선소요에 대해서도 전력화 시기, 물량, 예산, 전투력지수 변화에 대한 시뮬레이션 결과를 첨부하도록 명문화 되었다. 국방정책을 추진함에 있어서 과학적인 기법을 사용한 분석자료를 제출하여야만 하며 M&S가 이를 해결할 수 있다.

3. 무기체계 획득분야

미래 전장운용 개념은 디지털화된 전장에서 합동·통합성을 보장하면서 적의 전략 및 전술적 중심을 선별 타격하여 전투효과를 최대화하여 상대의 취약점을 집중 공격하는 비대칭 개념으로 발전하고 있다. 1980년대 이전의 무기체계들은 아날로그 개념의 단위무기체계의 성능 위주로 개발되어 왔으나 1980년대 이후에는 전장에서 컴퓨터가 광범위하게 사용되면서 다양한 작전환경에 대한 단위 무기체계들의 적응력이 강화되는 추세를 보여 왔다. 1990년대 이후에는 통신을 포함한 IT기술이 급격히 발전되면서 육상, 해상, 공중, 우주공간에 사이버 공간까지 합친 5차원 전장에서 통합전을 수행할 수 있는 무기체계의 성능을 요구하고 있다. 전쟁수행자(Warfighter), 개발자, 분석자, 시험평가

자, 훈련자가 M&S기법/도구를 공유함으로써 각종 무기체계를 효과적으로 획득할 수 있다.

〈표 9-2. 국방 M&S 적용분야〉

구 분		적 용 분 야
무기체계 소요기획		미래전장 환경, 무기체계 개념, 요구성능 분석,
무기체계 획득분야	연구개발	가상 시제품 개발, 비용 대 효과 분석
	시험평가	개발시험(ROC검증), 운용시험(운용교리 개발)
	생산/군수	생산라인 능률향상, 성능 개선, 수명주기 판단
전투력 분석분야	소요검증	군사혁신/비전 검증, 전투발전요소 소요 검증
	작전지원	작전통제, 부대/군수관리, 전략전술/장차전 분석
	전력평가	교리 · 전략 · 전술 분석, 부대구조 평가, 작계방책 분석
교육훈련 분야	대부대 훈련	연합연습(UFL), 태극, 백두산, 필승, 웅비, 천자봉
	소부대 훈련	소부대 전술/교전절차 숙달, 지휘관/참모훈련
	장비작동숙달	개인 전술/전기 연마, 장비조작 및 절차숙달 훈련

M&S기술은 컴퓨터기술의 비약적인 발전에 힘입어 통합전에 사용되는 정밀복합무기체계를 전략 및 전술 C4I체계와 연동하여 사용하는 네트워크중심전이 개념을 모의할 수 있는 수준으로 발전하고 있다. 국내 무기체계 개발 기술도 비약적인 발전을 거듭하여 왔고 이를 지원하는 획득/연구개발 프로세스 또한 지속적으로 개선되어 왔으나 여전히 여러 형태의 문제점들이 노출되고 있다. 소요군 및 합참은 소요요청 · 결정시 관련기관 및 부서의 검토의견을 참조하여 합동전략회의를 개최하여 소요를 확정하고 있으나 과학적인 분석평가가 미흡하여 사업수행 도중에 작전운용성능(ROC)이 변경되어 사업지연, 예산증가, 전력화 시기가 지연되는 사례가 종종 발생하고 있다. 소요요청시 전투실험결과의 제시를 요구하고 있으나 인력 및 소요예산은 턱없이 부족한 실태이다. 이 같은 문제점을 해결할 수 있는 방법이 M&S이다. 무기체계의 개념 형성 및 소요제안을 담당하는 육 · 해 · 공군 및 합참은 SBR[7] 체계를 구축하여야 한다. 소요가 결정된 이후에 본격적으로 무기체계를 획득하는 과정을 묘사하는 SBA[8] 개념과는 다소 차이가 있다.

---

7) SBR : Simulation based Requirement 시뮬레이션 기반 소요관리, 미래 전장환경과 현행 무기체계의 성능, 수량을 고려하여 새로운 개념의 무기체계의 소요를 도출하는 체계

8) SBA : Simulation based Aquisition 무기체계의 소요 확정이후 연구개발, 양산, 시험평가 등을 시뮬레이션 한 후 최적의 결과를 획득정책에 반영하는 체계

제4절 한국군 M&S 발전방향

1. 국방 M&S에 대한 인식 전환

과거에는 M&S에 대한 인식이 부족하여 모델을 돈 들여 개발할 필요성이 없으며 선진국에서 개발된 것을 무상으로 얻어서 쓰면 되는 것으로 생각하였다. 1970~1980년대에는 미국으로부터 무상으로 모델(SW)을 취득하여 제한된 목적으로 활용하였다. 세계적인 지적소유권 강화로 무상획득이 곤란하게 되고 우리나라의 군사상황에 부합된 M&S체계의 필요성을 인식하게 되면서 무기체계 개념으로 관리하여야 한다는 인식의 전환을 하였다. '06년 국방전력발전업무규정을 신설하면서 M&S를 기타 무기체계로 분류하여 도약의 기반을 구축하였다. 앞으로 국방M&S는 일부 특정인들의 전유물이라는 생각을 버려야 하며, 이를 위해서 누구나 쉽게 사용할 수 있는 모델을 개발하여야 한다.

2. 획득소요 도출 및 단계화 개발 추진

국방관련 조직은 각각 고유의 임무분장이 되어 있다. 육 · 해 · 공군은 교육훈련 및 신규 무기체계 소요제안의 임무를 수행하며 방위사업청 및 국방과학연구소는 소요가 확정된 무기체계를 고성능의 무기를 저비용으로 획득하는 임무를 수행한다. 방위사업청에서는 신규 무기체계의 작전운용성능(ROC)에 대한 검증 및 소요량에 대하여 재검증할 필요성이 없으며, 육 · 해 · 공군에서는 개발과정에 대하여 왈가왈부할 필요성이 없이 미래 전장환경을 고려하여 효과위주의 전쟁수행에 필요한 무기체계에 대하여 일목요연하게 정리하여 제출하면 된다. 육 · 해 · 공군 및 합참은 『SBR』 개념의 M&S에 중점을 두고 방사청 및 국과연은 『SBA』 개념에 충실하여야 한다. 일부 중복되는 영역이 있을 수 있으나 본질에 충실하여야 정예 강군에 기여할 수 있다.

최근 각 기관에서 작성한 M&S발전 계획에는 천문학적인 비용이 반영되어 있다. 타 기관보다 더 많이 제시하여야 한다는 경쟁심까지 작용한 상태이다. 제한된 국방비를 효과적으로 활용하기 위한 방편으로 M&S가 필요하다는 논리를 내세웠으나, M&S 개발 및 센터 건립에 수 조원의 예산을 요구하는 현상이 발생하였다. 가장 효과적인 방안은 무엇인지? 가장 적은 비용으로 사용부서에서 요구하는 모든 시뮬레이션을 수행할 수 있는 방안 찾기에 더 많은 고뇌와 시간을 투자하여야 한다.

3. M&S 표준자료체계 구축

30여 년 전에 M&S가 도입되었지만 아직도 모의결과가 정책결정에 반영이 제한되고 있는 이유는 입력자료의 신뢰성에서 기인하고 있다. 무기체계 선정 및 전투실험, 남북한 군사력 비교, 단독 전력 분석 및 중기전력계획 평가 등과 같은 미묘한 군사문제에 적용하기 위해서는 입력 데이터의 신뢰성이 확보되어야 한다. 그러나 지금까지 구축된 M&S 표준자료는 전무(全無)한 상태이다. 늦었지만 국방 M&S 무기체계 표준데이터 개발사업이 발주되어 각 기관(서)에 분산되어 있는 데이터를 집대성할 수 있는 여건을 조성하고 있다는 사실은 매우 고무적이다. M&S표준자료체계는 다양한 M&S체계의 입력자료를 작성하는데 필요한 전투체계와 전투에 영향을 미치는 요소들로 구성된 기초자료체계이다. 전투체계에는 병력, 전투장비의 제원 및 성능, 군수물자 등이 포함되고 전투에 영향을 미치는 요소에는 지형, 지상, 장애물 등이 포함된다.

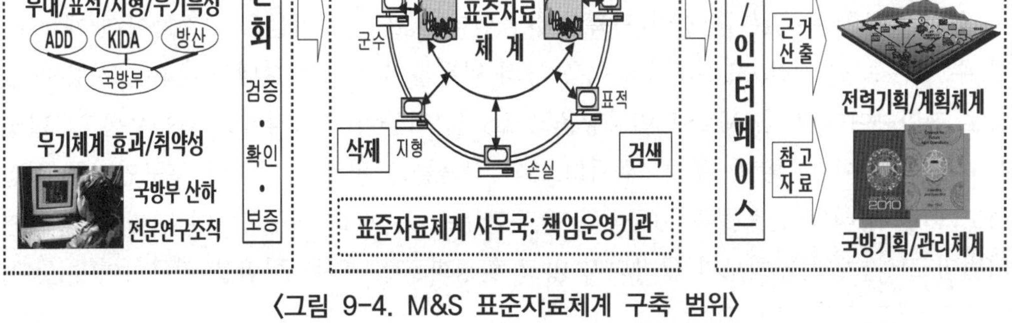

〈그림 9-4. M&S 표준자료체계 구축 범위〉

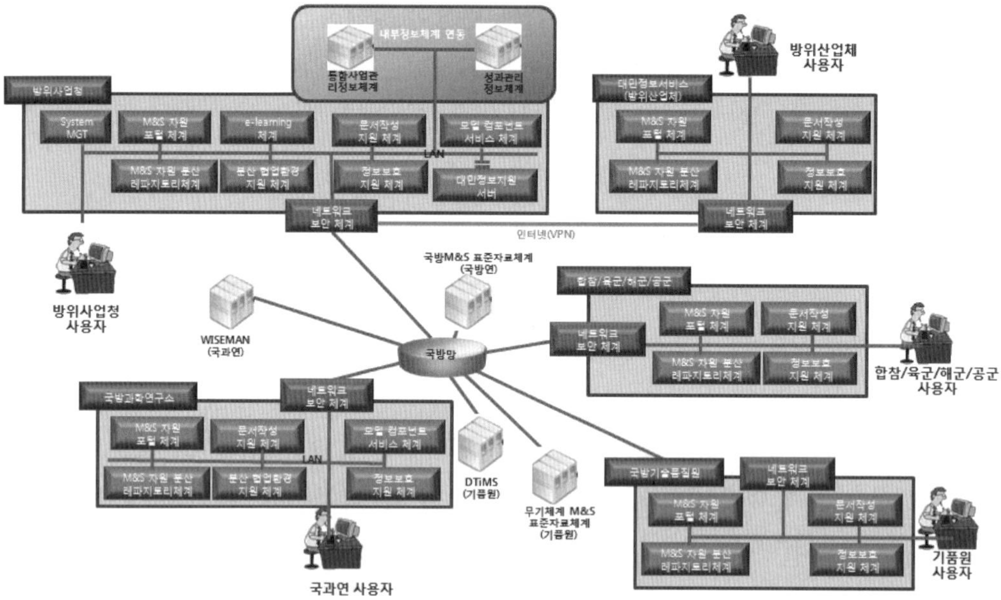

〈그림 9-5. SBA통합지원체계 운용개념도9)〉

4. 고객이 직접 운용할 수 있는 운용환경 구축

컴퓨터 사용이 보편화되기 이전에 전산실은 통제구역으로 누구나 쉽게 접근할 수 없는 장소였으며 일반인들은 컴퓨터를 보는 것조차 제한하는 실태이었다. 국방환경 및 작전환경 변화에 능동적으로 대처할 수 있는 수단인 M&S를 제대로 활용하기 위해서는 M&S 산출물 사용자가 근무하는 장소에서 시뮬레이션이 진행되어야 한다. 공간적으로 이격된 상황에서는 M&S 산출물을 정책에 반영하기가 쉽지 않다. 모든 정책부서 실무자 책상위에 컴퓨터가 설치되어 있는 것처럼 M&S도 정책 실무자들이 원하는 시간과 장소에 쉽게 접근할 수 있는 환경이 구축되어야 한다. M&S전문가들은 고객들이 쉽게 사용할 수 있는 모델 개발, 표준데이터 구축 등의 임무를 수행하고 모델의 운용은 사용자 몫으로 전환하여야 한다. M&S관련사항을 M&S전문가들이 독차지하고 있을수록 그 발전은 지연될 것이다. 훈련 · 분석 · 획득M&S의 산출물을 활용할 사람이 누구인지를 식별하고 어떤 형태의 산출물을 제공하면 활용할 수 있는지를 연구하여야 한다. 과학적인 기법이 그 자체의 가치로써 돈좌되지 않고 활성화될 수 있는 방안을 강구하여야 한다.

9) SBA통합지원체계 구축사업 체계규격서(방위사업청, '08. 12)

참고문헌

- 공군본부, 공군기본교리(2002)
- 공군본부, 최신 항공우주무기 편람(2008)
- 국방기술품질원, 국방과학기술정보(2014년 5,6월호)
- 국방기술품질원, 미래전장 무인기술 2050(2014)
- 국방기술품질원(www.dtaq.re.kr)
- 국방기술품질원, 국방과학기술조사서(일반본)
- 국방부, 2016 국방백서(국방부, 2016)
- 국방부, 국방전력발전업무훈령(국방부훈령 제2568호, 2021)
- 김도수, 이렇게 준비하면 한반도에 전쟁은 없다(한국학술정보)
- 김문조 외 공저, 무기체계 획득 & 종합군수지원(양서각)
- 김철환 외 공저, 전쟁 그리고 무기의 발달(양서각)
- 김철환 외 공저, 전장기능별 무기체계 획득(한국군사문제연구원)
- 미래육군의 지상작전 수행개념 발전방향
- 방위사업청, 전차/장갑차의 구조와 원리(2007)
- 안승범, 2000 한국군 장비연감, (주)군사정보
- 유근환 외 공저, 정보화시대의 무기체계론(영민)
- 육군대학, 전리입문(육군대학 군사평론 331호 별책부록, 1998. 1)
- 육군대학, 전쟁의 본질과 분류(육군대학 군사평론 176호, 1975. 12)
- 육군대학, 전투의 기본원리(육군대학 군사평론 333호 별책부록, 1998. 4)
- 육군본부, 지상군 기본교리(2011)
- 육군본부, 지상전개념서(2007)
- 이강언 외 공저, 군사용어사전(양서각)
- 이광보 외 공저, 알기쉬운 무기체계(진영사)
- 이태규, 군사용어사전(일월서각)

- 정비/운용데이터의 신규무기체계 개발 환류 발전방향(2008, 군수교 전투발전세미나)
- 한국국방안보포럼(KODEF: Korea Defense & Security Forum) 군용기 연감
- 합동참모본부, 합동개념서(2010)
- 해군본부, 해군기본교리(2007)
- 황진환 외 공저, 군사학 개론(양서각)
- 국방일보(https://kookbang.dema.mil.kr)
- 기아 군용차량(military.kia.com/KI)
- 네이버백과사전(www.terms.naver.com)
- 네이버블로그(http://blog.naver.com)
- 대한민국 공군(www.airforce.mil.kr/)
- 대한민국 육군(www.army.mil.kr/)
- 대한민국 합동참모본부(www.jcs.mil.kr/)
- 대한민국 해군(www.navy.mil.kr/)
- 두산백과사전(www.doopedia.co.kr/)
- 문화콘텐츠닷컴(www.culturecontent.com/content/)
- 방위사업청(www.dapa.go.kr)
- 위키백과사전(www.ko.wikipedia.org/wiki)
- 유용원의 군사세계(www.bemil.chosun.com)
- 제인연감(www.janes-defence-weekly.com)
- 한국민족문화대백과사전(www.encykorea.aks.ac.kr/)
- 한화디펜스(https://www.hanwhaaerospace.co.kr/)
- 육군교육사령부(인트라넷 무기체계 자료실)
- 육군정보통신학교 장비학 교재
- 육군정보학교 장비학 교재
- 육군종합군수학교 교재(공병장비학, 방공유도무기학, 전투차량학, 탄약구조학, 통신장비학, 특수무기학, 화력장비학, 화학장비학)
- 육군종합군수학교 보충 교재
- 육군화생방학교 장갑차학 교재
- 기술교범 11(5)-6940-404-12 전파방해장비 TRC 274C

- 기술교범 11-5855-202-20 M16A1 야간조준경 부대정비교범
- 기술교범 9-1005-249-20 M16A1 소총 부대정비교범
- 기술교범 K11(1)-5855-314-12 KAN/VVS-2 조종수야간잠망경 사용자/부대정비교범
- 기술교범 K11(4)-2840-400-20 및 P 무인항공기
- 기술교범 K11(5)-5855-401-12 및 P 열상감시장비 TAS-815K
- 기술교범 K2(5)-7021-501-12 및 p MIMS 단말장비
- 기술교범 K9(1) -1300-260 탄약제원 및 취급
- 기술교범 K9(1)-1005-214-10 K6 구경 50 기관총 사용자교범
- 기술교범 K9(1)-1005-313-34 및 P K3 기관총 직접 및 일반지원 정비교범
- 기술교범 K9(1)-1010-5011-34 및 P KM181 60밀리 박격포 직접/일반지원 정비교범
- 기술교범 K9(1)-1015-200-34 및 P KM29 81밀리 박격포 직접/일반지원 정비교범
- 기술교범 K9(1)-2350-2248-20 K10 탄약운반장갑차 부대정비교범
- 기술교범 K9(1)-2350-281-10 및 P K1전차 사용자교범
- 기술교범 K9(1)-2350-282-10 K1A1전차 사용자교범
- 기술교범 K9(1)-2350-291-10 및 P K1구난전차 사용자교범
- 기술교범 K9(1)-2350-313-20 K-55A1 155밀리 자주곡사포 부대정비교범
- 기술교범 K9(1)-2350-350-20 K9 자주곡사포 부대정비교범
- 기술교범 K9(1)-2350-501-10 K200A1 전투장갑차 사용자교범
- 기술교범 K9(1)-2350-702-12 및 P K277A1 전투지휘용장갑차 사용자교범
- 기술교범 K9(1)-6650-222-14 및 P KM20 쌍안경
- 기술교범 K9(1)-7420-400-14 K6 PYK-35K 측지제원계산기
- 기술교범 K9(2)-4931-410-12 30밀리 자주대공포 포탑정비교범
- 기술교범 K9(3) -2320-501-10 K131 1/4톤 사용자교범
- 기술교범 K9(3) -2320-503-10 K311A1 1 1/4톤 트럭 사용자교범
- 기술교범 K9(3) -2320-504-10 K511A1 2 1/2톤 트럭 사용자교범
- 기술교범 K9(3) -2320-505-10 K711A1 5톤 트럭 사용자교범
- 기술교범 K9(3) -2320-531-20 K313A1 1 1/4톤 샵밴 부대정비교범

- 기술교범 K9(3) -2320-601-20 K912 10톤 중장비수송차 부대정비교범
- 기술교범 K9-2350-258-10 M48A5전차 사용자교범
- 기술교범 R9(1)-2350-002-20 BMP-Ⅲ 보병전투장갑차 부대정비교범
- 기술교범 U1(3)-1520-237-10 UH-60 중형기동헬기 사용자정비교범
- 기술교범 U1(4)-1520-236-23 AH-1S 중형공격헬기 부대/야전정비교범

저자약력

김문조

육군사관학교 31기 졸업
前 제3군수지원사령관
前 육군본부 및 군수사령부 정비처장
前 배제대학교 초빙교수
前 경기공업대학교 겸임교수
前 경민대학교 초빙교수
現 경민대학교 명예교수
저서 : 무기체계 획득 & 종합군수지원 등

신정원

육군3사관학교 34기 졸업 / 예비역 육군 중령
現 경민대학교 효충사관과 전임조교수
現 학군제휴대학협의회 감사
現 한국군사회복지학회 사례연구분과 부위원장
現 군위군 군부대 유치 민간자문단 자문위원
前 경민대학교 효충사관과 학과장
前 문경대학교 군사학과 겸임조교수
前 육군3사관학교 리더십센터 센터장